Das

Maschinen-Zeichnen.

Begründung und Veranschaulichung der sachlich notwendigen zeichnerischen Darstellungen und ihres Zusammenhanges mit der praktischen Ausführung.

Von

A. Riedler,

Professor an der Kgl. Technischen Hochschule zu Berlin.

Zweite, neubearbeitete Auflage.

Mit 436 Textfiguren.

Berlin.

Verlag von Julius Springer.

1913.

ISBN-13: 978-3-642-90304-5 e-ISBN-13: 978-3-642-92161-2
DOI: 10.1007/ 978-3-642-92161-2

Softcover reprint of the hardcover 2nd edition

Vorwort.

Die erste Auflage dieses Buches war eine Kampfschrift gegen damals herrschende schwere Übelstände; sie hat ihren Zweck vollständig erfüllt. Weil aber der Kampf nur mit allgemeinen sachlichen Begründungen und anschaulichen Beispielen geführt wurde, hat das Buch viele Anerkennung gefunden, und die große Auflage war in kurzer Zeit vergriffen.

Zu einer Neuauflage, die eine Neubearbeitung sein mußte, konnte ich mich lange Zeit nicht entschließen. Zunächst ließen mir andere wichtige Arbeiten keine ausreichende Zeit, und dazu kam der sachliche Grund, daß das Maschinenzeichnen durchgreifende Veränderungen erfahren muß in dem Maße, als der Maschinenbau eine streng wirtschaftliche Richtung einzuschlagen gezwungen ist, Veränderungen, die jetzt noch nicht abgeschlossen und in den verschiedenen Fabriken ganz verschiedenartig durchgeführt worden sind, so daß es sehr schwierig ist, das Neue in einem Buche, das Anfänger belehren soll, ausreichend zu berücksichtigen.

Andrerseits mußte ich das Bedürfnis nach einer Schrift über Maschinenzeichnen, die dem gegenwärtigen Stande der Maschinenfabrikation einigermaßen entspricht, vollständig anerkennen, damit zugleich aber die Verpflichtung, an der Belehrung der Studierenden trotz der Schwierigkeiten im eigenen Fachbereiche mitzuarbeiten, da es sich hier tatsächlich um eine allgemein wichtige Sache handelt und nicht bloß um das „Maschinenzeichnen" im engen Fachkreise. Wiederholt sind denn auch Stimmen außerhalb der Fachkreise laut geworden, die nach besserer zeichnerischer Ausbildung oder noch weitergehend nach „technischer Bildung" auch für weite Kreise verlangen.

Wiederholt haben sich z. B. Juristen und ihre Vereinigungen, auch Richter, an mich gewandt mit der Frage, ob es nicht möglich sei, ihren Berufs- und Amtsgenossen so viel technische Bildung zu vermitteln, daß sie technischen Angelegenheiten mit Verständnis folgen können, da technische Fragen immer größere Wichtigkeit erlangen, oder, wenn dies nicht möglich sei, ob nicht wenigstens solche Unterweisung gegeben werden könne, daß Juristen technische Zeichnungen verstehen und richtig lesen lernen. Die Bemühungen, einen gangbaren, nicht allzu zeitraubenden Weg zu finden, um diesen berechtigten Bestrebungen entgegenzukommen, sind aber schon in den ersten Anfängen zum Stillstand gekommen, weil der Zeichenunterricht der höheren Schulen ein gänzlich unzureichender ist und im amtlichen Schulwesen als Ausbildung einer Geistestätigkeit gar nicht angesehen wird. Es fehlt daher für weitere Bestrebungen jedes zuverlässige Fundament.

Bezeichnend sind auch die Verhandlungen des letzten Juristentags, wo diese Forderungen für die Richterausbildung erörtert wurden unter Hinweis auf das „technische Jahrhundert", in welchem technische Fragen immer mehr die Gegenwart und Zukunft tief beeinflussen. Die Forderung, daß Richter auf den Gebieten der Technik sachkundig sein sollen, habe ich stets als sinnwidrig, weil unerfüllbar, angesehen. Mit Genugtuung habe ich gelesen, daß die Forderung nach Sachkenntnis grundsätzlich abgelehnt wurde, mit der zutreffenden Begründung, daß jeder Richter dann auf allen Gebieten sachkundig sein müßte, und daß den Parteien dann die Möglichkeit entzogen wäre, die Sachkunde anzugreifen.

Hingegen wurde nachdrücklich die Notwendigkeit betont, die Ausbildung so zu regeln, daß Juristen wenigstens technische Zeichnungen verstehen lernen. Das ist eine vollberechtigte Forderung, und sie wäre auch erfüllbar, wenn vorher die herrschende Vorbildung abgeändert würde, in dem Sinne, daß Vorstellungsvermögen und zeichnerischer Ausdruck für Raum- und Formvorstellung richtige Pflege in der Schule finden. Auf vielen Gebieten ist solcher Drang nach besserer zeichnerischer Ausbildung vorhanden. Die Monopolschule geht aber andere Wege, die diesem Streben hinderlich sind.

Soweit dieses Buch allgemeinen Bestrebungen dienlich sein kann, ist an vielen Stellen darauf Rücksicht genommen. Anschauliche Beispiele vermögen in solcher Richtung viel mehr als weitläufige Erläuterungen.

Die Schwierigkeiten, allen wesentlichen Interessen des „Maschinenzeichnens" Rechnung zu tragen, sind so groß, daß weitgehende Beschränkung notwendig wurde. Damit hat es folgende Bewandtnis:

Die allgemeinen Grundlagen des Maschinenzeichnens haben sich nicht geändert und können sich nicht ändern; die Zeichnung muß immer der klare Ausdruck für einen bestimmten technischen Zweck sein. Aber die Zwecke der zeichnerischen Darstellung haben sich fast unabsehbar erweitert und verändert, und dem jeweiligen Zwecke gemäß muß sich auch die Darstellung ändern.

Der Maschinenbau ist durch seine wirtschaftlichen Interessen beherrscht. Er befaßt sich, soweit als erreichbar, nicht mehr mit Einzelausführungen, sondern mit Massenherstellung. Die Maschinenzeichnungen haben daher anderen Inhalt, weil sie einer streng organisierten Fabrikation und Arbeitsteilung zu dienen haben. Die Organisation ist dabei immer ausgedehnter geworden. Damit hängt zusammen, daß in jeder wirtschaftlichen Organisation Zeit und Kosten gespart werden müssen. Dies zwingt zu größter Einfachheit, Übersichtlichkeit und insbesondere Einheitlichkeit, die in der Massenfabrikation sehr hoch ausgebildet ist. Andrerseits ist aber die Grenze zwischen Massen- und Einzelherstellung von Maschinen nirgends zu ziehen. Das Streben nach Einheitlichkeit ist allgemein, Änderungen kommen aber trotzdem laufend vor und lassen sich nicht vermeiden. Innerhalb der angestrebten organisierten Einheitlichkeit ist dann die Behandlung dieser unvermeidlichen Abänderungen der auszuführenden Teile von großer Wichtigkeit. Das Streben nach Einheitlichkeit führt zur Normalisierung der Maschinenteile, der jede Abänderung als Feind entgegentritt.

Alle diese weitverzweigten Verhältnisse kann der Anfänger nicht übersehen, er muß aber bei den ersten Schritten zur fachlichen Ausbildung auf ihre Wichtigkeit hingewiesen und darüber durch Übersicht und Beispiele belehrt werden, so daß er von Anfang an in dieser wirtschaftlichen Richtung des Maschinenbaus denken lernt.

Alles das in einem Handbuche für Maschinenzeichnen zu berücksichtigen, ist sehr schwierig, weil wirkliches Verständnis der sehr umständlich gewordenen organisierten Arbeit volle Sachkenntnis erfordert, die dem Anfänger abgeht. Das schafft unüberwindliche Hindernisse, und nur der Weg ist gangbar, die Einführung in die Sachkunde schon mit dem Maschinenzeichnen zu beginnen, hauptsächlich durch anschauliche Beispiele zu belehren und immer wieder auf die schwierigen Verhältnisse der Gegenwart hinzuweisen. Erfahrene werden es daher begreiflich finden, daß in diesem Buche vieles fehlen muß, was sie für wichtig halten, während anderes immer wieder hervorgehoben wird.

Die Schwierigkeiten werden noch dadurch vermehrt, daß Bücher über Technologie und über Maschinenelemente die Sachkunde nicht so vermitteln, wie dies erforderlich wäre, und die Erlangung der Sachkunde von dort nicht erwartet werden kann. Diese Bücher behandeln nur eine Seite der wissenschaftlichen Aufgabe, belehren aber nicht ausreichend über den Zusammenhang der Formgebung mit Werkstätten- und Betriebsfragen und mit wirtschaftlichen Fragen des Maschinenbaus. So erhalten denn die Anfänger gerade im Zusammenhang mit der Richtung, die der Maschinenbau gegenwärtig gehen muß, keinen ausreichenden Aufschluß. Überhaupt ist jede Belehrung über Maschinenelemente außerordentlich schwierig geworden, weil viele von ihnen Normal- und Spezialkonstruktionen geworden sind und solchen Umfang erlangt haben, daß sie in ein Buch nicht mehr zusammengefaßt werden können.

Daher der Widerspruch und die nicht auszufüllende Lücke: Das Buch soll dem Anfänger die Eigenart des wirtschaftlichen Maschinenbaus andeuten, was nicht einmal die Bücher über Maschinenelemente zu tun vermögen. Es bleibt daher nur die Zuflucht zu anschaulichen Beispielen, und die Aufgabe des Buchs ist vollständig erfüllt, wenn es die Lernenden anregt, in der Richtung des wirtschaftlichen Maschinenbaus von Anfang an zu denken und sich der Verantwortung innerhalb geteilter Arbeit bewußt zu werden.

Belehrung in solchem Sinne ist dringend notwendig. Das erhellt schon aus der Tatsache, daß die meisten Fabriken gezwungen waren, für den eigenen Bedarf Anweisungen über das Maschinenzeichnen zusammenzustellen, die bei den einzelnen Fabriken sehr verschieden sind, so daß bei dem unvermeidlichen Wechsel der Mitarbeiter sich große Störungen ergeben; die größten dann, wenn eine neue leitende Persönlichkeit in den Betrieb eintritt und nun bestrebt ist, ihr wohlüberlegtes System von Maschinenzeichnungen entgegen der schon vorhandenen Ordnung durchzusetzen.

Gemeinsam ist allen diesen verschiedenen Vorschriften, daß sie geheim gehalten werden, was ganz zwecklos, aber begreiflich ist, weil sie aus schweren Mißständen erwachsen sind und viel Mühe gekostet haben. In großen Fabriken müssen dem neueintretenden Mitarbeiter mehrere Bände Vorschriften über Zeichnungen und ,,Normalien“ eingehändigt werden; er braucht Wochen und Monate, um sie beherrschen zu lernen, und ist während dieser Zeit weniger leistungsfähig, manchmal auch weniger arbeitsfreudig, weil diese Vorschriften selten ausreichende Begründung für das ,,Warum“ bieten. Hier wäre Einheitlichkeit von größtem Werte!

Volle Einheitlichkeit zu vereinbaren, ist aber unmöglich; sie ist nur auf Teilgebieten anzustreben und wäre auch da wahrscheinlich verfrüht. Was aber dringend nottut, ist, daß die Studierenden in die sachlichen Schwierigkeiten eingeführt werden, die durch die organisierte Arbeitsteilung und durch den wirtschaftlichen Maschinenbau geschaffen werden, durch die Rücksichtnahme auf Herstellung, Herstellungsmittel und Herstellungsorganisation, sowie auf die zwingenden Forderungen der Kosten und des Betriebs.

Berlin, im März 1913.

A. Riedler.

Inhalt.

Allgemeines.

Jedes „Zeichnen“ muß einem bestimmten Zwecke genügen, und die Darstellungsweise der Zeichnung muß diesem Zwecke entsprechen. Voraussetzungsloses Zeichnen gibt es nicht. Jede Zeichnung ist Ausdrucksmittel für eine bestimmte Vorstellung und für einen gewollten Zweck.

Künstlerisches Zeichnen, ja sogar jede Kunst, hat den Zweck, Ideen — im Sinne Platos — auszudrücken und den Beschauer anzuregen oder zu zwingen, diese Ideen in gleicher oder ähnlicher Weise zu erfassen, wie der Urheber gewollt hat. Wo die Idee fehlt oder zu dürftig ist, handelt es sich nicht um Kunst, sondern um eine viel tiefere Stufe, z. B. um bloße Dekoration oder um Unverstandenes oder Unverständliches, auch gar nicht Empfundenes.

Technisches Zeichnen hat den Zweck, Ideen — im wissenschaftlichen Sinne, bis herab zu den zahllosen Verzweigungen der praktischen Zwecke — so vollständig und anschaulich auszudrücken, daß sie vollständig und genau so, wie der Urheber gewollt hat, von jedem verständigen Beschauer erfaßt werden müssen.

Künstlerisches Zeichnen erfordert zur Betätigung und zur Erfassung richtiges Sehen und Empfinden des Beschauers. Die Phantasie spielt eine entscheidende Rolle, sowohl beim Schaffen wie beim Erfassen. Die gleichen Ideen können sehr verschiedenartig ausgedrückt und erfaßt werden. Solches Zeichnen kann ohne natürliche Veranlagung weder ausgeübt, noch erlernt werden. Alle Lehre kann nur vorhandene Anlagen weiter ausbilden, nicht Fähigkeiten schaffen. Verstandesmäßige Belehrung kann nachträglich manches klären und zum Bewußtsein bringen, kann aber nicht schöpferisch wirken. Daher die Kluft zwischen den Schaffenden und den Schaffensunfähigen, aber Kritisierenden.

Technisches Zeichnen erfordert Raum- und Formvorstellungsvermögen, eine Geistesfähigkeit, die sich bilden läßt, wenn genügende Fähigkeit zum anschaulichen Erfassen vorhanden ist. Diese Gabe ist bei normalen Kindern stets vorhanden und ringt nach naiver Betätigung, verkümmert aber dann meist im Wissensballast und aus Mangel jeder Übung. Vieles kann verstandesmäßig oder durch Übung erlernt werden, weil die Zwecke außerordentlich mannigfaltig sind und ihnen entsprechend die Erfassungsmöglichkeiten. Die Phantasie hat gleichfalls große Wichtigkeit bei der Vorstellung und bei der Gestaltung, aber sie muß durch wissenschaftliche Erkenntnis diszipliniert sein. Die Phantasie des Beschauers hingegen muß ganz ausgeschaltet werden, da nur eine Auffassung zulässig ist. Der besondere Zweck der Zeichnung ist, das Dargestellte völlig eindeutig und vollständig auszudrücken, ohne andere Verständigung mit dem Beschauer zu erfordern.

In solcher Weise hängt jede zeichnerische Darstellung, auch die höchststehende, vom gewollten Zwecke ab. Jeder zeichnerische Ausdruck muß daher auch von diesem Zwecke ausgehen, sonst wird er unfruchtbar und inhaltslos.

Merkwürdig ist, daß im Bereiche unserer herrschenden Bildung jeder „Zweck“ von vornherein grundsätzlich als niedrig und verächtlich hingestellt wird, und daß auch die Wissenschaftsgebiete tatsächlich umso weniger gelten, je mehr sie sich den technischen nähern, weil sich schließlich von der Technik der „Zweck“ und die „Anwendung“ auch beim besten Willen nicht trennen lassen. Und weil diese grundsätzliche Verachtung des Zwecks in unserer Zeit gar zu sinnlos erscheint, so wird die Technik wegen ihrer alles umgestaltenden Zweckleistungen zwar reichlich mit bewundernden Redensarten bedacht, aber im herrschenden Schulwesen doch weiter mißachtet und verkannt und gegenüber den vermeintlichen ,,Geisteswissenschaften“ zurückgesetzt wie je.

Dabei steht die herrschende theoretische Verachtung des Zweckes mit der wirklichen Unterordnung unter bestimmte Zwecke in einem merkwürdigen Widerspruch. Diejenigen Wissenschaftsgebiete, denen jeder Zweck tatsächlich innerlich fremd ist, wie die Theologie, das Recht, die ,,freien“ Geisteswissenschaften usw., haben seit jeher den Staatszwecken und Monopolen, den Schutzorganisationen der Beamten- und Lehrerausbildung, also sehr bestimmten Zwecken zu dienen.

Die wirkliche Mißachtung jedes Zweckes kommt aber durch die herrschende Vorbildung voll zur Geltung gegenüber der Mehrheit der Studierenden, die nicht Monopolstudium treiben, sondern zu schaffender Anwendung ausgebildet werden; sie tritt insbesondere in der herrschenden Auffassung über den Zeichenunterricht hervor. Daher auch die Kluft zwischen anschaulichem und abstraktem Denken, weil das Abstrakte gelehrt wird, bevor die Anschauung vorhanden ist.

Fähigkeit im Zeichnen sollte wesentlicher Teil jeder Bildung sein. Wer nicht zeichnen kann, entbehrt eines wesentlichen Ausdrucks- und Verständigungsmittels und hat eine große Lücke in der Bildung. Wer Zeichnungen nicht einmal versteht, ist gar hilflos. Die Zeichnung ist vielfach das einzige Ausdrucksmittel, ein unentbehrliches Werkzeug. Die Zeichnung ist insbesondere die Sprache des Ingenieurs, eine ausdrucksvolle internationale Sprache, die aber stets, im Gegensatz zu allen anderen, erschöpfend, klar und eindeutig, jedes Mißverständnis ausschließend gesprochen werden muß. Sie muß stets richtig gesprochen und richtig verstanden werden, Zweifel und Mißverständnisse dürfen nicht vorkommen. Die Ingenieursprache hat vor allem gestaltende Gedanken auszusprechen, und zwar so vollständig und eindeutig, daß sie nicht nur jeder ohne mündliche Verständigung versteht, sondern auch so versteht, daß sie fehlerfrei in die Wirklichkeit, in Stahl und Eisen umgesetzt werden können, die unerbittlich jeden Fehler ans Tageslicht bringen, im Gegensatz zu fast allen anderen Berufen, die in ihren Fehlern ungestört weiterleben, sie verleugnen oder sich mit schwellendem Redefluß darüber hinwegsetzen können.

Maschinenzeichnen ist technisches Zeichnen für die besonderen Zwecke des Maschinenbaus. Es hat die Ideen im naturwissenschaftlichen, insbesondere mechanischen Sinne darzustellen für sehr verschiedenartige Zwecke.

Unter ,,mechanisch“ ist stets naturwissenschaftlich zu verstehen, im Maschinenwesen daher: die Erfassung des ursächlichen Zusammenhangs zwischen anzuwendenden Mitteln und notwendiger Wirkung. Das berührt aber die Grundlagen des Naturerkennens, gleichgültig, ob es sich um die schwierigsten Aufgaben eines verwickelten dynamischen Zusammenhangs oder um die einfachste Verständigung über einen Maschinenteil handelt.

Soll der Lernende vor falscher, sach- und zweckwidriger Anwendung der Ingenieursprache bewahrt werden, dann muß ihm allerdings erst das richtige Wesen des Maschinenbaus, Sachkunde, beigebracht werden.

Die Maschinenzeichnung Bild 8 S. 23 sagt dem Unkundigen nichts. Dem Arbeiter zeigt sie eine eigentümliche Form, die er gewissenhaft ausführt, ohne Ursache und Wirkung zu erkennen. Dem Sachkundigen bedeutet sie eine Kette allmählich gewonnener kostspieliger Erfahrungen, die auf der Grundlage der wissenschaftlichen Idee schließlich zur Einsicht geführt haben.

Über alle diese Grundlagen ist mit der herrschenden gelehrten Schule Verständigung nicht zu erzielen. Die hat sich für alles, was ihr nicht paßt, längst inhaltslose Redensarten, die aber allgemeinen Kurswert haben, zurecht gelegt, wie ,,voraussetzungslose" Wissenschaft, „harmonische" Bildung, Selbstzweck, Utilitarismus, Handfertigkeit, Banausentum usw. Damit läßt sich alles abweisen, was für die herrschende Einseitigkeit und für die Monopolrichtungen nicht taugt, und die Monopole leben nur noch davon, daß diese Kluft bestehen bleibt und schaffende Tätigkeit, Anwendung des Wissens bis zum Können als das Tieferstehende angesehen und behandelt wird.

Dazu kommt der Einfluß der gegenwärtigen Lebensverhältnisse mit ihren vielfachen, rasch wechselnden, aber oberflächlichen Eindrücken auf die Jugend. Diese Vielheit und Oberflächlichkeit zusammen mit dem Berechtigungsstudium bestimmen die Denkrichtung und erdrücken jede andere Geistestätigkeit schon in jungen Jahren. Die edlen Opfer dieses einheitlich organisierten allmächtigen Schulsystems sind insbesondere die Anschauung, die Vorstellung, die Phantasie im allgemeinen, Geistesfähigkeiten, die in methodischer Zucht und in „Wissensstoff" erstickt werden. Unter diesen Umständen ist es auch auf einem Sondergebiete wenig verlockend, das Wort zu allgemeinen Fragen zu ergreifen, in dem Bewußtsein, zu sehr viel Blinden oder Blindgemachten sprechen zu müssen.

Das herrschende höhere Schulwesen weist gründliche Reform des Zeichenunterrichts ab. Bei der „Schulreform" hat außerhalb der gelehrten Fächer unter dem Drucke der Forderungen des Kaisers nur das Turnen etwas gewonnen; das Zeichnen ist trotz mehrfacher Anregungen in der untergeordneten, mißachteten Stellung als „Handfertigkeit" verblieben. Die amtliche Wertung der Zeichenlehrer ist ganz unzureichend; sie werden, entgegen ihrer tatsächlichen Bedeutung, als minderwertig, als Lehrer einer „Handfertigkeit" angesehen und können sich nur dann einige Geltung verschaffen, wenn sie gelehrte Methoden nachahmen, „Formenlehre", „Grammatik" usw. treiben und damit den Boden verlassen, auf welchem das Zeichnen allein erzieherisch wirken kann: den Boden der Anschauung, der Form- und Raumvorstellung.

Hingegen läßt die herrschende Schule in ihrem „fakultativen" Zeichenunterricht hier und da eine bestimmte Zweckrichtung zu, die dem mutmaßlichen künftigen Berufe der Schüler entsprechen soll; sogar an Gymnasien wird gelegentlich „geometrisches Zeichnen", „Maschinenzeichnen" neben dem Freihandzeichnen getrieben. Dagegen haben die Verteidiger des „keinem Zwecke dienenden" höheren Unterrichts mehrfach entrüstet Protest erhoben. Jeder sachverständige Ingenieur kann sich diesem Protest nur anschließen, weil solches Zeichnen bestimmte Sachkenntnisse voraussetzt, die auf der Schule nicht gelehrt werden können. Weder technische Hochschulen noch Ingenieure haben je derartige Zeichenübungen von der Vorschule verlangt, die nur Schaden anrichten können.

Gegenüber solchen Mißverständnissen muß ausgesprochen werden: die Ingenieurerziehung hat kein Interesse an der Spezialisierung des Zeichenunterrichts der Schule und an der damit verbundenen Stümperei im geometrischen oder gar Maschinenzeichnen; sie ist aber aufs höchste interessiert an einem gründlichen Zeichenunterricht, der der Entwicklung des Anschauungs- und Vorstellungsvermögens dient. Gegenüber den herrschenden Vorurteilen ist hervorzuheben, daß durch solches Zeichnen Geistesfähigkeiten zu entwickeln sind, welche durch keine andere Disziplin ausgebildet werden können: richtiges Sehen, Raum- und Formvorstellung, „plastisches Denken" und Ausdrucksvermögen. Beim Maschinenzeichnen ist dann noch richtige Erfassung des Zwecks der Zeichnung von besonderer Wichtigkeit, die richtige Anpassung des zeichnerischen Ausdrucks an diesen Zweck.

Hierzu ist ausdrücklich zu betonen, daß die Pflege der künstlerischen Seite des Zeichenunterrichts der Ingenieurerziehung viel besser entspräche als der herrschende fakultative Handfertigkeits-Unterricht mit seinen Zutaten für etwaige

„künftige Berufsrichtung". Die künstlerische Richtung bildet die erwähnten grundlegenden Fähigkeiten, der Handfertigkeits-Unterricht nie. Es sieht doch das künstlerisch geübte Auge in der Natur so vieles, was der Ungeübte nicht bemerkt. Solche Erziehung fehlt aber vollständig; selbst die natürlichen Fähigkeiten sind so zurückgegangen, daß unsere Jugend immer weniger sieht und sich nichts räumlich richtig und bestimmt vorstellen kann. Gut geleitetes Freihandzeichnen und künstlerische Erziehung könnten manches bessern; letztere hat aber nichts gemein mit gelehrter Kunstbeschreibung und nichts mit den üblichen Schulstümpereien.

Alle Arten des Zeichnens haben dieselben Grundlagen; das Maschinenzeichnen, so verschiedenartig es vom künstlerischen auch ist, macht keine Ausnahme. Das ist ein armseliger Konstrukteur oder Künstler, der erst aus der Zeichnung sieht und sucht, was da werden soll, statt einem wenigstens in der Hauptsache im Kopfe fertigen Vorstellungsbilde zu folgen. Der zeichnerische Ausdruck muß das Produkt der Formvorstellung sein und nicht umgekehrt diese dem zeichnerischen Bilde nachhinken. Höchstens mag in schwierigen Fällen die Veranschaulichung durch die Zeichnung einer noch nicht entwickelten Vorstellung weiterhelfen, ihr Nahrung und Anregung verschaffen, sie in genaue Beziehungen zu gegebenen Verhältnissen bringen usw. Immer aber ist die Raum- und Formvorstellung, also die Geistestätigkeit, die Hauptsache, die zeichnerische Darstellung nur das Mittel, das Vorgestellte für einen bestimmten Zweck zum Ausdruck zu bringen.

Die Art des zeichnerischen Ausdrucks ist immer vom Zwecke der Zeichnung abhängig, und zwar ebensowohl bei bloß zeichnerischer Wiedergabe einer gegebenen Form als auch bei schaffender Gestaltung. In letzterem Falle hat die Zeichnung, als Mittel für den Ausdruck des Vorgestellten, dem schöpferischen Vorstellungsvermögen zu dienen.

Wenn die Vorstellung im Kopfe des Zeichnenden fehlt, kann durch die Zeichnung auch nichts ausreichend ausgedrückt werden, und keinerlei Unterricht in der „Handfertigkeit" wird hieran etwas ändern. Die Zeichnung als Ausdrucksmittel und die Formvorstellung als Geistestätigkeit stehen in genau demselben Verhältnis wie die Sprache zu den Gedanken; wo diese fehlen, nützt die größte Redegeläufigkeit nichts.

Die herrschende Schule schafft nicht die erforderlichen Grundlagen für solche Geistesfähigkeit und für die Entwicklung dieser Geistestätigkeit. Sie betreibt keine künstlerische Erziehung, sondern bildet nur minderwertige Handfertigkeit aus; sie vernachlässigt die darstellende, veranschaulichende Geometrie, das Anschauungs- und Vorstellungsvermögen; sie gibt sogar der geometrischen Tätigkeit arithmetische Richtung, statt sie für die Ausbildung der Raumvorstellung zu verwerten usw. Die Schulbildung läßt daher in einer grundlegenden Geistestätigkeit eine ungeheure Lücke. Es kann aber nicht Aufgabe der Hochschule sein, Elementarunterricht in Disziplinen zu erteilen, deren Kenntnis und Beherrschung an die Hochschule mitgebracht werden muß.

Weil die herrschende Schule auf diesem allgemein wichtigen Gebiet die Köpfe ihrer vielgeprüften Zöglinge vollständig leer und die natürliche Veranlagung verkümmern läßt, ist es aussichtslos, hier auf die allgemeinen Grundlagen näher einzugehen, und die vorliegende Schrift über „Maschinenzeichnen" ist daher beschränkt auf:

sachliche Begründung bestimmter zeichnerischer Darstellungen für maschinentechnische Zwecke als notwendige Folge des jeweiligen Zweckes der Zeichnung und

Veranschaulichung der zeichnerischen Darstellungen für den Anfänger durch richtige und fehlerhafte Beispiele, die viel lehrreicher sind als Beschreibungen und Anweisungen.

Ein so geringschätzig behandeltes Gebiet zu bearbeiten, ist nach Ansicht vieler eine undankbare, ja „unwürdige" Aufgabe. Aber das Bestreben, die Jugend vor Schaden zu bewahren, in allen Einzelheiten statt Regeln Begründungen zu bieten und allgemeine Gesichtspunkte hervorzuheben, mit denen sich auch der Anfänger, je früher je besser, vertraut zu machen hat, führt über den herkömmlichen Rahmen ebenso weit hinaus, wie das „Zeichnen" über der Handfertigkeit steht, und führt tief in sachliche Erörterungen hinein, weil das Zeichnen von der Sache nicht zu trennen ist. Für die Richtigkeit dieser Auffassung spricht auch die Zustimmung, die die erste Auflage dieses Buchs bei hervorragenden Fachleuten gefunden hat.

Es wäre nicht schwierig, über „Maschinenzeichnen" nach bekannten Mustern ein dickes gelehrtes Buch zu schreiben, etwa eine systematische „Grammatik des technischen Zeichnens" mit geschichtlicher Einleitung usw.; dann könnte die Schrift vielleicht gar in gelehrten Kreisen Beachtung finden. Darauf wird verzichtet und nur auf die erzieherische Wirkung im eigenen fachlichen Kreise gerechnet.

Ziel dieser Schrift ist in erster Linie, schon den Anfänger auf die zahlreichen Beziehungen der Zeichnung zu ihrem Zweck und zur Praxis aufmerksam zu machen, das Maschinenzeichnen von unfruchtbarer mechanisch-zeichnerischer Auffassung loszulösen. Der Fachmann wird allerdings nur Bekanntes darin finden.

Trotzdem wendet sich die Schrift auch an erfahrene Ingenieure, denn diese müssen die Anfänger belehren und von ihnen bestimmt vorausbegründete Leistungen verlangen, sonst sind schädigende Zustände nicht zu beseitigen. Die Abhandlung soll erzieherische Bestrebungen unterstützen und vereinfachende, allgemein verständliche und überzeugende Grundlagen schaffen.

Die Anfänger erfahren vieles Wesentliche nur gelegentlich durch Überlieferung, nur zufällig und selten mit ausreichender Begründung. Die meisten werden erst durch die Folgen schwerer Fehler, nachdem sie sich und andere geschädigt, über Elementares, Wesentliches belehrt, und ganz einfache Erfahrungen werden so mit schwerem Lehrgelde bezahlt. Es ist ein unhaltbarer Zustand, wenn die Vorbildung ihre Schuldigkeit nicht tut, wenn an der Hochschule statt des Unterrichts im Maschinenzeichnen mechanische Zeichenübungen abgehalten und die Studierenden erst im fachwissenschaftlichen Unterricht über elementare zeichnerische Einzelheiten belehrt werden müssen. Dadurch wird der wichtige Konstruktionsunterricht um Kraft und Erfolg gebracht und der Lehrer gezwungen, das ABC zeichnerischen Ausdruckes statt des Maschinenbaus zu lehren. Das aber wird vom Schüler, der an dieser Stelle anderes sucht, als pedantische Last empfunden und nicht als notwendige Belehrung gewürdigt.

Von anschaulicher und sachlicher Behandlung des Maschinenzeichnens ist erzieherische Wirkung, wenigstens im engeren Fachkreise, zu erwarten, aber freilich kein weitgehender Erfolg. Dieser wird erst möglich, wenn die herrschende Unkenntnis über das Zeichnen überhaupt, die Mißachtung des zeichnerischen Ausdrucks aufhört, und der furchtbare Niedergang von Anschauung, zeichnerischer Fähigkeit und Formvorstellung durch richtigen Unterricht an den höheren Schulen verhindert wird. Hierzu ist aber, selbst unter dem Einfluß der großen „Schulreform", noch nicht der geringste Anfang gemacht.

Das Maschinenzeichnen und sein sachlicher Zusammenhang mit dem organisierten Maschinenbau.

Über Maschinenzeichnen, technisches Zeichnen usw. gibt es viele Schriften, die aber erzieherisch ohne Wirkung geblieben sind und auch bleiben müssen, weil sie im wesentlichen über Anweisungen nicht hinausgehen, über Handfertigkeit und Äußerlichkeiten statt über die darzustellende Sache und den Zweck der Darstellung belehren und überwiegend nur Wortbelehrung, statt Veranschaulichung, oder nur „Vorlagen" bieten. In diesen Schriften fehlt sogar der Ausgangspunkt jeder Darstellung des Maschinenzeichnens: die Art der maschinentechnischen Zeichnung als sachliche und notwendige Folge des besonderen Zweckes der Zeichnung zu begründen. Bezeichnend ist, daß eine der verbreitesten dieser Schriften auch eine Skizze enthält. Neuerdings sind sogar Schriften über Maschinenzeichnen hinzugekommen, die gar keine zeichnerische Darstellung enthalten, sondern nur Vorschriften, Gebrauchsanweisungen und Belehrungen über Nebensachen, auf die es nicht ankommt.

Seit dem Erscheinen der ersten Auflage dieses Buchs sind einige 30 Schriften, Bücher und Sammlungen von Vorlageblättern über denselben Gegenstand erschienen. Fast alle nehmen auf das Buch Bezug, stimmen auch den aufgestellten Grundsätzen vollständig zu, und viele entnehmen ihm Abbildungen und Begründungen; aber keines dieser Werke ist auf den Sinn meiner Darlegungen eingegangen, und alle, mit Ausnahme einer kleinen Schrift über das Skizzieren von Maschinenteilen und einiger in Wien erschienener Vorlageblätter, enthalten zeichnerische Darstellungen, die als Muster nicht gelten können, sondern voll der überlieferten Unzweckmäßigkeiten sind. Sogar unter „ministerieller Unterstützung" sind Vorlageblätter herausgegeben worden, die in gar mancher Hinsicht das Gegenteil dessen zeigen, was für Maschinenzeichnungen erforderlich ist.

Der Schüler, ungeübt in Anschauung und Vorstellung, vermag solchen Belehrungen nur unfruchtbar bleibende Worte, Vorschriften oder ungeeignete Vorbilder zu entnehmen.

Nur anschauliche Beispiele mit Begründung der sachlichen Notwendigkeit eines bestimmten zeichnerischen Ausdrucks können den Anfänger zu eigenem Verständnis führen, zu Selbständigkeit in ähnlichen oder anderen Fällen und schließlich zu richtigem zeichnerischen Ausdruck der eigenen Vorstellung für den jeweilig beabsichtigten Zweck.

Die Maschinenzeichnung ist das Mittel, die Vorstellung des Konstrukteurs zu bestimmtem Zwecke auszudrücken, beispielsweise zur Verständigung mit dem ausführenden Arbeiter. Die zeichnerische Sprache, richtig gesprochen und verstanden, befähigt den Ingenieur, seine gestaltenden Gedanken derart auszudrücken, daß sie fehlerfrei in die Wirklichkeit umgesetzt werden können. Wie jede Schrift, ist sie nur brauchbar, wenn sie eindeutig und klar lesbar ist und, wie erwähnt, — im Gegensatz zu anderen Sprachen — alles enthält, was für den beabsichtigten Zweck, z. B. die praktische Ausführung, erforderlich ist, nur eine einzige, die richtige Deutung zuläßt und jedes Mißverständnis ausschließt.

Die vom Zeichnenden zu wählenden Ausdrucksmittel sind ausschließlich abhängig vom beabsichtigten Zwecke. Sach- und zweckwidrige Behandlung der Ingenieursprache steht in Widerspruch mit der Praxis und hilft den künstlichen Gegensatz zwischen Schulzeichnungen und Zeichnungen für praktische Zwecke schaffen, insbesondere, wenn von einem „höheren Standpunkte" aus jeglicher Zweck, als dem „Ideal" widersprechend, verächtlich gemacht wird.

Schon im Jahre 1852 schrieb Redtenbacher:

> „In den Schulen wird gewöhnlich mit dem Zeichnen unendlich viel gespielt. Es werden oftmals schön schattierte und illuminierte oder gar perspektivische Bildchen gemacht, auf denen alles, nur nicht das, was man zur Ausführung braucht, enthalten ist; daher auch das Renommee, in welchem die „Schulzeichnungen" stehen. Wer einmal erfahren hat, welcher Aufwand von Zeit und Mühe erforderlich ist, um die Zeichnungen so auszuarbeiten, daß man danach ausführen kann, dem vergeht die Lust zu derlei kindischen Beschäftigungen. Verständige Zeichnungen sollten nicht mehr und nicht weniger enthalten, als zur Ausführung nach denselben notwendig ist."

Statt diesen wahren Worten zu folgen, ist zweckloses Zeichnen auch nach Redtenbacher jahrzehntelang getrieben worden: ein zweckwidriges Linear- und geometrisches Zeichnen, unfruchtbare Übungen in bloßer Handfertigkeit, schulmäßige Ausstattungen und Spielereien aus der guten alten Schule, für welche die Zeit nicht den heutigen Wert hatte, so daß sie für nutzlosen Zierat verwendet werden konnte. Hand in Hand gehen damit erfahrungsgemäß sachliche Unrichtigkeiten, schon deshalb, weil die Schüler die Zeit dem Aufputze statt der Sache opfern müssen.

Einseitige Schulweisheit in Wort und Bild zu bekämpfen und im Gegensatze hierzu die zwingenden Forderungen des praktischen Zweckes schon beim ersten Anfange des Maschinenzeichnens geltend zu machen und stets alle Einzelheiten soweit als möglich sachlich zu begründen, kann der heranwachsenden Jugend nur nützen und ist der Hauptzweck dieser Schrift.

Es ist außerdem pädagogisch unrichtig, die Studierenden erst einen Kursus geistloser Übung im Maschinenzeichnen ohne gleichzeitige Anleitung zur Sachkenntnis durchmachen zu lassen. Der Unterricht muß von vornherein Sachunterricht sein und das lehren, was zum Verständnis des Zusammenhanges zwischen Zeichnung und Ausführung erforderlich ist.

Die Vorbildung sollte die Schüler zum Verständnis solches Unterrichts befähigen; das ist leider weniger als je der Fall, daher die unbefriedigenden Zustände.

Das Maschinenzeichnen wird im Unterricht oft zu eng aufgefaßt, zu sehr auf das „Zeichnen" geachtet und zu wenig auf die Hauptsache, die „Maschine". Nicht die zeichnerische Form ist das Wesentliche, sondern der sachliche Inhalt der Zeichnung, daher schon die Anfänge im Maschinenzeichnen mit Sachkunde gepaart werden müssen.

Das Maschinenzeichnen erfordert zunächst als Voraussetzung:

ein entwickeltes Raum- und Form-Vorstellungsvermögen; soviel Sachkenntnis und Erfahrung, daß die Beziehungen der darzustellenden Form zum Zwecke der Darstellung, z. B. die praktische Ausführung der Form, richtig aufgefaßt und berücksichtigt werden; endlich genügende Handfertigkeit.

Das Raum- und Form-Vorstellungsvermögen ist die Grundlage aller zeichnerischen Darstellung und ist durch die Vorbildung zu entwickeln. Wohl wird es im weiterem Studium immer mehr ausgebildet, aber in der Hauptsache muß der Studierende die Fähigkeit klarer Vorstellung mitbringen. Der wichtigste Ausgangspunkt ist: anschauliches Denken, anschauliches Erfassen aller Erscheinungen. Das wichtigste Mittel, das Vorstellungsvermögen zu bilden, wäre ein richtiger

Zeichen- und Geometrieunterricht an der Vorschule in der nötigen Ausdehnung und Vertiefung. Es ist sehr zu beklagen, daß die Vorbildung der Studierenden in dieser Hinsicht keinen Fortschritt macht, vielmehr immer mangelhafter wird, daß die Zahl derer, die vor Eintritt in die Hochschule noch nie anschaulich gedacht haben und Formvorstellung nicht kennen, immer mehr zunimmt. Dadurch werden die Hochschulen gezwungen, erst die Elemente des Zeichnens zu lehren, ohne jedoch bei der beschränkten Zeit das von der Vorschule Versäumte nachholen zu können. Die Belehrung kommt zu spät und wird von den Studierenden umsomehr als Belästigung angesehen, je weniger Veranlagung zu anschaulichem Denken, zu richtiger Formvorstellung und zu zeichnerischem Ausdruck sie mitbringen. Früher haben sich viele Studierende gerade durch das Zeichnen nicht nur Vorstellungsvermögen, sondern auch Sachkenntnis erworben. Solches hat in der Gegenwart ganz aufgehört; es herrscht die mündliche, abstrakte Lehre, der Buchstabe auf Kosten der Anschauung, und das wenige geduldete Zeichnen dient nicht dem plastischen Denken, heißt „Linearzeichnen" usw.

Das Maschinenzeichnen beginnt zweckmäßig mit dem Aufnehmen von Maschinenteilen in Skizzen und mit der Darstellung des Skizzierten in Werkzeichnungen. Beides erfordert aber, wie schon erwähnt und immer wieder hervorzuheben ist, von Anfang an Sachkenntnis, genügendes Erfassen des Zusammenhangs zwischen Form und Maß und praktischer Ausführung.

Der Anfang zur Sachkenntnis soll durch gründliche Werkstättenpraxis erworben werden; das volle sachliche Verständnis kann erst im Laufe der Zeit durch den fachwissenschaftlichen Unterricht und durch eigene sachliche Erfahrung erlangt werden. Da im „Maschinenzeichnen" die sachlichen Fehler und Hindernisse gleicher Art sind wie im fachwissenschaftlichen Unterrichte, so muß einiges Wesentliche und Allgemeine schon hier berührt werden.

Zweck der Ingenieurerziehung ist die Ausbildung für die schaffende Ingenieurtätigkeit, insbesondere im Sinne selbständiger Mitarbeit innerhalb organisierter Gesamtarbeit.

Solche Ausbildung ist nur möglich unter Berücksichtigung der Wirklichkeit. Phantasiekonstruktionen und Zeichenübungen ohne solche Rücksicht sind Spielereien und nur irreführend; statt zu belehren, täuschen sie über die Schwierigkeiten. Es müssen die Bedingungen der Praxis so weit als möglich schon auf den ersten Unterricht übertragen werden.

Die Meinung, die Technischen Hochschulen hätten nur die wissenschaftlichen Grundlagen zu lehren, ist sinnlos. In der Ingenieurtätigkeit muß alle wissenschaftliche Erkenntnis angewendet werden; dies ist unmöglich ohne Rücksicht auf einen bestimmten praktischen Zweck, ohne Kenntnis der Wirklichkeit. Zudem ist zu beachten, daß ein einziger Konstruktionsgedanke die vielfältigste Einzelarbeit erfordert, die mit Recht schon vom Anfänger verlangt wird, die er aber nur leisten kann, wenn er Zusammenhang, Zweck und Ausführung kennt.

Eine andere widersinnige, oft gebrauchte Redensart ist: die Hochschulen haben nicht Konstrukteure allein, sondern auch Fabrikdirektoren, Betriebsleiter usw. auszubilden. Bevor jemand leitend auftreten kann, muß er doch erst Mitarbeiter gewesen sein; jede Mitarbeit aber führt mitten hinein in die Schwierigkeiten der praktischen Ausführung. Es ist eine arge Täuschung der Jugend, zu sagen: Fähigkeit zum Konstruieren, zu schaffender Formgebung und Kenntnis der Ausführung ist nicht erforderlich, sondern nur eine „gleichmäßige" Ausbildung, die auf technischem Gebiet zu schulmäßigem technologischen Wissen führen würde. Noch schlimmer ist die Ansicht: wer zum Konstrukteur nicht taugt, kann sich der Betriebsleitung zuwenden. Zu dieser gehört erst recht Kenntnis der praktischen Ausführung; daher sind auch gute Betriebsleiter viel seltener als Konstrukteure.

Richtigen praktischen Blick sich aneignen, heißt die Summe aller gegebenen Bedingungen der Wirklichkeit richtig und rechtzeitig erfassen. Ziel der Hochschule muß sein, auch den Forderungen der Wirklichkeit zu genügen.

Der Unterricht muß von allem Anfang an vom Zweck der Konstruktion ausgehen, und dieser führt unmittelbar zu den Bedingungen der praktischen Ausführung. Dieses Wesentliche wird aber vielfach vernachlässigt, wenn der Unverstand des Lehrers oder des Schülers sich erhaben dünkt über solche „unwissenschaftlichen Nebensachen", über solche „Angelegenheiten der Praxis".

Die Ursache mangelnden Könnens gegenüber den Forderungen der Praxis ist: Verschulung, wobei die Vorbildung den größten Teil der Schuld zu tragen hat; weiter aber auch oft unberechtigte Forderungen der Praxis: wenn Vorgesetzte sich keine Zeit und Mühe geben, dem Anfänger behilflich zu sein, und ein Können voraussetzen, über das er in bestimmtem Alter überhaupt nicht verfügen kann. Der Vorgesetzte verlangt oft sachlich zu viel und urteilt zu scharf über das Nichtkönnen der jungen Ingenieure. Er, der selbst in langer schaffender Tätigkeit sehr erfahren geworden, vergißt die Zwischenstufen, die er durchzumachen hatte; er überblickt nur sein gegenwärtiges Können oder das Können seiner Mitarbeiter, die er jahrelang im engsten Bereiche geschult hat, aber nicht mehr sein einstmaliges als junger Anfänger. Lebt nun der Anfänger auf Grund vermeintlichen profunden Wissens in der Überzeugung, nicht er habe Arbeit für die Ausführung zu leisten, sondern dafür seien tiefer stehende „Zeichner" da, dann ist des Jammers kein Ende!

Wirklich leistungsfähig kann der Anfänger immer nur auf dem Gebiete der Mitarbeit sein, unter Leitung eines erfahrenen, dem Anfänger wohlwollend gesinnten Ingenieurs, der sich wenigstens ein Minimum von Mühe nimmt, die Lehrzeit durch Anregung fruchtbringend zu gestalten. Der Anfänger aber muß in dem Bewußtsein leben, daß er trotz aller Vorbereitung eben erst zu lernen hat. Beides ist leider im Abnehmen begriffen.

Statt in dieser Richtung zu fördern, erheben sich zunehmend auch in der Praxis Stimmen, welche jede Schulung zum Können als „Spezialistentum" verdächtigen und von den Hochschulen die Darbietung eines größeren Maßes rein theoretischen Wissens und wissenschaftlicher Hilfsmittel verlangen, das Streben nach Konstrukteurausbildung als verfehlt, als einseitig bezeichnen, während andere wieder, gleichfalls Männer der Praxis, nicht nur mehr wissenschaftliches Wissen, sondern auch volle Konstrukteurausbildung und dazu noch vollendete Laboratoriumsschulung verlangen, ohne allerdings zu sagen, wie dies ohne Verlängerung der ohnedies schon überlangen Studienzeit zu machen sei. Danebenher laufen die erfolgreichen Bestrebungen, durch verkehrte Prüfungsordnungen die konstruktive Ausbildung in Sonderfächer aufzulösen und so dem planmäßigen, gründlichen Konstruktionsunterricht das Rückgrat zu brechen, Spezialwissen zu pflegen statt gründlichen konstruktiven Könnens und der allgemeinen Fähigkeit zur Gestaltung. Andere wieder verlangen rundweg nur Kürzung der Studienzeit, ohne zu bedenken, daß ihr Verlangen in erster Linie an die Vorschule gerichtet werden müßte.

Vom Anfänger wird stets allgemeines Können und verantwortliche Mitarbeit von allem Anfang an verlangt; ohne gründliche Konstrukteurschulung kann er aber diese Forderung nicht erfüllen.

Die verantwortliche Tätigkeit des Anfängers liegt fast immer in Detailarbeit für die praktische Ausführung; in erster Linie muß er daher in dieser Richtung ein genügendes Können mitbringen, u. a. Werkzeichnungen und Maßzahlen und ihren Zusammenhang mit der Ausführung und den Ausführungsmitteln kennen. Daher ist hier zunächst eine Übersicht über Gesamt- und Teilarbeit erforderlich.

Organisierte Arbeit.
Planmäßige Teilung der Arbeit und Verantwortung.

Die große Bedeutung der Verantwortung, auch des Anfängers, liegt in ihrem untrennbaren Zusammenhang mit der Arbeitsteilung.

Die hohe Vollkommenheit der modernen technischen Betriebe, alle technische Tätigkeit, überhaupt alle Zivilisation beruht auf der Arbeitsteilung, und diese bedeutet Teilung des Wirkungskreises und der Verantwortung. Auch der Anfänger muß für seine Mitarbeit unbedingt seinen Teil Verantwortung tragen. Deshalb ist es eine zwingende Forderung der Praxis, daß dem Studierenden die Verantwortlichkeit seiner künftigen Berufstätigkeit schon während seiner Studienzeit bei allen Arbeiten zum Bewußtsein gebracht wird. Dies ist nur möglich durch die strengste Rücksichtnahme auf die Wirklichkeit, und zwar schon im ersten Unterrichte, im Maschinenzeichnen.

Die häufige Verkennung der Forderungen der Praxis in der Frage der Verantwortung macht es notwendig, die Arbeitsteilung technischer Betriebe und den Wirkungskreis, in welchen auch der Anfänger sofort verantwortlich eintritt, wenigstens in allgemeinen Umrissen an einem Beispiel zu kennzeichnen.

In einer großen Maschinenfabrik kommen, abgesehen von den Arbeiten, welche einer Auftragserteilung vorangehen, für die Ausführung der Aufträge wesentlich vier Abteilungen in Betracht: die technische Leitung, das Konstruktionsbureau, die ausführende Werkstätte, die Bau- oder Betriebsleitung.

Je größer der Umfang der Unternehmung ist, desto mehr werden die vier Abteilungen voneinander zu trennen sein. Kleinere und besondere Verhältnisse werden eine Vereinigung in der Leitung der Abteilungen zulassen, große Betriebe werden noch weitere Teilung erfordern. Der Anfänger wird wesentlich mit der zweiten oder vierten Abteilung zu tun haben.

Jede Abteilung ist wieder in sich gegliedert; das Konstruktionsbureau z. B. untersteht einem Vorstand (Oberingenieur usw.), unter dessen Leitung die Konstrukteure und Zeichner die Aufträge verantwortlich auszuarbeiten haben. Die Zeichner sind Hilfsarbeiter der Konstrukteure und für die Richtigkeit ihrer Zeichnungen nur verantwortlich, soweit zeichnerisches, nicht aber konstruktives Können in Frage kommt.

Die Arbeitsteilung verlangt Übernahme der Verantwortung durch alle Mitarbeiter innerhalb ihres Wirkungskreises, z. B.:

Der Vorsteher des Unternehmens (Direktor) ist für die zweckentsprechende Durchführung der Organisation und der Arbeitsteilung verantwortlich. Scharfe Abgrenzung des Wirkungskreises für jede einzelne Persönlichkeit gibt es jedoch nicht immer, und Abweichungen von der unten angegebenen Gliederung und Arbeitsteilung sind möglich und notwendig je nach persönlichen und besonderen Verhältnissen; im allgemeinen aber wird in jeder großen Maschinenfabrik folgender Geschäftsgang maßgebend sein:

Die an das Geschäft herantretenden Angelegenheiten, welche eine technische Bearbeitung bedingen, werden von dem Vorsteher der Unternehmung (Direktor) oder dessen Stellvertreter (Oberingenieur) an den Bureauchef (Chef-Konstrukteur, Oberingenieur) oder an den Stellvertreter des letzteren weitergegeben. Je nach der Wichtigkeit und dem Umfange der Sache werden dem Bureauchef von dem Vorsteher die zur Erledigung erforderlichen Anweisungen erteilt, welche bei geringfügigen Aufträgen häufig darauf beschränkt werden, daß letztere der Bestellung gemäß auszuführen seien. In solchen Fällen unterbleiben die Anweisungen auch wohl gänzlich, weil sie als überflüssig angesehen werden und die Durchführung selbstverständlich ist. Von den eingegangenen Aufträgen werden auch die beteiligten Betriebsleiter (Werkstättenvorsteher, Werkstätteningenieure) durch den Vorsteher der Fabrik in Kenntnis gesetzt, damit sie auch dann, wenn die Sache zunächst nur im Konstruktionsbureau bearbeitet werden muß, etwaige Maßnahmen innerhalb ihres Wirkungskreises rechtzeitig vorbereiten können.

Dem Bureauchef sind eine Anzahl Konstrukteure und Zeichner unterstellt. Von den Konstrukteuren wird diejenige technische Bildung vorausgesetzt, welche sie befähigt, die technische Bearbeitung der ihnen überwiesenen Sachen im ganzen und im einzelnen zu übersehen und durchzuführen. Die Zeichner besitzen diese Bildung nicht; sie sind Hilfsarbeiter der Konstrukteure und sollten diesen unmittelbar untergeordnet sein.

Der Bureauchef gibt die vom Vorsteher erhaltenen Aufträge an die Konstrukteure weiter, wobei er deren besondere Fähigkeiten und Erfahrungen bei der Verteilung berücksichtigt. Es kommt aber auch vor, daß untergeordnete Sachen von dem Vorsteher den Konstrukteuren direkt, also mit Übergehung des Bureauchefs, zugeteilt werden, oder daß Arbeiten, welche nicht viel mehr als das handwerksmäßige Können und nur geringe technische Bildung erfordern, den Zeichnern unmittelbar, also mit Übergehung der Konstrukteure, überwiesen werden.

Die Zeichner sind verantwortlich für die Richtigkeit ihrer Zeichnungen, soweit das zeichnerische Können, nicht aber das konstruktive Wissen in Frage kommt.

Die Konstrukteure haben auch die Arbeit der ihnen als Hilfskräfte zugeteilten Zeichner zu beaufsichtigen. Sie sind verantwortlich für die Zeichnungen der Zeichner, soweit konstruktives Wissen und Kenntnis des Zusammenhangs mit anderen Maschinenteilen oder mit dem Maschinenganzen dabei erforderlich ist. Die Revisionspflicht und Verantwortung fällt dem Vorsteher zu, falls die Zeichner von diesem und nicht vom Konstrukteur ihren Auftrag erhalten haben. Die Konstrukteure sind ferner verantwortlich für ihre eigenen Zeichnungen im ganzen Umfange. Auch sind sie dafür verantwortlich, daß die ihnen übertragene Arbeit vollständig, mit Beachtung aller Folgen, erledigt wird. Soweit den Konstrukteuren die Gesamtanordnung einer Anlage überlassen war, nehmen sie teil an der Verantwortung dafür.

Der Bureauchef oder der Vorsteher (sofern dieser die Konstrukteure direkt beauftragt) hat die Konstrukteure zu beaufsichtigen und ihre Arbeiten zu prüfen. Der Bureauchef teilt die Verantwortlichkeit der Konstrukteure, soweit bei ihren Zeichnungen das konstruktive Wissen bezüglich der einzelnen Teile oder des Zusammenhanges berührt wird, und trägt in erster Reihe die Verantwortung für die Gesamtanordnung der Anlage. Soweit der Bureauchef als Konstrukteur auftritt, trägt er auch dessen Verantwortung.

Betreffen die Aufträge eine Abänderung bereits in Arbeit befindlicher Gegenstände, dann ist der mit der Änderung beauftragte Konstrukteur dafür verantwortlich, daß sämtliche in den Werkstätten befindlichen hierbei in Betracht kommenden Zeichnungen zurückgezogen und richtiggestellt oder durch neue ersetzt werden. Der Bureauchef teilt diese Verantwortlichkeit.

Der Bureauchef oder der Vorsteher oder ihr Vertreter übergibt Kopien derjenigen Zeichnungen, nach denen gearbeitet werden soll, den Betriebsleitern der Werkstätten (Werkstätten-Vorsteher, -Ingenieur).

Von den Betriebsleitern (Werkstätten-Vorstehern) wird vorausgesetzt, daß sie eingehende Kenntnis der in ihrem Betriebe vorkommenden Arbeitsvorrichtungen besitzen, und daß sie die ihnen zur Verfügung stehenden maschinellen und sonstigen Einrichtungen sowie die Arbeitskräfte zweckmäßig auszunutzen verstehen.

Den Betriebsleitern sind eine Anzahl Werkmeister und diesen wieder eine Anzahl Vorarbeiter unterstellt. Die Werkmeister erhalten von den Betriebsleitern die Werkstattzeichnungen und etwaige darauf bezügliche Anleitungen; sie geben sie an die Vorarbeiter weiter, welche danach mit den ihnen untergebenen Arbeitern die einzelnen Gegenstände herstellen. Es wird von den Werkmeistern nicht nur vorausgesetzt, daß sie die der Werkstätte zur Ausführung übergebenen Zeichnungen verstehen und sich eine richtige Vorstellung von der Form der einzelnen Teile machen können, sondern auch, daß sie solchen Arbeitern, die bei der Herstellung tätig sein sollen, denen aber diese Fähigkeit abgeht, durch Erläuterung eine klare Vorstellung der herzustellenden Gegenstände und des Arbeitsvorganges zu verschaffen vermögen.

Die Vorarbeiter sind verpflichtet, nach den ihnen übergebenen Zeichnungen zu arbeiten bzw. arbeiten zu lassen und dabei denjenigen Grad von Genauigkeit einzuhalten, welcher für die gerade vorliegenden Stücke mit Rücksicht auf ihre Bestimmung verlangt wird. Innerhalb dieser Grenzen sind sie für die Übereinstimmung der ausgeführten Teile mit den Zeichnungen verantwortlich. Die Werkmeister haben neben sonstigen Obliegenheiten auch die Prüfung der fertiggestellten Teile hinsichtlich Richtigkeit der Werkstättenausführung auszuüben und sind ebenfalls für deren Übereinstimmung mit den Zeichnungen verantwortlich.

Die Werkmeister haben Anteil an der Verantwortlichkeit für die sachgemäße Werkstättenausführung der einzelnen Teile, tragen jedoch auch die Verantwortung für den richtigen Zusammenhang der einzelnen Teile und ihre richtige Wirkungsweise, soweit dieser Zusammenhang oder die Wirkungsweise durch die Zeichnungen gegeben ist und durch Vergleichung der Ausführung mit der Zeichnung jederzeit festgestellt werden kann.

Jeder Betriebsleiter ist in erster Reihe nicht nur für die sachgemäße Werkstättenausführung, sondern auch — ebenso wie die Werkmeister — für den richtigen Zusammenbau der fertiggestellten Teile untereinander und ihre richtige Wirkungsweise insoweit verantwortlich, als der Zusammenhang und die Wirkung aus den Zeichnungen, welche ihm vorgelegen haben, erkennbar ist, während er für die Übereinstimmung der einzelnen Teile mit den Zeichnungen nicht verantwortlich zu machen ist, weil andernfalls seine Aufmerksamkeit viel zu sehr von seinen sonstigen wichtigen Obliegenheiten: gewissenhafte Prüfung der Materialien, Durchführung einer zweckmäßigen Werkstätten-Ökonomie usw. abgelenkt werden würde.

Obschon die vom Konstruktionsbureau gelieferten Zeichnungen die Grundlage für die Ausführung sind, kommt es als Ausnahmefall doch vor, daß das Betriebspersonal gezwungen wird, davon abzuweichen, wenn die Werkstattzeichnungen Irrtümer, z. B. unrichtige Maße, enthalten, wenn Widersprüche in den Zeichnungen enthalten sind, oder wenn die gezeichneten Konstruktionen gegen die praktische Erfahrung oder Werkstättenpraxis verstoßen und zur Abwendung sachlicher oder geschäftlicher Nachteile eine Änderung wünschenswert oder notwendig wird. Das Betriebspersonal ist aber in solchem Falle verpflichtet, die Zeichnungen, in denen solche Fehler gefunden werden, durch den Bureauchef unverzüglich berichtigen zu lassen und jede vorgenommene Änderung zu melden. Solche Änderungen dürfen sich jedoch nicht auf Fälle erstrecken, welche nur im Zusammenhange mit den übrigen Maschinenteilen oder mit dem Maschinenganzen beurteilt werden können.

Bei Neukonstruktionen müssen die Zeichnungen vor Herausgabe an die Werkstätte gemeinsam von den maßgebenden Werkstätteningenieuren und Konstrukteuren geprüft und alle Einzelheiten auf sachgemäße Ausführbarkeit hin untersucht werden. Ergibt sich bei dieser gemeinsamen Beurteilung, daß Einzelheiten den Erfahrungen nicht entsprechen, so muß eine zweckentsprechende

Änderung vorgenommen werden, soweit der maßgebende Konstrukteur eine solche Änderung auf Grund des Zusammenhanges aller Teile oder besonderer, z. B. Festigkeitsrücksichten für zulässig hält. Derartige gemeinsame Besprechungen werden in größeren Fabriken öfter notwendig und finden am besten in regelmäßigen Zeitabschnitten statt.

Der Zusammenbau (Montage), die Vereinigung der in den Werkstätten fertiggestellten Maschinenteile zum fertigen Ganzen, ist in gleicher Weise wie der vorhin geschilderte Werkstättenbetrieb gegliedert. Dem den Zusammenbau leitenden Ingenieur sind Werkmeister und diesem Vorarbeiter (Monteure) unterstellt. Das Personal empfängt von den Werkstätten die fertigen Maschinenteile und muß sie zur gangbaren Maschine zusammenbauen.

Früher erfolgte der Zusammenbau zusammengehöriger Teile sowie der Zusammenbau aller Teile zur Maschine durch das gegenseitige Aufeinanderpassen, also eine Nacharbeit, die der Herstellung der einzelnen Maschinenteile in der Werkstatt nachfolgen mußte. Dieses Paßverfahren ist im neueren Maschinenbau, in der Massenfabrikation gleichartiger Teile, vollständig verschwunden. Kein Teil wird erst beim Zusammenbau zum andern passend gemacht, sondern jeder Teil in organisierter Werkstättenarbeit nach besonderem Meßverfahren mittels Schablonen, Lehren, Kaliber mit einer zulässigen gemessenen, sehr geringen Ungenauigkeit (Toleranz) so vollkommen hergestellt, daß die zusammengehörigen Teile ohne jede Nacharbeit, ohne jegliches nachträgliche Aufeinanderpassen zueinander stimmen müssen und miteinander richtig arbeiten können.

Früher hatte die Fabrikabteilung beim Zusammenbau an den Maschinenteilen, die ihr von den Werkstätten zugingen, ohne weiteres diejenigen Veränderungen vorzunehmen, welche einerseits als Ausgleichung etwaiger Ungenauigkeiten notwendig waren, andrerseits mit Rücksicht auf den richtigen Zusammenhang oder die richtige Wirkung geboten erschienen. Das Montagepersonal hatte die einzelnen Teile zusammenzupassen, um sie gangbar zu machen.

Bei diesem Paßverfahren, soweit es hier und da noch geübt wird, dürfen jedoch keine anderen Änderungen vorgenommen werden als die eben erwähnten, und es besteht in jedem Falle die Verpflichtung, alle notwendig scheinenden Änderungen, etwa festgestellte Fehler im Material, in der Ausführung oder Konstruktion, dem vorgesetzten Leiter mitzuteilen, der unter seiner Verantwortlichkeit darüber entscheidet, ob und welche Abänderungen vorzunehmen sind. Monteure und Werkmeister müssen daher solche Fehler dem leitenden Montageingenieur sofort mitteilen, und dieser muß im Falle wesentlicher Änderungen dem Konstruktionsbureau hiervon Mitteilung machen. In zweifelhaften Fällen wird dann die Entscheidung nach Meinungsaustausch zwischen den Abteilungen getroffen.

Das Montagepersonal erhält als Richtschnur beim Zusammenbau der Maschinenteile zum Maschinenganzen durch den Betriebsingenieur eine vom Konstruktionsbureau hergestellte besondere Zusammenstellungszeichnung, einen Montageplan. Der Zweck dieser besonderen Maschinenzeichnung ist, einen Überblick über den Zusammenhang der Teile und über das Maschinenganze zu gewähren. Der Natur der Sache entsprechend sind diese Zusammenstellungszeichnungen stets in kleinerem Maßstabe, 1 : 10, 1 : 50, 1 : 100, gezeichnet, denn sie haben nie den Zweck, zur Prüfung der Ausführung und Konstruktion der einzelnen Teile zu dienen, sondern nur den Zusammenhang zu zeigen.

Diese Zusammenstellungszeichnungen werden daher verschieden ausgeführt. Wird nach dem Paßverfahren gearbeitet, dann muß der Zusammenhang aller Teile durch Maße angegeben werden, und es müssen alle Teile dargestellt sein, die beim Zusammenbau zu Nacharbeit Anlaß geben können. Wird bei der Herstellung der Teile nach dem genauen Meßverfahren gearbeitet, dann bedarf die Zusammenstellungszeichnung überhaupt keines Maßes, auch keiner besonderen Darstellung der Maschinenteile, sondern hat nur den Zusammenhang, gewissermaßen die Reihenfolge der zusammenzubauenden Stücke und ihre Abhängigkeit voneinander zu zeigen.

Monteure und Werkmeister sind verantwortlich für das richtige Zusammenpassen der zusammengehörigen Teile und tragen auch die Mitverantwortung für die Gangbarkeit derselben. Sie teilen die Verantwortlichkeit für die sachgemäße Ausführung aller mit den montierten Gegenständen anzustellenden Druck- und sonstigen Proben. Der Montage-Ingenieur hat für die Gangbarkeit der Anlage als Ganzes und für die Erprobung der Maschine zu sorgen und nimmt teil an der Verantwortlichkeit für die richtige Wirkung der einzelnen Maschinenteile und des Ganzen, soweit sie vom Zusammenbau abhängt. —

Die im vorstehenden als Beispiel gekennzeichnete Organisation bezieht sich nur auf Großbetriebe mit weitgehender Arbeitsteilung. Für den Anfänger ist ausdrücklich hervorzuheben, daß solche Verhältnisse nicht allgemein sind, daß sie aber für die moderne Massenfabrikation viel weiter ausgebildet sind. Organisierte Fabrikbetriebe weisen dem Anfänger immer nur ein engbegrenztes Gebiet der Tätigkeit innerhalb der streng gegliederten Organisation zu. Lehrreicher für den Anfänger sind die zahlreichen kleineren Betriebe, welche mit weniger ausgedehnter Arbeitsteilung auskommen und dementsprechend größere Gebiete der geteilten Arbeit in eine Hand legen müssen.

Für solche kleineren Verhältnisse gilt aber hinsichtlich verantwortlicher Mitarbeit dasselbe wie für größere. Unter allen Umständen zwingt jede Arbeitsteilung auch den Anfänger, in seinem Wirkungskreise für die Richtigkeit seiner Mitarbeit aufzukommen, auch wenn dies nicht ausdrücklich mündlich oder schriftlich ausbedungen sein sollte.

Jede einmal durchgeführte Organisation verlangt strenge Einhaltung der dadurch bedingten Arbeitsteilung. So wie z. B. der Werkstätte keine selbstständige Abweichung von der Zeichnung erlaubt ist, so ist es auch unzulässig, daß vom Konstruktionsbureau nachträglich Abänderungen der Zeichnungen ohne Verständigung der Werkstättenleitung vorgenommen werden, oder daß an die Werkstätte hinausgegebene Zeichnungen ohne Vorwissen des Werkstättenleiters wieder zurückgezogen oder geändert werden.

Die vielgliedrige Organisation und weitgehende Arbeitsteilung, die der gegenwärtigen Massenfabrikation zu Grunde liegt, hat eine Veränderung von Form und Inhalt der Maschinenzeichnung zur Folge gehabt, weil mit der Änderung der Organisation der Zweck jeder Zeichnung, der Bereich und die Art ihrer Benutzung anders geworden sind. Die Maschinenzeichnung hat der vielgliedrigen Gesamtorganisation zu dienen.

Der nicht organisierte Maschinenbau, der sich mit Einzelausführungen befaßt, ist längst keine lohnende Beschäftigung mehr und sinkt immermehr auf die Stufe der Reparaturwerkstätten herab. Genaue Kenntnis der Anforderungen, die die Maschinenzeichnungen zur Massenherstellung von Maschinenteilen erfüllen müssen, ist daher auch schon für den Anfänger unerläßlich. —

Maßgebend für den Wert jeder Mitarbeit, insbesondere aber innerhalb einer großen Organisation, ist die sachliche Richtigkeit, Sorgfalt und Zuverlässigkeit; dies gilt besonders von der weitläufigen Detailarbeit, ohne deren sorgfältigste Erledigung kein organisierter Betrieb möglich ist. Der Weg zu leitender Arbeit führt immer durch die Mitarbeit und Detailarbeit hindurch. Daher ist es eine wesentliche, aber zugleich schwierige Aufgabe für den Anfänger, die weit getriebene Arbeitsteilung in den Fabriken kennen zu lernen. Zunächst vermag er kaum eine Übersicht über den Zusammenhang der einzelnen Arbeiten zu gewinnen, und wertvolle Mitarbeit zu leisten, wird ihm dadurch außerordentlich erschwert. Leider wird dem Anfänger viel zu wenig Gelegenheit geboten, organisierte Werkstättenarbeit gründlich kennen zu lernen.

Der Unterricht im Maschinenzeichnen muß von Anfang an die tatsächlichen Verhältnisse der praktischen Ausführung als das Wichtigste und Schwierigste behandeln, muß trotz der Hindernisse einer ungeeigneten Vorbildung durch die Schule die Studierenden zu zuverlässigen Mitarbeitern erziehen und ihnen das Bewußtsein der Verantwortlichkeit beibringen.

Die Lösung dieser Aufgabe wird aber unmöglich, wenn die Fabriken nicht die weitgehende Möglichkeit planmäßiger Werkstättenausbildung schaffen, und wenn an den Anfänger unerfüllbare Forderungen gestellt werden, wie etwa die, daß er trotz der ungeeigneten Vorbildung, die für ganz anders geartete Berufe zweckmäßig sein mag, und trotzdem er — wegen dieser Vorbildung — erst an der Hochschule die elementarste Kenntnis der Wirklichkeit erwerben kann, am Schluß eines eigentlich nur zweijährigen Fachstudiums wissenschaftlich, konstruktiv und wirtschaftlich fertig ausgebildet sei.

Die Übelstände liegen nicht in geringer zeichnerischer Übung, sondern in mangelhaftem oder fehlendem Vorstellungsvermögen, das in der Vorbildung, statt gefördert, unterdrückt wird, und im ganzen Bereiche der Schule in der Nichtwürdigung gegebener Verhältnisse. Die erforderlichen Fähigkeiten können aber nicht durch einen Kursus Maschinenzeichnen allein entwickelt werden. Die Hochschule muß ihre Forderungen an die Vorbildung stellen, muß diejenigen Fähigkeiten fordern, welche der Studierende mitbringen muß, der ein brauchbarer Ingenieur werden soll, und die Praxis muß durch reichliche Gelegenheit zu planmäßiger, gründlicher Werkstattausbildung ihren Anteil an der Ingenieurausbildung übernehmen. Nach beiden Richtungen ist es übel bestellt.

Nach der Diplomprüfungsordnung muß jeder Studierende vor Ablegung der Hauptprüfung mindestens ein Jahr lang in Werkstätten praktisch tätig gewesen sein. Während dieser Zeit soll der Studierende die in den verschiedenen Fabrikationsgebieten notwendigen Werkstättenarbeiten, wie Modellherstellung, Gießen, Drehen, Zusammenbau usw., kennen lernen und auch genügende Handfertigkeit zu erlangen suchen. Der dafür angesetzte Zeitraum wird von manchen Fachleuten als zu kurz angesehen. Noch mehr Zeit kann aber der praktischen Vorbereitung unmöglich gewidmet werden; ein Jahr reicht auch vollständig aus, wenn die Zeit und die Tätigkeit selbst richtig gewählt werden. Am besten wäre es, wenn das praktische Lehrjahr sich an das erste Studienjahr anschlösse, also dann begänne, wenn der Studierende die Grundbegriffe der Mechanik und durch Skizzieren nach Modellen auch die ersten Anfangsgründe des Maschinenbaus kennen gelernt hat. Nach Vollendung der praktischen Tätigkeit wird er dann für den folgenden Fachunterricht und besonders für den wichtigen Unterricht über „Maschinenelemente" das nötige Verständnis besitzen.

Statt dessen wird die praktische Vorbereitung vielfach planlos verteilt, was wohl auch dem Umstande zuzuschreiben ist, daß die meisten Fabriken und Werkstätten nur ungern und nur zeitweise Studierende aufnehmen.

Die vom Verein deutscher Ingenieure hierfür geschaffene Organisation ist wirkungslos und nimmt nicht auf die Bedürfnisse der Ingenieure, sondern der Techniker überhaupt Rücksicht; sie hat die Werkstättenarbeit den Anfängern nicht besser zugänglich gemacht, wohl aber verteuert.

Sachliche Richtigkeit der Maschinenzeichnungen.

Bei jeder Darstellung von Maschinen, von Konstruktionsformen, und zwar schon auf der ersten Stufe des Unterrichtes im Maschinenzeichnen. handelt es sich nicht bloß um die zeichnerische, sondern vor allem um die sachliche Richtigkeit. Diese ist die Vorbedingung der ersteren.

Die sachliche Richtigkeit jeder Maschinenzeichnung liegt in der richtigen Würdigung des besonderen Zwecks der Zeichnung und in der Berücksichtigung aller Konstruktions- und Ausführungsbedingungen für den besonderen praktischen Zweck, dem die dargestellte Form und die Zeichnung zu dienen hat. Dies setzt allerdings die Kenntnis des Maschinenbaus voraus.

Obwohl diese Kenntnis dem Anfänger mangelt, muß ihm das Maschinenzeichnen gelehrt werden. Daraus folgt eben, daß die Erziehung zur Sachkunde schon mit dem Maschinenzeichnen beginnen muß und nicht gewartet werden kann, bis das Fachstudium die erforderliche Belehrung bringt, das wieder Kenntnis des Maschinenzeichnens voraussetzen muß.

Erziehung zur Sachkunde ist unter solchen Umständen am besten möglich, wenn anschauliche Beispiele von Fehlern gebracht und diesen richtige Darstellung gegenübergestellt wird.

Hier soll daher zunächst auf einige häufig wiederkehrende Fehler aufmerksam gemacht werden, die Anfänger begehen, und die schon im Maschinenzeichnen verderbliche Folgen nach sich ziehen. Vieles Wichtige kann jedoch hier nicht berührt werden, da es ohne genauere Kenntnis der Konstruktionslehre und ohne tiefere fachliche Erfahrung nicht verständlich ist.

Fehler entstehen im Maschinenzeichnen insbesondere:

durch Nachahmung schlechter oder ungeeigneter Vorbilder,

durch Einseitigkeit in der Erfassung der Aufgabe oder der zeichnerischen Darstellung, namentlich auch durch einseitige „theoretische," d. i. die Wirklichkeit und die Summe aller Forderungen nicht würdigende Erwägungen,

durch Widersprüche mit der praktischen Ausführung oder mit den Forderungen des Betriebes,

durch Anwendung einer unrichtigen, irreführenden Formenlehre statt Beachtung der sachlichen Abhängigkeit der Formen vom besonderen Zweck usw.

Einzelne dieser Fälle müssen dem Lernenden durch kennzeichnende Beispiele klar gemacht werden.

Nachahmung unbrauchbarer Vorbilder.

Studierende können Vorbilder nicht entbehren; nur sind sie nicht in der Lage, die guten und brauchbaren von den schlechten ausreichend zu unterscheiden. Daher entstehen durch Benutzung unrichtiger oder ungeeigneter Vorbilder fehlerhafte Zeichnungen. Leider finden die Anfänger solche ungeeigneten Vorbilder überall, insbesondere in den mangelhaft ausgestatteten Zeitschriften, aber auch selbst in amtlichen Veröffentlichungen, oft Darstellungen schlechtester Art, die jeden ernsten Unterricht durch ihr bloßes öffentliches Dasein stören.

Die Anfänger müssen daher vor der Benutzung solcher mangelhaften, aber ihnen überall zugänglichen Veröffentlichungen als Vorbilder gewarnt werden. Dazu gehören allerlei Vorlagen, leider auch weit verbreitete Lehrbücher, die noch in neuesten Auflagen mit ältesten zeichnerischen Abbildungen ausgestattet werden, wohl nur, um dem Verleger Kosten zu ersparen.

Die Anfänger beachten insbesondere solche schlechten Vorbilder, die sie als von Autoritäten herrührend ansehen. Es bleibt deshalb auch der gewissenhafteste Unterricht vom schlechten Einfluß schlechter Vorbilder nicht frei, umsoweniger, als vielfach aus Mangel an Mitteln mangelhafte Zeichnungen benutzt werden.

Hierzu ist zunächst das deutsche amtliche Patentblatt zu erwähnen; es enthält zahlreiche schlechte Beispiele von Maschinendarstellungen, die nur mit den Holzschnitten und Kupfertafeln älterer technischer Werke verglichen werden können, bei deren Herstellung geringe technische und Geldmittel zur Verfügung standen.

Das Patentamt, eine hervorragende Reichsbehörde, wird gewiß von den besten Bestrebungen geleitet und verfügt über alle modernen Mittel der graphischen Kunst, über beratende Sachverständige und Millionen von Überschüssen. Trotzdem enthalten die amtlichen Veröffentlichungen des Patentamtes von allen einflußreichen technischen Druckschriften die mangelhaftesten Maschinenzeichnungen.

Der Anfänger wird aus solchen amtlichen Zeichnungen aus Mangel an Sachkenntnis nicht den patentrechtlichen Zusammenhang entnehmen, wohl aber ihre zeichnerische Darstellung von Einzelheiten als Muster ansehen. Es ist begreiflich, wenn eine billige Zeitschrift, die von Geschäftsanzeigen leben muß, unzureichende Zeichnungen veröffentlicht; das Patentamt aber mit seinen reichen Mitteln könnte und müßte Vorbildliches leisten.

Solche Veröffentlichungen üben sehr ungünstigen Einfluß, weil der Anfänger in ihnen das Amtliche, das Neueste, die Zukunft sieht und ähnliche mangelhafte Zeichnungen selbstverständlich für zulässig und modern hält. Da die Autorität, die Behörde, zum technischen Publikum keine gewähltere Sprache spricht, ist er gern bereit, sorgfältigen zeichnerischen Ausdruck für einen überwundenen Standpunkt anzusehen.

Daß viele schlechte Zeichnungen aus dem Auslande stammen, kann nicht eingewendet werden. Das Patentamt zwingt doch In- und Ausland zu seiner Terminologie, warum nicht auch zu richtiger zeichnerischer Sprache? Hieran ändert auch nichts die Tatsache, daß bei Patentbewerbern vielfach die Absicht besteht, das Patentierte zu verschleiern und durch unklare Zeichnung vor Nachahmung zu schützen. Solche Unklarheiten dürfen erst recht nicht geduldet werden; sie werden doch auch im Wortlaut der Anmeldung nicht zugelassen. Das Schlechteste rührt übrigens nicht von Mängeln der Urzeichnungen her, sondern von der mangelhaften patentamtlichen Vervielfältigung.

Die patentamtlichen Veröffentlichungen haben diese schlechte Art der Darstellung, wovon die erste Auflage dieses Buchs viele Beispiele brachte, auch in der neuesten Zeit nicht unterdrückt; dies zeigen die Bilder 1 und 2, die dem Patentblatt von 1912 entnommen sind.

Nichts zeigt deutlicher die Vernachlässigung des zeichnerischen Ausdrucks und den Untergang der Anschauung unter der Wortherrschaft als der Vergleich der mangelhaften Zeichnungen mit den sonstigen patentamtlichen Forderungen. Anschauliche zeichnerische Darstellung wäre gerade für Patente wichtig.

Gewiß würde das Amt Schriftstücke zurückweisen, die Unmögliches oder Unklarheiten enthalten; Zeichnungen aber, bei denen solches der Fall ist, gehören zum ständigen Inhalt der Patentschriften und amtlichen Veröffentlichungen. Die Bemängelung fehlerhafter zeichnerischer Darstellungen wird gern damit abgewiesen, daß gesagt wird, die Einzelheiten seien nebensächlich, die Einzelheiten könne man sich hinzu-, Fehler aber wegdenken, während es beim sprachlichen Ausdruck eines Gedankens durchaus nicht gestattet ist, das unbedeutendste Wort hinzu- oder hinwegzudenken. Beim Gebrauch von Wort und Schrift werden auch unbedeutende Fehler gegen die Regel als Todsünde angerechnet und kein Verstoß gegen die Form geduldet. Schriftliche Angaben, welche sachliche Unmöglichkeiten enthalten, oder in denen Wichtiges so ineinandergeschachtelt oder übereinandergehäuft ist, daß Sinn und Zusammenhang nicht klar sind, würden als unzulässig abgewiesen werden, obschon das Patentamt gelegentlich auch merkwürdige Sprachungeheuer liefert. Hingegen scheint es nach den patentamtlichen Veröffentlichungen zulässig zu sein, unverständliche Einzelheiten zeichnerisch darzustellen, Formen beliebig übereinander zu zeichnen, Überflüssiges darzustellen und das Wesentliche nicht (Bild 1), unverständlichen Zusammenhang darzustellen (Bild 2) usw.

Die praktische Ausführbarkeit ist allerdings nicht Erfordernis der Patentfähigkeit, auch nicht die konstruktive Richtigkeit der Einzelheiten, aber die sachliche Richtigkeit und Vollständigkeit in Beschreibung und zeichnerischer Darstellung müßte gefordert werden. Diese bleibt immer die Hauptsache, da stets Formen und ihr Zusammenhang darzustellen sind. Durch mangelhaften zeichnerischen Ausdruck wird außerdem der besondere Zweck der amtlichen Veröffentlichungen völlig verfehlt.

Die Seite, die hier in Betracht kommt, ist die Nachahmung solcher schlechten Vorbilder durch die studierende Jugend.

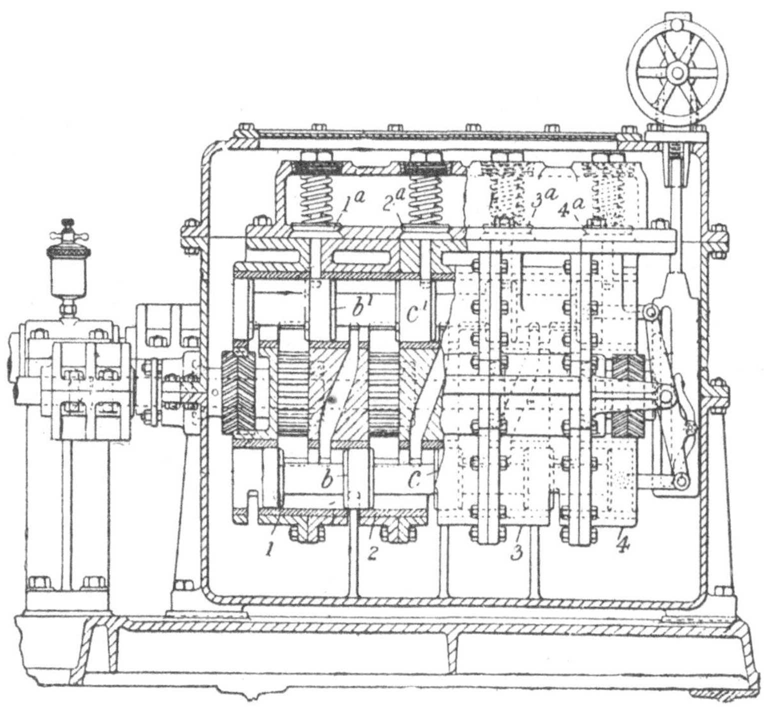

Bild 1.

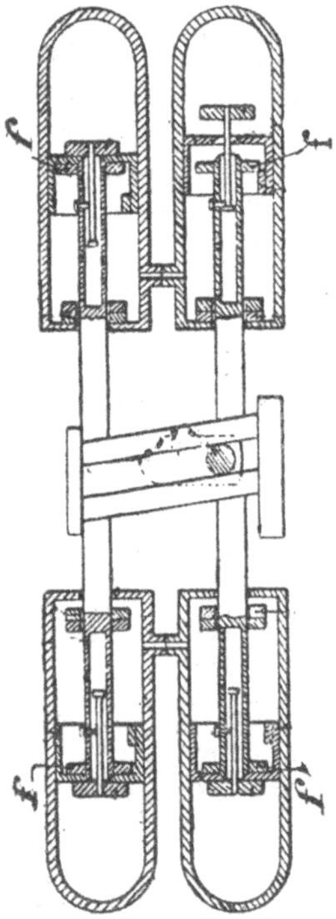

Bild 2.

Mangelhafte Maschinendarstellungen (aus dem Patentblatt 1912).

Der Studierende ist in der ersten Zeit seiner konstruktiven Tätigkeit auf die Benutzung guter Vorbilder unbedingt angewiesen, da es selbst beim bestorganisierten Fachunterricht nicht möglich sein wird, daß der Lehrer jedem Studierenden die maßgebenden konstruktiven Einzelheiten seiner Aufgabe vorskizziert. Umso dringender wäre zu wünschen, daß Lehrbücher und technische Zeitschriften, namentlich amtliche, nur einwandsfreie Abbildungen von Zeichnungen brächten. Vor Vorbildern, wie sie hier beispielsweise aus dem Patentblatt wiedergegeben sind, müssen die Studierenden aber eindringlich gewarnt werden.

Unrichtige Formen wegen einseitiger Grundlagen.

Zu den schädlichen Vorbildern gehören auch die noch nicht völlig abgestorbenen Schulkonstruktionen, welche durch einseitige oder unrichtige Anwendung „theoretischer“ Grundlagen entstehen.

Einseitige Anwendung an sich richtiger allgemeiner Grundlagen auf einen besonderen Fall bedeutet immer den groben Fehler, daß alle andern wissenschaftlichen, praktischen oder wirtschaftlichen Bedingungen, die gerade den besonderen Fall kennzeichnen, nicht beachtet sind.

Hieraus entsteht ebenso Unsinniges wie aus der Anwendung falscher Grundlagen. Viele fehlerhafte Formen kommen zustande, weil nur einzelne Bedingungen und „wissenschaftliche“ Grundsätze einseitig angewendet werden. Hierdurch entstehen fehlerhafte Konstruktionen, die als Vorbilder für das Maschinenzeichnen schlimmer wirken als veraltete, weil sie sich auf ihre angeblich „wissenschaftliche“ Herkunft berufen und den Anfänger doppelt irreführen.

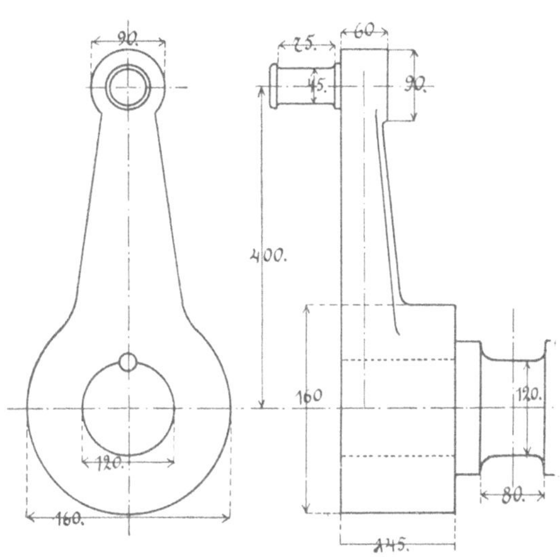

Bild 3.
Falsche Form: nach einseitiger Berechnung einzelner Teilmaße.

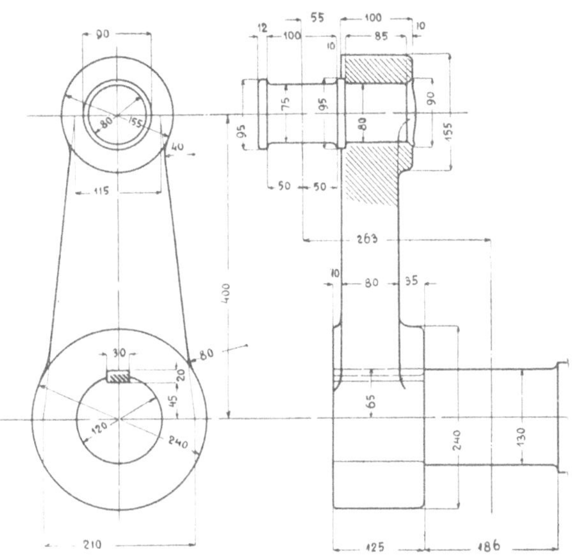

Bild 4.
Richtige Form: nach richtiger, vollständiger Berechnung.

Fehlerhafte Beispiele einseitiger Anwendung „theoretischer“ Grundlagen zeigen u. a. Bild 3 und 5.

Kurbel und Welle Bild 3 sind mittels weitläufiger graphischer Untersuchung „genau“ berechnet, aber nur auf Festigkeit, und nur nach dieser ganz einseitigen Festigkeitsrechnungs-Annahme konstruiert. Das Gegenbild 4 zeigt die richtige, die unter Berücksichtigung aller Bedingungen berechnete Form.

Ebenso sind die Abmessungen der Kurbelwelle Bild 5 unter Benutzung unzulässiger einseitiger Rechnungsgrundlagen ermittelt; es sind nur die statischen Wirkungen eines einzigen Kraftmomentes berücksichtigt, aber nicht die Formveränderungen und nicht der Einfluß der Reibung und Abnutzung. Außerdem ist die praktische Herstellung der Maschinenteile außer acht gelassen. Im Gegenbild 6 sind richtige Formen dargestellt, unter Berücksichtigung aller Rechnungs- und Ausführungsbedingungen.

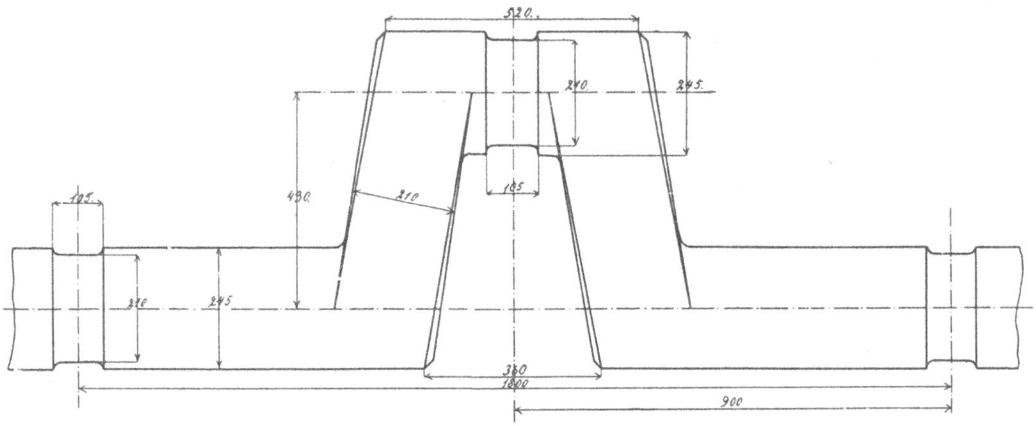

Bild 5. *Einseitig und falsch berechnete Form*, ohne Rücksicht auf Reibung u. Abnutzung.

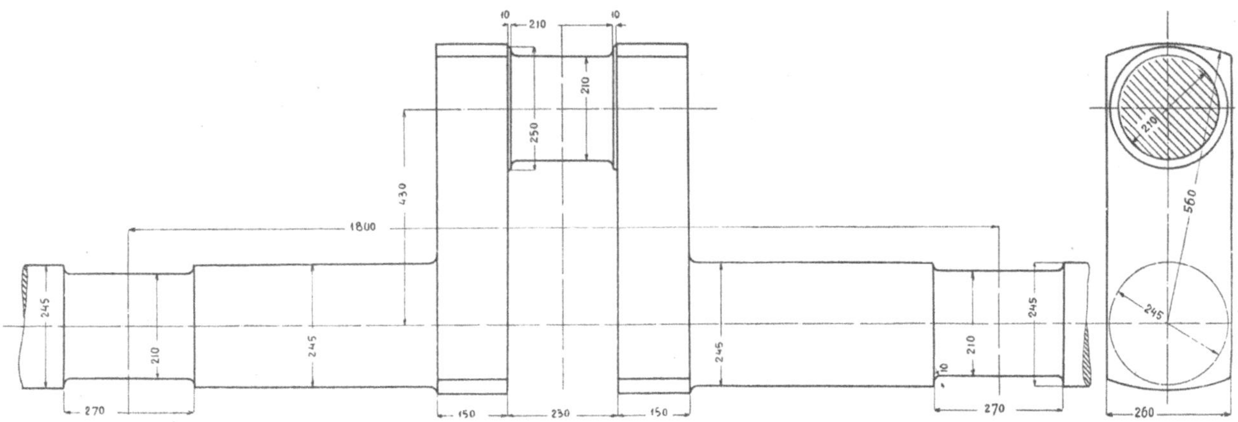

Bild 6. *Vollständig berechnete u. richtige Ausführungsform.*

Die häufigst wiederkehrenden Grundfehler sind:

nur die *statischen* Kraftwirkungen zu berücksichtigen, die viel wichtigeren *dynamischen* Wirkungen aber, sowie

die *Formveränderungen* und den Einfluß von *Reibung* und *Abnutzung*, den *Auflagedruck*, die *Reibungsarbeit* und die *Erwärmung* und insbesondere

die Bedingungen der *praktischen Herstellung* außer acht zu lassen.

Der Anfänger muß darauf achten, daß jede Form *vielen* Bedingungen gleichzeitig entsprechen muß, nicht bloß der „Berechnung" eines Maschinenteils auf Grund einer einzelnen *willkürlichen* und *einseitigen* Annahme, die übrigens stets auch *unwissenschaftlich* und *falsch* ist.

Es muß auch darauf hingewiesen werden, daß der praktisch erfahrene Konstrukteur den umgekehrten Weg geht, der dem Anfänger wegen mangelnder Übersicht als „unwissenschaftlich" erscheint, der aber meist der einzig gangbare ist.

Der Erfahrene rechnet zuerst nur roh, nie nach Festigkeitsrücksichten allein, wesentlich nur nach dynamischen Grundlagen: Formveränderung, Auflagedruck, Reibung, Erwärmung usw. Er entwirft dann nach den Ergebnissen dieser vorläufigen Übersichtsrechnung nach Erfahrung und Gefühl, berechnet hiernach erst auf Grund des *Vorentwurfs* die *tatsächlich* auftretenden Beanspruchungen, *beurteilt*, ob sie *zulässig* sind, und ändert danach die Abmessungen und Formen.

Der Erfahrene meidet den nur scheinbar einfachen Weg des Anfängers: zuerst zu rechnen (bevor noch überhaupt brauchbare Anhaltspunkte und Grundlagen für die Rechnung und für die auszuführende Form vorhanden sind!) und dann nach den Ergebnissen dieser Rechnung allein konstruieren zu wollen. Dieser Weg ist ein Umweg oder ganz ungangbar, weil die Grundlagen unsicher sind und die „Rechnung" daher nur irreführt.

Der Anfänger muß sich daran gewöhnen, daß gegenüber zunächst unbekannten, unbestimmten und erst zu suchenden Konstruktionsformen und Abmessungen überhaupt keinerlei sichere Rechnung möglich ist, bevor nicht eine vorläufige Rechnung und ein Vorentwurf sichere Anhaltspunkte über die Abmessungen und die wirklichen Verhältnisse gibt. Dann erst können die wirklichen Beanspruchungen nachgerechnet werden.

Außerdem muß der Anfänger sich von vornherein damit vertraut machen, daß meistens die „genau" vorausberechneten Abmessungen aus vielen Gründen nicht ausführbar sind, weil die Rechnung eben diese vielen anderen Gründe noch nicht berücksichtigt hat.

Es muß dem Anfänger vor allem deutlich gemacht werden, daß sehr oft die Ausführungsrücksichten allein maßgebend entscheiden, auch gegen die Rechnung, z. B. bestimmte Herstellungsmöglichkeiten, Rücksichten auf Gußspannungen, Zusatzspannungen, auf vorhandene Ausführungsmittel usw.

Im Gegensatz zu den einseitig berechneten unbrauchbaren Formen können richtige Formen nur unter Berücksichtigung aller Grundlagen und Bedingungen erlangt werden. Die Rechnung kann nicht gleichzeitig alle Bedingungen berücksichtigen, sondern zunächst nur die Kraftwirkungen und die ihnen entsprechenden Formveränderungen.

Die Festigkeitsrücksichten allein genügen aber selbst für eine vorläufige Rechnung nicht. Außer den Festigkeitsforderungen kommen sofort eine Reihe gleichwertiger oder doch entscheidend wichtiger Grundlagen und Bedingungen in Betracht. So z. B.:

die Größe der zulässigen Formänderungen unter dem Einfluß der Kraftwirkungen,

die wesentlichen zusätzlichen Wirkungen im Betriebe oder während der Herstellung, u. a. der Einfluß der Geschwindigkeit, die Größe der Auflagepressungen, der Reibung, Abnutzung und Erwärmung, dann

eine Reihe praktischer Forderungen im Zusammenhange mit der Herstellung und Bearbeitung und

außerdem in allen Fällen: die Kosten der Herstellung und die Bedingungen des praktischen Betriebs.

In diesen Abhängigkeiten liegt die Schwierigkeit für den Anfänger und auch die Schwierigkeit, in einem Buche über Maschinenzeichnen auf diese Summe vielfacher Bedingungen Rücksicht zu nehmen und die Formen in Abhängigkeit von diesen vielfachen Bedingungen darzustellen.

Jede solche Darstellung müßte daher Sachkenntnis lehren, insbesondere Kenntnis der Maschinenteile und ihres Zusammenhangs mit der Maschine, der Herstellungs- und Betriebsbedingungen usw. Solche Sachkenntnis kann vom Anfänger nicht verlangt werden, ist aber gleichwohl zum Verständnis der Maschinenzeichnungen unerläßlich.

Es muß daher versucht werden, durch Beispiele wenigstens den allerwesentlichsten Zusammenhang zwischen Formgebung und einigen Festigkeits-, Bewegungs-, Betriebs- und Herstellungsrücksichten darzulegen.

Abhängigkeit der Konstruktionsformen von Festigkeits- und Herstellungsrücksichten.

Die Konstruktionen müssen den auftretenden Kraftwirkungen mit voller Sicherheit widerstehen. Die Rücksicht auf die Festigkeit kann jedoch bei der Konstruktion nicht allein ausschlaggebend sein, weil zugleich Zweckmäßigkeit der Form angestrebt werden muß, und weil billige Herstellung nicht nur durch Materialersparnis, sondern oft mehr noch durch Ersparnis in der Bearbeitung zu erzielen ist.

Die Festigkeitsrücksichten verlangen bestimmte Querschnitte oder Wandstärken der Maschinenteile, und die tatsächlich auftretenden Beanspruchungen sollen ein durch die Erfahrung festgelegtes Maß nicht überschreiten. Oder es sind die durch die beanspruchenden Kräfte hervorgerufenen Formänderungen für die Abmessungen allein bestimmend oder mitbestimmend.

Nicht immer gelingt es, die Abmessungen, Querschnitte oder Wandstärken aus der zulässigen Beanspruchung allein oder selbst aus Kraftwirkungen und Formänderungen endgültig zu berechnen.

Der einfachere und stets zum Ziele führende Weg ist der umgekehrte: daß die Abmessungen auf Grund von Erfahrungswerten oder nach richtigem Konstruktionsgefühl zunächst annähernd gewählt und dann erst die Spannungen in der gewählten Form nachgerechnet werden. Bei statisch unbestimmten Konstruktionen ist man zu diesem Arbeitsvorgang sogar gezwungen, da die Festigkeitsrechnungen erst mit Hilfe gegebener Stützpunkte usw. möglich sind.

Das ist die Schwierigkeit für den wissenschaftlich vorgebildeten Anfänger, dem in rein theoretischer Schulung der irrtümliche Glaube beigebracht wird, die „Rechnung" sei ein wissenschaftliches Verfahren, das unfehlbare Ergebnisse liefere, während doch nur das herauskommt, was in die Rechnungs-Annahmen hineingelegt worden ist; das ist ihm in der theoretischen Belehrung nie oder nicht ausreichend gesagt worden. Er muß sich erst mühsam gewöhnen, diese Annahmen als Hauptsache anzusehen, als entscheidende Voraussetzung, und die Rechnung nur als Werkzeug, als Mittel zum Zweck.

Aber selbst in Fällen, in welchen eine strenge Vorausberechnung der Abmessungen möglich ist, wird man vielfach die errechneten Werte nicht ausführen können, weil Herstellungs-, Bearbeitungs- oder andere Rücksichten eine Vergrößerung oder Veränderung der berechneten Querschnitte oder Wandstärken verlangen. Dann müssen die Abmessungen auf Grund besonderer Erfahrungen festgelegt bzw. die Rechnungswerte richtiggestellt werden.

So ergeben sich die Wandstärken gußeiserner Zylinder vielfach unausführbar klein; die Gußrücksichten verlangen eine Mindestwandstärke, die außerdem mit dem Durchmesser zunehmen muß.

Andrerseits gibt es Maschinenteile, bei deren Formgebung und Bestimmung der Abmessungen sowohl Erfahrung wie sichere Berechnung versagt. Bei scheinbar zulässigen Beanspruchungen und ohne Ausführungs- oder Materialfehler können Teile brechen. In diesen Fällen ist die übliche Berechnungsweise, d. i. die vorhandene Erkenntnis, unzureichend. In solchen Fällen muß die praktische Erfahrung allein aushelfen, bis bessere Einsicht gewonnen ist.

Bild 7 zeigt einen Schubstangenkopf als Beispiel einer Formgebung, bei welcher die sorgfältige Ausbildung der Querschnittsübergänge stark beanspruchter Schrauben von entscheidender Wichtigkeit ist. Aber diese Form der Schraube entspricht nur einseitiger Festigkeitsrechnung. Die Erfahrung lehrt, daß plötzliche Querschnittsübergänge, besonders an pulsierend und wechselnd beanspruchten Maschinenteilen, sehr ungünstig wirken und grundsätzlich zu vermeiden sind.

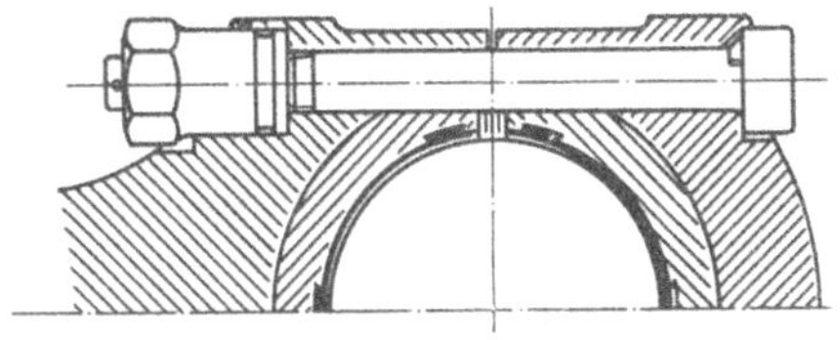

Bild 7. **Schubstangenkopf** mit nur 1 Schraube auf jeder Seite, **ohne** Rücksicht auf **Übergangsspannungen** (hierzu Bild 125 S. 51).

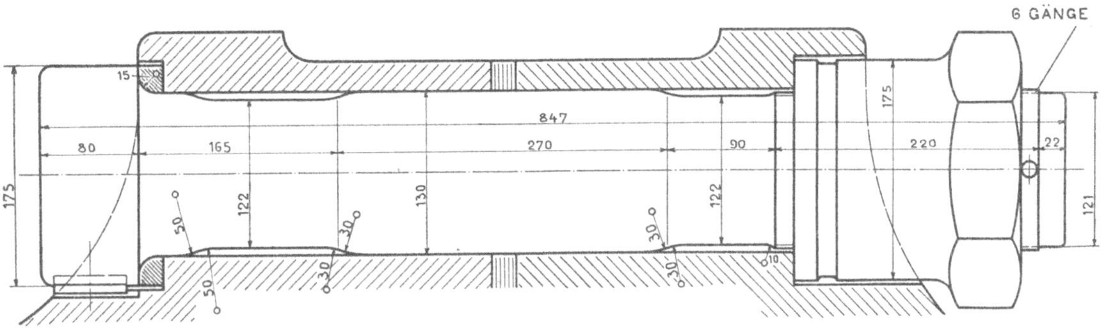

Bild 8. Richtige Übergangsformen der Bolzen zum Schubstangenkopf.

Bild 8 zeigt die gleiche Schraube, wie sie auf Grund besonderer Erfahrung zur Vermeidung plötzlicher Querschnittsänderungen ausgeführt wird. Insbesondere ist kennzeichnend der allmählich verstärkte Übergang vom Schraubenschaft zum Kopfe und der allmählich zum Feingewinde abnehmende Bolzenquerschnitt.

Aus dem gleichen Grunde: um starke Querschnittsveränderungen zu vermeiden und allmähliche Übergänge zu schaffen, werden derartige Schrauben stets mit feinem Schraubengewinde statt mit dem Normalgewinde ausgeführt, insbesondere Schrauben von großem Durchmesser, für welche das Normalgewinde viel zu grob wird und zu plötzliche Querschnittsänderungen ergibt.

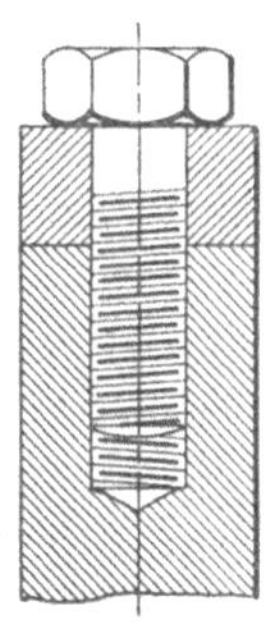

Bild 9. Kopfschraube, auch zeichnerisch unzweckmäßig.

Bild 9 zeigt eine Kopfschraube, die am Ende des Bolzengewindes starke Querschnittsänderungen ergibt.

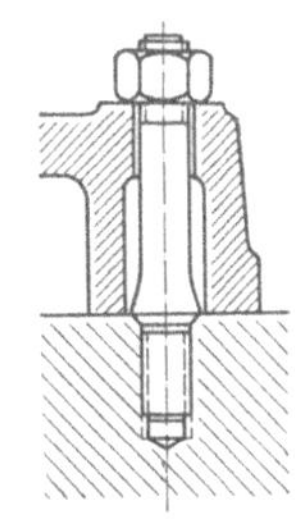

Bild 10. Stiftschraube mit verstärktem Übergang zum Muttergewinde.

Bild 10 zeigt eine Stiftschraube, wie sie für wechselnde Beanspruchung mit Verstärkung vor dem Gewinde ausgeführt wird, um Risse an den Querschnittsübergängen vom Schaft zum Gewinde zu verhüten und sicheren Sitz des Stiftgewindes zu erreichen.

Bild 11 zeigt eine Kurbelwelle in falschen Formen für Welle und Zapfen. Die Erfahrung hat gezeigt, daß bei Wellen, die wiederkehrenden und plötzlich auftretenden Beanspruchungen ausgesetzt sind, trotz ausreichender Festigkeitsabmessungen Brüche eintreten, besonders an den Übergangsstellen vom Kurbelarm zur Welle oder zum Kurbelzapfen, wenn diese Übergänge nicht allmählich, mit großem Übergangsradius verlaufen. In Bild 12 sind die Übergangsradien besonders angegeben, wie dies auch in Werkzeichnungen geschehen muß.

Solche Beispiele ließen sich in großer Zahl anführen. In allen Fällen wiederholter und wechselnder Beanspruchungen muß die Erfahrung zu Hilfe genommen werden, weil die Erkenntnis und Berechnung noch nicht bis zur Aufklärung der Schwingungserscheinungen und der ihnen entsprechenden Formänderungen vorgedrungen ist.

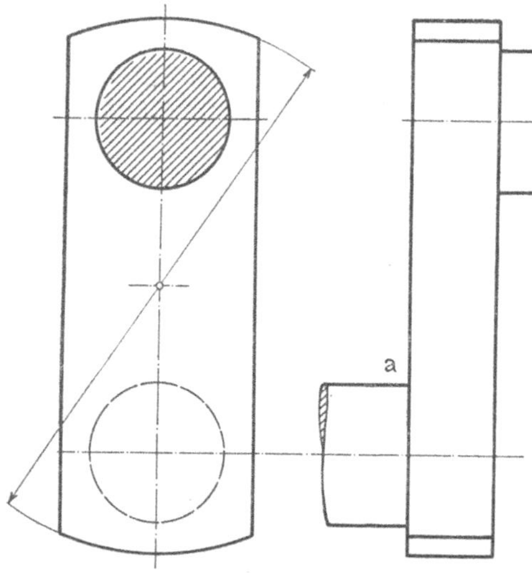

Bild 11.
Falsche Formen eines Kurbelarms: scharfeckige Übergänge a vom Zapfen zum Arm.

Falsche Außenbegrenzung des Arms.

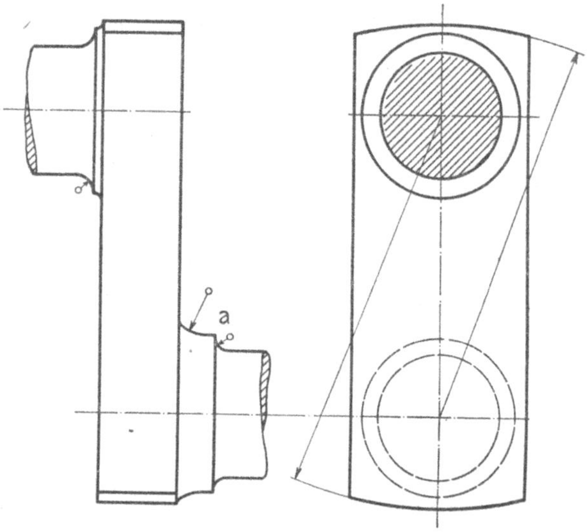

Bild 12.
Richtige Übergangsformen: allmähliche Übergänge a. Maße sind einzuschreiben.

Richtige Drehform des Arms.

Der Anfänger muß schon im Maschinenzeichnen auf diese wichtigen Verhältnisse, die den ganzen modernen Maschinenbau mit seinen raschlaufenden Maschinen beherrschen, aufmerksam gemacht werden. Er ist sonst leicht geneigt, über solche Einzelheiten hinwegzusehen. Er sieht es dann insbesondere als überflüssig an, in der Maschinenzeichnung die Übergangsradien an den Übergangsquerschnitten besonders anzugeben, in der Meinung, die Werkstätte werde die Ecken schon „abrunden". Damit würde höchst Wichtiges, für das Leben der Maschinenteile Entscheidendes dem Arbeiter, dem Dreher überlassen. Derartige Nachlässigkeit kann sich schwer rächen, großen Schaden anrichten und Menschenleben gefährden.

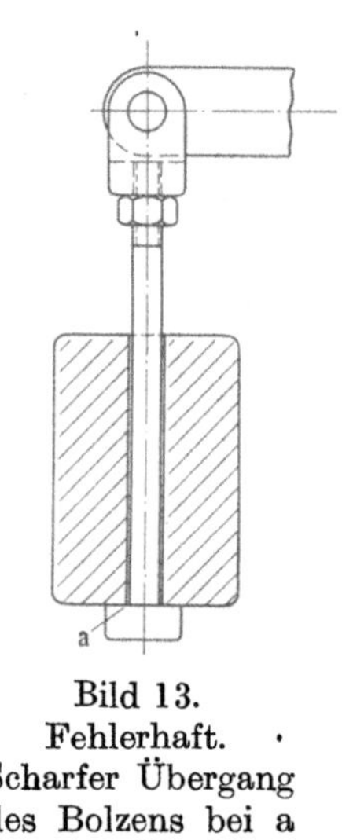

Bild 13.
Fehlerhaft.
Scharfer Übergang des Bolzens bei a zum Kopf.

Alles das gilt aber nicht bloß für die großen raschlaufenden Maschinen mit ihren hohen Beanspruchungen, sondern für jede Maschine.

Bild 13 zeigt eine Schraube, mit der ein Bremsgewicht am Bremshebel befestigt wurde. Die Befestigungsschraube ist trotz der geringen Belastung und Beanspruchung gebrochen, das Gewicht herabgefallen und hat einen schweren Unfall veranlaßt. Ursache des Schraubenbruchs: zu scharf eingedrehter Übergang vom Bolzenschaft zum Kopfe.

Der häufigste Fehler, den Anfänger in einseitiger Benutzung der Rechnungsgrundlagen begehen, ist unzureichende Berücksichtigung von Zusatzbeanspruchungen, die auch bei sonst gut ausgebildeten Einzelheiten Brüche oder Betriebsstörungen verursachen kann.

Der Anfänger ist leicht geneigt, nur die normal auftretenden Kraftwirkungen bei der Bestimmung der Abmessungen zugrunde zu legen. Die vielfachen Zusatzbeanspruchungen, die durch die Ausführung, den Zusammenbau und im Betriebe auftreten können oder auftreten müssen, sind ihm noch unbekannt. Auch hierauf kann der Anfänger nicht früh genug aufmerksam gemacht werden, da die Zusatzkräfte und ihre Wirkungen vielfach entscheidender sind als die rechnungsmäßigen Hauptkräfte.

Bild 14 zeigt z. B. eine falsche Form und Anordnung der Schrauben für einen Schubstangenkopf, die häufig ausgeführt wird. Zwei Schrauben zur Befestigung jeder Seite des Deckels zu verwenden, ist fehlerhaft, weil hierdurch beim Zusammenbau des Kopfes, durch ungleichmäßiges Anziehen der Muttern, unzulässig große Überspannungen hervorgerufen werden können.

Solche ungleiche Kraftverteilung im Zusammenhang mit scharf eingedrehten Gewinden, also plötzlichen Querschnittsänderungen, hat schon in zahlreichen Fällen zu Brüchen der einseitig überlasteten Schrauben und infolgedessen zu schweren Schäden, meist zur Zerstörung anderer Teile der Maschine geführt.

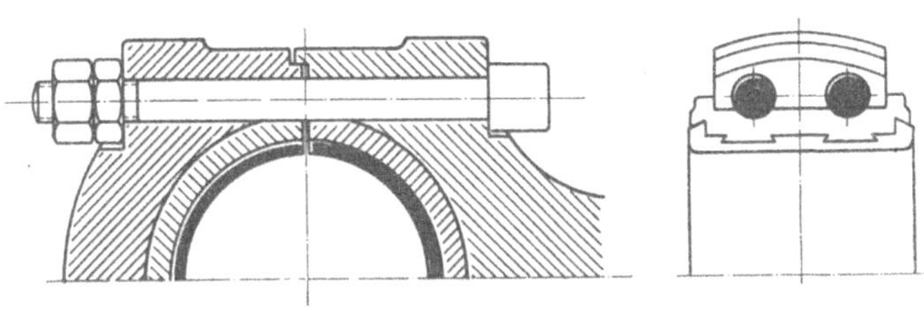

Bild 14. Unrichtige Schraubenanordnung: keine allmählichen Übergänge, scharfeckiger Ansatz des Kopfes, zwei Schrauben statt nur einer, daher ungleiche Beanspruchung.

Bild 7 zeigt einen richtig ausgebildeten Kopf mit nur einer Schraube auf jeder Seite des Zapfens (Seitenansicht s. Bild 125 S. 51). Richtige Schraubenform mit allmählichen Querschnittsübergängen zeigt Bild 8.

Bild 15.

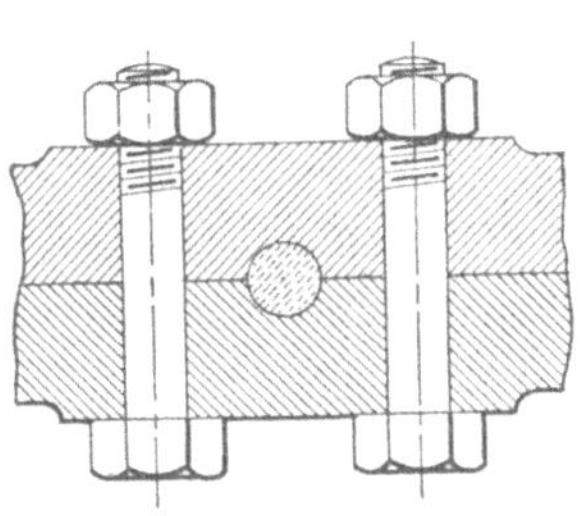

Bild 16.

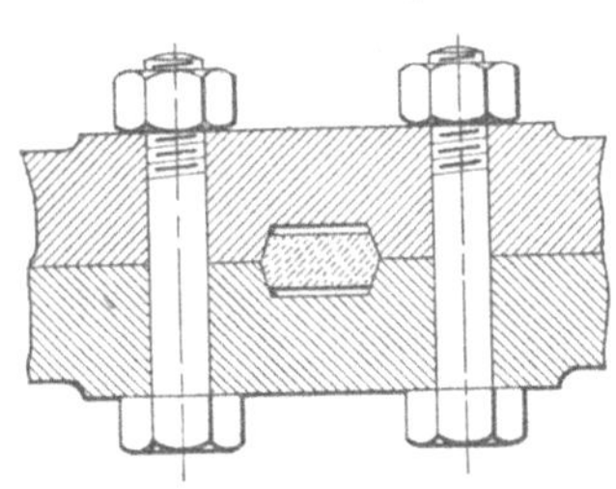

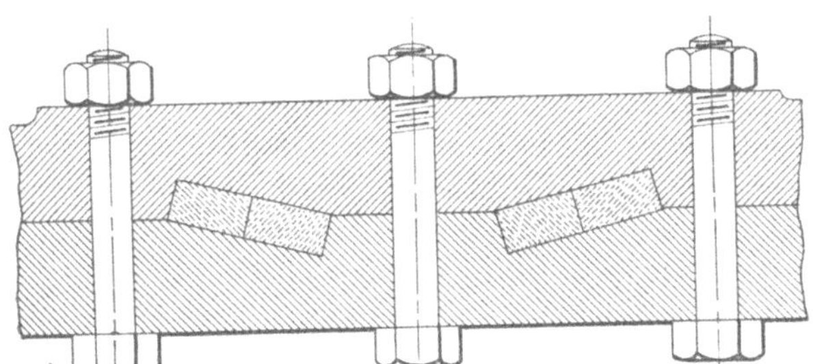

Bild 17.

Bild 15—17. **Unrichtige Darstellung gegen Schubkraft entlasteter Schrauben.**

(Aus: Bach, Maschinenelemente.)

Zwischen Bolzen und zu befestigenden Teilen muß Spielraum gelassen werden.

Die Entlastungsvorrichtungen sind zu umständlich und schwierig herzustellen.

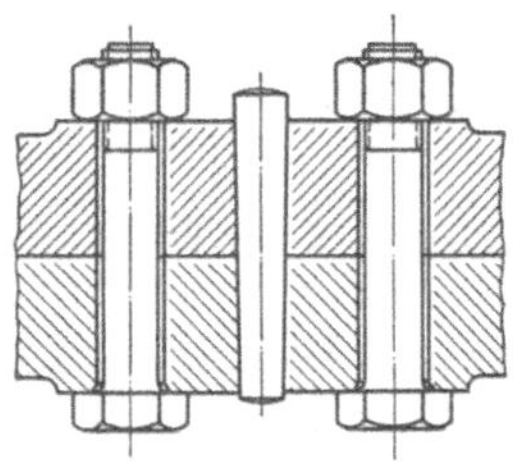

Bild 18.
Entlastung: durch Paßstift,

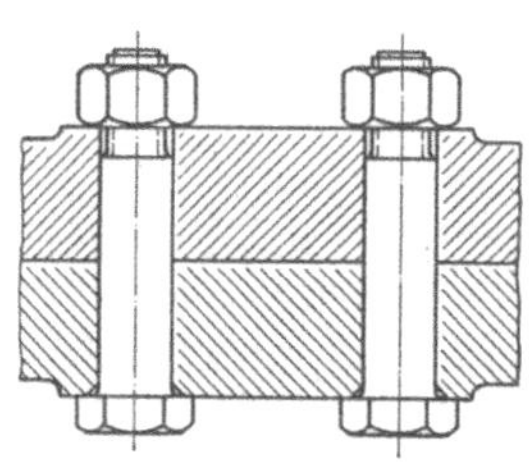

Bild 19.
durch Paßschrauben,

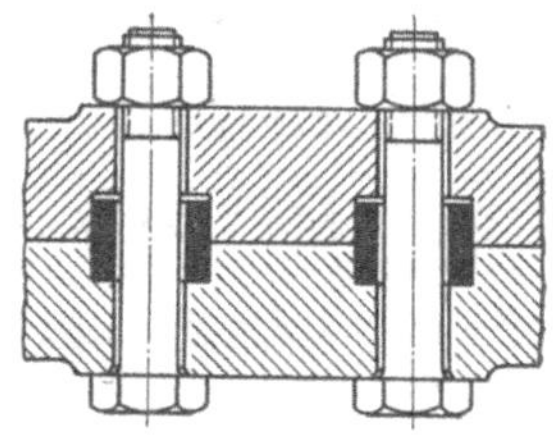

Bild 20.
durch Paßringe.

Bild 18—20. Richtige Anordnung und Darstellung entlasteter Schrauben.

Schraubenbolzen sind in der Regel nur geeignet, Zug- oder Druckbeanspruchungen auszuhalten. Um auch Biegungs- und Schubbeanspruchungen zu widerstehen, müssen sie erst besonders bearbeitet und genau in die Öffnungen eingepaßt werden, so daß sie die zu verbindenden Teile mit der ganzen Zylinderfläche genau berühren. Eine Arbeit, die schwierig auszuführen und teuer ist und bei größerer Zahl der Schrauben kaum so gelingt, daß jede Schraube ihren gleichen Teil der Gesamtbeanspruchung aufnimmt.

Ist dies aber nicht der Fall, dann können die Schub- und Biegungsbeanspruchungen leicht Brüche hervorrufen. Solche Schraubenverbindungen werden daher vor Biegungs- und Schubbeanspruchungen durch geeignete Hilfsmittel geschützt: durch Zentrierungen mittels eingelegter Paßringe, Bild 20, durch Paßstifte, Bild 18, durch einzelne eingepaßte Schrauben, Bild 19.

Dann muß aber zwischen Schraube und Lochwand ein Spielraum vorhanden sein, der auch in der Maschinenzeichnung darzustellen ist. Bild 15—17 zeigen solche durch Paßstifte und Keile entlastete Schraubenverbindungen, die unrichtig gezeichnet sind.

In den Bildern 18—20 sind ähnliche Verbindungen richtig dargestellt. In den Schraubenverbindungen nach den unrichtigen Bildern sind außerdem die gezeichneten Entlastungen durch Keile unzweckmäßig, weil höchst umständlich in der Bearbeitung.

Solche praktisch unzweckmäßigen Konstruktionen, auch zeichnerisch unvollständig in einem von Anfängern viel benutzten Buche dargestellt, üben unvermeidlich schädliche Wirkung aus.

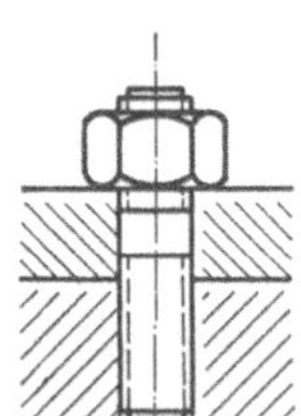

Bild 21.
Unrichtig.

Sollen die Schraubenbolzen passen, dann darf dies nur mit dem gewindelosen Bolzen geschehen, dessen Durchmesser dann etwas größer sein muß als der äußere Gewindedurchmesser (Bild 19, vergl. auch Bild 8, S. 23).

Diese richtige Darstellung des Spielraums nicht eingepaßter Schraubenbolzen muß auch bei Zeichnungen in kleinerem Maßstab eingehalten werden. Der Spielraum ist zudem oft für die Zugänglichkeit von Teilen entscheidend, insbesondere für ihre Demontierbarkeit im Zusammenhang mit Nachbarteilen.

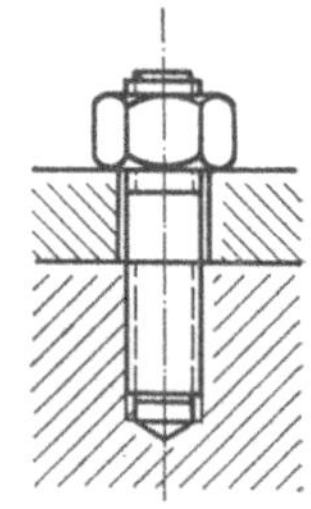

Bild 22.
Richtig.

Bild 21 ist daher eine unzulässige Darstellung, da Stiftschrauben überhaupt nicht eingepaßt werden können. Bild 22 zeigt die richtige Zeichnung. Vergl. auch die unrichtige Darstellung der Kopfschraube Bild 9 S. 23.

Zusammenhang mit der praktischen Ausführung.

Sachliche Fehler und *schlechte Vorbilder* entstehen weiter durch Konstruktionen, welche im *Widerspruch* mit der *praktischen Ausführung* stehen, wie schon die letztgenannten Beispiele zeigen.

Aus pädagogischen Gründen brauchen *solche* fehlerhaften Formen nicht unbedingt vom Unterricht ausgeschlossen zu werden; sie sind lehrreich, wenn sie dem Anfänger kritisch beleuchtet und wenn ihnen *gute* Konstruktionen gegenübergestellt werden.

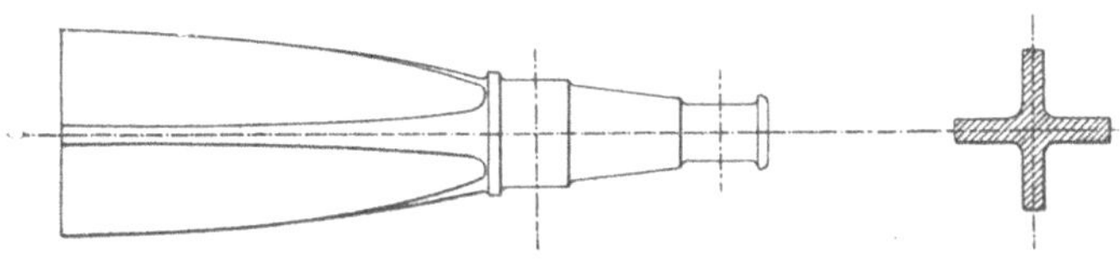

Bild 23.

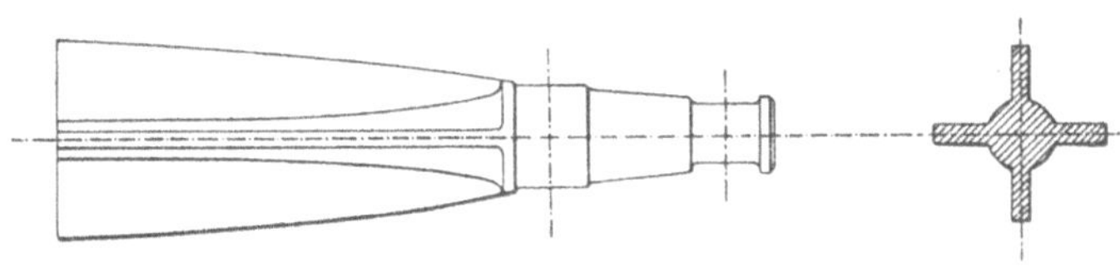

Bild 24.

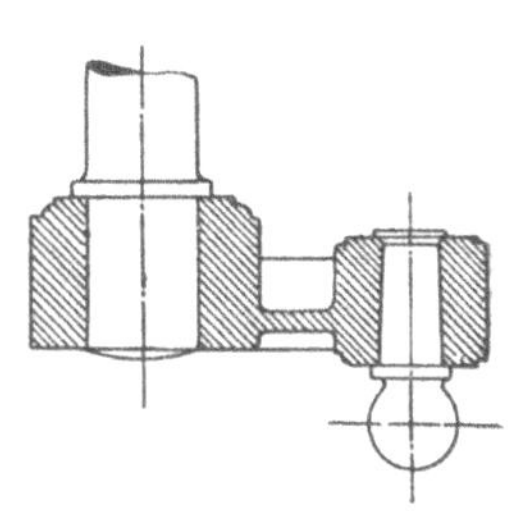

Bild 25.
Gegossener Kurbelarm.

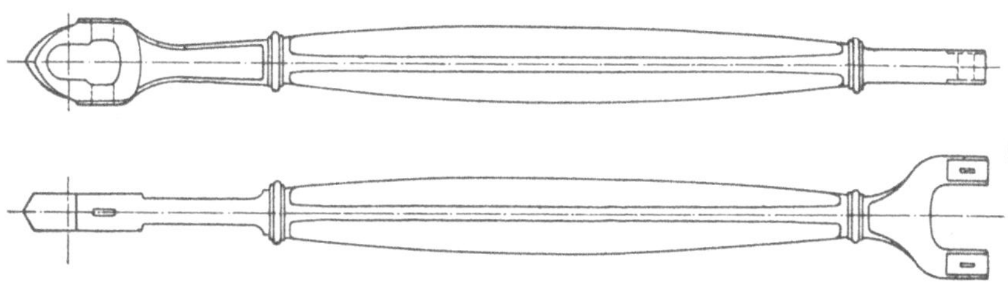

Bild 26.
Schubstangenschaft.
Gußform.

Bild 23—26. *Fehlerhafte Formen: in Widerspruch mit der praktischen Ausführung.*

Tragachsen (Bild 23 und 24) werden längst nicht mehr aus Gußmaterial und nicht mit dem hier gezeichneten Flügelquerschnitt hergestellt; dies widerspricht den Forderungen der Gießereitechnik und läßt keine richtige Massenverteilung zu. Dasselbe gilt von den Formen Bild 25 und 26. Wer solche Gußformen ausführt, kommt sogar mit den gesetzlichen Vorschriften über Betriebssicherheit und Haftpflicht in Widerspruch.

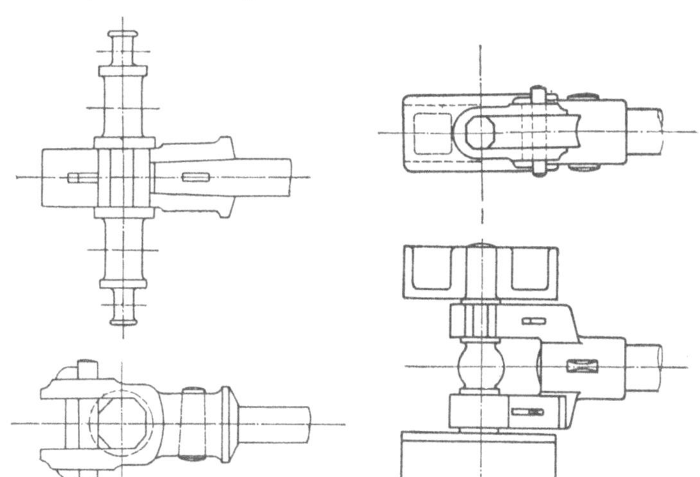

Bild 27. Unrichtige Paßformen und Übergänge.

Im normalen Maschinenbau dürfen nur solche Formen benutzt werden, die sich sicher herstellen lassen, *einfach* in der Herstellung und Bearbeitung sind und sich billig auf *Werkzeugmaschinen* bearbeiten lassen.

Kreuzkopfzapfen (Bild 27) mit achteckigen Befestigungsteilen und umständlichen Keilverbindungen widersprechen der gegenwärtigen Werkstattstechnik, da sie teure Handarbeit erfordern.

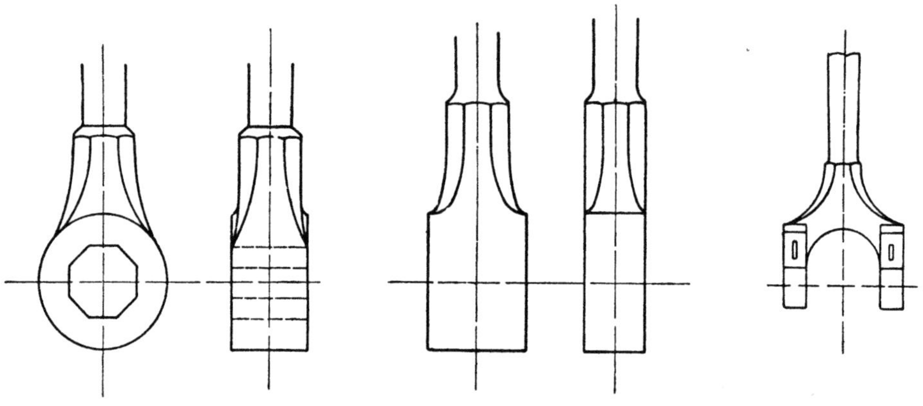

Bild 28. Bild 29. Bild 30.

Unbrauchbare, eckige Übergangsformen auf runden Querschnitt.
Ungeeignet wegen teurer Handbearbeitung.

Achteckige Übergänge zwischen flachen und runden Teilen (Bild 28—30) sind unzulässig und durch runde, genau und billig auf Drehbänken herstellbare Formen zu ersetzen.

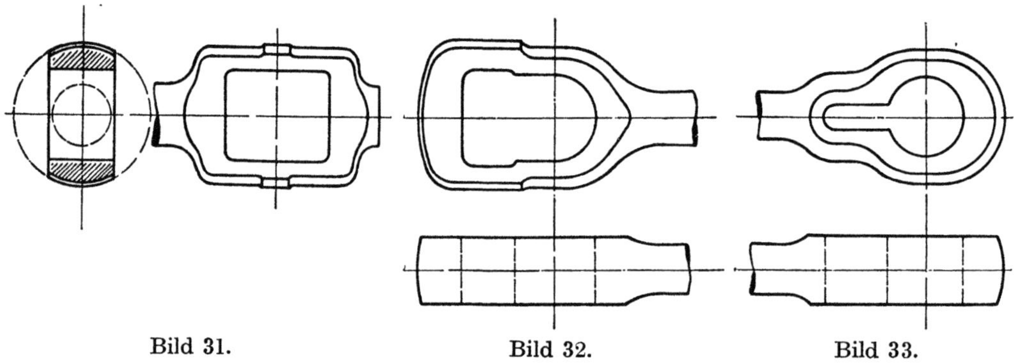

Bild 31. Bild 32. Bild 33.

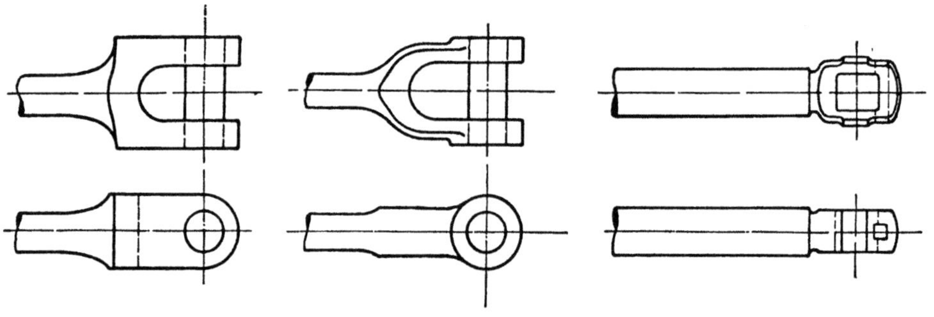

Bild 34. Bild 35. Bild 36.

Bild 31—36. Richtige Drehkörper und Übergangsformen, durch Dreharbeit in der Stangenachse herstellbar.

Über Formgebung im Zusammenhang mit den Herstellungsmitteln, mit Werkzeugmaschinen, Formerei- und Gießereitechnik und mit den Kosten der Werkstättenarbeit muß auch der Anfänger, nach Möglichkeit schon im Maschinenzeichnen, belehrt und darf nicht durch eine „Formenlehre“ getäuscht werden.

Die in den Bildern 31 bis 38 dargestellten richtigen Formen entstehen notwendig durch die Bearbeitung auf der Drehbank und zeigen an den Übergängen die charakteristischen Verschneidungslinien zwischen ebenen und Drehkörpern.

Anfänger sind leicht geneigt, derartige Verschneidungslinien in den Zeichnungen wegzulassen. Da es sich hier um wirkliche, scharf und deutlich erkennbare Körperkanten handelt, so müssen sie auch im richtigen Zusammenhang der verschiedenen Projektionen dargestellt werden.

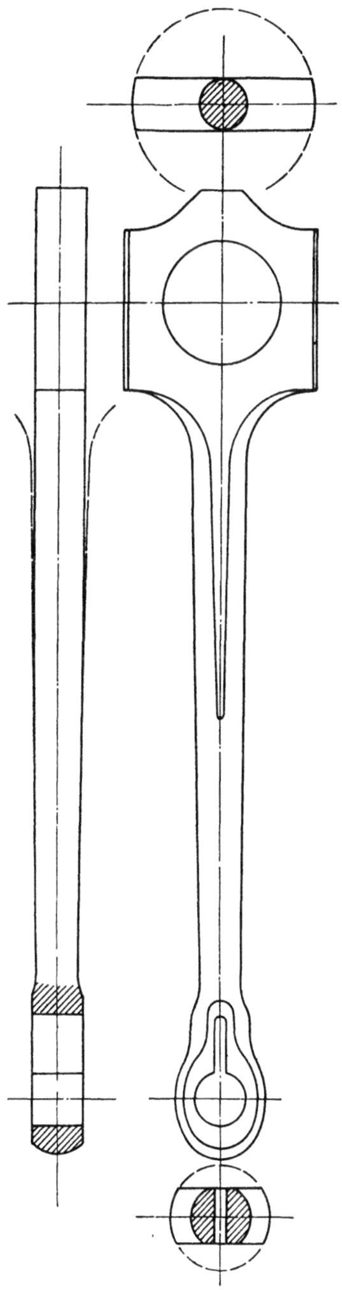

Bild 37.

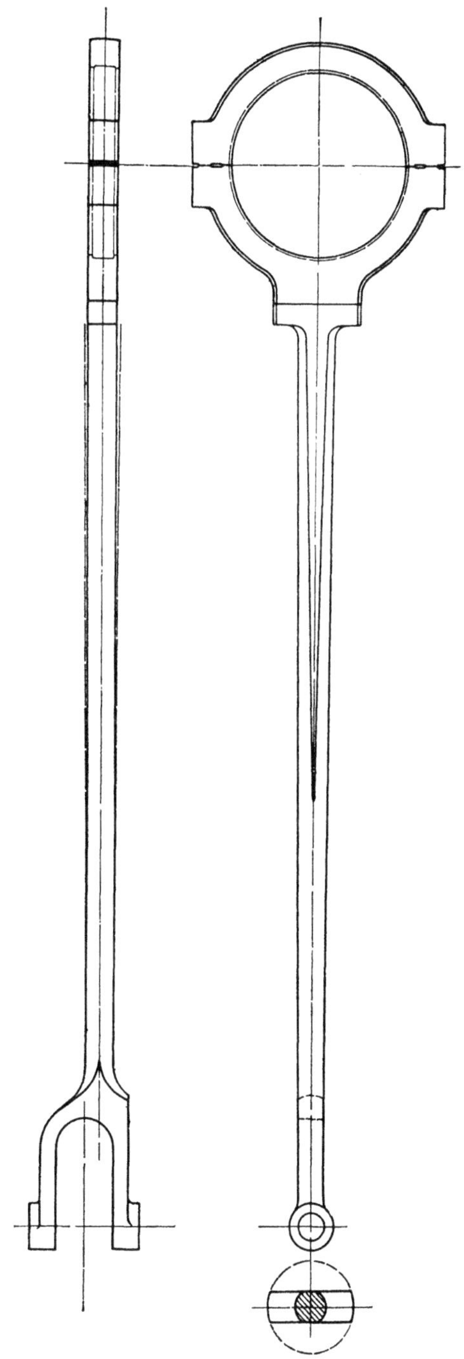

Bild 38.

Bild 37 u. 38. Richtige Formen von Drehkörpern.

Fehler gegen Herstellungsrücksichten führen insbesondere zu schlecht ausführbaren Formen von Gußstücken, welche die Herstellung ohne Gußspannungen nicht zulassen, zu fehlerhaften Massenverteilungen, unzulässigen ungleichen Wandstärken, scharfeckigen Durchdringungen, zu Hohlkörpern mit unzureichender Festigkeit, Formen ohne Abrundungen der Innenkanten usw.

Schon die vorangegangenen Beispiele zeigen solche Widersprüche. Die Rücksichten auf die Herstellung und Bearbeitung verlangen auch die Beachtung der jeweilig vorhandenen Ausführungs- und Bearbeitungsmittel und sind stets maßgebend für die Formgebung und für alle Einzelheiten von Maschinenteilen, müssen daher in jeder Maschinenzeichnung auch schon vom Anfänger, trotz der großen entgegenstehenden Schwierigkeiten, berücksichtigt werden.

Es ist verkehrt, den Schüler im Anfang falsche Zeichnungen anfertigen zu lassen, voller Widersprüche mit der praktischen Ausführung, weil er die praktischen Gesichtspunkte noch nicht kennt, statt ihn durch das Zeichnen in dieses wichtige Gebiet wenigstens einzuführen.

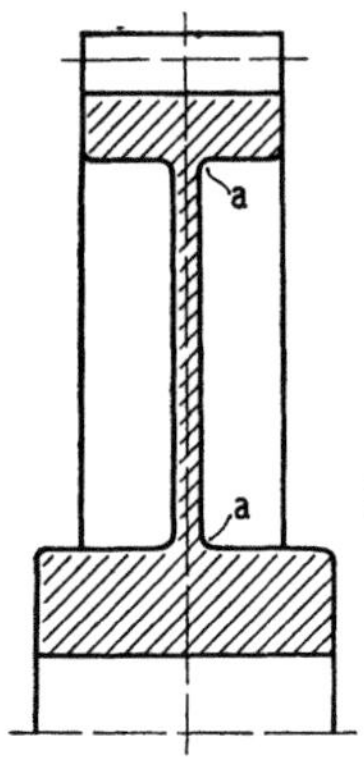

Bild 39. Unbrauchbare Gußform.

Die Übergänge von der dünnen Radscheibe zu Nabe und Kranz bei a geben Gußspannungen.

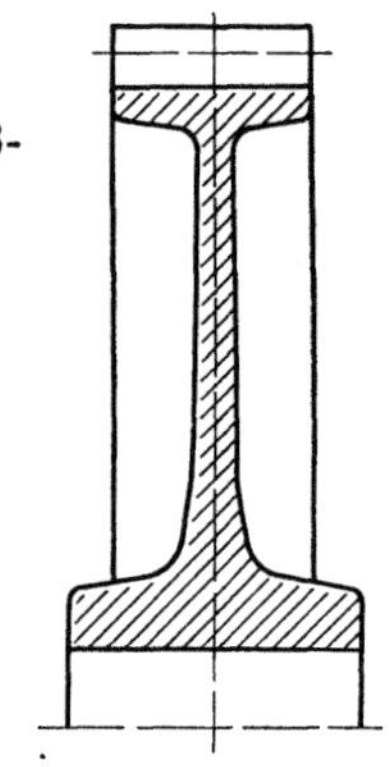

Bild 40. Richtige Gußform.

Allmählicher Übergang von der Scheibe zu Nabe und Kranz.

Besonders häufig wird gegen die maßgebenden Forderungen der Herstellung von Gußstücken gefehlt. Hierzu mögen hier einige bezeichnende Beispiele angeführt werden:

Bild 39: ein Zahnrad, dessen Stirnkranz durch eine dünne Scheibe mit der Nabe verbunden ist. Die Übergänge a sind scharf verlaufend gezeichnet. Solche Ausführung ist unzulässig, weil an diesen Übergangsstellen wegen der ungleichen Wärmeleitung beim Abkühlen des gegossenen Stücks nach Maßgabe der ungleichen Materialanhäufung ungleiche Spannungen sowie schädliche Gußspannungen sich ergeben und auch Poren im Guß auftreten werden.

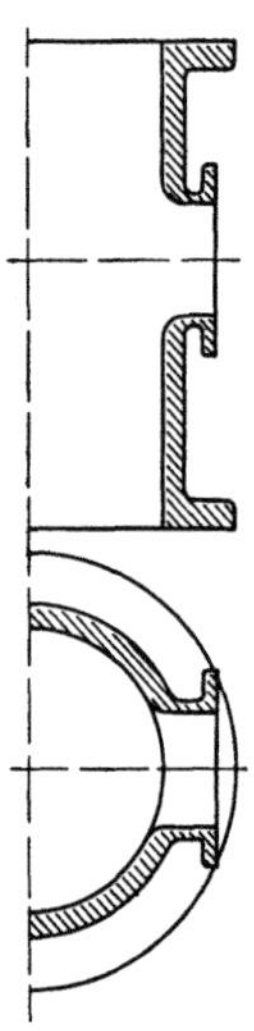

Bild 41. Unrichtige Gußform.

Abzweigung in zu geringer Wandstärke, ungleiche Massenverteilung. Raum hinter den Flanschen für die Schrauben unzureichend.

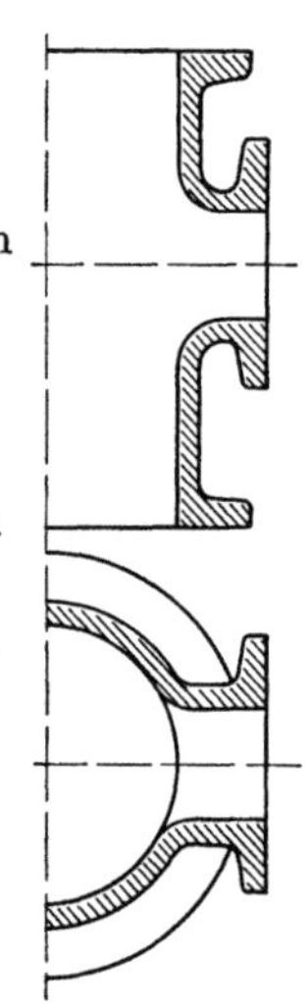

Bild 42. RichtigeForm mit ausreichend gleichen Wandstärken und Übergängen. Spannungsfreier Guß möglich.

Richtige Formgebung erfordert daher: allmähliche Querschnittsübergänge, möglichst gleichmäßige Verteilung der Gußmassen und, wo diese nicht möglich ist, Trennung der ungleich starken Teile, durchaus möglichst gleiche Wandstärken und Eisenmassen, Vermeidung von örtlicher Materialanhäufung und scharfeckigen Durchdringungen. Werden diese Bedingungen erfüllt, dann kann der Guß ohne Zusatzgußspannungen und auch porenfrei gelingen.

Bild 40 zeigt eine richtige Formgebung des Scheibenrades.

Bild 41: Querschnitt eines Zylinders mit einer Rohrabzweigung, die unzulässig ausgebildet ist. Bild 42 zeigt die richtige Form mit richtigen Übergängen und ausreichend gleichmäßigen Wandstärken.

Das Gesagte gilt auch für gewöhnliche Rohrflanschen. Diese haben immer größere Wandstärke als die Rohre wegen der Biegungsbeanspruchung, die durch die Schraubenverbindung hervorgerufen wird. Der Übergang von der Rohrwandstärke zum Flansch muß daher allmählich erfolgen.

Bild 43 zeigt den unteren Teil eines Pumpenkörpers, der besonders stark beansprucht ist. Der Übergang von der Wandstärke des Pumpenkörpers zum wesentlich stärkeren Flansch ist allmählich und kegelförmig verlaufend ausgeführt. Die Sitzflächen für die Schraubenmuttern müssen bei a besonders ausgefräst werden, um geringe Flanschlänge zu ermöglichen. Der Rand c des Flansches greift über, um dessen Bearbeitung zu ersparen.

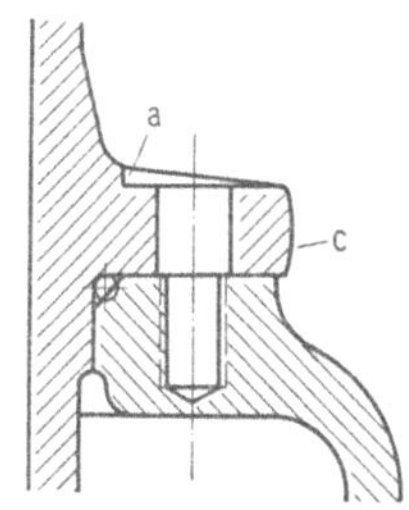

Bild 43. Richtiger Flansch mit ausgefrästem Auflager a.

Bild 44 zeigt eine unzweckmäßige Form eines Zylinderdeckels, der durch Rippen verstärkt ist: Die Rippen sind gegenüber der Wandstärke des Deckels zu schwach, sie laufen zu scharf im Deckelboden aus; die parallelen Seitenflächen erschweren das Formen. Die Abdichtung ist für hohen Druck ungeeignet, weil das Dichtungsmaterial durch den inneren Druck herausgedrückt werden kann. Die Schrauben liegen zu weit nach außen, so daß die Flanschen zu stark beansprucht werden. Die Anordnung der Rippen ist auch unzweckmäßig, weil sie durch den inneren Druck und auch durch die Flanschenschrauben in ungünstiger Weise auf Zug beansprucht werden, während Gußeisen möglichst nur Druckbeanspruchung aushalten soll.

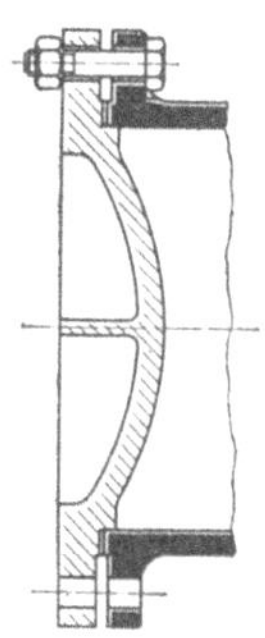
Bild 44. Unrichtige Deckelform. Rippen zu schwach, Flanschen zu lang, Dichtung nicht gehalten.

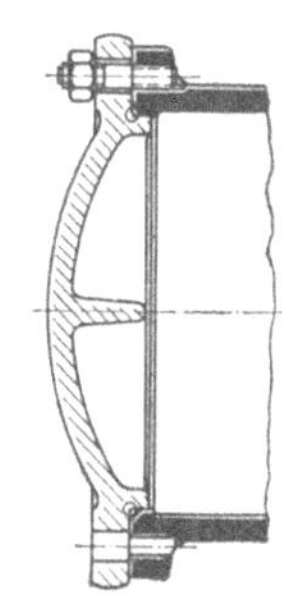
Bild 45. Richtige Form. Gleichmäßige Materialverteilung, kurze Flanschen.

Bild 45 zeigt eine Formgebung, bei welcher diese Mängel vermieden werden.

Außerdem ist zu beachten das Herausziehen und Wölben des Deckelflansches über den Zylinderflansch (vgl. auch Bild 43, das Ausgreifen des Flansches bei c). Das ist keine bloße Formfrage, sondern hierdurch kann eine besondere Bearbeitung der Außenflächen der beiden Flanschen erspart werden. Haben beide Flanschen gleichen Durchmesser, wie in Bild 44, so müssen stets beide Außenflächen bearbeitet werden, weil der Guß beider Körper nie gleich ausfällt und schon geringe Ungleichmäßigkeiten oder Vorsprünge sich unangenehm bemerkbar machen, indem sie dem Ganzen das Aussehen des Rohen und Unfertigen geben. Solche Bearbeitung ist aber vielfach umständlich und kann durch die Formgebung erspart werden.

Bild 46 zeigt die Flanschverbindung eines Kompressorzylinders, die teure Handbearbeitung der Flanschenaußenflächen notwendig machen würde, weil an dieser Fläche Augen für Hähne, Indikatoranschluß usw. angebracht sind, die Dreharbeit verhindern. In Bild 47 ist die gleiche Flanschverbindung dargestellt, die billiges Abdrehen der Außenflächen ermöglicht. Ist ein Versetzen der Augen nicht zulässig, dann kann auch die im Bild 48 dargestellte Ausführungsform gewählt werden, die äußere Bearbeitung entbehrlich macht. Durch das Überdecken des einen Flansches wird auch gleichzeitig bessere Formgebung erreicht.

Bei der Ausbildung schwieriger Hohlgußkörper werden die wegen der Stützung der Kerne erforderlichen Kernlöcher, die am fertigen Gußstück auch zur Entfernung des Kernmaterials dienen müssen, in den Maschinenzeichnungen vielfach gar nicht dargestellt und als selbstverständliche Angelegenheit der Gießerei angesehen.

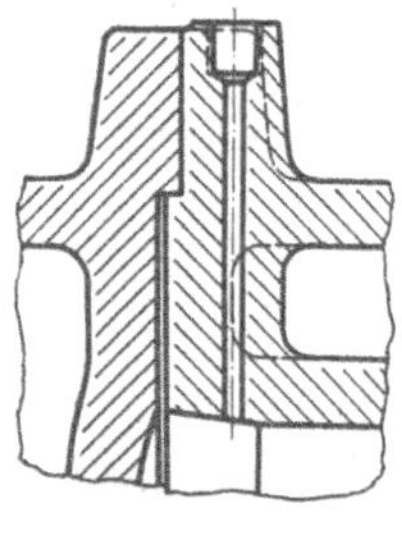
Bild 46.
Abdrehen des Flansches unmöglich.

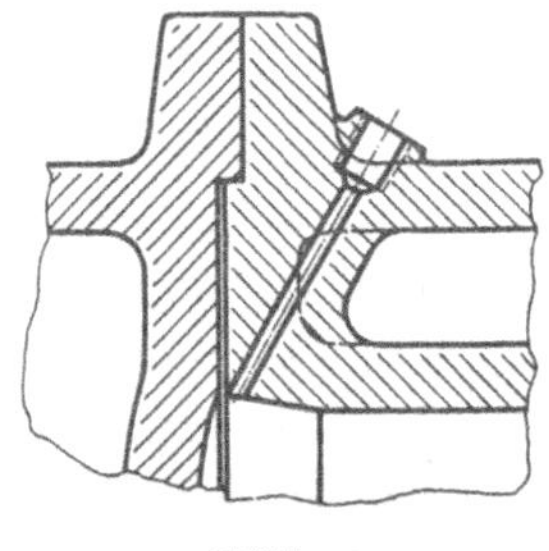
Bild 47.
Ansatz an unpassender, unbequemer Stelle.

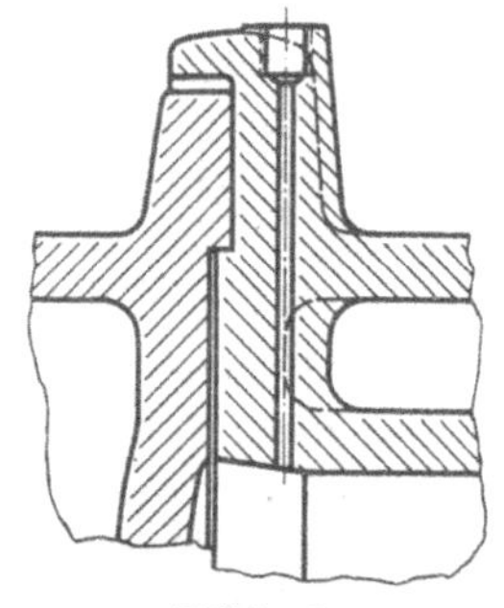
Bild 48.
Richtige Form. Flansch übergreifend, unbearbeitet.

Bild 46—48. Flanschverbindung mit Verstärkungen und Ansätzen.

Von richtiger, zweckentsprechender Anordnung dieser Kernöffnungen hängt aber unter Umständen nicht nur das Gelingen des Gusses, sondern auch die Haltbarkeit des fertigen Stückes ab. Daher müssen die Kernlöcher und deren Verschlüsse in richtigen Werkstattzeichnungen stets vom Konstrukteur eingezeichnet werden; nichts darf stillschweigend der Werkstätte überlassen, sondern alles muß richtig, d. i. der sicheren Ausführung entsprechend, gezeichnet werden. Hierzu muß man die Ausführungsbedingungen kennen. Das darf aber nicht abhalten, auf diese Einzelheiten schon in den ersten Anfängen des Maschinenzeichnens hinzuweisen.

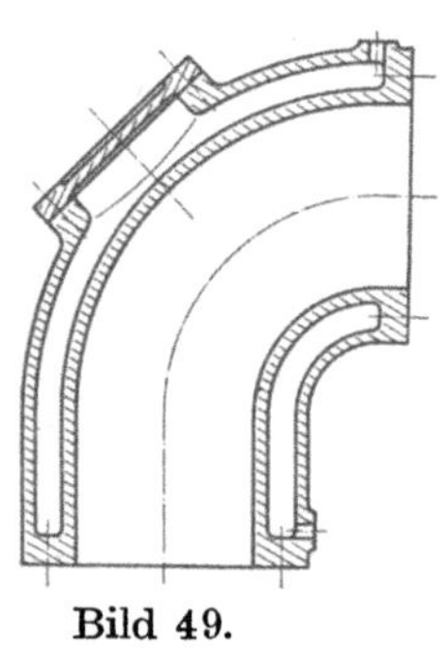
Bild 49.

Bild 49 zeigt einen Krümmer der Auspuffleitung einer Gasmaschine mit Kühlmantel. Der lange gekrümmte dünne Kern muß sorgfältig gestützt werden. Hierfür sind Kernöffnungen erforderlich, die der Zeichner nicht angegeben hat, und die erst nachträglich nach Ermessen der Gießerei angebracht wurden. Beim Einbau des Krümmers stellte sich erst heraus, daß gerade an der Stelle des nachträglich ohne Verständigung mit dem Konstrukteur angebrachten Kernverschlusses ein Gestänge vorbeiging, das infolgedessen gekröpft, also verschlechtert werden mußte, um überhaupt vorbeizukommen.

Bei ungenügender Kernstützung kann während des Gießens eine Verschiebung des Kerns eintreten; die Folgen sind dann ungleiche Wandstärken, unzureichende Festigkeit und Brüche im Betrieb. Zahlreiche Brüche von Kolben, Deckeln, Gasmaschinenköpfen sind auf ungenügende Beachtung der Gußrücksichten in der Werkzeichnung dieser Teile zurückzuführen.

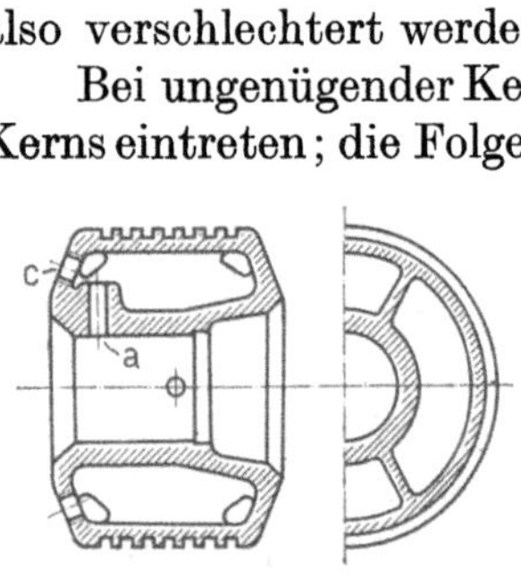

Bild 50.

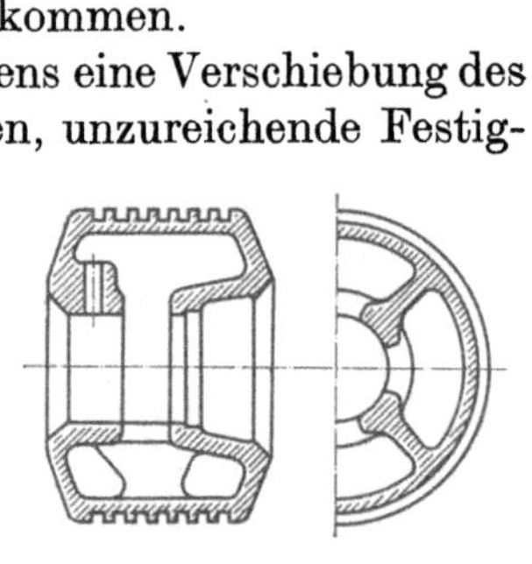
Bild 51.

Bild 50 zeigt den Kolben einer doppeltwirkenden Gasmaschine. Der Kern für die durchlaufende Kolbenstange ist vom Kern für den

Kühlraum des Kolbens vollständig getrennt, so daß eine gute gegenseitige Abstützung der beiden Kerne nicht möglich ist. Die Stützung durch die Nebenkerne a ist unzureichend. In den Stirnwänden des Kolbens sind nur je 3 kleine Kernlöcher c vorgesehen. Die Folge waren zahlreiche Fehlgüsse wegen ungleicher Wandstärke und Gußspannungen.

Kolben, die bei der Kaltprobepressung keinen Mangel gezeigt hatten, rissen nachher im Betriebe. Beim Aufschneiden der gebrochenen Kolben ergab sich als Ursache ungleiche Wandstärke infolge von Kernversetzung; außerdem war eine der drei Rippen angerissen, und zwar konnte nachgewiesen werden, daß dieser Riß alt war und schon beim Abkühlen des Gußstückes entstanden sein mußte.

Erst nach Änderung der Form, Bild 51, wurden die Anstände behoben. Der Kern des Kühlraumes hängt bei der neuen Form mit dem Kern für die Kolbenstange zusammen, so daß eine gute Abstützung möglich ist. Die Rippen sind an den freien Enden kräftig verstärkt und laufen mit großen Abrundungen in den Außenmantel aus. Beim Abkühlen eines Gußstückes erkalten die innen gelegenen Rippen später als der Außenmantel, sie können dann beim Abkühlen des Außenmantels nicht mehr genügend nachgeben und reißen daher, wenn sie nicht kräftig genug ausgebildet sind; insbesondere reißen sie an den freien Rändern, die auf Zug beansprucht sind.

Ein Hauptfehler, der vielfach gemacht wird, ist der, daß die Kernlöcher zu klein gezeichnet werden, so daß entweder der Guß überhaupt nicht möglich ist, oder der Kern nur ungenügend gestützt und das Kernmaterial nachher schlecht entfernt werden kann.

Bild 52. Tauchkolben mit zu kleinen Kernöffnungen.

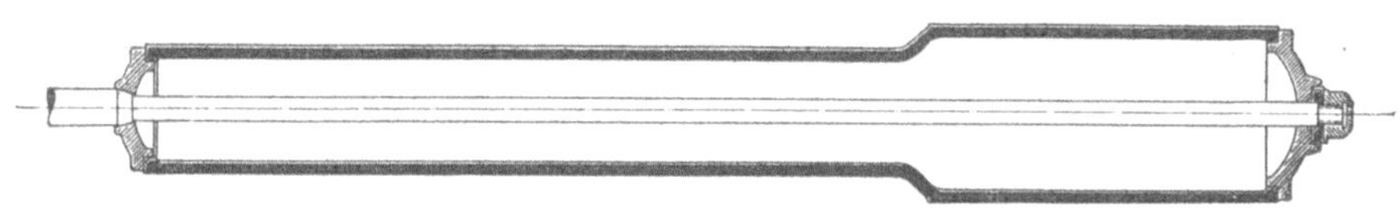

Bild 53. Tauchkolben mit großen Kernöffnungen.

Bild 52 zeigt den Tauchkolben einer Pumpe, der ungenügend große Kernlöcher an beiden Enden besitzt. Ein Loch von 12 mm kann im Guß nicht hergestellt werden, auch nicht zur Stützung des Kerns dienen. Bild 53 zeigt eine richtig ausgebildete Form mit ausreichenden Öffnungen für den Kern und dessen Stützung.

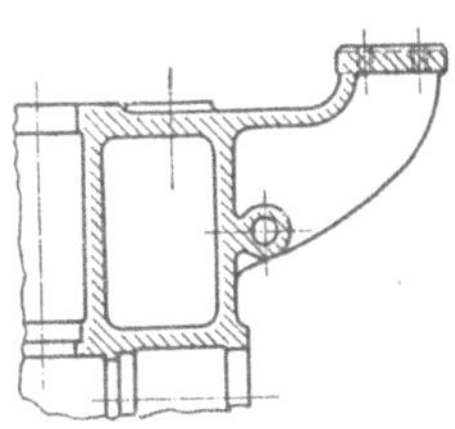

Bild 54. Falsch. Schwache Nebenteile an einem schweren Gußstück.

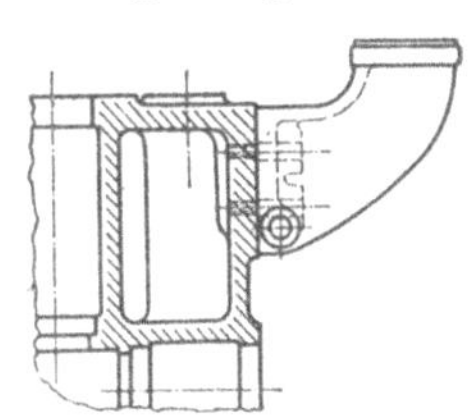

Bild 55. Richtig. Schwache Nebenteile getrennt und besonders befestigt.

Der Anfänger macht auch oft den Fehler, daß er an großen, schweren Gußstücken Lagerstellen in Form von dünnen, oft weit abstehenden und verrippten Nebenteilen anbringt und das Ganze als ein Gußstück ausführen will, wie z. B. in Bild 54 dargestellt. Solche Teile werden im Guß oder bei der Bearbeitung oder selbst beim Transport abgebrochen, und dann muß das ganze Stück neu hergestellt werden. Solche Nebenteile werden besser angeschraubt (Bild 55), wenn dabei auch die Mehrkosten der besonderen Schraubenverbindung zu tragen sind.

Bekannt ist, daß selbst von erfahrenen Spezialingenieuren der Praxis Konstruktionsfehler, die schon lange vorher in anderen wichtigen Fachgebieten gemacht wurden und schlimme Folgen nach sich zogen, auf ihren Gebieten wiederholt werden, und daß so das schon einmal gezahlte Lehrgeld von neuem gezahlt werden muß. Das kommt daher, daß die Erfahrungen meistens streng geheim gehalten werden. Ja sogar allgemeine Konstruktions- und Herstellungsrücksichten, die auf dem einen Fachgebiete allgemein bekannt sind, werden auf anderen Gebieten nicht beachtet, sondern kommen auf diesen erst nach den eigenen teuren Erfahrungen zur Geltung.

So war es z. B. im Pumpenbau seit langem bekannt, die Durchdringungen und Querschnittsübergänge an Rohrabzweigungen, besonders der hochbeanspruchten Pumpenzylinder, mit großen Übergangsquerschnitten c (Bild 56) auszuführen. Auch wurden Gußansammlungen an diesen Stellen sorgfältig vermieden. Trotzdem wurden bei den ersten Ausführungen großer doppeltwirkender Gasmaschinenzylinder scharfe Übergänge und Gußansammlungen ausgeführt (Bild 57), die wegen der im Betriebe auftretenden Wärmespannungen besonders zu Rissen Anlaß gaben. Die notwendigen Übergangsformen zeigt Bild 58. Derartige Fehler wurden sogar von Fabriken gemacht, die gleichzeitig, aber in einer andern Abteilung ihres Werks, Pumpen bauten, die in dieser Hinsicht ganz richtig ausgebildet waren. Das sind die Schattenseiten der weit getriebenen Arbeitsteilung und auch der Geheimtuerei und des einseitigen Spezialistenwesens.

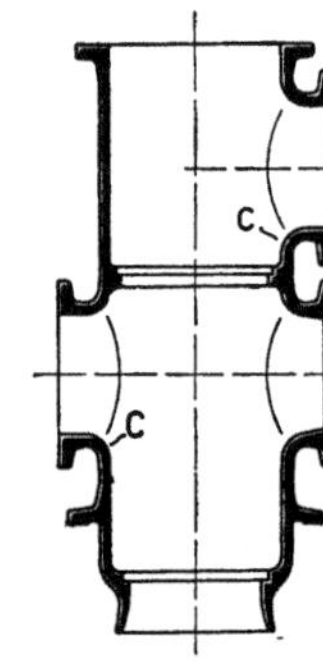

Bild 56. Pumpenkasten mit großen Übergangsquerschnitten c an den Durchdringungen.

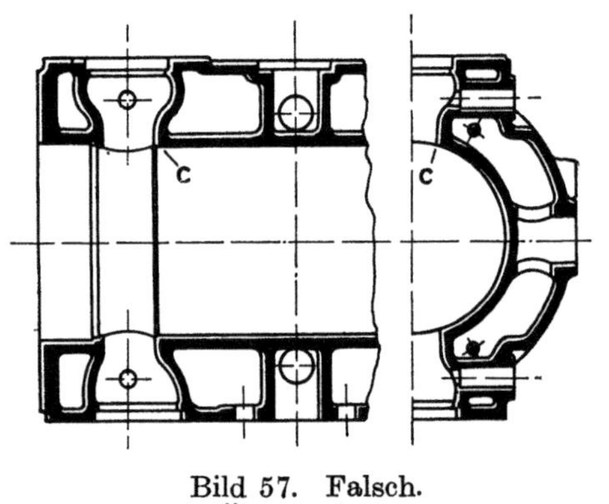

Bild 57. Falsch. Scharfe Übergänge c an den Durchdringungen der Zylinder.

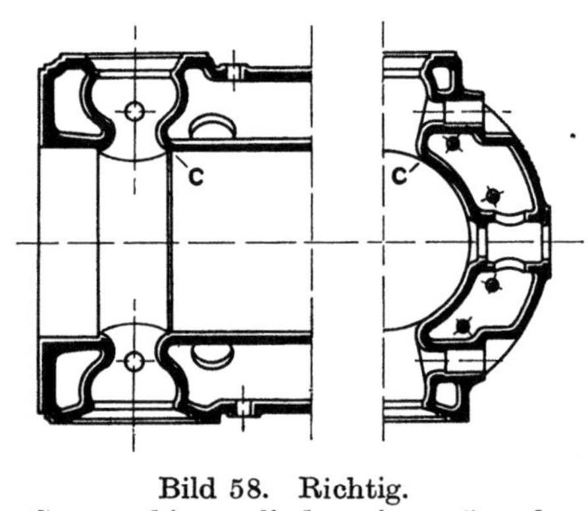

Bild 58. Richtig. Gasmaschinenzylinder mit genügend großen Übergangsquerschnitten c.

Derartige Vorkommnisse in der Praxis lassen auch keine Spezialisierung des Unterrichtes zu; diese unterbleibt darum mit Recht. Die Grundregeln und die maßgebenden Rücksichten bei der Ausbildung von Einzelheiten des Maschinenbaus dürfen nicht auf einzelne Fachgebiete beschränkt, sondern müssen möglichst allgemein gelehrt, und es muß damit schon bei den ersten Übungen im Maschinenzeichnen begonnen werden.

Die richtige Formgebung der Konstruktionsteile verlangt allerdings Kenntnis der Materialeigenschaften und der Herstellungsmittel. Der Anfänger, dem diese Kenntnis fehlt, macht leicht grobe Fehler. Er gibt z. B. einem Schmiedestück die Form eines Gußstückes und umgekehrt, oder nimmt bei zu fräsenden Stücken nicht auf den Durchmesser des Fräsers Rücksicht; bei gebohrten Löchern zeichnet er Abrundungen, welche nur bei gegossenen oder gedrehten Löchern leicht herstellbar sind usw.

Die folgenden Bilder zeigen einige Beispiele richtiger und falscher Ausführungsformen.

Bild 59—62. Zusammenhang der **Herstellungsart** mit der **Formgebung.**

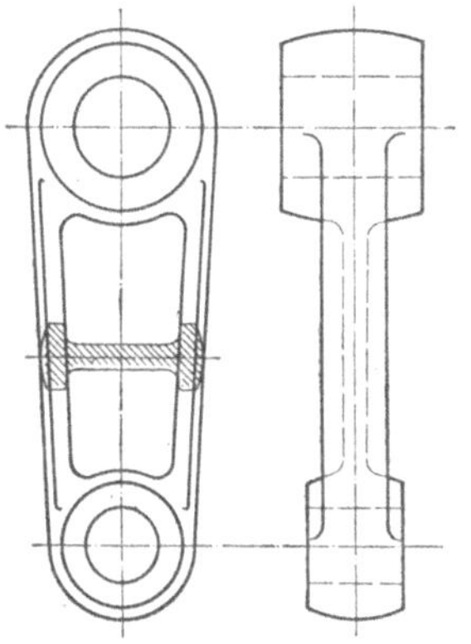

Bild 59.
Gußform mit I-Querschnitt abgerundet.

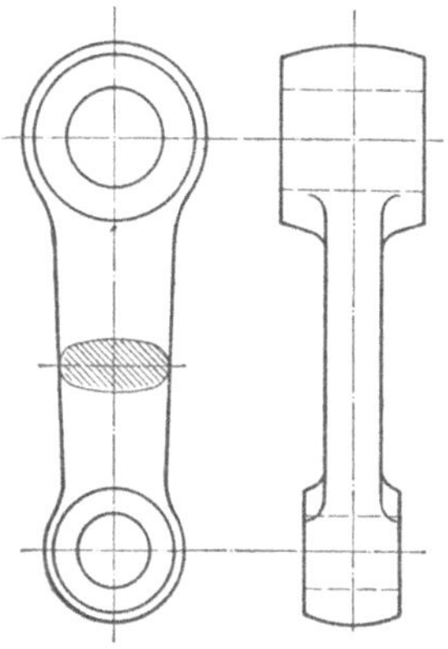

Bild 60.
Gußform mit Ellipsenquerschnitt. Allmählicher Übergang zur Nabe.

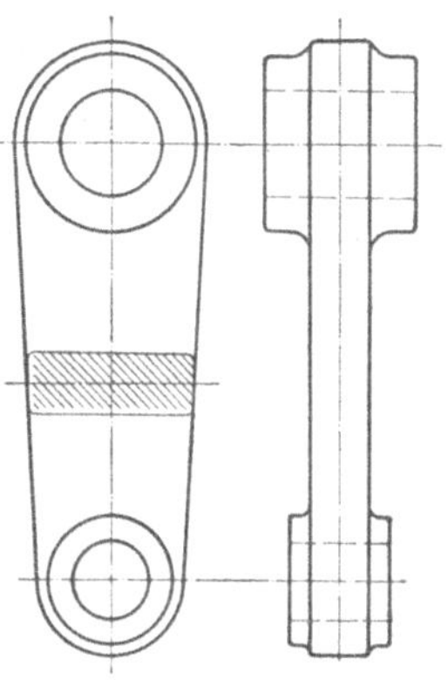

Bild 61.
Schmiedeform eckig. Unmittelbarer Übergang zur Nabe.

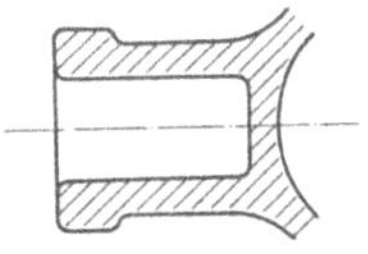

Bild 63.
Gedrehtes Loch.

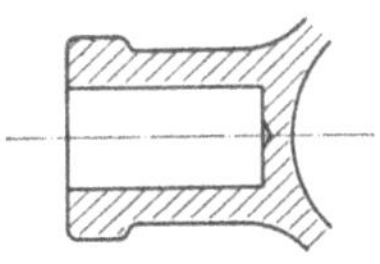

Bild 64.
Gebohrtes Loch.

Die Bilder 59—62 stellen einen einarmigen Hebel dar, und zwar zwei Gußformen (Bild 59 und 60), eine Schmiedeform (Bild 61) und einen gefrästen Hebel (Bild 62).

In Bild 64 ist ein gebohrtes Loch, in Bild 63 ein gedrehtes oder gegossenes Loch dargestellt, das abgerundete Kanten erhalten kann, während das gebohrte Loch scharfe Kanten besitzt, wenn nicht besondere Bohrwerkzeuge verwendet werden.

Bild 62.
Durch Fräsen hergestellt. Die Endstellungen des Fräsers sind einzuzeichnen.

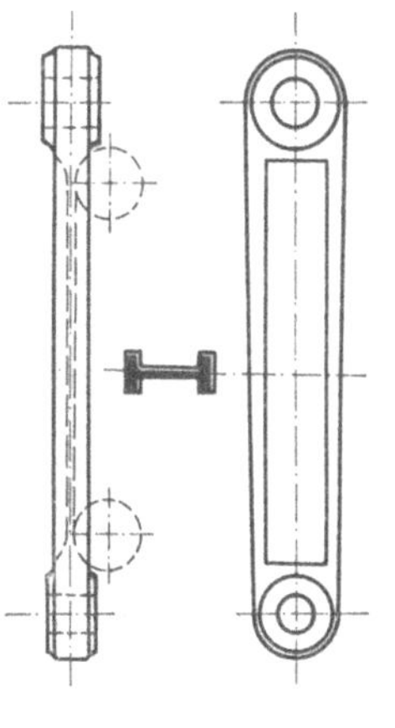

Ein sehr häufig gemachter Zeichenfehler entsteht durch die unrichtige Darstellung des Lochendes für Bohrungen, z. B. für Stiftschrauben. Bild 65 zeigt eine falsche Darstellung, Bild 66 die der Herstellung entsprechende richtige Form, da der gebräuchliche Spiralbohrer einen Spitzenwinkel von 120° besitzt.

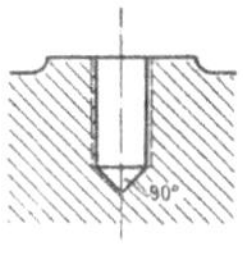

Bild 65.

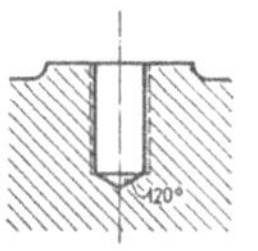

Bild 66.

Dagegen wird das Körnerloch für eine Stellschraube durch einen Bohrer mit 90° Spitzenwinkel hergestellt, wie er im Bild 68 richtig gezeichnet ist. Unrichtige Darstellung: Bild 67 mit 120° Spitzenwinkel.

Die Formgebung muß auch eine derartige sein, daß die Bearbeitung in einfachster und billigster Weise möglich ist, und die Zeichnung muß alles mit der Bearbeitung Zusammenhängende zeigen.

Bild 11, S. 24, zeigt einen Kurbelarm, der unrichtig ausgebildet ist, weil sich die Außenbegrenzungen der Kurbel-

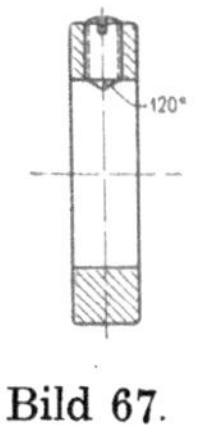

Bild 67.

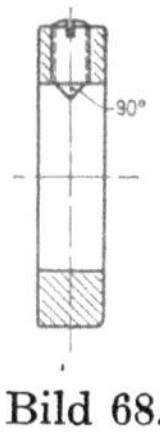

Bild 68.

arme nicht in einfacher Weise abdrehen lassen. Dies ist nur möglich, wenn die Begrenzungsradien wie in Bild 12 gewählt werden.

Sollen die äußeren Begrenzungsflächen eines Kurbelarmes auf der Stoßmaschine bearbeitet werden, dann ist die Form nach Bild 70 und nicht nach Bild 69 richtig, da letztere Form die Stoßarbeit bei a erschwert und verteuert.

Die Bilder 31—36, S. 28, und 37, 38, S. 29, zeigen richtige Formen von Drehkörpern mit ihren eigenartigen Verschneidungslinien zwischen ebenen und Drehflächen.

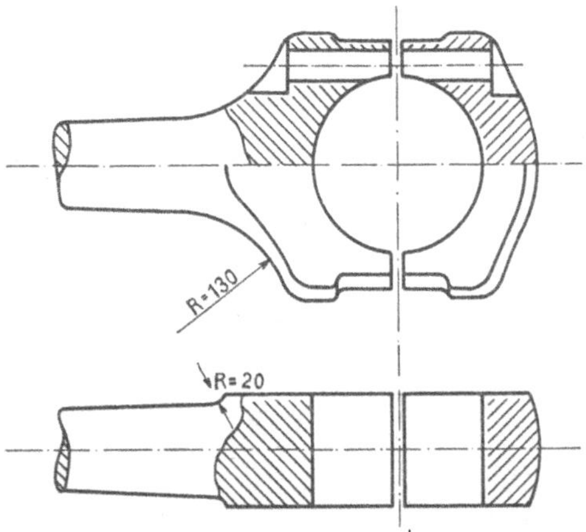

Bild 71. Unmögliche Drehform. Die Radien der Verschneidung des Drehkörpers müssen gleich groß sein.

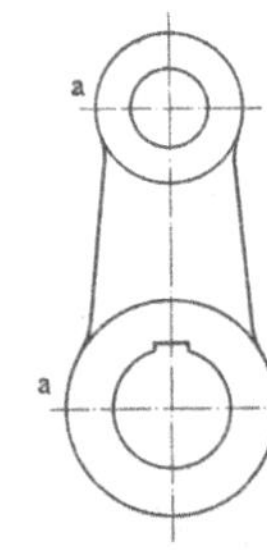

Bild 69. Ungünstig für Stoßarbeit.

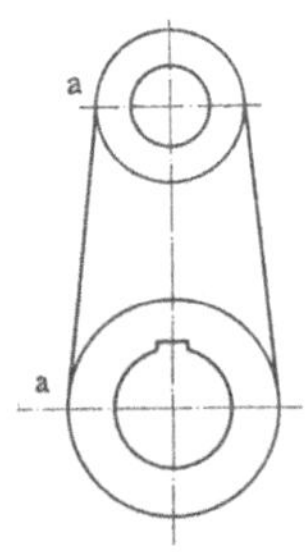

Bild 70. Richtig für Stoßarbeit.

Solche Formen, die durch die Dreharbeit entstehen müssen und eine Folge der gewollten Bearbeitungsart sind, können daher nicht als „Erscheinungsformen" betrachtet werden. Anfänger machen leicht den Fehler, daß sie bei solchen Drehkörpern die Begrenzungsradien der Drehflächen in verschiedenen Projektionen verschieden zeichnen und ungleiche, daher unrichtige Maße für die Radien eintragen (Bild 71).

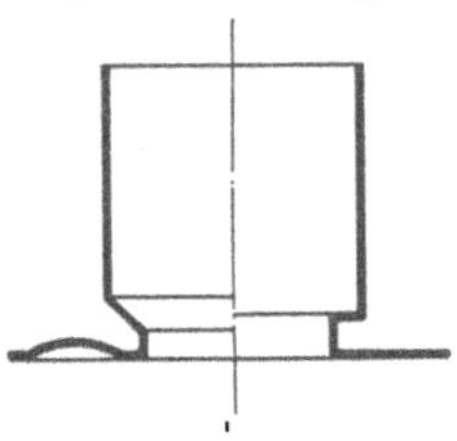

Bild 72. Unrichtige Preßform.

Jeder Bearbeitungsart entsprechen bestimmte Formen, die auch dem Anfänger geläufig sein müssen, sonst kann er eine fehlerfreie Maschinenzeichnung nicht herstellen.

So muß z. B. der aus Blech gepreßte oder gedrückte Ventilkörper die im Bild 73 dargestellte Form mit abgerundeten Übergängen erhalten und nicht wie im Bild 72 gezeichnet werden, weil sich eine solche eckige Form durch Pressen nicht herstellen läßt.

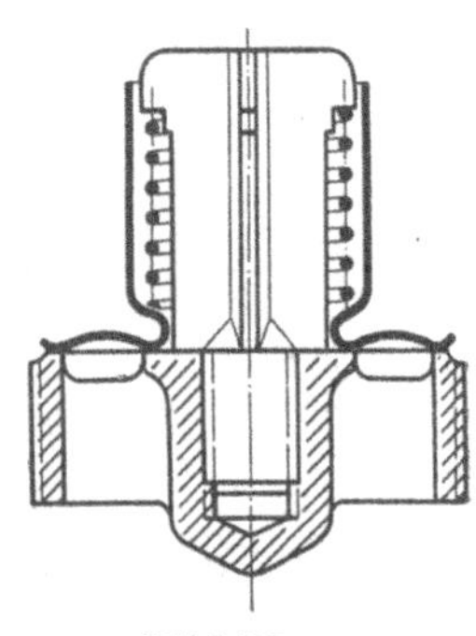

Bild 73. Richtige Preßform.

Ähnlich bei dem in den Bildern 74 und 75 dargestellten Ventilring aus Leder für ein Ventil mit Hilfsdichtung. Leder kann nicht die Form annehmen, die im Bild 74 gezeichnet ist.

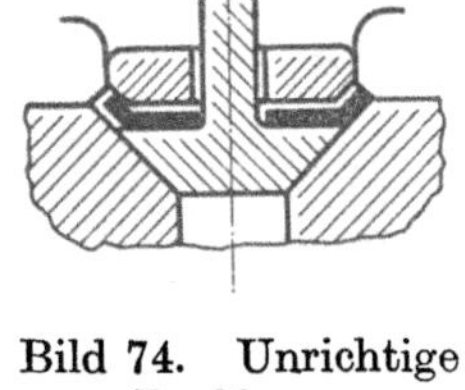

Bild 74. Unrichtige Preßform.

Die Maschinenteile sollen vor allem so geformt sein, daß ihre Bearbeitung mit den vorhandenen Werkzeugmaschinen möglich ist. Man wird daher z. B. keine Fräsformen wählen, wenn passende Fräsmaschinen nicht vorhanden sind; und wenn dies der Fall ist, dann wird man auf die vorhandenen Fräser Rücksicht nehmen müssen.

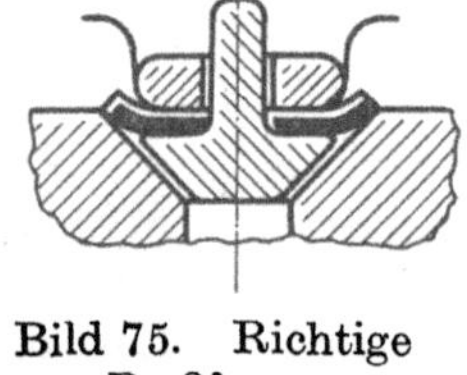

Bild 75. Richtige Preßform.

Das gleiche gilt für Einzelteile, wie Schrauben, Niete, Keile, Splinte usw., die in bestimmten Formen und Abmessungen von der Werkstätte als *Normalteile* auf Lager gehalteu werden. Der Konstrukteur muß auf diese Normalteile Rücksicht nehmen, und es müssen auch deren Maße oder Nummern in die Zeichnungen eingetragen werden. Durch die Nichtbeachtung solcher Forderungen entstehen erhöhte Herstellungskosten und Zeitverluste.

Die *Herstellung* und *Bearbeitung* zwingt stets zu bestimmter Formgebung.

In Bild 76 ist ein Dampfzylinder dargestellt, der kaum genau gebohrt werden kann, weil die hierzu erforderliche starke Bohrspindel auf der einen Seite durch die enge Öffnung nicht hindurchgeführt oder nicht ausreichend gelagert werden kann. Der Zylinder muß daher einen genügend großen Stopfbüchseneinsatz erhalten, wie in Bild 77 dargestellt ist. Bei großen, langgestreckten Stücken, wie z. B. bei den Maschinenrahmen großer Dampf- oder Gasmaschinen, werden besondere Auflagestellen für die Stützlager der Bohrspindeln angegossen, um einfache und genaue Bearbeitung zu erreichen.

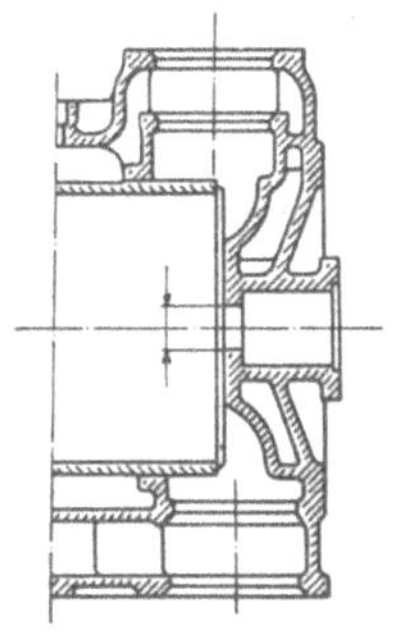

Bild 76.

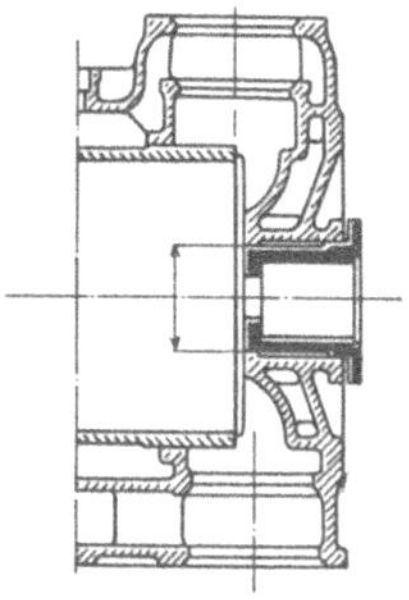

Bild 77.

Nur vorübergehend notwendige Hilfsteile, die später wieder entfernt werden, müssen in der Maschinenzeichnung dennoch dargestellt werden. Bild 78: Unvollständige Zeichnung eines Kernverschlusses. Der zum Einschrauben des Verschlußstückes erforderliche Vierkant wird nachher entfernt. In der Zeichnung (Bild 79) ist daher die ursprüngliche Form durch die strichpunktierten Linien darzustellen.

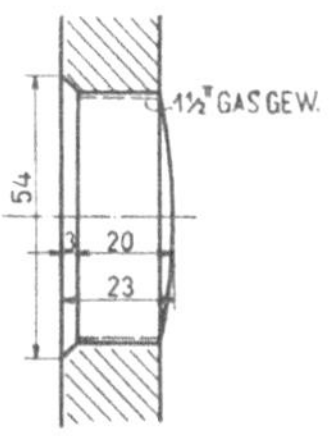

Bild 78.

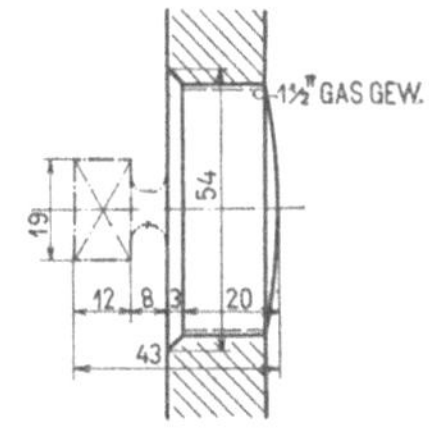

Bild 79.

Beim Ventil Bild 80 z. B. genügt es nicht, diese schließliche Form darzustellen, es muß auch die Herstellungsform vor der Vernietung der Spindel gezeichnet werden (Bild 81).

Alle Bearbeitung von Maschinenteilen muß auf *Werkzeugmaschinen* erfolgen. Handarbeit ist möglichst auszuschließen. Verstöße hiergegen ergeben erhöhte Herstellungskosten. Die gezeichneten Maschinenformen müssen dieser Forderung entsprechen.

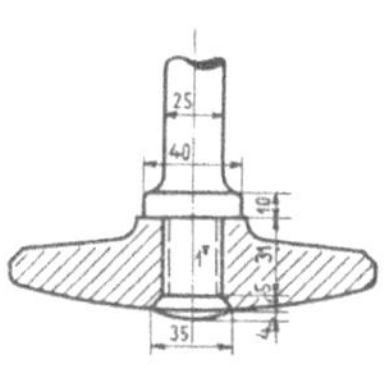

Bild 80.

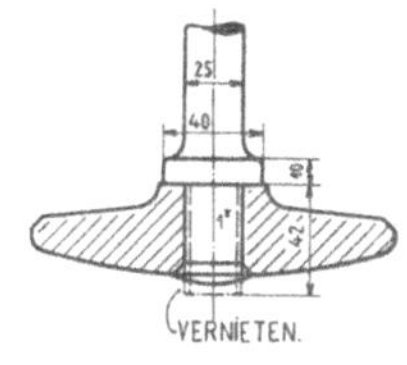

Bild 81.

Bei den Ausführungsformen von *Gußstücken* hat der Konstrukteur allgemein zu beachten:

alle Rücksichten, die an den angeführten Beispielen erörtert wurden und gleichmäßige Materialverteilung, *gleichmäßige Wandstärke*, entsprechende Übergangsformen, Vermeidung von *Gußspannungen* betreffen,

die besonderen Rücksichten auf *vorhandene Herstellungsmittel*, z. B. *Formmaschinen*, wenn eine größere Stückzahl anzufertigen ist, insbesondere auch solche Formgebung, daß das Herausziehen des Modells aus der Form nicht durch Ansätze verhindert wird,

die Benutzung gleichartiger *Kerne*, die Verwendung offner, genügend weiter Kernräume, um das Putzen des Gußstücks zu erleichtern, die Verwendung genügend großer Kernlöcher, der Stärke des Kerns entsprechend, nie unter 1″, bzw. mit entsprechendem Gasgewinde für den Kernverschluß,

die Anbringung von Ösen, Schrauben und Vorsprüngen (Nasen), um unhandliche Gußstücke bequem anfassen und transportieren zu können.

Die Anbringung solcher Teile darf nicht der Gießerei überlassen werden, sie müssen vom Konstrukteur vorgesehen und gezeichnet werden. Diese Hilfsteile müssen für das Anfassen durch Krankette oder Seil geeignet sein. Die Tragseile müssen abgerundete Teile erfassen, damit sie nicht beschädigt werden.

Bei allen Gußstücken ist zu beachten, daß der Vorgang beim Formen und Gießen ein verhältnismäßig roher ist, daß an den fertigen Stücken Maßabweichungen von ½—2 cm immer vorkommen können, bei schlechter Ausführung noch mehr.

Die Bearbeitungsflächen müssen daher wegen dieser Fehler entsprechend weit ausladen, je nach der Größe des Gußstücks und der Genauigkeit, mit der die Gießerei arbeitet. Aus diesem Grunde ist auch von der Verwendung roher Gußflächen zur Befestigung irgendwelcher Teile grundsätzlich abzusehen.

Zweiteilige Gußstücke, insbesondere runde, werden möglichst als Ganzes gegossen, hierauf durch Sprengen geteilt, sorgfältig aufeinander gepaßt und dann fertig bearbeitet. Nur sehr große Stücke müssen geteilt gegossen werden.

Hinsichtlich der vorzunehmenden Bearbeitung, insbesondere des Bohrens und Drehens, gilt außer dem schon an der Hand der Beispiele Gesagten allgemein:

Alle Bearbeitungen sollen senkrecht oder parallel zur Aufspannfläche des Werkstücks erfolgen können, da jede schräge Bearbeitung ein schräges Aufspannen des Werkstücks erfordern würde, was stets zeitraubend und kostspielig ist. Sind schräge Bearbeitungen, insbesondere Bohrungen, unerläßlich, dann sollen sie stets in einem bestimmten Winkel, etwa 45°, vorgesehen werden, für den dann besondere Aufspannvorrichtungen vorrätig gehalten werden.

Alle Bearbeitungsstellen müssen so vorgesehen werden, daß sie auf den betreffenden Werkzeugmaschinen auch zugänglich sind. Insbesondere müssen die Bohrungen mit der Bohrspindel erreichbar sein.

Alle entbehrlichen Bearbeitungen müssen vermieden werden, beispielsweise durch genügend weite eingegossene Kernlöcher.

Bohrer erfordern bestimmte Durchmesser, während andere Schneidwerkzeuge solcher Beschränkung nicht unterliegen.

Alle Bohrungen müssen daher so bemessen werden, daß mit einer geringen Zahl von Bohrergrößen in bestimmten Abstufungen auszukommen ist.

Das Absetzen von Bohrungen ist zu vermeiden, weil dies die Kosten erhöht. Erweiterungen von Bohrungen nach innen sind stets zu vermeiden, weil die Ausführung auf gewöhnlichen Maschinen sogar unmöglich werden kann. Ganz durchgebohrte Löcher sind billiger als Bohrungen nur bis zu bestimmter Tiefe (Grundbohrungen).

Bei der Ausbildung und Anordnung von Arbeitsflächen eines Werkstückes ist im allgemeinen darauf zu achten, daß es auf der Werkzeugmaschine möglichst selten umgespannt werden muß, weil das Aufspannen und Ausrichten sehr zeitraubend und auch kostspielig ist.

Bei Serien- und Massenfabrikation werden aus diesem Grunde oft teure Spezialwerkzeugmaschinen angeschafft, die gleichzeitig oder nacheinander die verschiedenartigsten Arbeiten an einem Werkstück ohne Umspannen desselben ermöglichen.

Arbeitsflächen, die in einer Richtung verlaufen, sollten möglichst in einer Ebene liegen, um gemeinsames Bearbeiten (z. B. Drehen oder Hobeln) zu gestatten.

Stets ist darauf zu achten, daß für den Auslauf des Werkzeuges der genügende Platz vorgesehen ist. Dies wird von Anfängern vielfach nicht berücksichtigt.

Zusammenhang der Maschinenzeichnung mit Zusammenbau und Betrieb.

Die Einzelheiten jeder Maschine müssen derartig ausgebildet sein, daß die Forderungen des Zusammenbaus und des Betriebs erfüllt sind, und daß insbesondere sowohl der Zusammenbau als auch der Aus- und Wiedereinbau von Teilen nach erfolgter Aufstellung den Betriebsanforderungen entsprechend einfach, also rasch und bequem möglich ist, ohne daß dabei am Zusammenhang anderer Teile als der auszubauenden etwas zu ändern oder die Betriebsbereitschaft der Maschine zu gefährden wäre.

Der sichere Zusammenbau wird hauptsächlich erreicht durch Zentrierungen und Paßstifte, die aber richtig ausgebildet und angeordnet werden müssen, wenn sie ihren Zweck erfüllen sollen. So einfach die hierfür maßgebenden Rücksichten sind, so werden sie doch bei ungenügender Erfahrung häufig nicht beachtet. Die folgenden Beispiele sollen einige wesentliche hier in Betracht kommende Gesichtspunkte kennzeichnen.

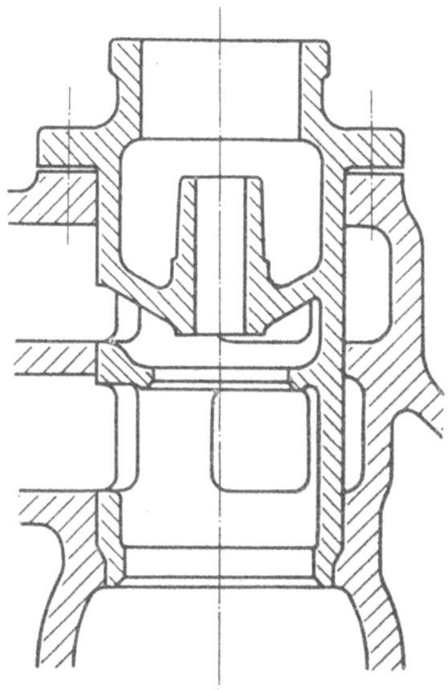

Bild 82. Unzweckmäßige Paßform. Zentrierungslänge zu groß.

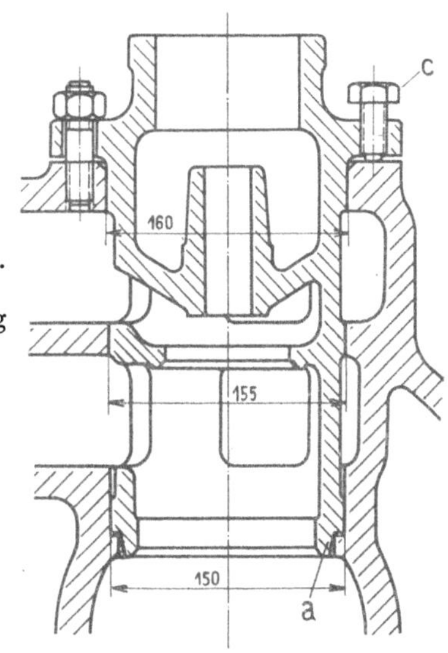

Bild 83. Richtige Paßform. Zentrierung abgestuft, Abschrägung a.

Bild 82 zeigt den Ventileinsatz eines Gaszylinders, der wegen seiner Länge mehrfach gepaßt und zentriert ist. Gleichbleibender Durchmesser der Zentrierleisten erschwert aber den Ein- und Ausbau des Einsatzes wesentlich. Besser ist die in Bild 83 dargestellte Ausführungsform, die auch weniger Zentrierstellen enthält. Mehrere Zentrierstellen an einem Stück sollen stets um einige Millimeter im Durchmesser abgesetzt werden, damit nicht ein Hindurchzwängen durch

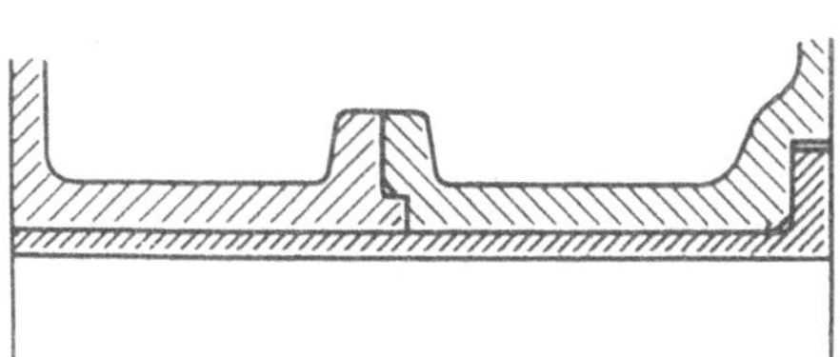

Bild 84. Unzweckmäßige Paßform.

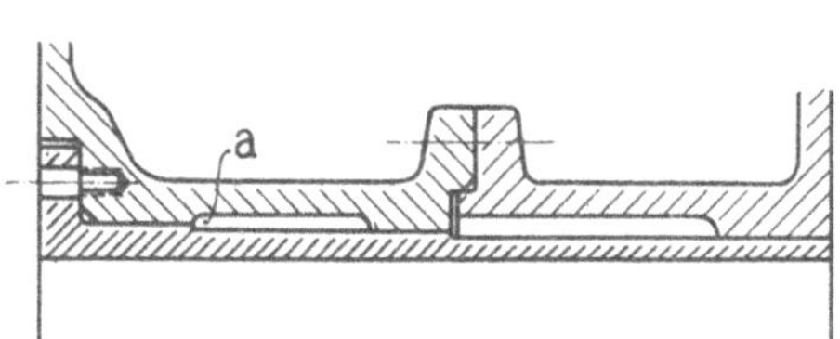

Bild 85. Richtige Paßform.

alle Paßstellen erforderlich ist. Es genügt unter Umständen ein Absetzen von $\frac{1}{2}$ und 1 mm, z. B. bei a an der in Bild 84 u. 85 dargestellten Laufbüchse eines Tauchkolbens, die nicht zu dick werden soll und daher nur schwach abgesetzt werden kann. Mehrfache Zentrierungen und Paßstellen sind nur an langen Stücken nötig, um sicheres Passen der Länge nach ohne wesentliche Formänderungen zu erreichen. Man vermeidet ein Aufeinanderpassen auf der ganzen Fläche, wie dies z. B. in Bild 84 gezeichnet ist, weil es in genauer Weise nur schwierig und teuer zu erreichen ist und andrerseits leicht ein Anliegen an unrichtiger Stelle, damit aber Betriebsstörungen und Brüche zur Folge haben kann. Nur bei kurzen Büchsen oder Lagerschalen, die keinen starken Beanspruchungen ausgesetzt sind, zieht man ein Aufliegenlassen der ganzen Fläche nach vor, weil die Herstellung und Bearbeitung einfacher wird. Dies ist bei den heutigen vollkommneren Bearbeitungsmethoden auch leichter ausführbar als früher.

Ferner muß der Konstrukteur auf die Transportfähigkeit seiner Konstruktionsteile achten. So dürfen z. B. Räder aus einem Stück nur bis zu höchstens 4,4 m Durchmesser hergestellt werden. Größere Gußstücke müssen entsprechend geteilt werden. Eine solche Teilung ist auch oft schon aus Gußrücksichten erforderlich, z. B. um Gußspannungen zu vermeiden oder Schwierigkeiten in der Kernausbildung und Stützung zu umgehen usw. Allerdings spielen bei alledem die Leistungsfähigkeit der Gießerei und die vorhandenen Transport- und Fabrikationseinrichtungen eine entscheidende Rolle, und es gibt Gußstücke, die nur von Gießereien ausgeführt werden können, denen besondere Erfahrungen und Mittel zu Gebote stehen.

So konnten die Zylinder der raschlaufenden Automobilmaschinen anfangs nur von wenigen Gießereien in der gewünschten geringen Wandstärke und vorzüglichen Qualität gegossen werden. Diese Technik ist gegenwärtig so hochentwickelt, daß mehrere Zylinder in einem Block mit allen Rohrkanälen und vielen Nebenteilen vereinigt gegossen werden.

Auch das Gewicht der Gußstücke findet in der Leistungsfähigkeit der Gießerei eine Grenze, insbesondere in der Tragfähigkeit der vorhandenen Hebevorrichtungen, in der Zahl und Größe der verfügbaren Gußpfannen und Schmelzöfen usw. 50 t dürfte die obere Gewichtsgrenze für ein einteiliges Gußstück sein. Es gibt aber doppelt so schwere Stücke; diese erfordern jedoch besondere Vorkehrungen und viele Kosten.

Im Rahmen dieser Schrift kann auf viele maßgebende Konstruktionsrücksichten, welche besonders für den Anfänger wichtig sind, nicht eingegangen werden. Es sei aber nochmals hervorgehoben, daß der Anfänger wegen solcher Rücksichten nicht kurzweg auf den späteren Fachunterricht verwiesen werden darf, sondern daß er schon im Maschinenzeichnen mit der wesentlichen sachlichen Begründung der Notwendigkeit bestimmter Konstruktionsformen vertraut gemacht werden muß, sonst ist weder volles Verständnis der Maschinenzeichnung noch richtige Anfertigung solcher Zeichnungen möglich. —

Weitere Rücksichten ergeben sich aus der Notwendigkeit, Normalteile zu schaffen und bereitzuhalten. Dadurch werden vielfach besondere Konstruktionseinzelheiten notwendig. So sucht man Ventile, Federn und dergl. an einer Maschine, obwohl sie verschiedenen Zwecken dienen, doch möglichst gleichartig zu gestalten, um mit wenigen Ersatzteilen auszukommen. Selbst große Stücke, wie Gasmaschinenzylinder, besonders bei großen, teuren Maschinen, werden mit Rücksicht auf den Ersatz so ausgeführt, daß ein und derselbe Zylinder rechts und links, sowie vorn und hinten gleich und symmetrisch ist, um von der Lage und Anordnung der Zylinder und der Steuerungen unabhängig zu sein.

Im Sinne solcher Normalisierung muß jeder Konstrukteur darauf bedacht sein, gleichartige oder ähnliche Teile, die für verschiedene Zwecke dienen, auf gleiche Bauart zu bringen, um entweder Massenfabrikation dieser Teile oder doch gleichzeitige Ausführung in vielen Stücken zu ermöglichen. Alle kleinlichen Bedenken über Beanspruchung und Formgebung müssen gegenüber diesem wichtigen Streben zurücktreten. Selbstverständlich ist hierzu wieder Einvernehmen zwischen den verschiedenen Fabrikabteilungen erforderlich.

Dies ist ein Gebiet, dem junge Ingenieure zu wenig Aufmerksamkeit schenken. Die Außerdienststellung von Normalteilen ist auch ein notwendiger Teil des Strebens nach Einheitlichkeit und richtiger Wirtschaftlichkeit und ist naturgemäß nur die notwendige Verbesserung der vorhandenen Normalisierung, die sonst veralten und im Laufe der Zeit zur unbrauchbaren Schablone werden muß.

Hierzu wird eine zeichnerische Statistik die besten Dienste leisten, die reihenweise die vorkommenden verschiedenen, aber doch ähnlichen Teile darstellt, so daß leicht zu erkennen ist, wo bessernd eingegriffen werden kann.

Mit diesem Streben nach Normalisierung ist unvereinbar, daß der Konstrukteur unsymmetrische Stücke verwendet oder ohne zwingenden Grund verschiedene Ausführungen für rechts und links vorsieht. Dies soll vermieden werden, wo es nur immer angeht. Mindestens muß Gleichheit der Modelle erreicht und die Verschiedenheit nur auf die Bearbeitung beschränkt werden.

Hinsichtlich des Zusammenpassens von Teilen unter Berücksichtigung des erforderlichen „Sitzes" ist allgemein zu beachten:

Wenn Maschinenteile zusammengebaut werden, ohne daß eine Zentrierung derselben erforderlich ist, dann müssen diese Teile schon in der Zeichnung mit genügendem Spielraum vorgesehen sein, um teure Bearbeitung zu ersparen.

Teile, die nicht in der Werkstätte in ihre endgültige Stellung gebracht werden können, sondern erst — ausnahmsweise — beim Zusammenbau, dürfen nicht zentriert, sondern müssen erst nach dem Zusammenbau mit besonderer Paßvorrichtung (Paßstifte) versehen werden.

Bei solcher Zentrierung oder nachträglicher Festlegung durch Paßstifte muß jede Überbestimmung vermieden werden, daher ist nur eine Zentrierung anzubringen; jede Mehrfachpassung ist überflüssig oder schädlich.

Nur bei sehr langen Stücken ist Mehrfachzentrierung erforderlich. Bei vorhandener Mehrfachzentrierung dürfen nie zwei Zentrierungen die Nut gleichzeitig fassen, sondern nur hintereinander, und außerdem müssen die Durchmesser entsprechend abgesetzt sein, wie in Bild 83, S. 39, dargestellt ist.

Für genau auszuführendes Aufeinanderpassen müssen stets Schablonen, Kaliber verwendet, und infolgedessen dürfen keine Zwischenmaße gebraucht werden, für welche Kaliber nicht vorhanden sind.

Unter der Genauigkeit, mit welcher Zentrierungen auszuführen sind, ist die des „Schiebesitzes" verstanden. Diese Art des Passens eignet sich aber nicht für große Längen der Zentrierungen. Solche dürfen auch nicht ausgeführt werden und erschweren nur unnütz die Arbeit.

Zu den allgemeinen Erfordernissen zählt insbesondere die Rücksicht auf Verbilligung der Konstruktion durch solche Formgebung, daß die Bearbeitung, als in der Regel teuerster Teil der Ausführung, und auch die Wartung und die Ingangsetzung so billig als möglich wird. Die Herstellungskosten müssen unter Erfüllung der Lieferungs- und Betriebsrücksichten die erreichbar geringsten werden; daher sind alle Konstruktionsanordnungen zu vermeiden, welche die Kosten erhöhen. Hierüber wäre eine besondere Darstellung erforderlich, die aber weit über den Rahmen eines Buchs über Maschinenzeichnen hinausgehen müßte.

Alle diese Grundlagen und Einzelheiten der Ausführung hängen selbstverständlich auch mit den Forderungen des Zusammenbaus und des Betriebs zusammen. Deshalb sind einige Gesichtspunkte und häufig wiederkehrende Fehler der Anfänger im nachfolgenden an weiteren Beispielen erörtert.

Mehrfache Zentrierung ist auch zu vermeiden, wenn die Zentrierstellen in gleicher Höhe liegen. Derartige Zentrierungen sind in genauer Weise nur schwierig herzustellen.

Zentrisches Zusammenpassen der Einzelteilen eier Maschine ergibt die einfachste und genaueste Passung und bei zentrischer Kraftübertragung auch die sicherste Aufnahme großer Kräfte und Beanspruchungen. Die moderne Maschinenkonstruktion ist wesentlich auf dem Grundsatze zentrischen Passens und rein axialer Kräfteaufnahme aufgebaut, um schädliche Hebelarme zu vermeiden. Solche zentrischen Verbindungen können genau hergestellt werden, und was in den Werkstätten genau hergestellt ist, kann dann auch nicht anders als genau zusammengebaut werden. Diese Unabhängigkeit von der Sorgfalt des Monteurs ist eine wesentliche Forderung.

Gasmaschinengebläse werden z. B. so zusammengebaut, daß der Maschinenrahmen, die beiden Gasmaschinenzylinder, der Gebläsezylinder, zwei Zwischenstücke und das hintere Führungsstück zentrisch zusammengepaßt sind. Dadurch wird nicht nur ein einfacher und genauer Zusammenhang der vielen Teile, sondern auch zentrischer Lauf der Kolben und Kreuzköpfe und zentrale Kraftübertragung von den Zylindern nach dem Rahmen erreicht. Nur dadurch wird betriebssichere, genaue Lage der sechs Stopfbüchsen und der Führungen erzielt, eine Anordnung, die im früheren, ungenau arbeitenden Maschinenbau unmöglich war.

Das zentrische Einpassen wird bei allen Drehkörpern einer Maschine durchgeführt. Bei langen Ventil- oder Stopfbüchseneinsätzen muß zur Erleichterung des Zusammenbaus nicht nur mehrfaches Zentrieren mit abgesetzten Durchmessern angewendet werden, sondern es müssen auch die Einführungskanten a entsprechend abgeschrägt werden (Bild 83, S. 39).

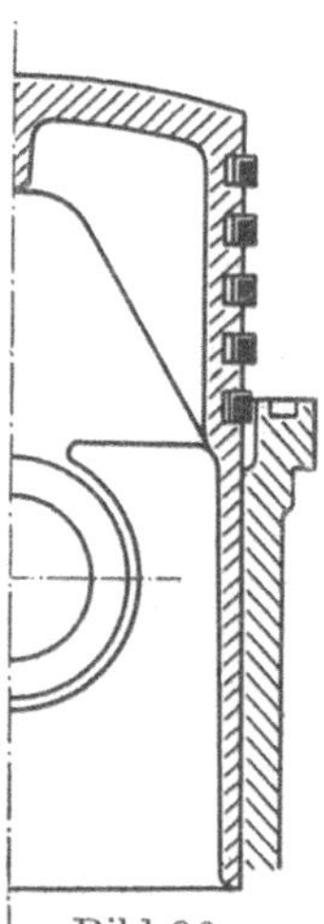
Bild 86.

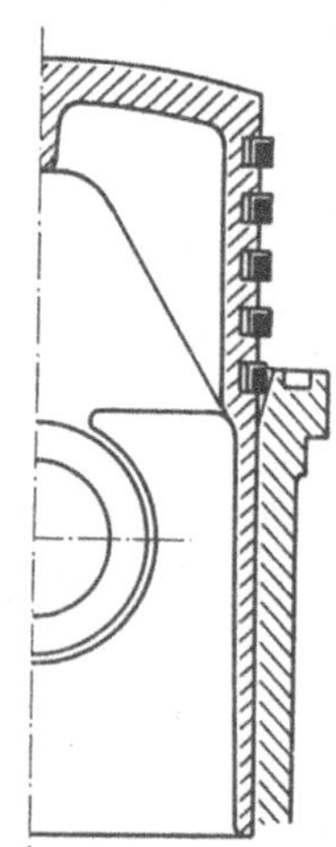
Bild 87.

Ähnliche Abschrägungen sind auch bei allen Zylinderlaufflächen vorzusehen, um den Kolben mit den Kolbenringen einführen zu können. Eine Ausführung nach Bild 86 ist unzulässig, weil die nach außen federnden Kolbenringe das Einbringen an der scharfen Abschrägung verhindern.

Bild 87 zeigt eine richtige Ausführung. Die Abschrägung muß ausreichend lang und darf nicht zu steil sein, damit das Zusammendrücken der federnden Kolbenringe keinen zu großen Kraftaufwand erfordert. Aus den gleichen Gründen sind entsprechende Abschrägungen an der Kolbenauslaufstelle anzuordnen, aber nur in den Fällen, wo ein vollständiges Überschieben der Lauffläche durch den Kolbenring auch nach der anderen Seite erfolgt. Sonst genügt die Ausbildung einer Überschleifkante.

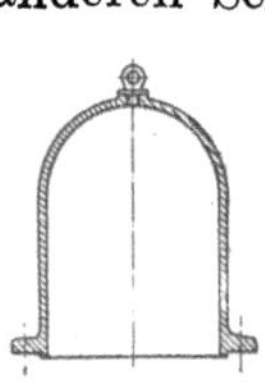
Bild 88.

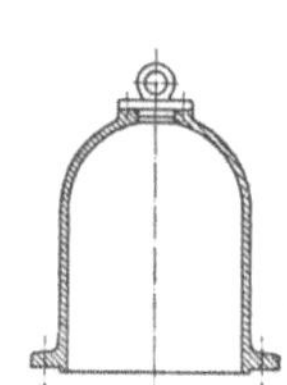
Bild 89.

Das Ausbauen langer, mehrfach zentrisch gepaßter Einsätze oder Deckel ist nur mit großem Kraftaufwand möglich. Besonders bei großen Stücken müssen daher Abdruckschrauben c vorgesehen werden, wie bei dem Einsatz nach Bild 83.

Überhaupt müssen bei allen Konstruktionsteilen einer Maschine, die öfter ausgebaut werden sollen, Vorkehrungen zum bequemen Herausnehmen und Hantieren getroffen werden.

Bei der Windkesselhaube Bild 88 und 89 ist ein besonders angeschraubter Tragring vorgesehen. Dieser darf aber nicht so, wie in Bild 88 gezeichnet, eng ausgeführt werden, weil durch die kleine Öse kein Kranhaken hindurchzubringen ist. Bei Gußeisenkörpern wird man das Angießen von Ösen möglichst vermeiden, weil durch das Abreißen einer solchen unter Umständen das ganze Gußstück verdorben wird. Anstelle von Ösen können auch Gewindebohrungen vorgesehen werden, in die für den Zusammenbau oder Aus- und Einbau Tragringe eingeschraubt werden.

Derartige Einzelheiten müssen schon in der Zeichnung richtig dargestellt und dürfen nicht der Werkstätte überlassen werden. Nachträglich sind derartige Vorkehrungen unter Umständen nicht oder nur mit Schwierigkeiten zu treffen.

Bild 90 zeigt eine Stopfbüchse mit Metallpackung. Jeder der Ringe besitzt zwei Gewindebohrungen, um Ösen für das Herausziehen anbringen zu können. Die in den schrägen Paßflächen der Dichtungsringe befindlichen Bohrungen müssen hergestellt werden, bevor noch die schrägen Paßflächen bearbeitet sind. Am fertigen Ring könnte das Gewinde nicht mehr eingeschnitten werden. Will man das Herausnehmen der einzelnen Ringe vermeiden, dann müssen alle Ringe in eine gemeinsame Büchse gesteckt werden, mit der sie gemeinsam ein- und ausgebaut werden können.

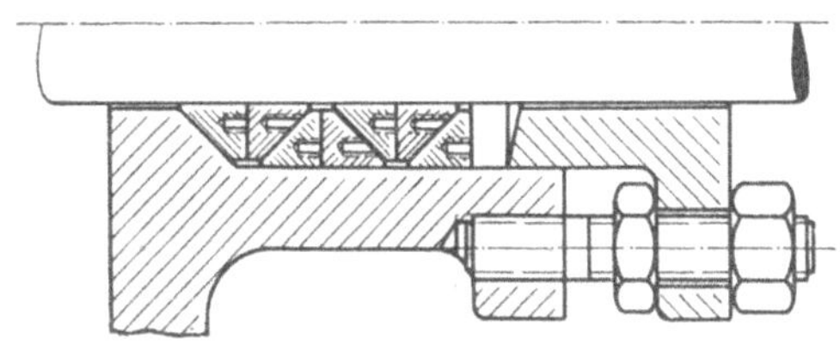

Bild 90.

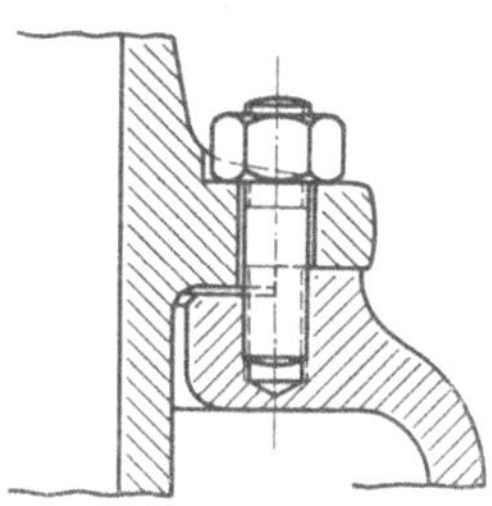

Bild 91.

Bild 91 zeigt eine unrichtig angeordnete Zentrierfläche. Schraubenlöcher der Stiftschraubengewinde sollen nicht von der Zentrierfläche durchschnitten werden, weil dadurch die Herstellung erschwert wird und die Stiftschrauben ungünstig sitzen.

Wo sich keine zentrische Paßfläche ausführen läßt, sollen zweckmäßig angeordnete Kegel-Paßstifte verwendet werden. Die Bohrungen für die Paßstifte werden erst nach dem Zusammenbau und nach sorgfältigem Ausrichten der Teile gemeinsam hergestellt und dann die Stifte eingepaßt. Es sind mindestens zwei Stifte a, möglichst weit auseinandergesetzt, zu verwenden (Bild 93).

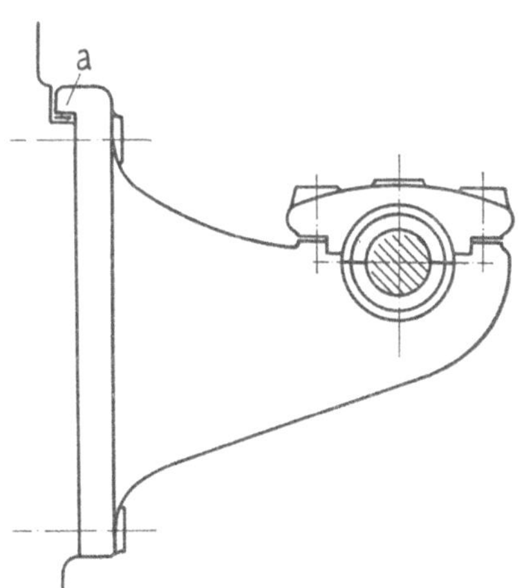

Bild 92. Festlegung durch Nasen.

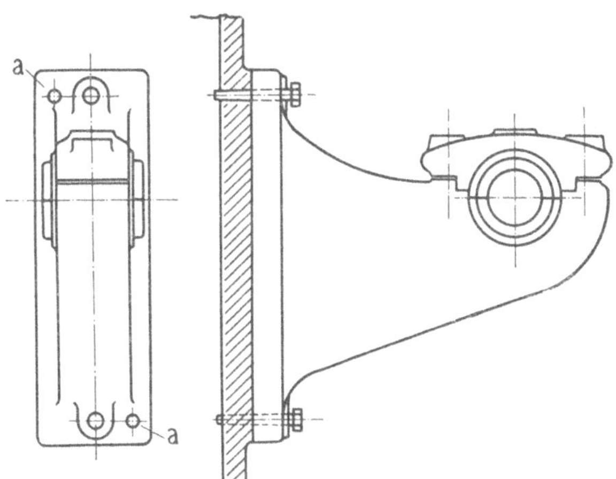

Bild 93. Festlegung durch Paßstifte.

Zentrierflächen und Paßstifte dienen zur Festlegung der Lage zweier zusammengebauter Körper und oft auch zur Entlastung der Verbindungsschrauben von Seitenkräften. Wo Paßstifte („Prisonstifte") zur Aufnahme solcher Seitenkräfte ausreichen, sind sie bearbeiteten Nasen, Keilen oder dergl. (Bild 92: Steuerwellenlager) vorzuziehen. Derartige Nasen erschweren die Herstellung und einfaches und genaues Passen. Man ist oft gezwungen, sich durch Unterlegen von Blechen unter die Nasen zu helfen, was ein Kennzeichen minderwertiger Anordnung und mangelhafter Voraussicht ist.

Besondere Aufmerksamkeit muß auch schon der Anfänger darauf richten, daß die Maschinenteile im Bedarfsfalle leicht auseinandergebaut und ausgewechselt werden können, ohne daß es notwendig wird, andere als den auszuwechselnden Teil auszubauen.

Bild 94—97. **Zugänglichkeit der Teile beim Ausbau.**
(Auswechslung von Teilen.)

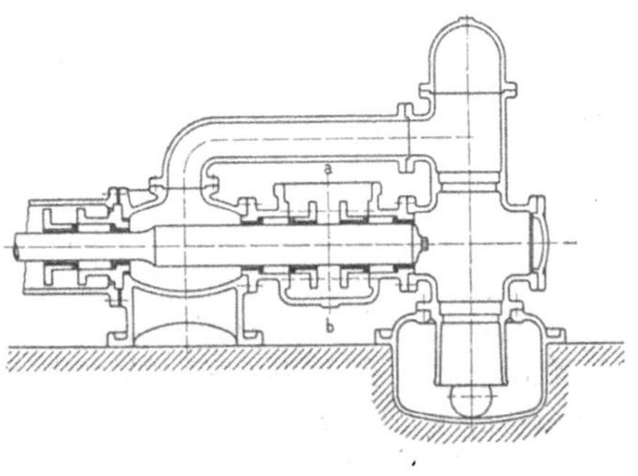

Bild 94. Falscher Zusammenbau. Ventilkasten kann nur mit dem Saugwindkessel ausgebaut werden.

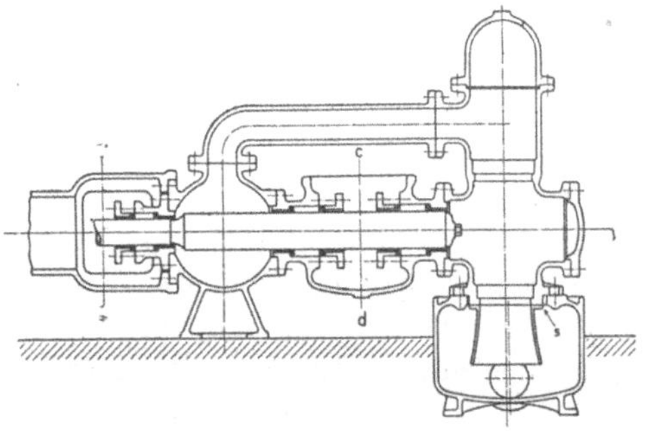

Bild 96. Brauchbarer Zusammenbau. Ventilkasten und Stopfbüchsenteil können getrennt ausgebaut werden.

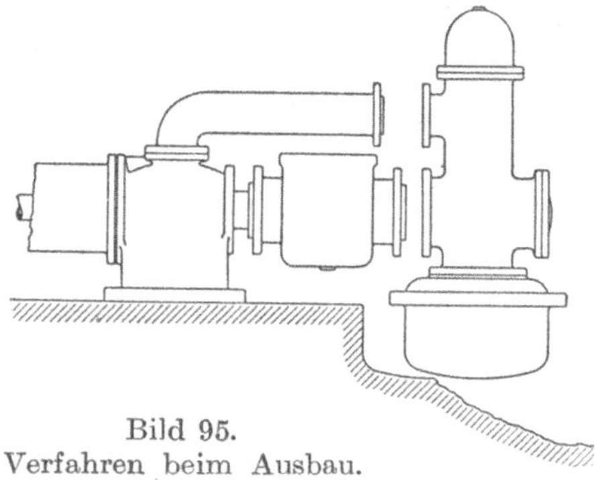

Bild 95. Verfahren beim Ausbau. Trennung der Teile nur unter Zerstörung des Fundamentes möglich.

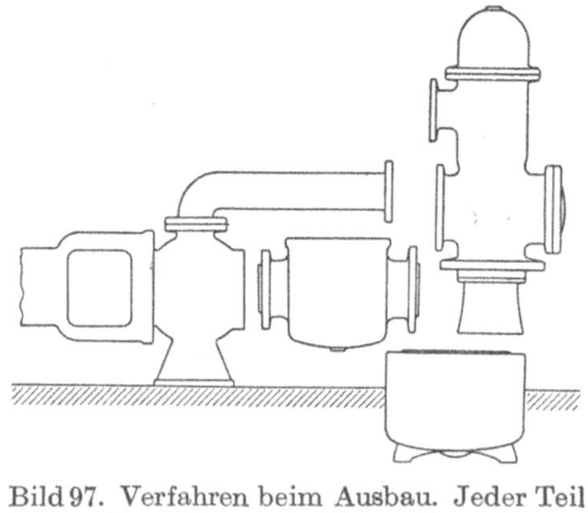

Bild 97. Verfahren beim Ausbau. Jeder Teil kann ohne Saugwindkessel und ohne Fundamentänderung ausgebaut werden.

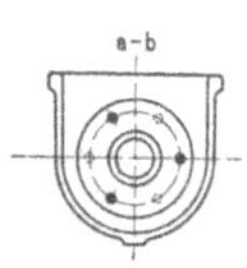

Bild 98. Keine Zugänglichkeit der Stopfbüchsenschrauben. Wassertrog zu eng, untere Schrauben unzugänglich.

Bild 99. Der Wassertrog (Schnitt c—d) ist seitlich so erweitert, daß Schraubenschlüssel und Hand Platz finden.

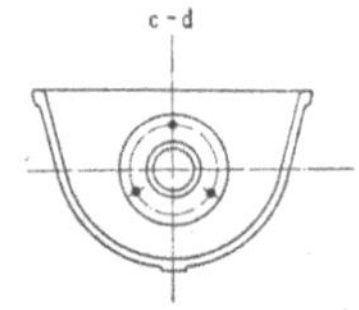

Bild 94 u. 95 zeigen eine Differentialpumpe, welche sich wohl vor dem Aufsetzen auf das Fundament zusammenbauen läßt, die aber nach dem Aufstellen und Vergießen auf der Fundamentfläche den Ausbau einzelner Teile nur gestattet, wenn die ganze Pumpe aus dem Verbande mit dem Fundament herausgerissen und auch das Fundament unterhalb des Saugwindkessels aufgerissen wird (Bild 95).

Das Auseinanderbauen wäre nur möglich, wenn die Stiftschrauben zum Teil herausgeschraubt würden oder keine Zentrierränder vorhanden wären. Beides ist unzulässig. Stiftschrauben sollen, wenn einmal eingeschraubt, nicht wieder gelöst werden. Es kommt vor, daß Stiftschrauben im Gewinde vollständig festrosten und dann ohne Zerstörung des Gewindes überhaupt nicht mehr herausgeschraubt werden können. Daher sollen auch keine Kopfschrauben angewendet werden, besonders dann nicht, wenn die Schraube in Gußeisen sitzt. Nur ausnahmsweise da, wo der Zusammenbau ohne Kopfschrauben überhaupt nicht möglich ist und ein Auseinanderbauen selten erforderlich wird oder einfach ist, wie im Werkzeugmaschinenbau, ist die Verwendung von Kopfschrauben zulässig.

Bild 96 zeigt eine bessere Anordnung, bei der die geschilderten Mängel vermieden sind und der Pumpenkörper ohne Demontierung des Saugwindkessels ausgewechselt werden kann (Bild 97).

Richtiger und leichter Zusammenbau verlangt auch gute Zugänglichkeit aller Befestigungsschrauben, die überall so gesetzt sein müssen, daß man mit dem Schraubenschlüssel gut zu jeder Schraube gelangen kann. In Bild 98 sind die Stopfbüchsenschrauben wegen der ungünstigen Form des Wasserkastens unzugänglich. Dieser Kasten muß daher wie in Bild 99 geformt werden, damit die Schrauben mit dem Schlüssel zugänglich werden.

Der Anfänger achtet auf derartige Rücksichten selten, da ihm die Erfahrung im Zusammenbau fehlt; eben darum muß er auf ihre Beachtung besonders hingewiesen werden. Verstöße gegen die Zugänglichkeit im erwähnten Sinne kennzeichnen die Konstruktion als minderwertig, unzulässig oder unmöglich.

Leider kann man allerdings auch in der Praxis noch heute oft beobachten, daß unzugängliche Schrauben mit dem Meißel nachgezogen werden müssen, weil sie mit dem Schraubenschlüssel nicht zu fassen sind. Hierher gehört auch die von vielen Konstrukteuren vernachlässigte Regel, möglichst wenig verschiedenartige Schrauben zu verwenden, damit nicht zu vielerlei Schraubenschlüssel notwendig werden, sowie die weitere Regel, den Vierkanten die Schlüsselweiten der normalen Sechskantmuttern zu geben.

Der Anfänger ist leicht geneigt, möglichst viel den Arbeitern in der Werkstätte und dem Monteur zu überlassen und in der Zeichnung nur die mit der fertigen Maschine zusammenhängenden Einzelheiten anzugeben, was immer zum Schaden der Sache ausschlägt.

In der Regel sind nur dem Konstrukteur alle Eigenschaften einer bestimmten Maschine und ihrer Teile und alle zu stellenden Forderungen bekannt. Daher muß er schon in der Zeichnung alles Erforderliche angeben, so insbesondere, ob zwei Teile miteinander fest oder lösbar zusammengepaßt werden sollen, wo eine bestimmte Bearbeitung, ob roh oder sorgfältig und in welchem Grade, erforderlich ist.

Der gegenwärtige Werkzeugmaschinenbau hat durch die hohe Genauigkeit seiner Werkzeuge und der Bearbeitung sowie durch die Feinmessung, die Grenzmessungen und die zugehörigen Meßinstrumente (Toleranzkaliber) eine weitgehende Unterscheidung besonders von Passungen gedrehter und geschliffener Körper geschaffen, die schon der Anfänger kennen muß, damit er in den Zeichnungen der Einzelteile einer Maschine die für die Bearbeitung und den Zusammenbau maßgebenden Angaben über die Art der Passung eintragen kann. Er muß in der Maschinenzeichnung unterscheiden zwischen:

Laufsitz, Festsitz und Gewaltsitz.

Je nach dem Grade dieser Passungen sind noch Zwischenstufen notwendig:

Leicht laufende Passung für gewöhnliche Lagerung von Wellen, bei denen z. B. für den Zutritt des Öls reichlicher Spielraum zwischen Welle und Lagerschalen gegeben wird. Hierdurch wird, besonders bei mehrfach gelagerten Wellen, die Aufstellung und Inbetriebsetzung wesentlich erleichtert und verbilligt.

Streng laufende Passung für Lagerung von Wellen, die besonders genau laufen sollen, wie z. B. die Arbeitsspindeln von Werkzeugmaschinen, oder für Kolben, die gut dichtend im zugehörigen Zylinder arbeiten sollen.

Schiebesitz, der ein Verschieben der Teile von Hand nur unter Anwendung größerer Kraft oder mit Hilfe eines Stückes Hartholz gestattet. Solchen Sitz erhalten z. B. Stellringe auf ihren Wellen oder auch Scheiben, die geringe Kräfte aufzunehmen und zu übertragen haben, so daß zur Übertragung des Drehmomentes ein einfacher Federkeil genügt.

Keilsitz, der nur mit Hilfe von Hämmern oder Stauchklötzen, unter Umständen sogar einer Handdornpresse zustande kommt. Solcher Art werden z. B. Zahnräder oder Riemenscheiben auf die zugehörigen Wellen gepaßt.

Preßsitz, der nur unter Anwendung von Gewaltmitteln, wie hydraulischen oder Schraubenpressen, erreicht wird. Die auf diese Weise zusammengepaßten Teile sollen in der Regel nicht wieder getrennt werden. Dieser Sitz eignet sich besonders für die Aufnahme pulsierender oder wechselnder Beanspruchungen, von Stößen und Erschütterungen. Mit Preßsitz werden z. B. die Eisenbahnwagenräder oder die großen Stahlguß-Schwungräder raschlaufender Umformer auf ihre Wellen gepaßt, auch Büchsen für Spindeln oder Bolzen in die zugehörigen Körper eingepreßt.

Schrumpfsitz, der sich vom Preßsitz nur dadurch unterscheidet, daß zu seiner Herstellung Wärmewirkung zu Hilfe genommen wird. In dieser Art werden Schrumpfringe, die Radreifen der Eisenbahnräder usw. aufgezogen.

Sowohl beim Preß- als beim Schrumpfsitz muß der aufzupressende Teil einen kleineren Durchmesser besitzen als der andere. Der Unterschied, welcher in der Regel höchstens einige zehntel Millimeter beträgt, läßt sich meistens nur durch die Erfahrung, seltner durch Vorausberechnung bestimmen.

Die Art der Passung muß in den Maschinenzeichnungen angegeben werden. Dies kann z. B. in der Weise geschehen, daß an die betreffende Stelle für laufende Passung ein „l", für Festsitz ein „f", für Preßsitz ein „p" geschrieben wird.

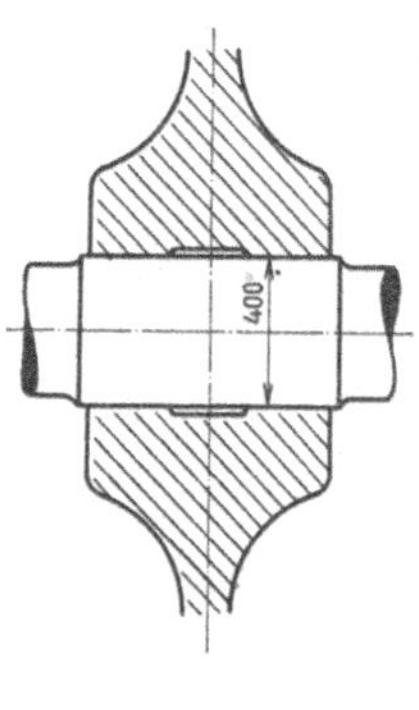

Bild 100.

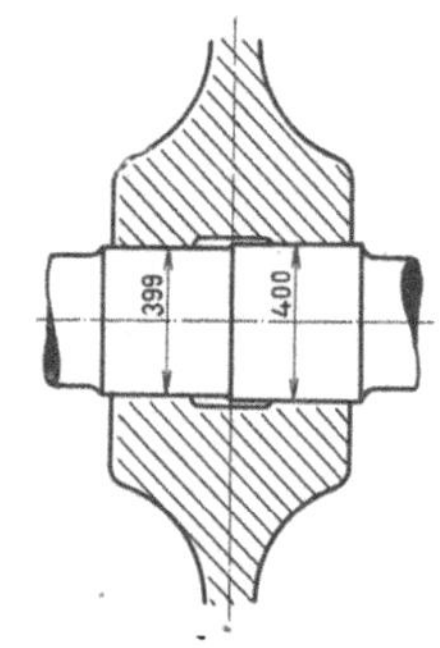

Bild 101.

Die richtige Angabe der Passung erfordert Erfahrung, die dem Anfänger zunächst abgeht; er denkt auch nicht an die Folgen unrichtiger Passung und unrichtigen Zusammenbaus, und so können schwere Fehler durch unvollständige oder unrichtige Maschinenzeichnungen veranlaßt werden.

Bild 100 zeigt die verhältnismäßig lange Nabe eines großen Umformer-Schwungrades, das auf die zugehörige Welle aufgepreßt werden soll. In der gezeichneten Weise würde das Aufziehen große Schwierigkeiten bereiten und unter Umständen von unliebsamen Folgen begleitet sein. Bei der langen Nabe würde die geringste Unterbrechung des Aufziehprozesses ein „Festfressen" der Nabe auf der Welle zur Folge haben, so daß unter Umständen ein weiteres Aufpressen unmöglich und ein Lösen der Teile nur unter Beschädigung oder Zerstörung eines der Teile möglich ist.

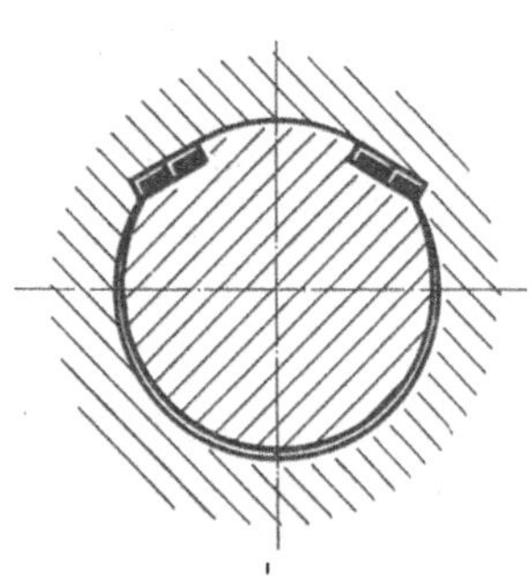
Bild 102.

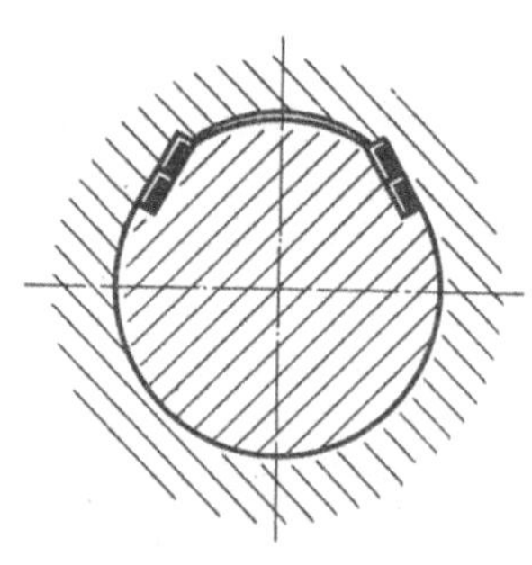
Bild 103.

Besser ist die Ausführung nach Bild 101, weil hierdurch die aufzupressende Länge wesentlich verkleinert und damit die Arbeit des Aufpressens erleichtert wird. Die genaue Passung darf durch den Zusammenbau mit anderen Teilen nicht gestört werden.

Bild 102 zeigt eine Anordnung der Tangentialkeile eines Schwungrades, die beim Eintreiben der Keile eine Lösung des größeren Nabenpaßumfanges von der Welle zur Folge hat. In Bild 103 ist eine bessere Anordnung dargestellt, bei der diese Lockerung der Passung vermieden wird.

Der Zusammenbau wird auch vielfach sehr erschwert durch unnötiges mehrfaches Passen, durch Passen von Ecken und Grenzkanten. Besonders beim kegelförmigen Einpassen zweier Teile muß hierauf Rücksicht genommen werden.

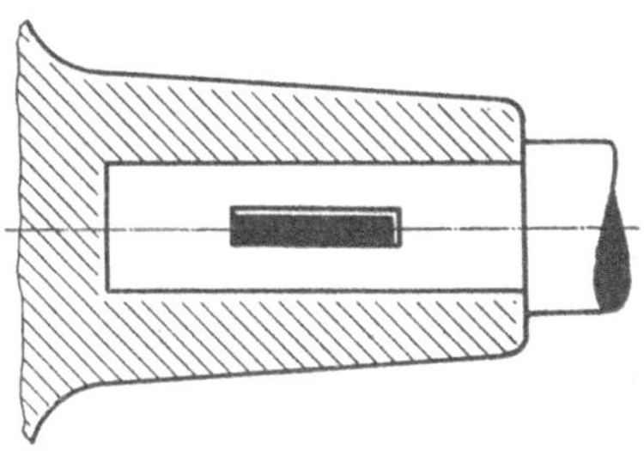

Bild 104. Unrichtig, überbestimmt, unausführbar.

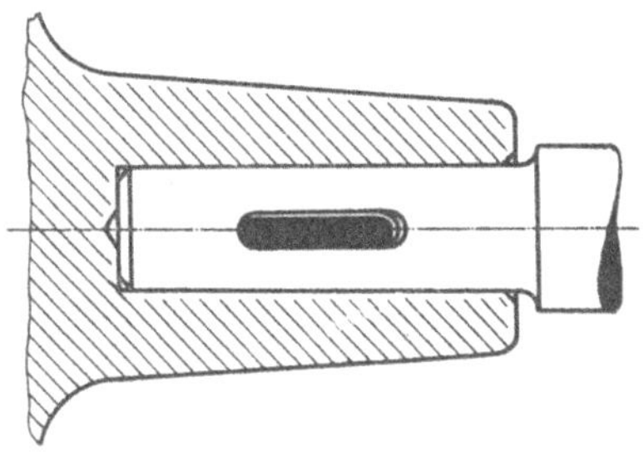

Bild 105. Richtig, ausführbar.

Bild 104 zeigt eine Stangenverbindung, die nicht ausführbar ist, aber doch in „Vorlagen" oft als Muster dargestellt wird. Die richtige Ausführungsform zeigt Bild 105. Passen von scharfen Ecken sollte, wie jede Überbestimmung, stets vermieden werden, weil es sich mit dem gleichzeitigen satten Passen anderer Flächen nicht vereinigen läßt und leicht Überanstrengung, Abdrücken, ungleichmäßiges Tragen usw. die Folge sein kann.

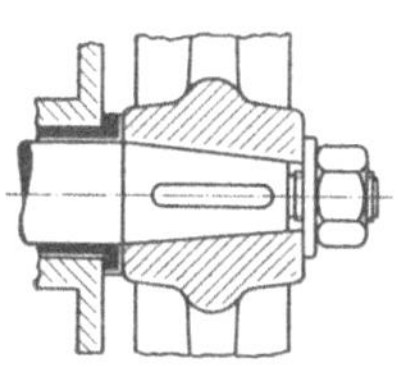

Bild 106. Unrichtig.

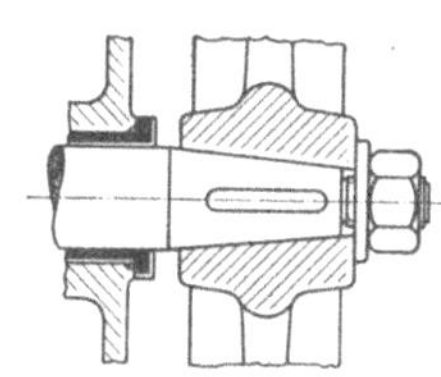

Bild 107. Richtig. (Übertrieben gezeichnet.)

In Bild 106 ist eine unrichtige Ausführung des kegelförmigen Aufpassens eines Rades auf einer Welle dargestellt. Soll das Rad auf der Kegelfläche festsitzen, dann darf es nicht gleichzeitig auf dem Kegel und seitlich anliegen. Bild 107 zeigt die richtige Passung nur auf der Kegelfläche.

Ähnlich ist die in den Bildern 108 und 109 dargestellte Kolbenbefestigung zu beurteilen. Bei dieser Befestigung muß zum Festziehen der Kolbenmutter eine Sicherung

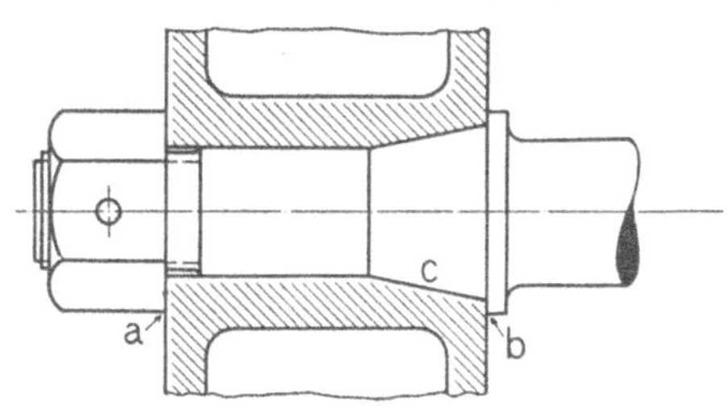

Bild 108. Unrichtig, überbestimmt.

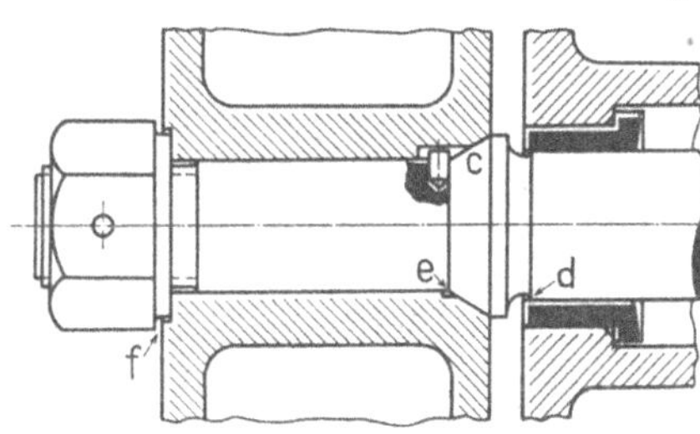

Bild 109. Richtig. Nur durch den Kegel bestimmt.

der Kolbenstange gegen Verdrehen vorgesehen werden. Eine derartige Sicherung ist bei allen, auch den einfachsten Schraubenverbindungen notwendig, wenn der Schraubenbolzen beim Festdrehen der Mutter nicht am Verdrehen gehindert wird, z. B. durch Festhalten am Sechskantkopf (vgl. auch Bild 7 S. 23: Schubstangenkopfschraube). Die zu verbindenden Teile können aber nicht gleichzeitig genau aufliegen: der Bund der Stange bei b, der Stangenkegel bei c und die Mutter auf der unbearbeiteten Kolbenfläche bei a. Die richtige Anordnung (Bild 109) sieht vor, daß die geschliffene Stangenfläche bei d überschleift, daß der Kegel c genau paßt, die Ecke e freibleibt und die Mutter eine genau bearbeitete Auflagefläche f findet.

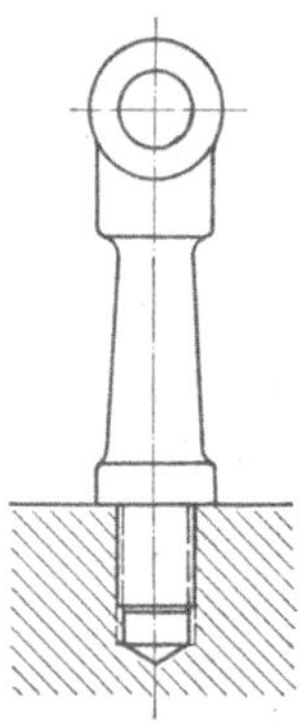

Bild 110.

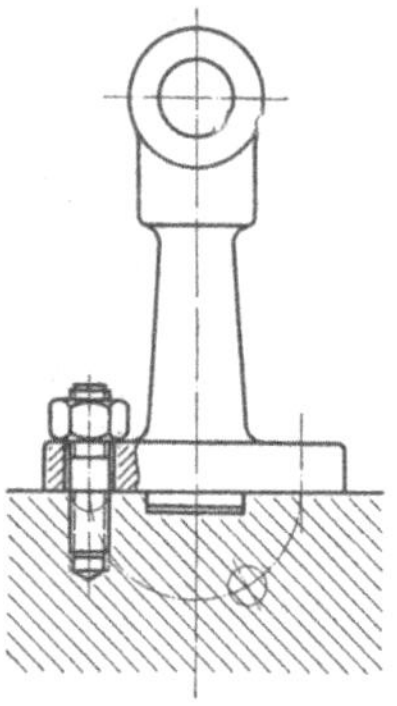

Bild 111.

Bild 110 zeigt den schmiedeeisernen Lagerständer einer Drehachse, der am Gehäuse unmittelbar eingeschraubt ist. Eine derartige Verbindung ist aus mehreren Gründen unzweckmäßig. Ein genaues Einpassen des Lagerbockes ist mit Hilfe des Gewindezapfens nicht möglich. Ein Gewinde kann, wenn es noch so genau geschnitten wird, nicht als vollwertige Zentrierung angesehen werden. Auch das genaue Einrichten des Lagerständers in die Richtung der Drehachse ist nur mühselig ausführbar. Besser ist die Ausführung nach Bild 111, die genaues Aufstellen und Einpassen in einfacher Weise zuläßt, ohne wesentlich teurer zu sein.

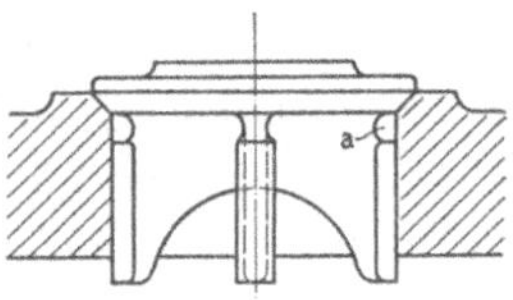

Bild 112.

In ähnlicher Weise ist in der Formgebung zu berücksichtigen, daß bei der Bearbeitung eines Werkstückes das Auslaufen des Werkzeugs ungehindert möglich ist, so z. B. die in Bild 280 der Lagergrundplatte vorgesehenen Auslaufkanten vor den Widerlagern oder bei Ventilsitzen (Bild 112) die Unterdrehung der Ventilführungen bei a mit Rücksicht auf späteres Nachschleifen.

Bild 113 zeigt eine Lagerschale mit dem zugehörigen Laufzapfen. Es ist nicht gut möglich, die Lagerschalen im Zapfen so genau aufzupassen, daß ein gleichmäßiges Anliegen und Laufen auch an den Grenzabrundungen der Schalen erfolgt. An diesen Stellen tritt daher leicht Erhitzung und schließlich Heißlaufen des Lagers ein. Besser ist es, auf ein Passen an den Abrundungen bei a zu verzichten und eine Ausführung nach Bild 114 zu wählen, bei welcher der Abrundungsradius am Zapfen kleiner ist als an der Lagerschale, so daß kein Aufeinanderlaufen an dieser Stelle erfolgt. Es ist überhaupt ein genaues Passen von Ecken und Kanten zu vermeiden, weil sich dies ohne Schwierigkeiten oder Betriebsstörungen nicht erreichen läßt.

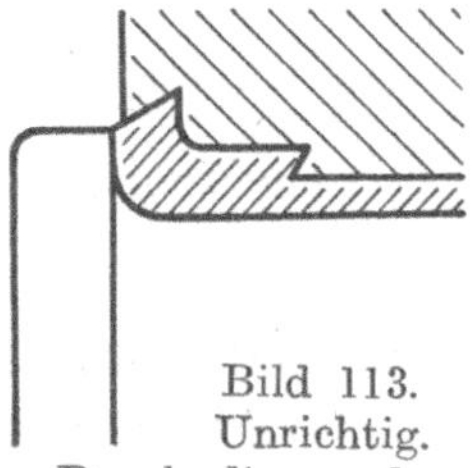

Bild 113. Unrichtig. Durch die runde Passung überbestimmt.

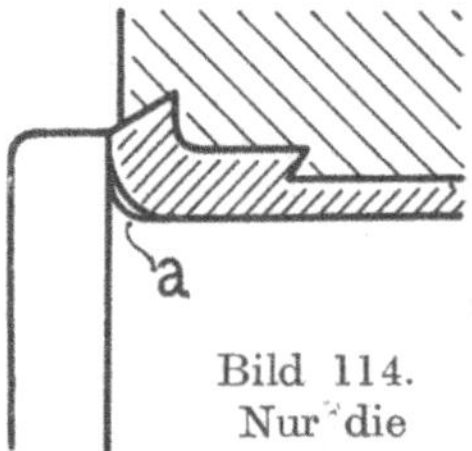

Bild 114. Nur die Hauptflächen anliegend.

Zu berücksichtigen sind weiter die zusätzlichen Wärmeeinflüsse auf die Maschinenteile, damit nicht im Betrieb Zwängungen und schließlich Brüche entstehen.

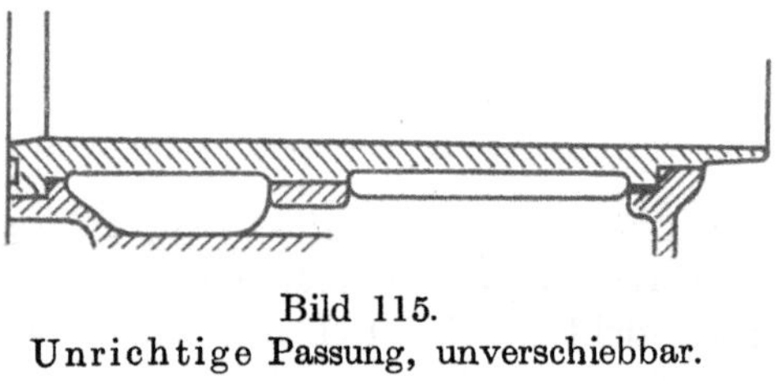

Bild 115. Unrichtige Passung, unverschiebbar.

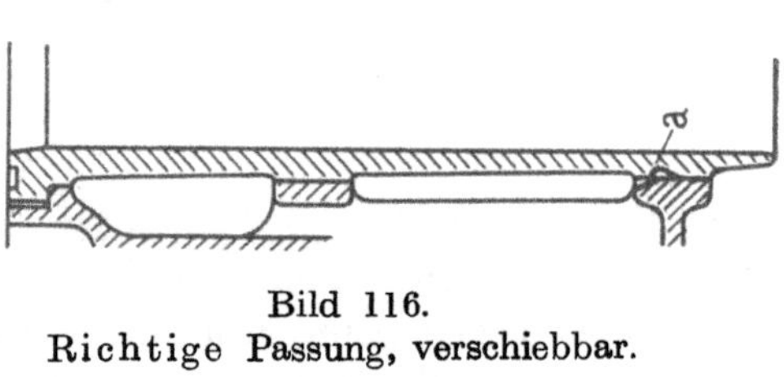

Bild 116. Richtige Passung, verschiebbar.

Bild 115 zeigt eine unrichtig eingepaßte und gehaltene Büchse eines Gasmaschinenzylinders. Im Betriebe dehnt sich die Büchse aus, sie kann aber wegen der Passungen nicht ausweichen und muß sich daher verbiegen oder brechen. Bild 116 zeigt eine richtig eingebaute Büchse mit nachgiebiger Dichtung a.

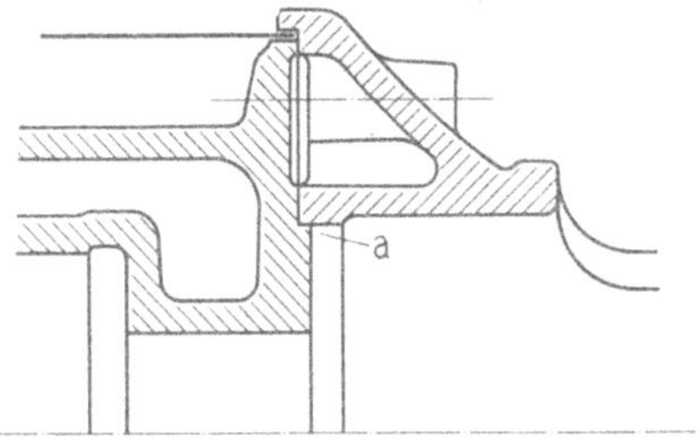

Bild 117. Unrichtige Zentrierung, radial nicht nachgiebig.

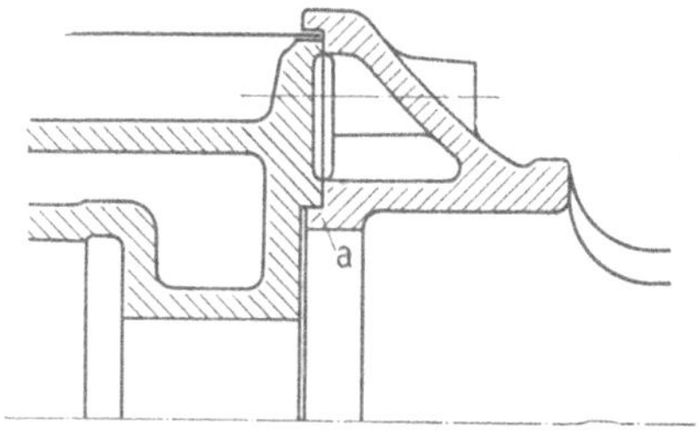

Bild 118. Richtige Zentrierung, nachgiebig.

Ähnlich ist es bei dem in Bild 117 gezeichneten Rahmenanschluß eines Dampfzylinders. Der Flansch des Zylinders dehnt sich unter der Dampfwärme stärker aus als der Rahmen, der nicht genügend nachgeben kann, so daß schließlich ein Sprengen des Zylinders erfolgen kann. Richtig ist die Anordnung Bild 118.

Ungleiche Wärmeausdehnung ist die Hauptursache vieler Brüche von Maschinenteilen, die unter ungleicher Wärmeverteilung stehen, wie Gasmaschinenzylinder und Ventilköpfe.

Die Kernpfropfen zum Verschließen der Kernlöcher bei dem in Bild 50 S. 32 dargestellten Gasmaschinenkolben müssen aus dem gleichen Material wie die Kolbenwand, also aus Gußeisen, hergestellt sein. Wird der Pfropfen z. B. aus Bronze oder Stahl hergestellt, so dehnt er sich im Betriebe stärker aus als die Gußwand, wird dadurch gestaucht und beim nachherigen Erkalten locker im Gewinde.

Der Konstrukteur sollte stets bestrebt sein, durch klare, richtige Zeichnung dem Monteur die Arbeit zu erleichtern. Statt dessen werden vielfach Einzelheiten dargestellt, die beim Zusammenbau große Schwierigkeiten und Zeitverluste ergeben und den Monteur oder Betriebsleiter manchmal zur Verzweiflung bringen. Dann wird mit Recht auf die Zeichnung und ihren Urheber geschimpft.

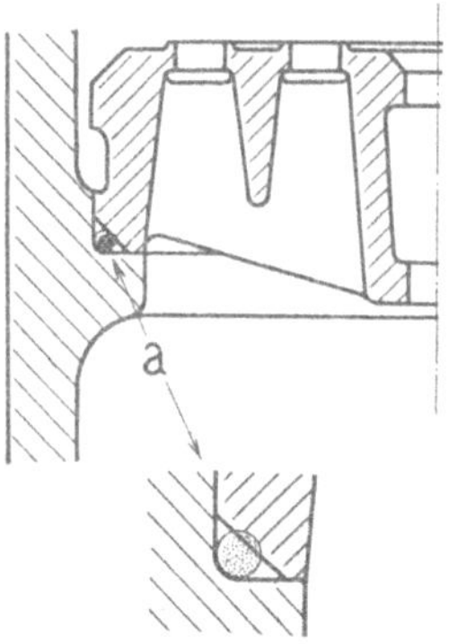

Bild 119. Unrichtige Anordnung der Dichtung.

So zeigt z. B. Bild 119 einen Ventilsitz, der durch eine Gummi-Rundschnur gegen das Gehäuse abgedichtet werden soll. Die Dichtung ist in der dargestellten Anordnung außerordentlich schwer einzubringen. Der aus der Schnur a geformte Dichtungsring muß vor dem Einsetzen des Ventilteiles in die Dichtungsecke eingelegt werden. Der Gummiring bleibt aber nicht in Ringform liegen, sondern nimmt der ungleichen Spannungsverteilung entsprechend eine schlangenähnlich gewundene Form an. Der Monteur kann sich dann unter Umständen stundenlang abmühen, bis ihm das ordnungsmäßige Einpassen der Dichtung gelingt. Dies ist besonders bei langen Einsätzen und bei schlecht zugänglichen Dichtungsstellen der Fall.

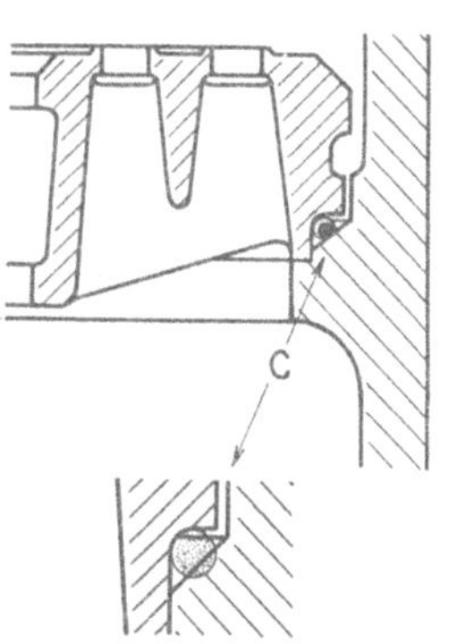

Bild 120. Richtiges Festhalten der Dichtung.

Richtig ist die in Bild 120 dargestellte Form, die ein bequemes Aufziehen des

Gummiringes c mit Vorspannung auf dem entsprechenden Rande des Einsatzes gestattet. Das Einbringen der Dichtung ist dann in einfachster Weise möglich.

Es sei noch darauf hingewiesen daß der für die Dichtung erforderliche Raum stets so bemessen werden muß, daß das zusammengepreßte Dichtungsmaterial Platz findet. Dies wird von Anfängern oft nicht beachtet.

Bei Dichtungen für hohen Druck muß darauf geachtet werden, daß das Dichtungsmaterial durch die Pressung nicht weggedrückt werden kann, sondern in eine Nut eingeschlossen ist, und daß durch den Druck der abzudichtenden Flüssigkeit selbsttätig ein sicheres Abdichten bewirkt wird.

In allen Fällen, wo es auf die genaue Einhaltung von Abständen ankommt, ist ein Aufliegen auf der Dichtung selbst zu vermeiden und metallisches Passen auszuführen, um sicheren und genauen Zusammenhang und genaues Einstellen zu erreichen.

Bild 122 zeigt die Ausführung einer Lederstulpdichtung des Tauchkolbens einer Pumpe für hohen Druck. Die Dichtung muß so angeordnet sein, daß die Preßflüssigkeit ein richtiges Andrücken des Leders an die abzudichtenden Teile bewirkt. Die Anordnung darf aber nicht dem Monteur überlassen werden, sondern muß schon in der Maschinenzeichnung richtig angegeben sein. Geschieht dies nicht, oder wird eine fehlerhafte Ausführungsform, wie die in Bild 121 gezeichnete, angewendet, dann wird die Dichtung unbrauchbar sein, und der Monteur muß erst nachträglich durch entsprechende Abänderungen, die stets Kosten und Zeitverluste verursachen, für richtige Anordnung sorgen, damit der Druck sicher hinter den Stulp gelangen kann.

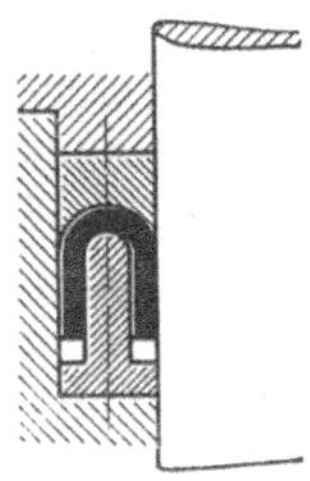

Bild 121. Unrichtig.

Bild 122. Richtig.

Bei der in den Bildern 123 und 124 dargestellten Konstruktion soll sich die Rolle auf dem Bolzen drehen können; dann darf sie beim Zusammenbau durch die Begrenzungsschraube nicht festgeklemmt werden, sondern es muß zwischen Rolle und Schraube stets ein kleiner Spielraum bleiben (einige zehntel Millimeter genügen), wenn die Schraube fest angezogen wird. Nach Bild 123 wird die Rolle entweder festgeklemmt, oder es bleibt der Willkür überlassen, die Schraube nur so fest anzuziehen, daß die Rolle noch drehbar ist, wobei aber die Verbindung sich lockern kann.

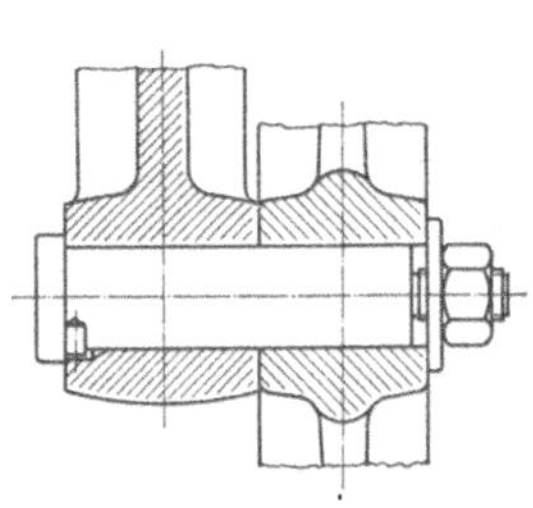

Bild 123. Unrichtige Passung.

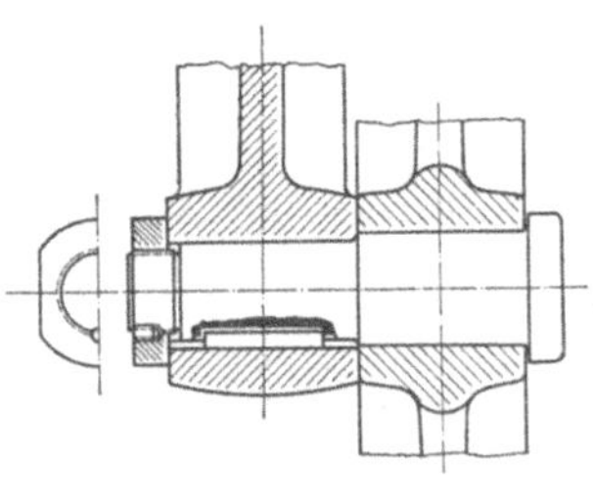

Bild 124. Richtiger Zusammenhang.

Die Maschinenteile müssen stets so bemessen sein, daß ihr Zusammenbau ohne Nacharbeiten durch den Monteur möglich ist, also kein Nachfeilen von Paßflächen, Wegfeilen von Kanten, die nicht passen sollen und dergl., vorgenommen zu werden braucht. Es darf nicht vorkommen, daß erst der Monteur nach seiner Ansicht Abänderungen zu treffen hat. Alle maßgebenden Angaben über den Zusammenhang der Teile beim Zusammenbau und bei der Aufstellung der Maschine müssen daher in den Zeichnungen enthalten sein.

Weiter ist stets darauf zu achten, daß alle Betriebs- und Wartungsrücksichten in den Zeichnungen erfüllt sind. Alle Teile einer Maschine müssen so ausgebildet sein, daß sie sicheren Betrieb und einfache Wartung gestatten. Die hierbei zu beachtenden Rücksichten werden in den Maschinenzeichnungen vielfach vernachlässigt, und zwar vom Anfänger meist deshalb, weil oft nur geringfügig scheinende Einzelheiten maßgebend sind, deren besondere zeichnerische Darstellung er für überflüssig hält.

So wird z. B. auf die Ausbildung der Einzelheiten einer betriebsbrauchbaren Schmierung vom Anfänger selten genügender Wert gelegt, trotzdem manchmal, bei raschlaufenden Maschinen immer, von der richtigen Anordnung oder Ausführung wirksamer Schmierung, oft nur einer einfachen Schmiernut zur Ölverteilung, der sichere Betrieb abhängt. Es müssen daher die notwendigen Leitungen des Schmieröls, die Schmiernuten bei Lagerschalen, Spindeln, Bolzen und dergl. in der Maschinenzeichnung genau dargestellt, und ihre Anbringung darf nicht den Arbeitern bei der Fertigstellung und beim Zusammenbau der Maschine überlassen werden.

In Bild 125 sind die Schmiernuten der Lagerschalen eines Schubstangenkopfes dargestellt. Sie müssen so geführt werden, daß das Öl nicht seitlich austreten kann, sondern innerhalb der Lauffläche gehalten wird und alle Zapfenteile schmieren kann.

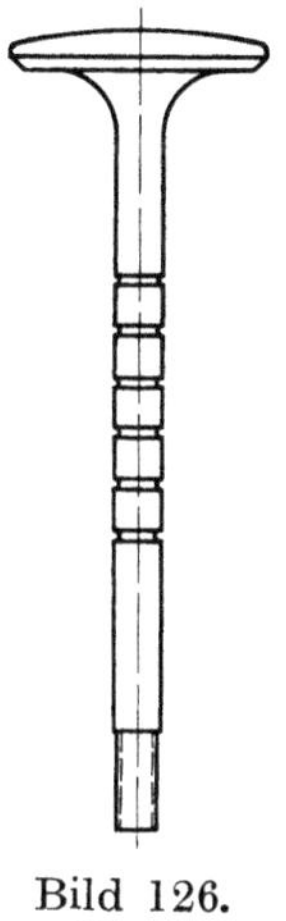

Bild 126. Nuten zu scharf eingedreht.

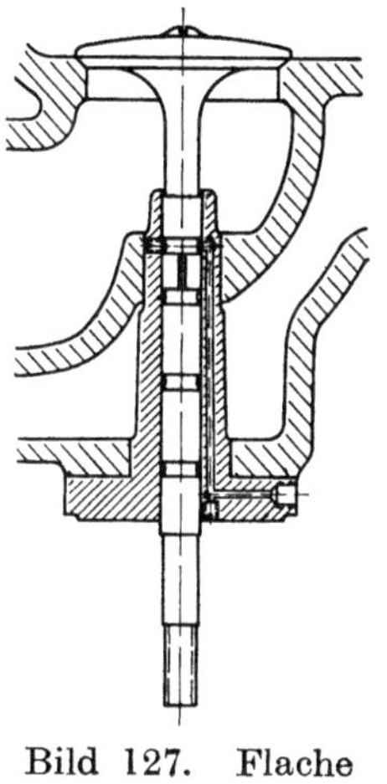

Bild 127. Flache Schmiernuten, nahe wirksamer Kühlung.

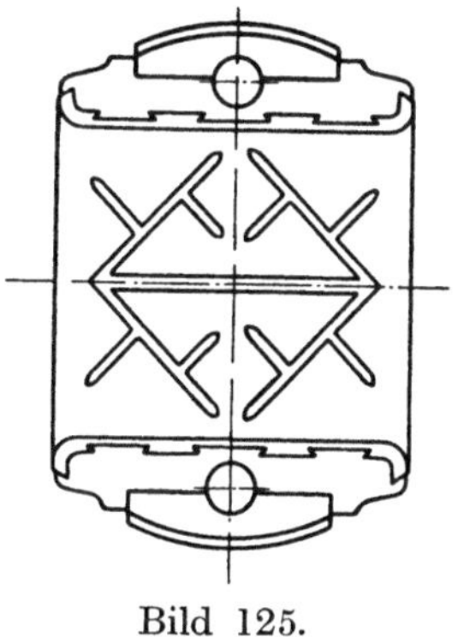

Bild 125. Schmiernuten. (Seitenansicht zu Bild 7 S. 23.)

Bild 126 zeigt die Ölnuten einer Auslaßventilspindel, die zu scharfe Eindrehungen und zu plötzliche und große Querschnittsänderungen ergeben, so daß unter Umständen eine Beschädigung der Spindel die Folge sein kann. Besser ist die Ausführung der Schmiernuten nach Bild 127, wobei der genannte Mangel vermieden und zugleich das Öl besser gehalten und verteilt wird. Das Öl wird der Spindel durch Bohrungen in der Führungsbüchse zugeführt, die deshalb entsprechend stark ausgeführt werden muß, um die Durchbohrung zu ermöglichen.

Die richtige Ausbildung der Schmierung zwingt oft zu ganz bestimmter Anordnung der Einzelheiten, daher muß gerade auf die Durchbildung der richtigen Zu- und Abführung des Schmieröles und auf dessen günstige Verteilung und Wirkung in allen Werkzeichnungen der größte Wert gelegt werden. Das ist praktisch sehr wichtig, und Fehler können folgenschwer werden. Der raschen Einführung des Betriebes mit überhitztem Dampf z. B. waren vor allem die Schwierigkeiten in der Ausbildung einer betriebsbrauchbaren Schmierung hinderlich. Einzelne Steuerungsarten waren hauptsächlich wegen der Schwierigkeiten der Schmierung der bewegten Teile nicht betriebsbrauchbar.

Betriebssichere und wirtschaftliche Schmierung ist von größter Bedeutung im Maschinenbau; die hierfür maßgebenden Grundsätze müssen daher dem Anfänger schon beim Maschinenzeichnen und in „Maschinenelementen" gelehrt werden. Gerade im Zusammenhang mit der Schmierung werden viele Fehler gemacht, die sich im Betriebe schwer rächen. Die Vernachlässigung selbst geringfügiger Einzelheiten kann Betriebsstörungen zur Folge haben, so z. B. das Weglassen von *Überschleifkanten* bei aufeinander gleitenden Teilen, bei Stangen in ihren Führungen, Kolben in den Laufzylindern, Ventilspindelführungen usw. In den Bildern 109 und 127 (Kolbenstangenbefestigung und Auslaßventilspindel) sind die für das Überschleifen maßgebenden Kanten dargestellt. Das Weglassen von Überschleifkanten hat Materialanfressen, Hängenbleiben und sonstige Betriebsstörungen zur Folge.

Betriebs- und Wartungsrücksichten fordern vielfach bestimmte Vorkehrungen an Maschinenteilen. Z. B. müssen Stopfbüchsen zwecks Erneuerung der Dichtung bequem zugänglich sein, um unter Umständen auch während des Betriebes deren Packung nachziehen zu können. Dies zwingt bei geschlossenen Maschinenrahmen zum Anbringen ausreichender Öffnungen. Ähnlich an Pumpenkörpern, um die Ventile nachsehen und gegebenenfalls nachschleifen zu können. Für das Nachschleifen eines Ventils müssen auch Mittel zum Halten und Drehen desselben während des Einschleifens vorgesehen werden. In Bild 127 zeigt das Auslaßventil zu diesem Zweck einen eingefrästen Schlitz für das Ansetzen des Hilfsteiles. Für das Nachpacken von Stopfbüchsen müssen die Stopfbüchseneinsätze genügend weit an der Stange abgeschoben werden können.

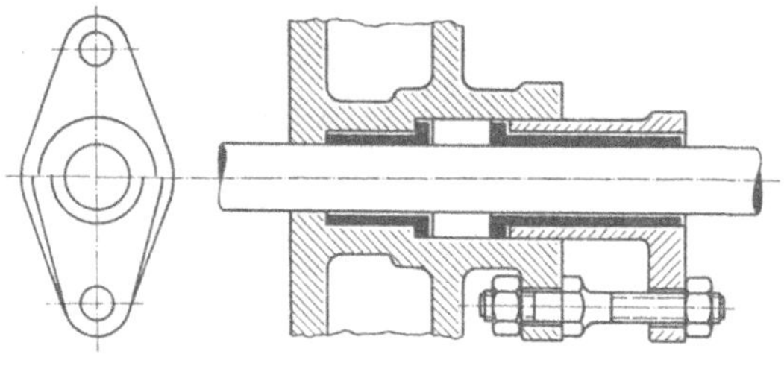

Bild 128.
Unrichtig. Zu lange Brille, zu kurze Schrauben.

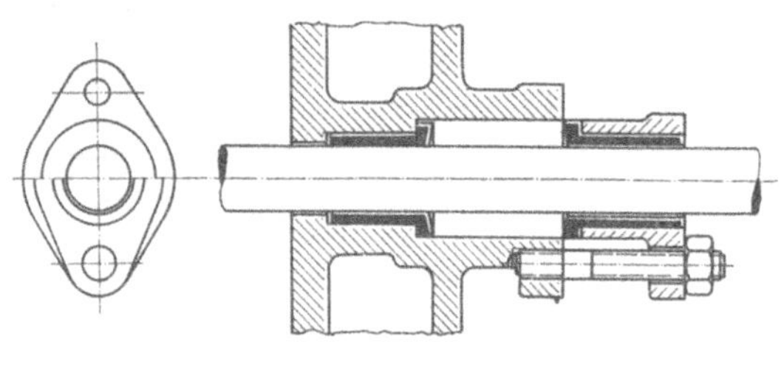

Bild 129.
Richtige Ausführung.

Stopfbüchsenschrauben müssen ausreichend lang sein, um die eingestopfte Packung zusammenziehen zu können. In Bild 128 ist der Einsatz unnötig lang ausgebildet. Es genügt, wenn die Packung bis auf ungefähr $1/3$ der ganzen Packungslänge zusammengedrückt werden kann. Der Stopfbüchseneinsatz muß stets im vollständig geöffneten Zustande der Stopfbüchse gezeichnet werden, um die erforderliche Länge der Schrauben und die Zugänglichkeit beurteilen zu können (Bild 129). Die Schrauben der Stopfbüchse in Bild 128 sind zu kurz und zu weit nach außen gesetzt. Am Grundring und am Einsatz sind zu viele Paßstellen angeordnet, die sich nur schwer herstellen lassen.

Bei vollständig eingekapselten Triebwerken von großen, stark beanspruchten Maschinen müssen Handöffnungen vorgesehen werden, um die Zapfen während des Betriebes befühlen zu können. Derartige Handöffnungen müssen aber genügend groß und an zweckmäßiger Stelle angebracht sein.

Aus ähnlichen Gründen müssen Handräder, Handgriffe und dergl. genügend groß und kräftig ausgebildet werden, damit sie einer kräftigen Hand Raum gewähren und ihren Zugriff aushalten.

Besondere Betriebsverhältnisse verlangen oft außergewöhnliche Maßnahmen bei der Ausbildung der Maschinenteile; sie beeinflussen die Wahl des Materials und verlangen besondere Wartungs- und Bedienungsrücksichten.

Bei Pumpen und Schiffsmaschinen werden anstelle von Eisen wegen der Gefahr des Rostens vielfach Metall-Legierungen verwendet; besonders bei lösbaren Verschraubungen muß mindestens einer der Teile, der Schraubenbolzen oder die Mutter, aus Bronze hergestellt werden. Wo elektrolytische Wirkungen zu befürchten sind, muß alles aus Bronze hergestellt werden.

Gegen Frostgefahr sind Vorkehrungen zum vollständigen Ablassen des Wassers aus den wassergefüllten Maschinenteilen notwendig. Das Auffüllen verlangt wiederum Entlüftungsvorrichtungen an der höchsten Stelle, damit das Nachfüllwasser die Luft verdrängen kann.

Rohrleitungen müssen aus diesen Gründen (bei Dampfleitungen mit Rücksicht auf die Abführung des Kondenswassers, bei Pumpen auch wegen Luftabscheidung) geneigt verlegt werden, so daß das Wasser nach unten, die Luft nach oben abfließen kann. Da diese Neigung nur gering ist, so wird sie in den Zeichnungen oft nicht angegeben, sie ist aber gleichwohl wesentlich. Es darf nicht dem Monteur überlassen werden, dergleichen Anordnungen zu treffen, wenn nicht gelegentlich Schaden entstehen soll. Der Konstrukteur, welcher mit den Eigenheiten des Betriebes der von ihm konstruierten Maschine oder Maschinenanlage vertraut sein muß, hat dafür zu sorgen, daß alle für den Betrieb wichtigen Maßnahmen bei der Herstellung und Aufstellung getroffen werden. Die erforderlichen Angaben müssen daher auch in den Werkstattzeichnungen vollständig und unzweideutig zu finden sein.

Die Wahl des geeigneten Materials ist nicht allein durch die Festigkeitsrücksichten bestimmt. Sehr oft sind andere Rücksichten maßgebend. So z. B. werden die der Verbrennung ausgesetzten Teile von Gas- und Ölmaschinen am zweckmäßigsten aus Gußeisen hergestellt trotz seiner geringen Festigkeit. Von Stahlsorten sind nur besonders gute, wie Tiegelguß- oder Nickelstahl, von Bronzen nur einige besondere Legierungen gegen hohe Hitzegrade genügend widerstandsfähig. Die Einwirkung von Säuren auf Maschinenteile zwingt zur Verwendung von Materialien, die dem Anfressen durch die Säuren widerstehen.

Der praktische Verwendungszweck der Maschinen zwingt häufig zur Benutzung besonderer Materialien. So dürfen z. B. die Motoren für Kraftwagen und vor allem solche für Luftfahrzeuge nur geringes Gewicht besitzen. Es werden daher Leichtmetalle für die schwachbeanspruchten Maschinenteile und hochwertige, teure Spezialstähle für die starkbeanspruchten Konstruktionsteile verwendet.

Anders ist es bei den Lokomotiven. Diese müssen ein genügend großes Gewicht besitzen, damit ein der erforderlichen Zugkraft entsprechender Adhäsionsdruck auf die Schienen erzeugt wird. Auf geringes Gewicht braucht daher bei der Konstruktion der Maschinenteile einer Lokomotive nicht geachtet zu werden. Nur bei den Kurbeltriebwerken der Maschinen muß auf geringes Gewicht der bewegten Teile gesehen werden, um die schädlichen Massenwirkungen, besonders bei höheren Drehzahlen, auf ein Minimum herabzusetzen.

Es ist Aufgabe des Konstrukteurs, für jeden Maschinenteil das seinen Betriebsbedingungen am besten angepaßte Material zu verwenden. Hierfür ist oft große Erfahrung und besondere Sachkenntnis erforderlich, die dem Anfänger abgeht, so daß er leicht Fehler in Maschinenzeichnungen macht.

Der Konstrukteur muß bei der Ausbildung der Einzelheiten auch auf die im Betriebe auftretende Abnutzung Rücksicht nehmen. So müssen Lager nachstellbar sein, Ventile nachgeschliffen und die damit zusammenhängende Steuerung nachgestellt werden können usw. Auch muß auf die leichte Auswechselbarkeit der starkem Verschleiß ausgesetzten Teile Rücksicht genommen werden.

Zweck der Zeichnung und davon abhängige Art der Darstellung.

Das Wesentliche des Maschinenzeichnens liegt in der Vorstellung der Konstruktionsformen und im zeichnerischen Ausdruck dieser Vorstellung, der dem jeweiligen Zweck der Darstellung entsprechen muß.

Mit dem **Zweck** ändert sich stets die Art der zeichnerischen Darstellung.

Werkzeichnungen z. B. sind das ausschließliche Ausdrucks- und Verständigungsmittel des Konstrukteurs gegenüber der Werkstätte, den Arbeitern, welche die gezeichnete Form auszuführen haben. Diesem Zwecke entsprechend muß notwendig jede Werkstattzeichnung:

eindeutig und vollständig alles enthalten, was zur Ausführung der dargestellten Form erforderlich ist,

in sehr kräftigen Linien gezeichnet sein, weil die Arbeiter das Auszuführende (Form und Ausführungsmaße) auch in größeren Entfernungen deutlich sehen müssen, und

so gezeichnet sein, daß kein Ausführungsmaß abgemessen werden muß, weil dies ungenau wäre, das Papier veränderlich ist und die Zeichnungen durch die Benutzung beschädigt werden. Daher sind:

alle Ausführungsmaße in Zahlen deutlich in die Zeichnung einzuschreiben, auch bei Darstellung in natürlicher Größe. Nur die Maßzahlen sind für die Ausführung maßgebend. Die Zeichnung soll nur die Form veranschaulichen.

Aus der Abhängigkeit vom jeweiligen Zweck ergibt sich notwendig für jeden besonderen Zweck eine bestimmte Darstellungsart.

Projektzeichnungen z. B. haben oft nur den Zweck, nichtsachverständigen Beurteilern ein allgemeines Bild der Konstruktionsformen zu geben, und erfordern deshalb je nach dem Zweck des Projektes nur eine äußere Darstellung der Hauptform oder nur des Raumbedarfs, der Zugänglichkeit oder der Anschlüsse usw. Meist erfordern sie anschauliche, möglichst plastische Bilddarstellung. Ist die Übung des Beurteilers im Lesen von Zeichnungen sehr gering, dann wird vollständig plastische Darstellung, ein Modell, notwendig. — So zwingt der Zweck oft zu ganz ungewöhnlichen Darstellungsmitteln, schließlich zum völligen Verlassen der gewöhnlichen Zeichnung.

Der besondere Zweck: **Veranschaulichung** für Nichtsachverständige, kann auch notwendig machen, zahlreiche Konstruktionsformen nur leicht anzudeuten oder aus der Darstellung ganz wegzulassen, wenn beabsichtigt ist, andere Teile als Hauptsache desto anschaulicher hervortreten zu lassen.

Diese Notwendigkeit liegt vor bei vielen Erläuterungs-, Projekt- und Patentzeichnungen usw., in denen bestimmte, nur für den augenblicklichen Zweck wichtige Einzelheiten hervorgehoben werden müssen. Neuere Preisblätter und dergl. enthalten vielfach Muster solcher unterscheidenden Darstellungsart; z. B. durch starke Linien ist das Wesentliche, durch schwächere der Zusammenhang mit den Nachbarteilen zur Anschauung gebracht (vergl. Bild 130 u. 131). Ohne solche Unterscheidung wird die Darstellung für diesen Zweck der Veranschaulichung unübersichtlich.

Bild 132 und 133 sind ungeeignete, nach photographischen Aufnahmen fertiger Maschinen hergestellte Gesamtbilder; sie zeigen alles, was an der fertigen Maschine außen sichtbar ist. In solcher Darstellung findet sich der Laie nicht zurecht, weil die Nebenteile überwiegen. Selbst der Fachmann wird jede gute Projektionsdarstellung solchem Gesamtbilde vorziehen. Derartige Bilder entsprechen

Bild 130. Ansichtsbild, zeigt nur Äußerliches.

Bild 131. Ansicht mit deutlicher, ai
licher Hervorhebung des beweglichen I

Bild 132. Ansichtsbild, nichtssagend und unübersichtlich.

Bild 133. Ansichtsbild, undeutlic
verständlich.

daher nicht dem Zwecke der Veranschaulichung, sondern sind nur am Platze, wenn aus der Darstellung keine konstruktiven Einzelheiten und kein Zusammenhang entnommen werden sollen.

Ist durch die Abbildung nur ein ungefähres Bild beabsichtigt, welches auf eine Maschinengattung und auf eine Bezugsquelle aufmerksam machen soll, dann entspricht solchem Zwecke — neben der Nennung der Firma — die einfachste Darstellung, die nur die äußere Form auffällig zeigt, alles andere aber absichtlich verschweigt. Für solchen Zweck genügen selbst zeichnerisch sehr unvollständige

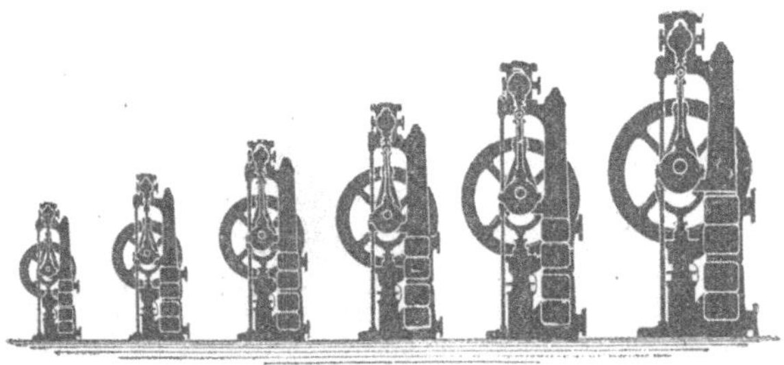

Bild 134.
Bild für Ankündigungen.

Bild 135.
Bild für Ankündigungen, auf 1/2 verkleinert.

Darstellungen, z. B. Bild 134, durch welches nur beabsichtigt ist, auf einen durch Massenfabrikation hergestellten Maschinentyp hinzuweisen, oder Bild 135: ein rohes, für Zeitungsdruck bestimmtes Ankündigungsbild, das dem besonderen Zwecke vollständig entspricht, auf eine Gasmaschine aufmerksam zu machen und im Hintergrunde zugleich ihre Verwendung für eine Hochofenanlage anzudeuten; darunter wird in der Ankündigung natürlich (hier weggelassen) deutlich die liefernde Fabrik genannt. Eine dem gleichen Zweck dienende, aber ungeeignete Darstellung zeigt Bild 136, das weder dem Fachmann noch dem Laien etwas sagen kann.

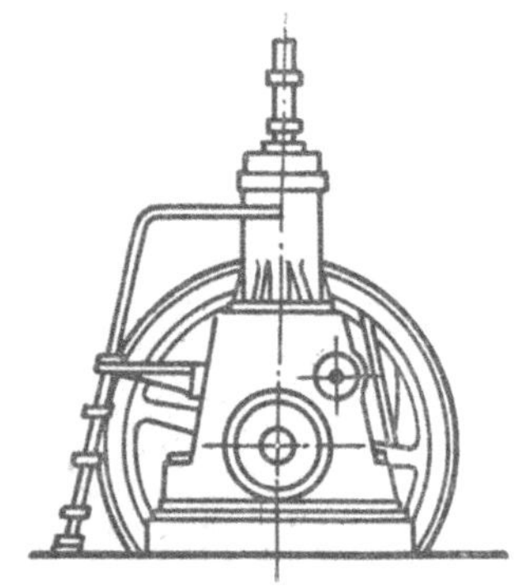

Bild 136. Ungeeignetes Bild für Ankündigungen.

Der besondere Zweck der **Vervielfältigung** von Zeichnungen zwingt zu besonderen Darstellungen. Der Hauptzweck der Zeichnung, z. B. große Anschaulichkeit und der Nebenzweck: die Vervielfältigung, müssen durch richtige Zeichnungsart miteinander in Einklang gebracht werden. Die zeichnerische Methode wechselt mit dem Hauptzweck und mit der Vervielfältigungsart, sei es durch Photographie, Druck oder andere Mittel. Hiervon wird im weiteren noch ausführlicher die Rede sein.

Genaue Zeichnungen werden erforderlich z. B. bei geodätischen oder markscheiderischen Aufnahmen; ihr besonderer Zweck führt zu einer Art der zeichnerischen Darstellung, die vom bisher Erwähnten ganz verschieden ist. In solchen Zeichnungen müssen die Maße unmittelbar aus der Zeichnung abgemessen werden; daher muß mit der erreichbaren größten Feinheit und Genauigkeit gezeichnet und das Zeichenpapier auf eine Glasplatte aufgespannt werden, um Zeichnung und Maß unveränderlich zu erhalten usw. Auch Schiffbau-Zeichnungen müssen häufig sehr genau und scharf gezeichnet werden, weil Schiffskurven usw. unmittelbar davon abgemessen werden.

Schon aus diesen Andeutungen ist zu ersehen, daß der Zweck weitgehend die Art der zeichnerischen Darstellung bestimmt.

Diejenige Darstellungsart ist die beste, welche dem jeweiligen Zweck mit den einfachsten Mitteln entspricht, also mit geringstem Aufwand von Zeit und Kosten größte Deutlichkeit und Übersichtlichkeit erzielt.

Wie der Zweck der Zeichnung die Darstellungsart und den wesentlichen Inhalt der Zeichnung bestimmt, mag an **Angebotszeichnungen** noch näher gezeigt werden.

Die Form und der Inhalt von vorläufigen Entwürfen und Angebotszeichnungen richtet sich nach dem jeweiligen Zwecke, nach den besonderen Verhältnissen, für welche der Entwurf aufzustellen ist.

Bei Zeichnungen für Angebote im Submissionsverfahren ist die genaue Einhaltung formeller Vorschriften erforderlich. Demnach muß die Darstellung so beschaffen sein, daß diese Vorschriften mit dem geringsten Aufwand von Zeit, Arbeit und Kosten erfüllt sind, und daß ein möglichst anschauliches Bild der Konstruktion geboten wird. Unterliegt die Beurteilung Nichtsachverständigen, dann ist größte Anschaulichkeit besonders wichtig. Auch gefälliges Aussehen der Zeichnung kann wesentlich werden, weil sachliche Güte und äußeres Aussehen gelegentlich gemeinsam beurteilt, wohl auch miteinander verwechselt werden.

Bei der Beurteilung von Projekten und Projektzeichnungen spielen immer eine Reihe subjektiver Momente mit; bestimmte Erfahrungen oder Anschauungen der Besteller oder deren Liebhabereien und Vorurteile, Lokalpatriotismus usw. sind vielfach ausschlaggebend, ja vielleicht von vornherein bestimmend. Diesen Momenten kann natürlich durch die beste Zeichnung nicht Rechnung getragen werden, wohl aber folgenden Erfordernissen sachlicher Art:

Projekt- und Angebotszeichnungen müssen übersichtlich und handlich sein; ihre Benutzung darf dem Beurteiler nicht unbequem werden. Hiergegen wird in der Regel gefehlt. Der Zweck der Angebotszeichnungen ist die Erläuterung des Angebotes. Das sachlich und geschäftlich Maßgebende steht im Angebot; die Zeichnungen sind nur erläuternde Ergänzung hierzu. Hieraus folgt mit Notwendigkeit, daß die Zeichnungen in solchem Format und in solcher Darstellung dem Angebot unmittelbar beigeheftet oder in einer Mappe beigelegt werden sollen, daß sie mit den schriftlichen Angaben, dem Kostenanschlag und den Erläuterungen ein einheitliches, übersichtliches und handliches Ganzes bilden und der Beurteiler zu den schriftlichen Angaben mühelos die erläuternden Zeichnungen findet. Nur ausnahmsweise, wenn das Format nicht ausreicht, sollen Offertzeichnungen getrennt vom Angebot, aber stets in bequemer Form, insbesondere nicht gefaltet oder gerollt, vorgelegt werden.

Sachlich fehlerhaft und dem Zweck widersprechend ist es, die Zeichnungen in allen möglichen Formaten, groß und unbequem, auf gerolltem Papier usw. vorzulegen. Es kommt vor, daß die zahlreichen Beilagen von Angeboten, namentlich gerollte Zeichnungen, gar nicht angesehen werden. Hier ist von den technischen Zeitschriften zu lernen. Diesen wurden früher auch die Zeichnungen getrennt vom Text in gefalteten Tafeln beigegeben. Jetzt gibt es keine Zeitschrift mehr, welche ihre Zeichnungen nicht soweit als möglich im Texte selbst bringt.

Eine weitere durch den Zweck begründete Forderung ist die Darstellung des Wesentlichen und durch örtliche Verhältnisse Gegebenen. Wird ein Angebot nicht auf Grund subjektiver Anschauungen, sondern wirklich sachlich beurteilt, dann ist immer eine wichtige Frage: wie erfüllt das Angebot die besonderen durch die örtlichen Verhältnisse gegebenen Forderungen? In der sachlichen Begründung ist in Schrift und Zeichnung alle Überlegung hervorzuheben, welche aufgewendet wurde, um die Konstruktion den jeweilig gegebenen Verhältnissen oder Wünschen anzupassen.

Hinsichtlich der Projektzeichnungen ist ein weitverbreiteter Übelstand ausdrücklich hervorzuheben, der auch auf eine Verkennung des Zwecks zurückzuführen ist: Angebote von deutschen Maschinenfabriken enthalten oft alle möglichen Detailzeichnungen, die gar nicht verlangt wurden, auch nicht notwendig sind; augenscheinlich nur, um recht viel Material vorzulegen und damit zu imponieren. Halbsachverständige oder unerfahrene Beurteiler halten sich dann oft an unwesentliche Einzelheiten und üben Kritik nach ihren Erfahrungen und Meinungen, finden diese oder jene Einzelheit besser als die in der Zeichnung dargestellte, und schließlich erwächst daraus oft ein Vorwand für die Ablehnung des Projektes oder für überflüssige Vorschriften. Entspringen diese nur Liebhabereien und Meinungen Unerfahrener, dann wird sie jede hochstehende Fabrik ablehnen müssen; sie wird Änderungen ihrer erprobten Konstruktionen nur zugeben, wenn besondere Betriebsbedingungen, durch erfahrene Betriebsleiter begründet, dies unerläßlich machen. Wer beliebigen Wünschen ohne weiteres nachkommt, vertritt minderwertige Konstruktionen, die nicht auf reicher Erfahrung beruhen. Bei noch unentwickelten Projekten, die den Anforderungen des Falles ohnedies nicht vollständig Rechnung tragen können, hat man sich erst recht zu hüten, mehr als das Notwendige darzustellen und sich durch Darstellung von noch nicht durchgearbeiteten Einzelheiten die Hände zu binden.

Es ist sachlich und moralisch unverantwortlich, daß bei Ausschreibungen von Maschinenanlagen Unerfahrene nach eigenem Gutdünken Vorschriften aufstellen, die Verantwortung dafür aber durch den Vorbehalt „unbeschadet der Verantwortlichkeit des Lieferanten“ ablehnen. Im Submissionsverfahren, wo oft nur die Absicht besteht, das Billigste zu beschaffen oder sich auf Kosten der Submittenten zu unterrichten, wird häufig Vorlegung von Detailzeichnungen verlangt. Fabrikanten oder Ingenieure, die auf Grund eigener besonderer Erfahrung und vielfach unter Aufwendung großer Kosten ihre Konstruktionen ausgebildetet haben, sind aber dazu gar nicht in der Lage und werden auf die Teilnahme am Submissionsverfahren lieber verzichten. Konstruktionen, welche mit allen Einzelheiten kostenlos vorgelegt werden, sind wenig wertvolle Dutzendkonstruktionen. Leider hat die Bereitwilligkeit von Fabriken, alle Einzelheiten im Submissionsverfahren vorzulegen, dazu geführt, daß die Anforderungen an die Ausführlichkeit von Projektzeichnungen immer höher geschraubt wurden, und daß jetzt meist schon die Vorlage ausführlicher Gesamtzeichnungen und der Werkzeichnungen von Hauptteilen verlangt wird. Darin liegt eine schwere Schädigung geistiger und wirtschaftlicher Arbeit.

Im Auslande, insbesondere in England, Frankreich, Amerika, würde es niemand einfallen, dem Verlangen nach kostenloser Vorlegung von Einzelzeichnungen zu entsprechen; es wird auch nicht gestellt. Den bei uns üblichen maßlosen unbilligen Forderungen würde keine ausländische Fabrik, kein Civil Engineer, Naval Architect usw. nachkommen.

Projekt- und Angebotszeichnungen sollten nur das für den berechtigten Zweck Erforderliche enthalten, und es sollten nicht unter dem Drucke von Ausschreibungsbedingungen nach dem berüchtigten, auf diesem Gebiete aber zutreffenden Grundsatze „billig und schlecht“ massenhaft Zeichnungen vorgelegt werden. Wo dieser Grundsatz nicht zutrifft, da handelt es sich um eine Verschwendung schwieriger Geistesarbeit, von Erfahrung und Kosten, welche die ausländische Industrie meidet.

Der größte Teil von Projekten, mühevollen Entwürfen und Berechnungen dient oft nur zur kostenfreien Information. Wie würden sich wohl Juristen, die doch nicht das geringste Geistesprodukt umsonst abzugeben pflegen, zu dem Verlangen verhalten, Rechtsgutachten und Ratschläge im Wettbewerb und in der Aussicht abzugeben, daß dem Mindestfordernden der Preis zufallen werde?

Gegenüber den Mißständen des Submissionswesens ist es insbesondere notwendig, bei Projektzeichnungen den Wert geistiger Arbeit zur Geltung zu bringen.

Zeichnungen als Beilagen von **Gutachten** haben ähnlichen Forderungen zu genügen wie Angebotszeichnungen; auch sie haben nur das Wesentliche, unmittelbar zur Erläuterung des Gutachtens Gehörige, einfach und anschaulich darzustellen. Das Gutachten, in der Regel für nichtsachverständige Beurteiler bestimmt, muß auch solchen eine richtige Vorstellung des sachlichen Zusammenhanges ermöglichen.

Zeichnungen in Gutachten sollen gleichfalls im Format der erläuternden Schrift angefertigt und dieser unmittelbar, nicht in Rollen oder anderer unhandlicher Form, beigefügt werden.

Für **Patentzeichnungen** sind die amtlichen Vorschriften maßgebend, die in vielen Veröffentlichungen enthalten sind. Die wesentlichen Vorschriften sind:

Die für die Veranschaulichung der Erfindung bestimmten Zeichnungen sind auf das zur Klarstellung der Erfindung Erforderliche zu beschränken.

Die Hauptzeichnung ist auf Kartonpapier, die Nebenzeichnung auf Pausleinwand anzufertigen, beide in vorgeschriebenem Format (33×21, 33×42 oder 33×63 cm) und in solcher Ausführung, daß sie für photographische Verkleinerung geeignet sind. Die Verwendung von Farbe ist daher ausgeschlossen. Querschnitte müssen schwarz oder schraffiert hervorgehoben werden.

In den einzelnen Bildern sind Bezugszeichen nur soweit zu verwenden, als ein Hinweis auf die Darstellung des betreffenden Teiles in der Beschreibung zum Verständnis der Erfindung notwendig ist. Die gleichen Teile müssen in allen Bildern gleiche Bezugszeichen erhalten. Als Bezugszeichen waren früher kleine lateinische Buchstaben gebräuchlich, jetzt werden Ziffern ohne Zusätze, wie Striche, Häkchen, Ziffern, verwendet. Nur wenn ein Teil in verschiedenen Stellungen dargestellt wird, erhalten die Ziffern Nebenzeichen.

Erläuterungen sind in die Zeichnungen nicht aufzunehmen; nur kurze Angaben wie „Schnitt A—B", „Wasser", „Dampf" sind zulässig.

Zeichnungen für **besondere Zwecke,** die eine nur diesen Zwecken entsprechende eigenartige Darstellung erfordern, sind naturgemäß zahlreich, und es ist unmöglich, hier auch nur auf die wesentlichsten Arten von ihnen einzugehen. Es kann nur an einigen Beispielen gezeigt werden, wie sich außerordentlich verschiedene Darstellung als notwendige Folge des Zwecks ergibt. Diese Beispiele sind aus ganz verschiedenen Gebieten entnommen, daher der stets wechselnde Inhalt der Darstellungen.

Bild 137 bis 140 sind Zeichnungen zu dem besonderen Zwecke, die **Arbeitsvorgänge** zur Massenherstellung von Arbeitsstücken auf Automaten in der richtigen Reihenfolge anschaulich darzustellen (nach Prof. Schlesinger).

Solche Zeichnungen bilden die Grundlage zur Aufstellung des Arbeitsplanes für die Massenfabrikation und zur Bestimmung der erforderlichen Werkzeuge und Hilfsvorrichtungen.

Bild 137 zeigt die vier aufeinanderfolgenden Arbeitsvorgänge zur Massenherstellung einer Hülse. Zu dieser Zeichnung gehören noch (nicht dargestellt) die Einzelzeichnungen und die Stückliste der Werkzeuge.

Bild 138 zeigt die Aufeinanderfolge der Arbeitsvorgänge zur Massenerzeugung kleiner Teile, wieder als Grundlage für die Aufstellung des Arbeitsplanes und die Bestimmung der erforderlichen Werkzeuge.

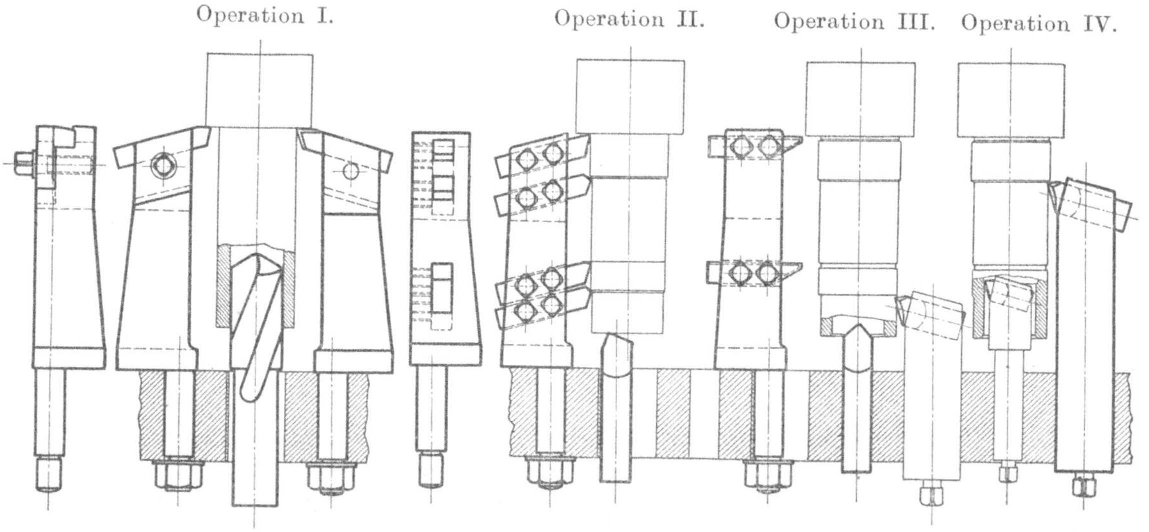

Bild 137. Zeichnung für den **Arbeitsplan** zur **Massenherstellung** einer Hülse (auf $^1/_3$ verkleinert).
Hierzu (nicht dargestellt) **Maße** und **Stückliste** der Werkzeuge.

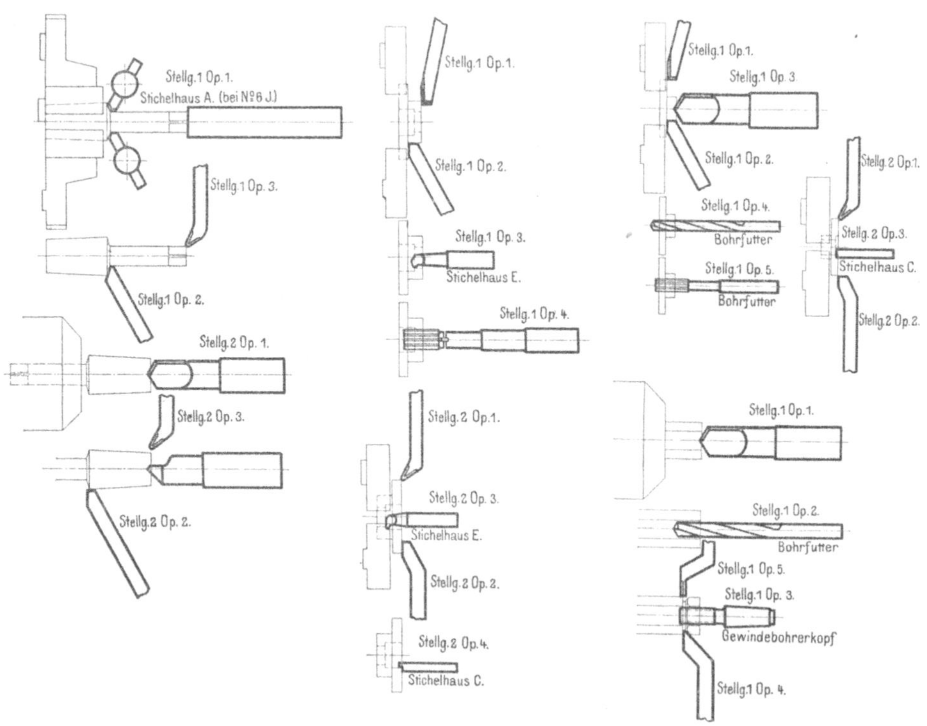

Bild 138. Zeichnungen für die Arbeitspläne zur Massenherstellung kleiner Teile (in Naturgröße auf $^1/_4$ verkleinert).

Bild 139 und 140 veranschaulichen die Einstellung der Werkzeuge als Grundlage des Arbeitsplans für die Massenherstellung der Schraubenmutter a in sechs Arbeitsstellungen.

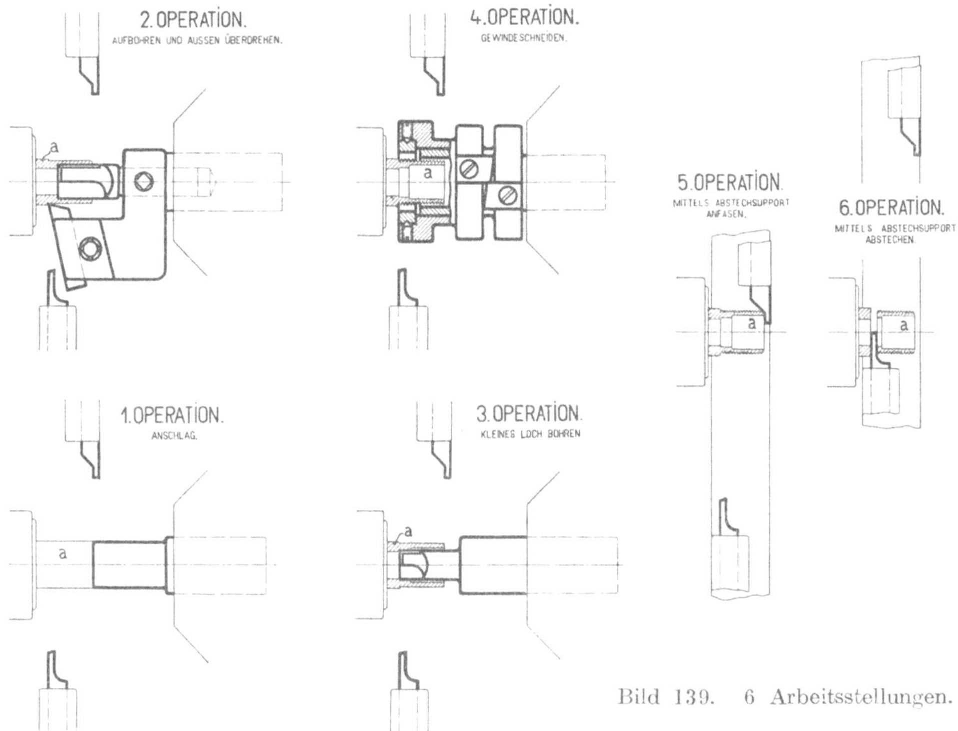

Bild 139. 6 Arbeitsstellungen.

Bild 139 u. 140. Zeichnungen zur Veranschaulichung der **Einstellung der Werkzeuge** (in Naturgröße, auf $^1/_4$ verkleinert) für die Massenherstellung der Schraubenmutter a in 6 Arbeitsstellungen.

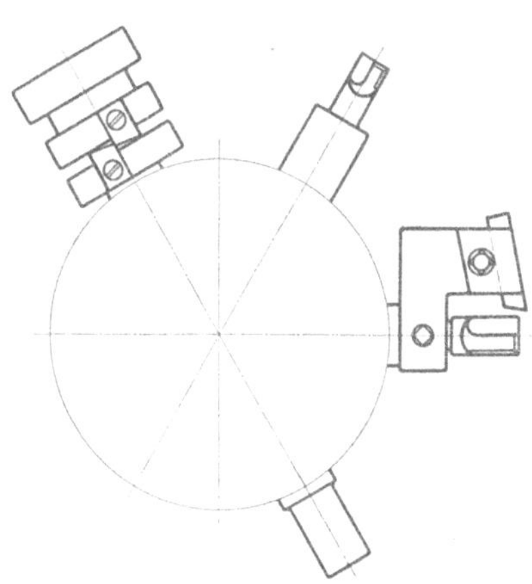

Bild 140. Revolverkopf.

Weitere Beispiele zwar ungewöhnlicher, aber trotzdem häufig vorkommender besonderer Zwecke, die die Zeichnungsart bestimmen, zeigen Bild 141 bis 147.

Bild 141 gibt ein Beispiel der **„Deckblätter“**, die, richtig durchgeführt, in Großbetrieben sehr viel zur Zeit- und Kostenersparnis beitragen können, indem sie die Anfertigung besonderer Zeichnungen für einzelne Zwecke ersparen.

Im vorliegenden Falle ist das „Deckblatt“ angefertigt, nur um die Auflageflächen einer Maschine (Dampfturbine) übersichtlich zu kennzeichnen und die Belastung dieser Auflageflächen festzustellen (in Tonnen Gesamtbelastung). Die Zeichnung enthält daher nur das für diesen engbegrenzten Zweck Erforderliche: die Auflageflächen sind schraffiert und die Belastungen deutlich eingeschrieben.

Diese (auf gut durchsichtigem Pauspapier anzufertigende) Zeichnung wird aber nicht für sich allein vervielfältigt, sondern auf die Gesamtzeichnung der Maschine aufgelegt, und von beiden Zeichnungen gemeinsam wird eine Lichtkopie hergestellt.

Die auffällig eingetragenen Auflageflächen und Belastungen erscheinen dann in der Kopie inmitten der Gesamtzeichnung.

In solcher Weise ersetzt gemeinsames Kopieren die Neuanfertigung von Zeichnungen. Das Deckblatt ist nur eine zeitweilig gebrauchte Ergänzung der Gesamtzeichnung.

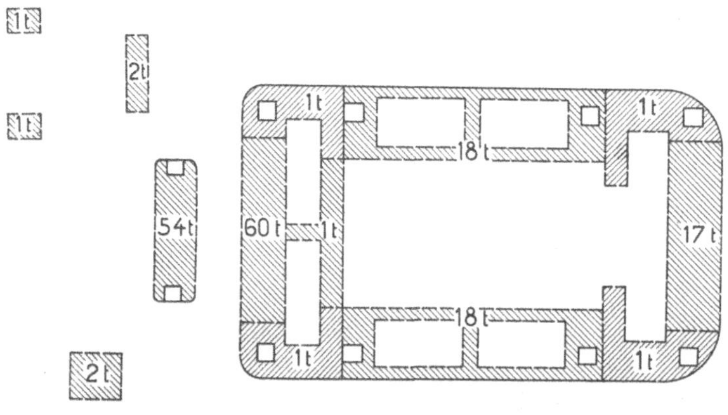

Bild 141. **Deckblatt** nur zur Darstellung der Auflageflächen und Auflagepressungen eines Dampfturbinen-Fundamentrahmens. Original-Pause in 1 : 20 (auf $^1/_4$ verkleinert) wird gleichzeitig mit der Pause des Rahmens kopiert.

Ein anderer Sonderzweck kann sein: **Meßvorgänge für Versuche** an Maschinen übersichtlich darzustellen, insbesondere die während der Versuche benutzten Meßstellen und den ganzen Meßvorgang durch die Zeichnung zu veranschaulichen.

Das ist von großer Wichtigkeit und wird gerade bei wissenschaftlichen Versuchen, wie sie in der Fachliteratur veröffentlicht werden, häufig unterlassen. Solche Versuche können jeden wissenschaftlichen Wert verlieren, wenn nicht erkenntlich ist, wo und wie gemessen wurde. Viele dieser „wissenschaftlichen" Berichte beabsichtigen allerdings gar nicht, anderen die Nachprüfung der Versuche zu ermöglichen, und dienen nicht selten der Reklame, etwa auf Grund eines nachgewiesenen niedrigen Betriebsstoffverbrauchs der untersuchten Maschine. Solch einseitiger Zweck verträgt keine besondere Erläuterung.

Werden derartige Versuche aber wirklich wissenschaftlich, d. i. vollständig und unter Feststellung des ursächlichen Zusammenhangs durchgeführt, und das ist der Fall bei allen Versuchen, die von Fabriken für ihre eigenen Interessen durchgeführt werden, um weiteren Fortschritt anzustreben, dann wird in der Regel nichts darüber veröffentlicht, da das Interesse der Fabrik dies verbietet; aber um ihren Zweck zu erfüllen, müssen die Versuche und ihre Ergebnisse übersichtlich aufgezeichnet werden, denn sie bilden ein Dokument für alle darauf folgenden Arbeiten. Darum müssen diese Dokumente, wenn auch nur für den inneren Gebrauch der Fabrik bestimmt, so vollständig sein, daß jederzeit alles Erforderliche erkannt werden kann.

Die Berichte über solche wissenschaftlichen Versuche werden daher in den Fabriken sehr sorgfältig ausgearbeitet, und es werden dazu Übersichtszeichnungen angefertigt, welche die Meßstellen, den Meßvorgang und den Zusammenhang der Messungen klar erkennen lassen. So müßte auch bei allen wissenschaftlichen Versuchen verfahren werden, die veröffentlicht werden. Beispiele hierzu sind die Bilder 142—146.

Bild 142 zeigt für diesen Sonderzweck die schematische Darstellung eines Zwillingskompressors, jede Maschinenseite bestehend aus einem Elektromotor und einem durch ihn unmittelbar angetriebenen Hoch- bzw. Mittel- und Niederdruck-Turbokompressor H, M und N; der Niederdruckkompressor ist geteilt, auch die Lage der Verbindungsrohrleitungen und des Zwischenkühlers K ist aus der Zeichnung zu erkennen.

Ausschließlicher Zweck der Zeichnung ist die Darstellung der Meßstellen zur Ermittlung der Temperaturen und Drücke. Deshalb sind die Thermometer und Mano-

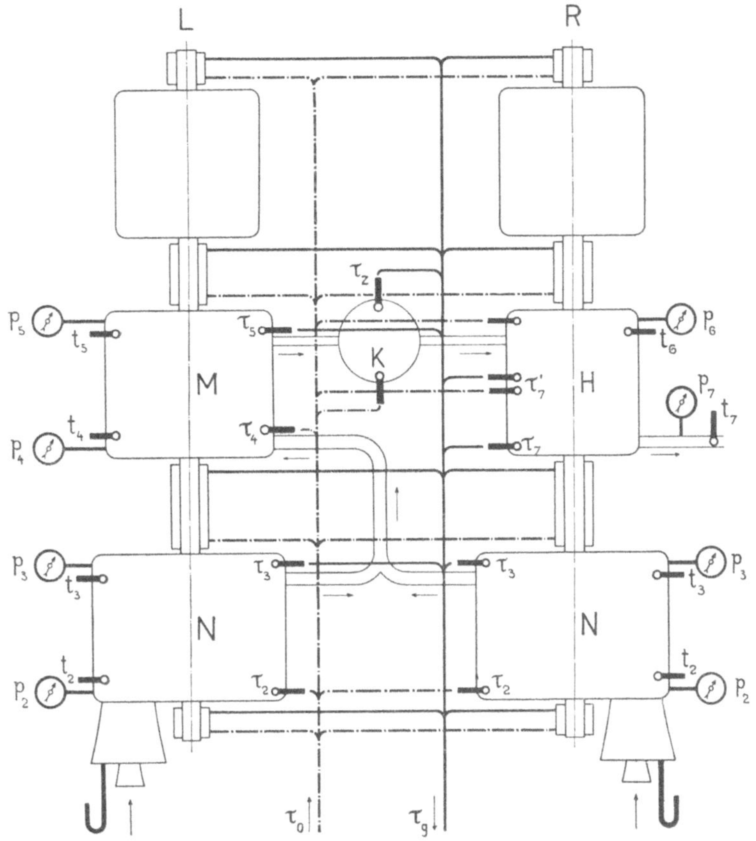

Bild 142.
Meßstellen für die **Temperatur-** und **Druckmessungen** an einem Turbo-Kompressor mit Elektromotor-Antrieb (auf $^1/_2$ verkleinert).

NN: 2 Niederdruckteile.
M: 1 Mitteldruckteil.
H: 1 Hochdruckteil.
K: 1 Zwischenkühler.
p...p: Druckmeßstellen.
t...t: Temperaturmeßstellen.
τ..τ: Temperaturmeßstellen.
R: rechte Maschinenhälfte.
L: linke Maschinenhälfte.

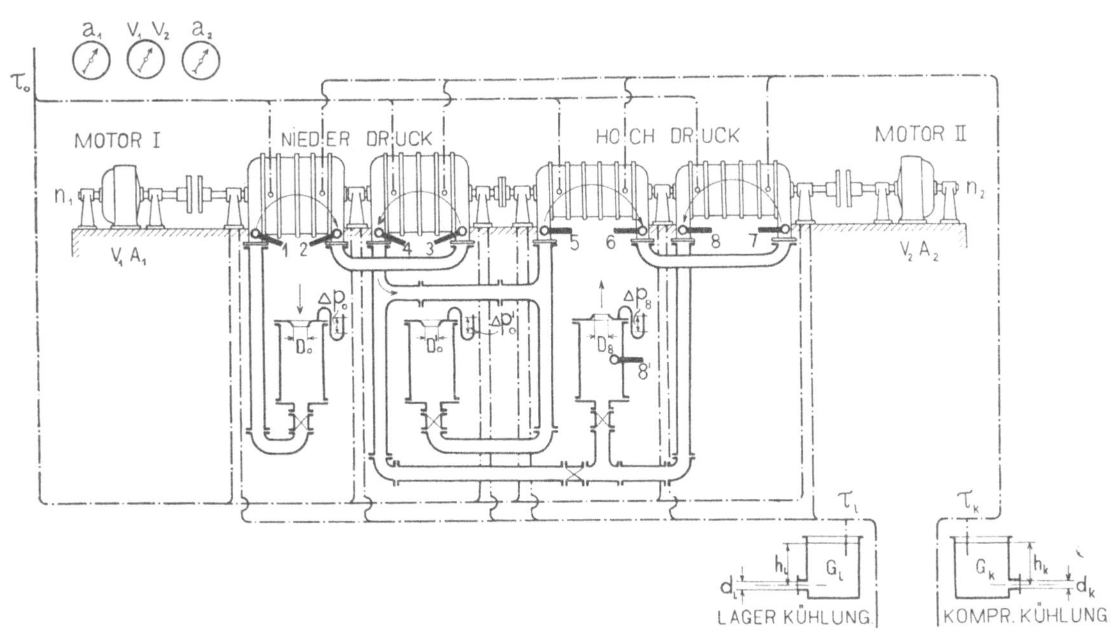

Bild 143.
Meßstellen für **Temperatur-** und **Spannungsmessungen** an einem Turbo-Kompressor mit Elektromotor-Antrieb (auf $^1/_2$ verkleinert).

meter deutlich hervorgehoben; die eingeschriebenen Buchstaben und Nebenzeichen stimmen zu den Tabellen der Meßwerte. Die Zeichnung ist daher eine anschauliche Erläuterung der Zahlenwerte, die wiederum anschaulich in Kurven und Diagrammen aufgezeichnet werden.

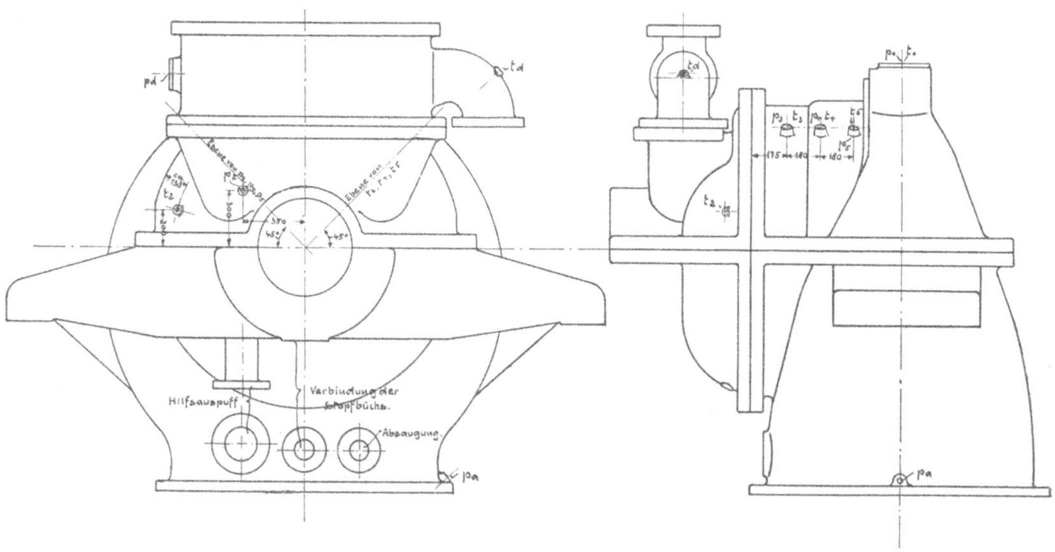

Bild 144. Meßstellen an einer AEG-Dampfturbine (Zeichnung auf $^1/_3$ verkleinert). Hierzu gehörig Stückliste der erforderlichen Thermometerstutzen.

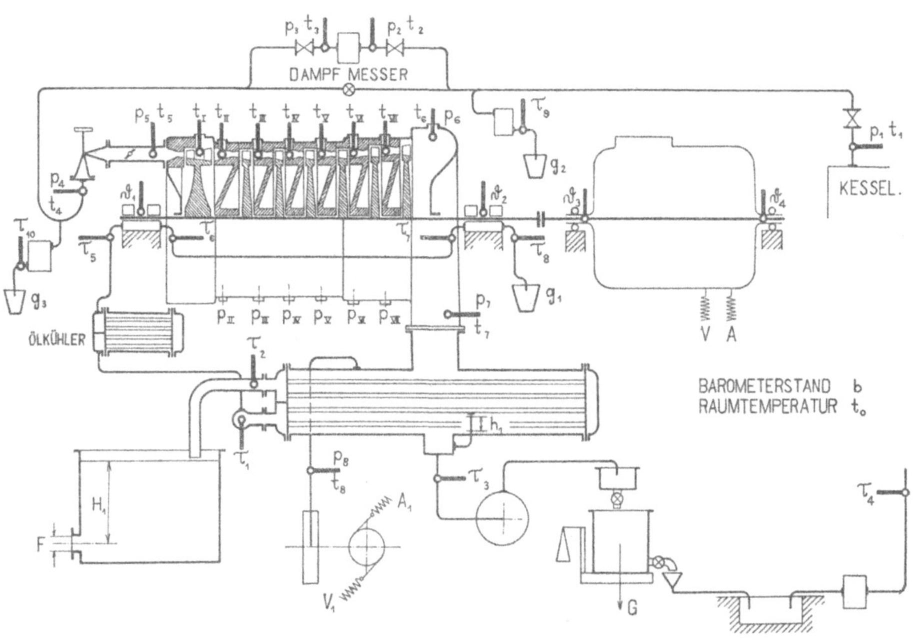

Bild 145. Meßstellen an einer Dampfturbine (Zeichnung auf $^1/_3$ verkleinert).

Bild 143 zeigt die gleiche Darstellung zum selben Zwecke für einen Turbokompressor, bestehend aus zwei Niederdruck- und zwei Hochdruckstufen und zwei Elektromotoren. In der Zeichnung sind nur die Meßstellen und die besonderen Meßvorrichtungen dargestellt und die Bezeichnungen übersichtlich eingetragen; diese stimmen mit den Bezeichnungen in den Tabellen der Meßwerte überein.

Bild 144 zeigt eine solche Übersicht der Meßstellen an einer Dampfturbine mit Angabe der für die Thermometermessungen erforderlichen Stutzen.

Bild 145 zeigt eine schematisch gehaltene Übersicht der Meßstellen und den Meßzusammenhang einer Dampfturbine.

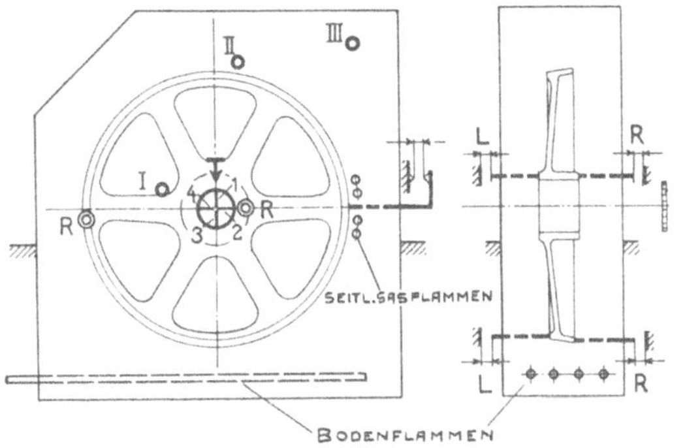

Bild 146. Versuchs-Einrichtung und Meßstellen zur Messung der Formänderung von Turbinenrädern (Zeichnung auf $^1/_3$ verkleinert).

Versuchsrad 3300 ∅ Z. 9299.

2. Versuch am . . . . . .
Erwärmung durch Bodenflammen.

Bild 146 gibt eine solche Übersicht für den besonderen Zweck der Messung des Einflusses einseitiger Erwärmung von Turbinenrädern. Das Bild veranschaulicht das zu untersuchende Rad, die Erwärmungsstellen und die aufgesetzten Stifte zur Beobachtung der Meßstellen. Die Meßergebnisse werden in Tabellen und Übersichtsdiagrammen zusammengestellt. Siehe Bild 430 u. 431 S. 209.

Zu den schematischen Darstellungen für besondere Zwecke gehören auch die von Schaltungen, Dynamowicklungen usw.

Bild 147 hat nur den Zweck, die Verteilung von Hebevorrichtungen und die Belichtung in Werkstätten darzustellen.

Diese Beispiele zeigen auffällig, wie die zeichnerische Darstellung sich dem Zwecke der Zeichnung anzupassen hat.

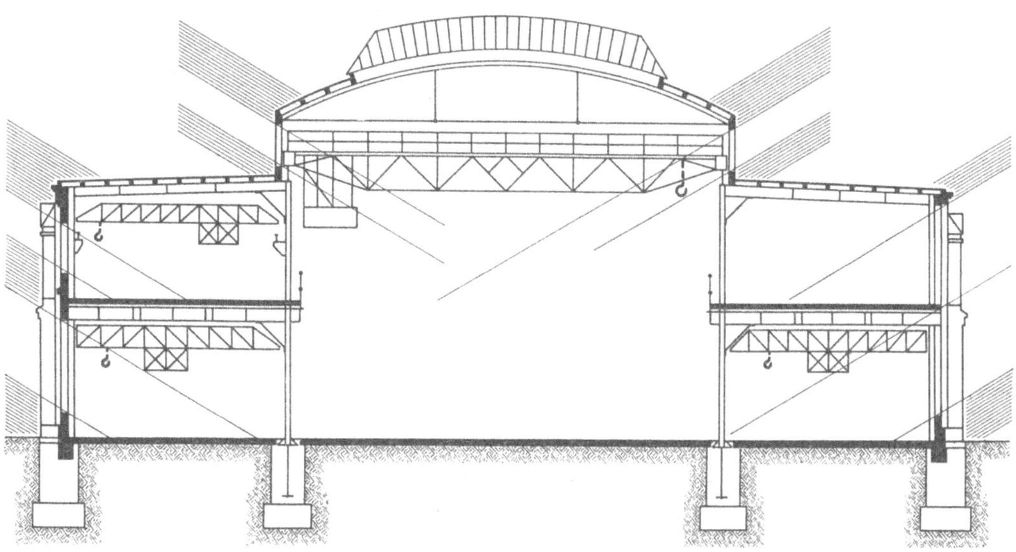

Bild 147.
Darstellung zur Kennzeichnung der Hebevorrichtungen und der Belichtung einer Werkstätte
(auf $^1/_3$ verkleinert).

Über Zeichnungen für besondere Zwecke ist weiteres im Abschnitt „Werkzeichnungen“ enthalten.

Gesamtzeichnungen von Maschinen und Maschinenanlagen dienen sehr verschiedenartigen Zwecken; im wesentlichen haben sie eine Übersicht für einen bestimmten Zweck zu bieten und lassen daher die Abhängigkeit der zeichnerischen Darstellung vom Sonderzweck besonders deutlich erkennen.

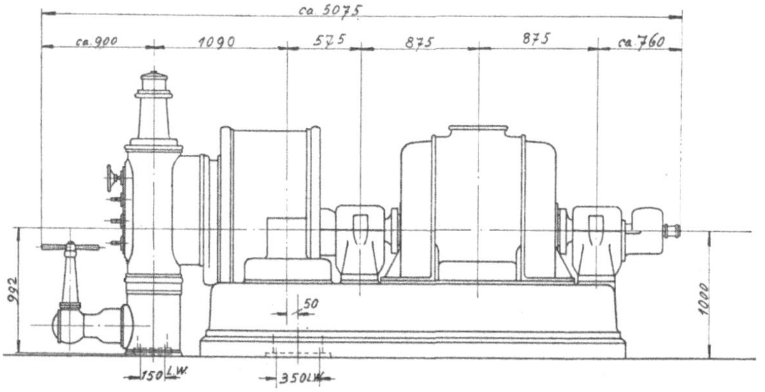

Bild 148. Gesamtzeichnung in 1:20 für Angebote oder Aufstellung, Raumerfordernis usw., mit Angabe der Rohranschlüsse (auf $^1/_3$ verkleinert).

Bild 148 zeigt z. B. eine Gesamtzeichnung, die nur dem Zwecke dient, den Raumbedarf einer Dampfturbine mit Generator darzustellen, sei es für Angebote oder für die Aufstellung der normalen Maschine. Sie hat daher nichts von der Maschine selber dazustellen, sondern nur die Außenmaße und die Rohranschlüsse für die Dampfleitungen.

Die in Bild 149 wiedergegebene Gesamtzeichnung einer Turbine soll verschiedenartigen Zwecken dienen: als Aufstellungszeichnung für den Monteur, als Übersichtszeichnung für die Betriebsleitung, als Erläuterungszeichnung usw. Sie hat das Wesentliche des Zusammenhangs der Maschine zu zeigen, um die Wirkungsweise der Teile und der Maschine sowie ihren Zusammenhang verständlich zu machen. Daher ist Darstellung der Hauptteile im Schnitt erforderlich, sonst ist ausreichendes Verständnis unmöglich. Der besondere Zweck erfordert außerdem eine ausreichende Beschreibung der Teile, durch welche ihre Bestimmung und ihr Zusammenhang aufgeklärt wird.

Gesamtzeichnungen sind u. a. auch erforderlich:
für den Zusammenbau der fertigen Maschinenteile in den Werkstätten oder am Verwendungsorte der Maschine.

Dann sind anzugeben: alle Anschluß- und Kontrollmaße der Einzelteile, Mittelentfernungen usw. Die Gesamtzeichnung zeigt nur die Hauptformen der zusammenzubauenden Teile und ihren Zusammenhang, aber keine Einzelheiten, außer denjenigen, welche beim Zusammenbau selbst benötigt werden. Anfänger vergessen gewöhnlich, sowohl in Konstruktions- als auch in Gesamtzeichnungen, die Dicke der Dichtungsmaterialien zwischen den Flanschen, welche auf den Zusammenbau Einfluß hat, einzutragen und ihnen nebensächlich scheinende, in Wahrheit jedoch für den Verwendungszweck wichtige Teile einzuzeichnen; dann können Gesamtpläne für den Zusammenbau unbrauchbar werden.

Der Inhalt der Gesamtzeichnungen von Maschinen richtet sich ganz nach dem wechselnden Zwecke.

Im allgemeinen ist zu unterscheiden zwischen Montagezeichnungen, Rohrplänen, Fundamentplänen und Armaturplänen. Bei kleineren Maschinenanlagen können Zusammenstellungszeichnungen auch verschiedenen Zwecken gleichzeitig dienen; z. B. kann der Fundamentplan mit dem Rohrplan in einer Zeichnung vereinigt werden.

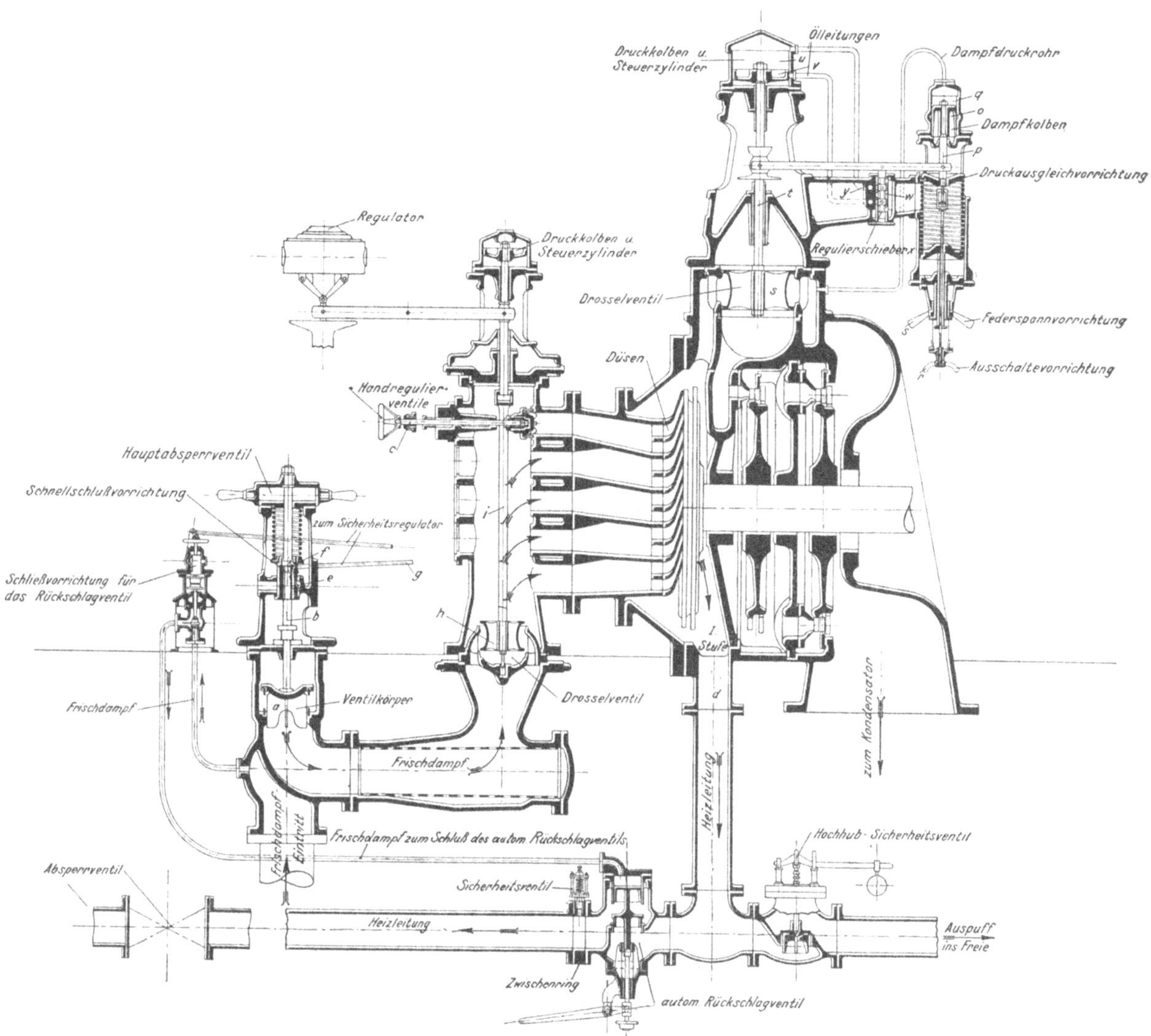

Bild 149. **Gesamtzeichnung** einer Dampfturbine ohne Maße (auf $^1/_3$ verkleinert).

Die Zeichnung gibt einen ziemlich vollständigen Zusammenhang der Einzelteile und hat verschiedenen Zwecken zu dienen:

als Übersichtszeichnung für Interessenten,
als Montagezeichnung, hierfür ausreichend, weil alle Teile aus Massenherstellung stammen,
als Erläuterungszeichnung für Angebote usw., daher die schriftliche Kennzeichnung der Hauptteile.

Gesamtpläne von Maschinen, in welche alle von außen sichtbaren Teile eingezeichnet werden (Bild 150), geben überladene Projektionsbilder, sind kostspielig und zeitraubend herzustellen und können überhaupt erst angefertigt werden, wenn alle Einzelzeichnungen fertig sind; und selbst dann hat ein geübter Zeichner noch mehrere Wochen Arbeit. Außerdem zeigen solche Gesamtpläne für irgendeinen besonderen Zweck die Hauptsache nicht deutlich genug und dafür eine Unmenge Entbehrliches oder Überflüssiges. Sie widersprechen daher den meisten Zwecken, stehen im Widerspruch mit den Forderungen der Arbeitsteilung und des raschen Arbeitens.

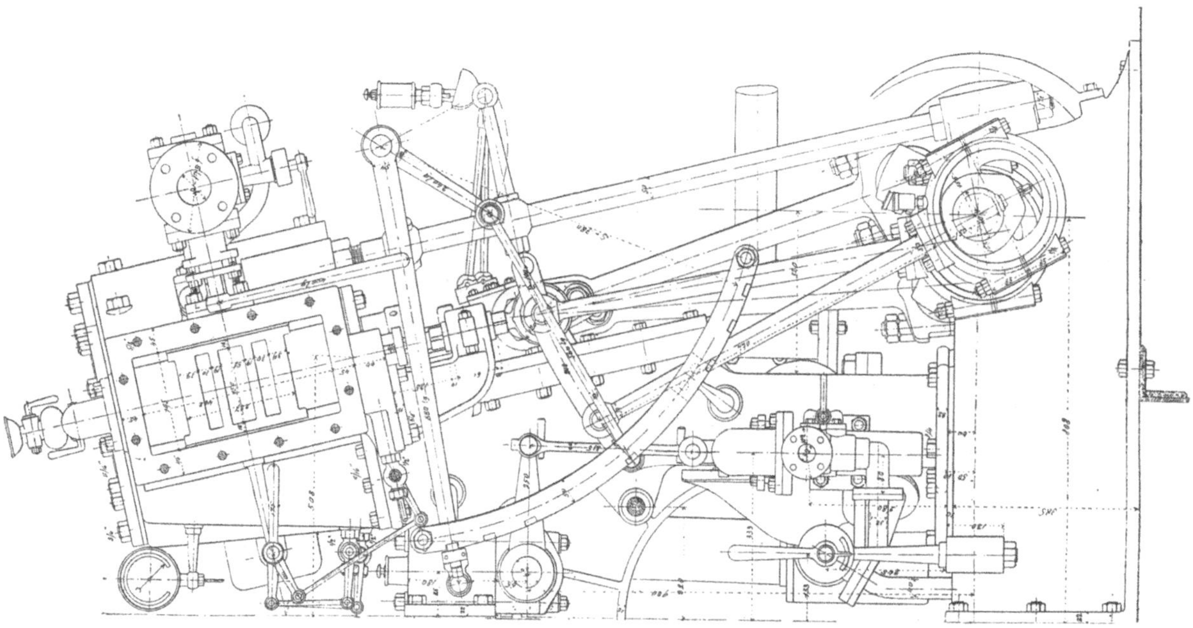

Bild 150. Gesamtzeichnung einer Dampfmaschine mit Ansicht aller sichtbaren Teile. Undeutlich, weil überladen, zu viele Nebenteile.

Solche vollständigen Gesamtzeichnungen sind allerdings ein Mittel, Fehler zu entdecken und eine Kontrolle über die Maße der Einzelzeichnungen auszuüben. Sie erfordern aber einen vorzüglichen Zeichner, der den Zusammenhang der Maße nachrechnet und an der Herstellung der Einzelzeichnungen nicht beteiligt war, und insbesondere erfordern sie viel Zeit und Kosten.

Für andere, außerhalb der Fabrikation liegende Zwecke mögen solche vollständigen Gesamtbilder zuweilen erwünscht sein; dann wird aber wegen der Übersichtlichkeit vieles wegbleiben müssen, um dafür die Hauptteile hervortreten zu lassen. Gesamtbilder für Nichtsachverständige sind ebenso wie alle Projektzeichnungen für gleichen Zweck möglichst anschaulich auszuführen. In den meisten solchen Fällen wird eine gute Photographie einer ausgeführten ähnlichen Maschine dem Zwecke am besten entsprechen! Nichtsachverständige werden solchen photographischen Aufnahmen vielleicht mehr entnehmen als einer Gesamtzeichnung.

Gerade solche Darstellungen für begrenzte Zwecke haben Anfänger zuerst und selbständig anzufertigen, sie bringen aber in der Regel dafür wenig Übung mit. Diese Aufgaben sind ihnen etwas ganz Neues und zugleich Langweiliges, daher oft Veranlassung, daß sie schon bei dieser ersten Arbeit das Vertrauen ihrer Vorgesetzten verlieren. Auch mag hervorgehoben werden, daß es viel schwieriger ist, einen umfangreichen Rohrplan, eine Übersichtszeichnung für einen gegebenen Zweck richtig durchzuführen als eine Schuldampfmaschine zu „konstruieren“.

Für alle Übersichtszwecke ist es am besten, nur die Hauptteile, entweder die beweglichen oder die unterstützenden, hervorzuheben und alles nebensächliche Beiwerk wegzulassen. Nur hierdurch wird die Zeichnung anschaulich.

Eintönigkeit macht die Zeichnung immer undeutlich und nichtanschaulich. In jeder Zeichnung sollten einzelne Teile hervorgehoben werden, um die Deutlichkeit zu erhöhen, auch wenn durch dieses Hervorheben kein anderer Zweck verfolgt wird (vgl. Bild 151—154).

Durch die Zusammenstellungszeichnung soll oft nur ein Bild des Zusammenhangs gezeigt werden. Dann werden die Ansichten der Maschine dargestellt (Bild 155). Solche Bilder können aber nicht mehr als den allgemeinen Zusammenhang und das Raumerfordernis zeigen. Ist mehr als das darzustellen, dann sind Schnittzeichnungen nicht zu entbehren. In solcher Darstellung ist die Zusammenstellungszeichnung auch als Plan für den Zusammenbau in der Werkstatt oder die Aufstellung am Betriebsort verwendbar, wenn die erforderlichen Maße angegeben sind.

Gesamtzeichnungen haben manchmal nur den Zweck, die Eigenart und Wirkungsweise eines Teils zu erläutern, wobei der Zusammenhang mit den übrigen Teilen nicht entbehrt werden kann. Es wird daher das Wesentliche deutlich hervorgehoben, die Darstellung der Nachbarteile auf das Notwendigste beschränkt.

Zumeist aber soll die Gesamtzeichnung den ganzen Zusammenhang möglichst klar veranschaulichen. Dieser Zweck wird am besten erfüllt, wenn Hauptteile, insbesondere bewegliche, zeichnerisch hervorgehoben und dadurch anschaulich von den andern getrennt werden. Die Zeichnung wird unübersichtlich, wenn die kräftige Hervorhebung einzelner Teile fehlt. Hierbei ist kein bestimmter Grundsatz hinsichtlich Schraffierung der Querschnitte einzuhalten. Die Zeichnung soll nur übersichtlich und anschaulich sein. Es werden daher die Querschnitte schraffiert oder schwarz dargestellt, je nachdem das eine oder andere der Anschaulichkeit dienlich ist. In allen Fällen müssen die Querschnitte durch Lichtränder voneinander getrennt werden.

Die Bilder 156—160, entnommen aus „Wissenschaftliche Automobil-Wertung", Bericht I—X, verdeutlichen das Gesagte.

Bild 156 hat nur den Zweck, die nachgiebige Federstützung und die nachgiebige Schubstange zu zeigen. Es sind daher deutlich die kugeligen Lagerungen des Federendes und das auf Rollen verschiebbare Stützlager dargestellt, sowie die eingeschaltete Feder in der Schubstange. Alles übrige ist im Interesse der Deutlichkeit aus der Zeichnung weggelassen.

Bild 157 hat nur die Pendelaufhängung der Wagenfedern und der Zusatzfedern darzustellen. Auf diese Teile ist die Darstellung beschränkt; sie sind aber mit besonderer Deutlichkeit hervorgehoben. Das Mittel dazu sind die abwechselnd schraffierten oder schwarzen Querschnitte und die trennenden Lichtränder.

Bild 158 soll nur die kugelig, daher nachgiebig gelagerte Aufhängung eines Kettentriebs für einen Lastkraftwagen zeigen. Es ist daher nur gezeichnet: der Querschnitt des Wagenrahmens, die Kugelunterstützung des Getriebekastens und der Kettenantrieb samt Lagerung, und durch wechselnde Querschnittsdarstellung ist wieder für möglichste Deutlichkeit gesorgt.

Bild 160 zeigt eine Zusammenstellungszeichnung, die nur die Umrisse der Konstruktion (eines Rennwagens) zeigt, die Hauptmaße zum Zusammenbau der Karosserie und des Rahmens enthält und als nebensächlich, daher in schwachen Linien, den Zusammenhang des Triebwerks darstellt.

Bild 159 soll nur den Zusammenhang des Differentialgetriebes deutlich darstellen. Werden alle Querschnitte gleichmäßig gekennzeichnet, dann werden die Bilder undeutlich. Damit das Bild klar und anschaulich wird, ist es notwendig, entweder die beweglichen Teile oder deren Stützung auffällig hervorzuheben. Die beweglichen

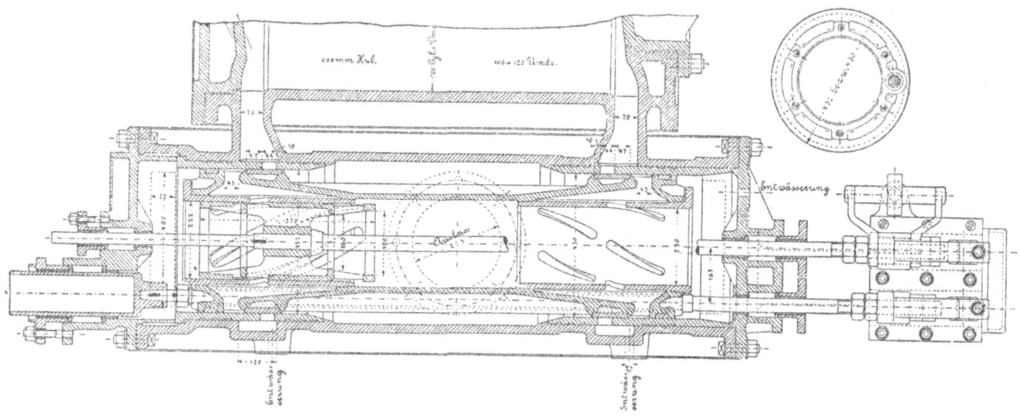

Bild 151. Undeutlich Entbehrliche punktierte Linien, und Teile nicht getrennt.

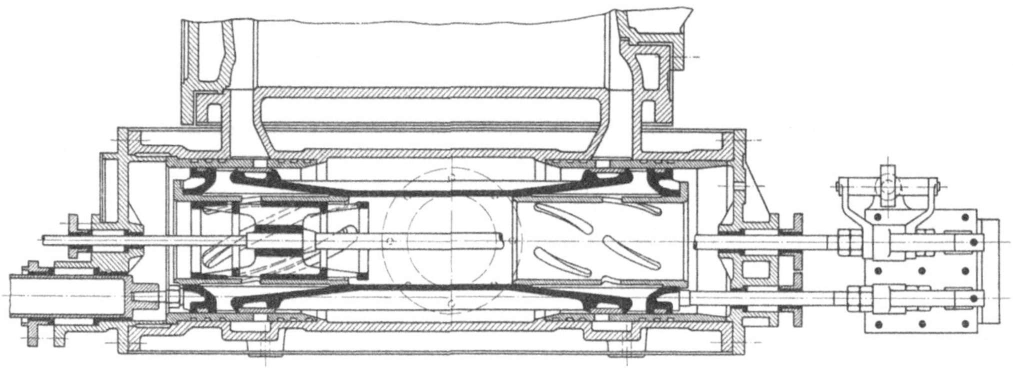

Bild 152. Deutlich, weil Schieber und Dichtungen hervorgehoben.

Bild 151—154. Unklare und deutliche Darstellung von Gesamtzeichnungen.

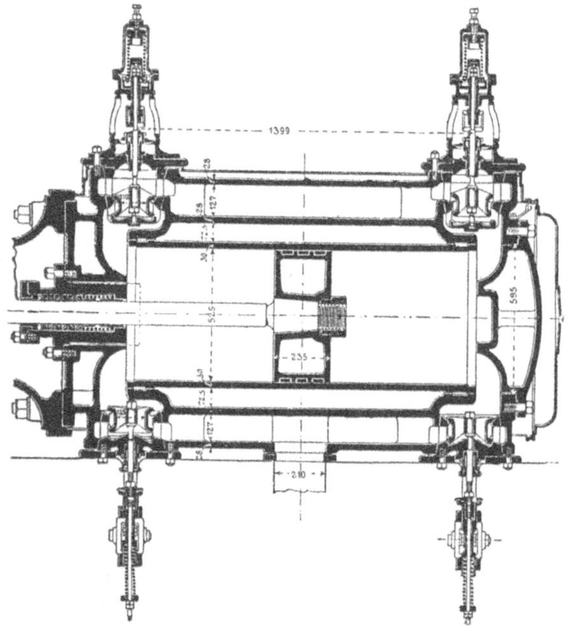

Bild 153.
Undeutlich, weil zu viele Schnitte gleichartig nebeneinander.

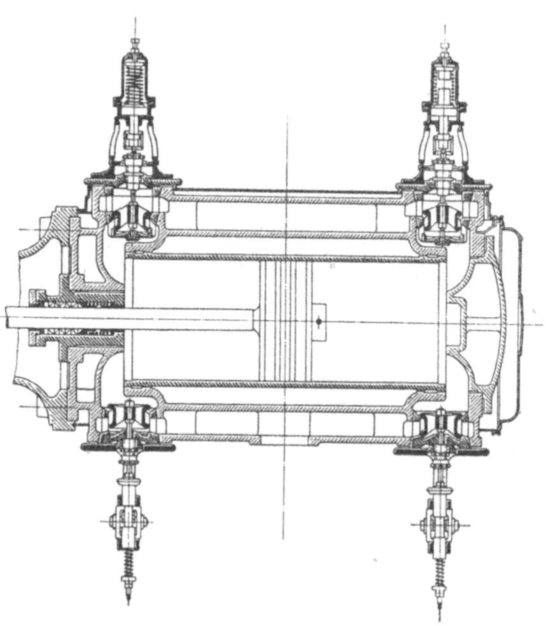

Bild 154.
Deutlich, weil einige Teile hervorgehoben.

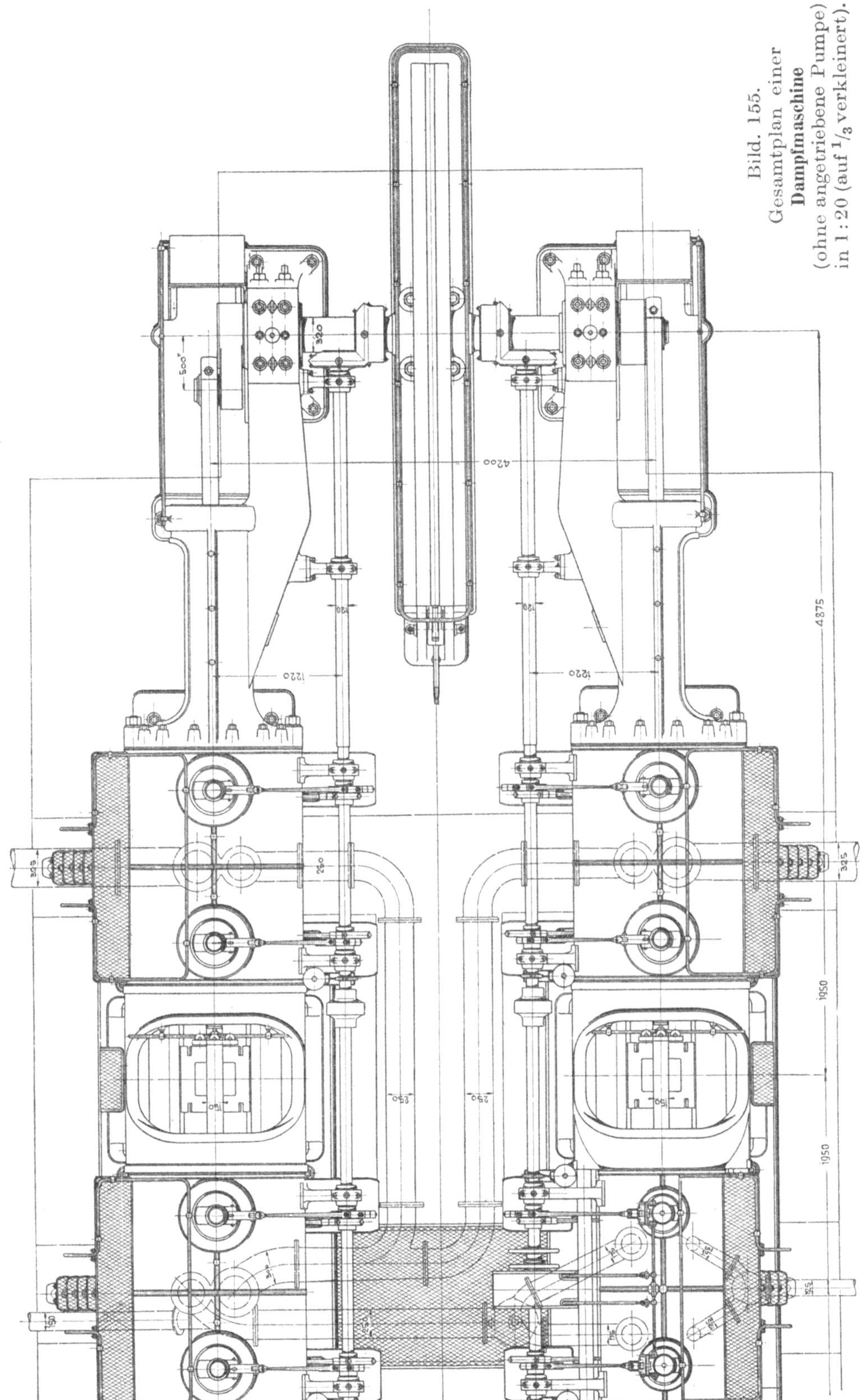

Bild. 155. Gesamtplan einer **Dampfmaschine** (ohne angetriebene Pumpe) in 1 : 20 (auf $^1/_3$ verkleinert).

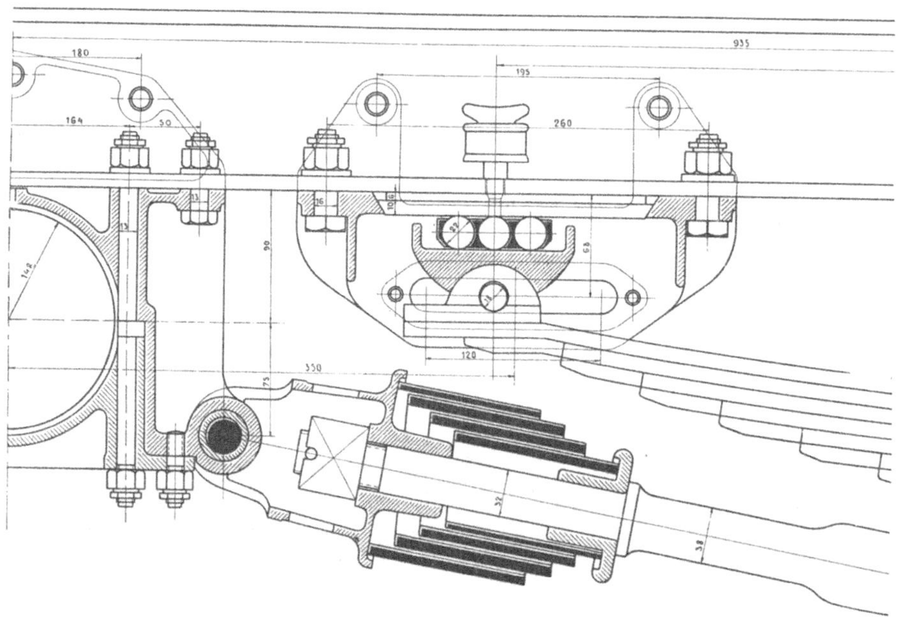

Bild 156. Nachgiebige Stützung. Verschiebbare Federstütze.
Nachgiebiges Schubgestänge.
(Armeelastzug von **Büssing.**)

Bild 156 u. 157. **Gesamtzeichnungen,** auf **Hauptteile** und **Hauptmaße** beschränkt, in Naturgröße (auf $^1/_5$ verkleinert).

Aus **Riedler, „Wissenschaftliche Automobil-Wertung“,** Bericht IX.

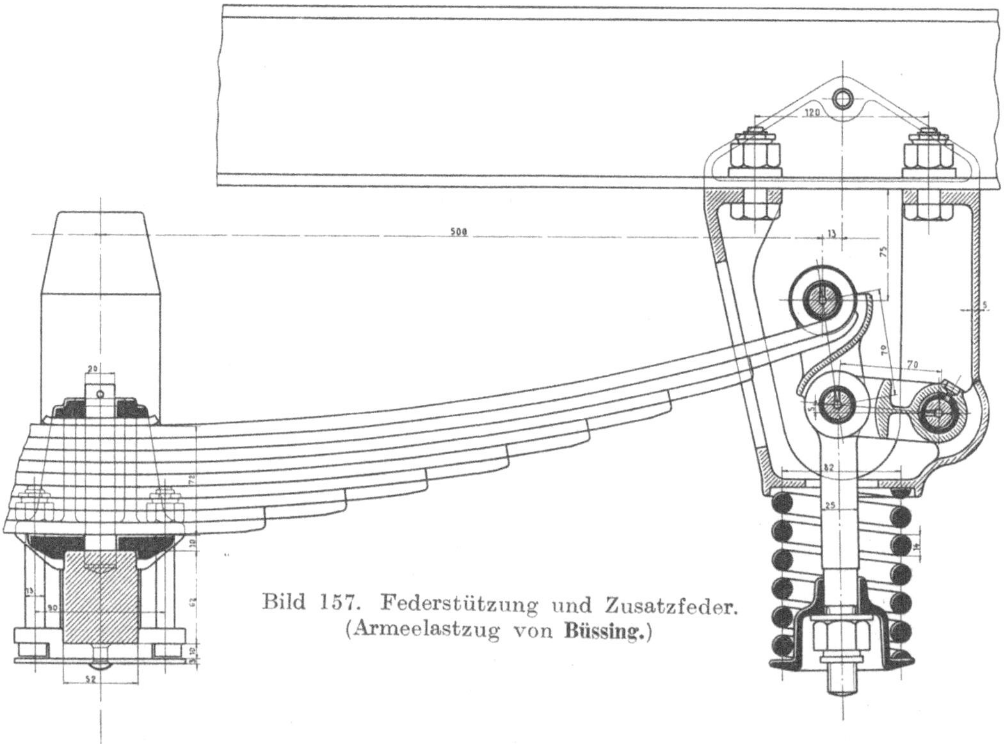

Bild 157. Federstützung und Zusatzfeder.
(Armeelastzug von **Büssing.**)

Teile sitzen aber so nahe aneinander, daß ihre Querschnitte, schwarz dargestellt, das Bild gleichfalls unklar machen würden. Deutlich wird es hingegen, wenn, wie im Bild 159, nur die Lagerstellen durch schwarze Querschnitte hervorgehoben werden.

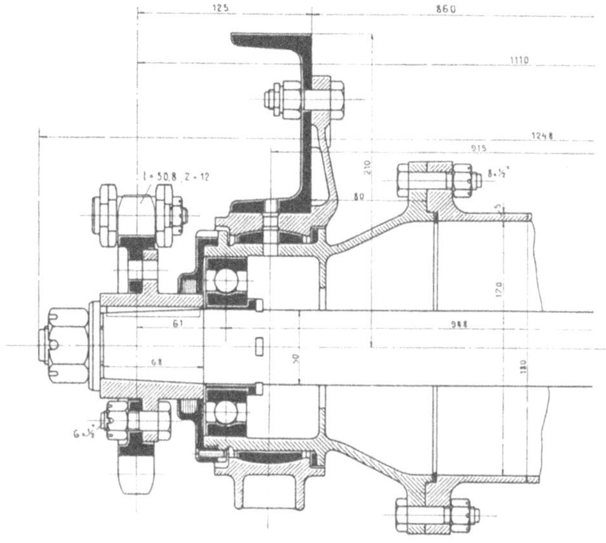

Bild 158. Nachgiebige Stützung des Getriebekastens. (Armeelastzug von **Büssing.**)

Bild 158 u. 159. **Gesamtzeichnungen,** auf **Hauptteile** und **Hauptmaße** beschränkt, in 1:1 (auf $^1/_5$ verkleinert).

Aus **Riedler, „Wissenschaftliche Automobil-Wertung“,** Bericht IX und III.

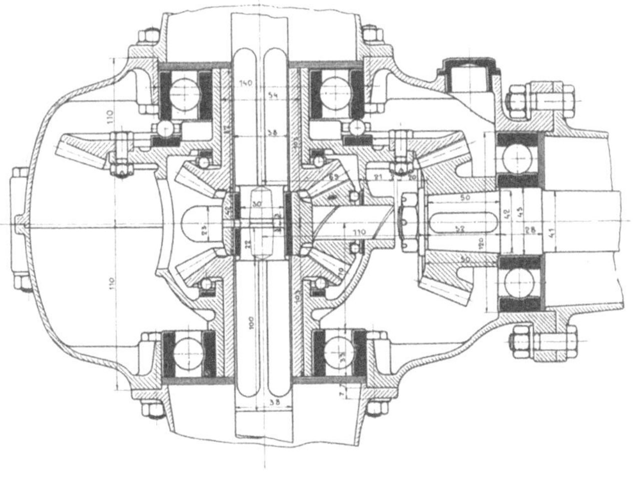

Bild 159. Differentialgetriebe eines 100 PS-**Benz**-Rennwagens.

Die Notwendigkeit, die Art der Darstellung in Gesamtzeichnungen je nach dem Zwecke zu ändern, erhellt insbesondere aus folgenden Beispielen:

Die Gesamtzeichnungen, die innerhalb der Fabrikation für den Zusammenbau dienen, müssen auch auf die Werkzeichnungen dieser Einzelteile Bezug nehmen. Eine Gesamtzeichnung, die zugleich Werkzeichnung sein soll, ist aber in neuerer Zeit, insbesondere im Rahmen der Massenfabrikation, unmöglich, da jede solche Zeichnung unübersichtlich und mit Maßen so überladen wird, daß sie

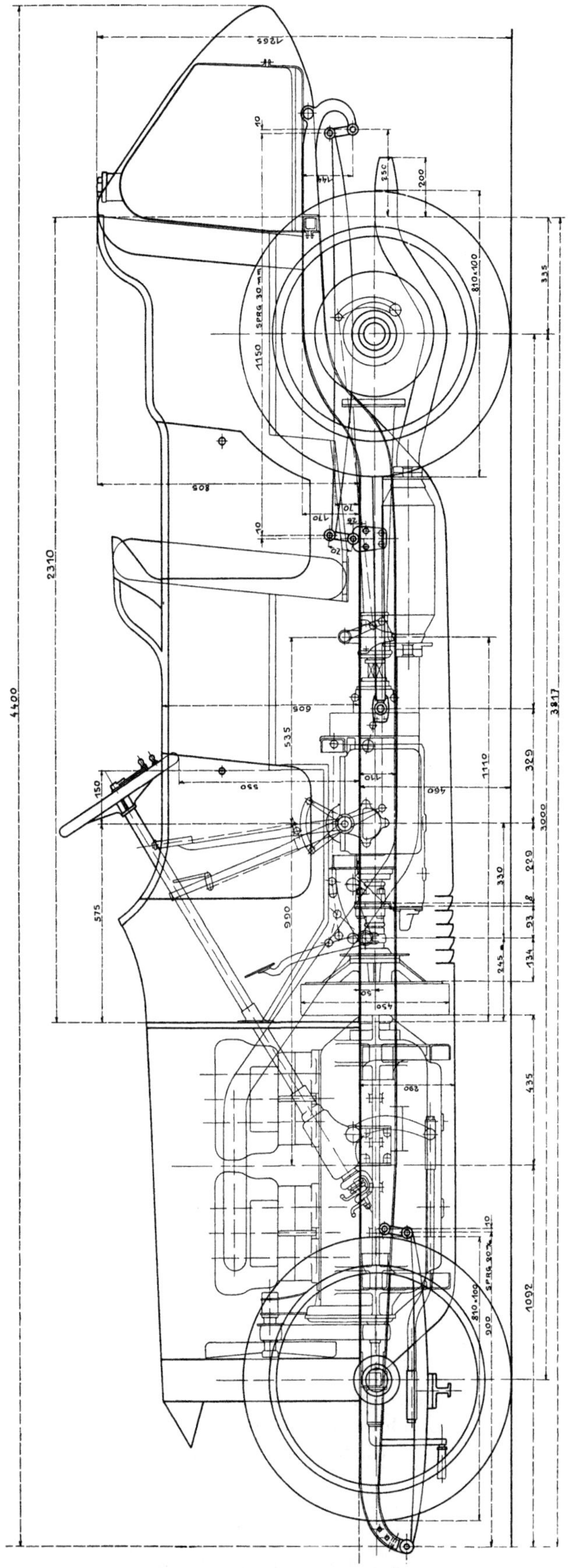

Bild 160. **Gesamtzeichnung** zur Veranschaulichung der Größenverhältnisse und des Zusammenhangs (**Benz**-Rennwagen) im Maßstabe 1 : 5 (auf 1/4 verkleinert).

Aus **Riedler, „Wissenschaftliche Automobil-Wertung“**, Bericht III.

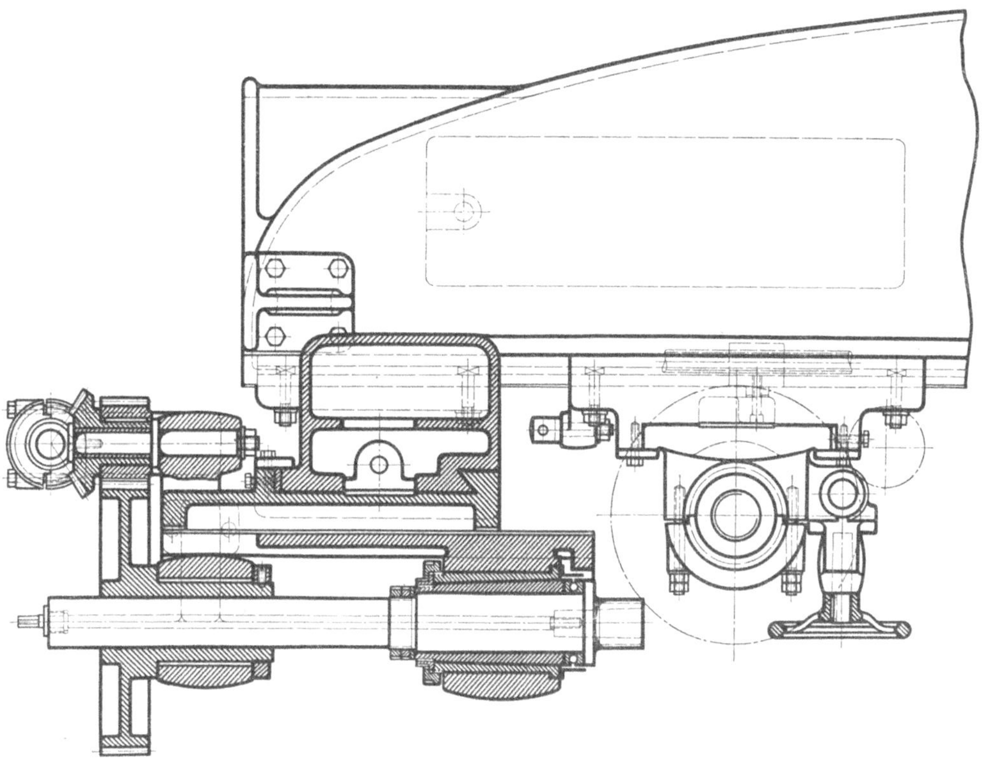

Bild 162. Gesamtzeichnung ohne Maße.

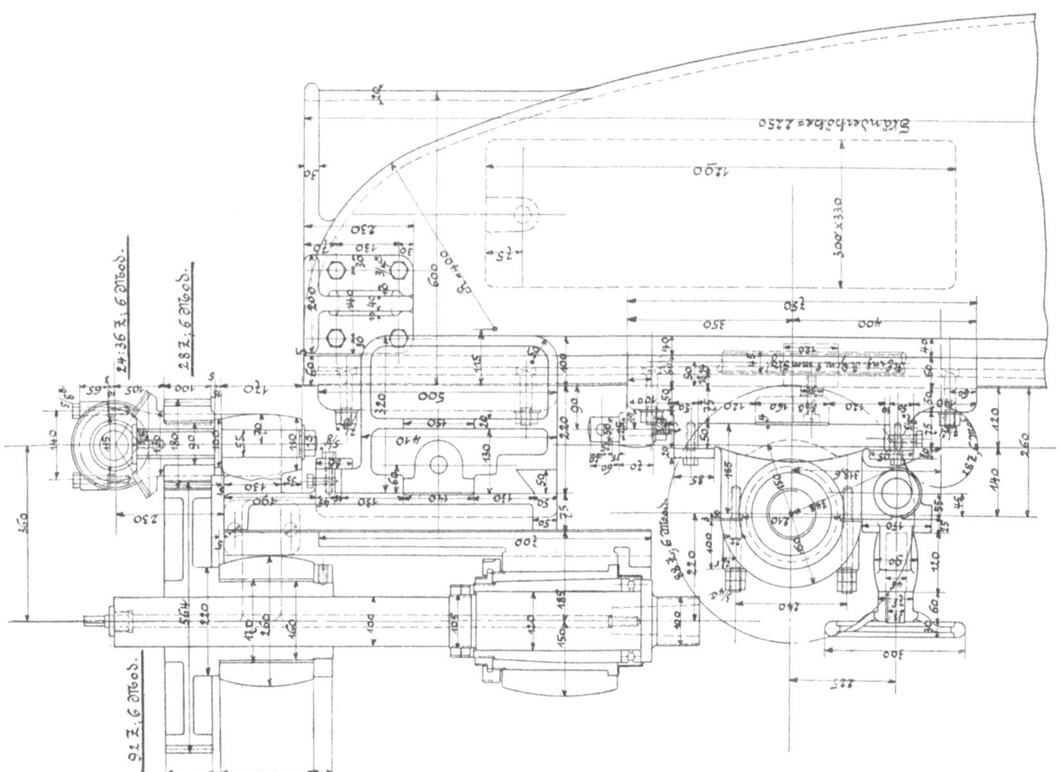

Bild 161. Gesamtzeichnung mit allen Maßen.

Bild 161 u. 162. **Gesamtzeichnung einer Bohrmaschine** im Maßstabe 1 : 5 (auf $^1/_3$ verkleinert).

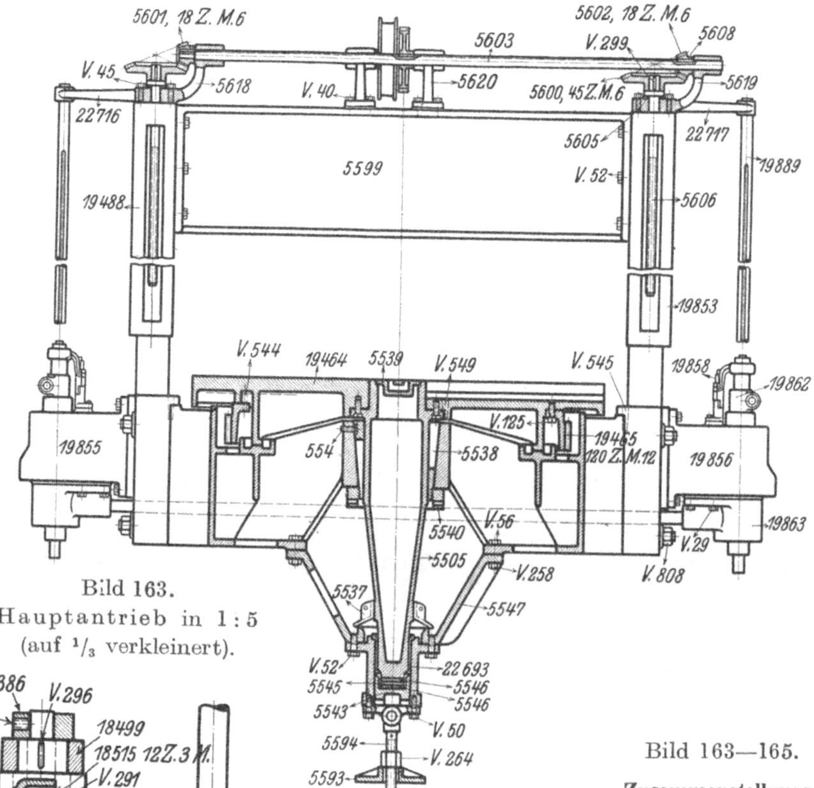

Bild 163.
Hauptantrieb in 1:5
(auf $^1/_3$ verkleinert).

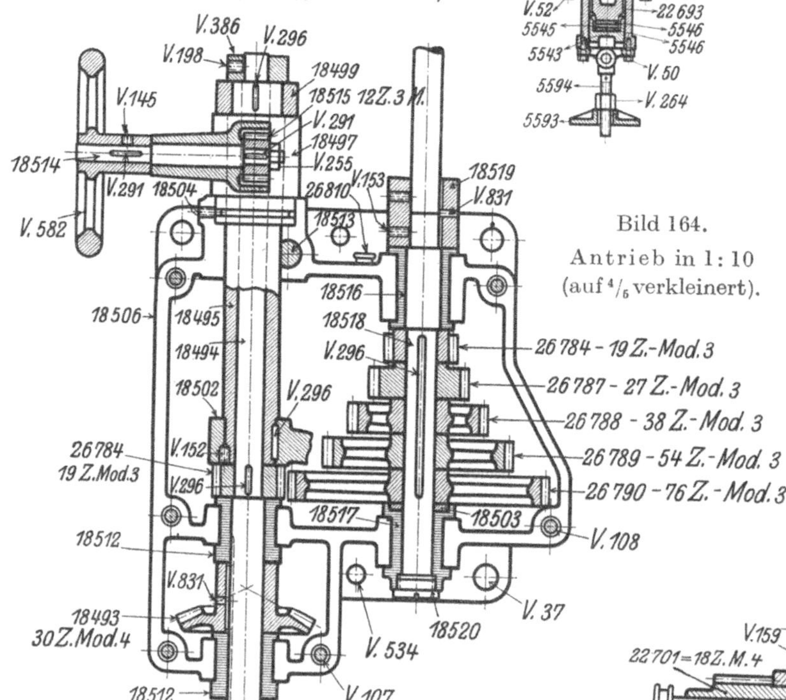

Bild 164.
Antrieb in 1:10
(auf $^4/_5$ verkleinert).

Bild 163—165.
Zusammenstellungszeichnungen
mit Nummern-
Bezeichnung
der Einzelteile.

Bild 165.
Antrieb in 1:10
(ohne Verkleinerung).

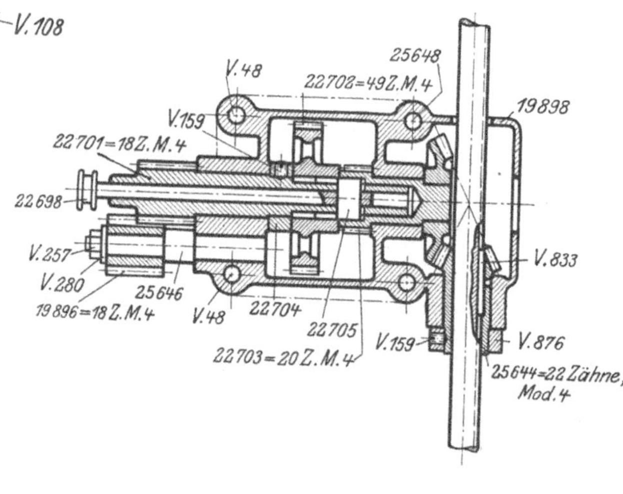

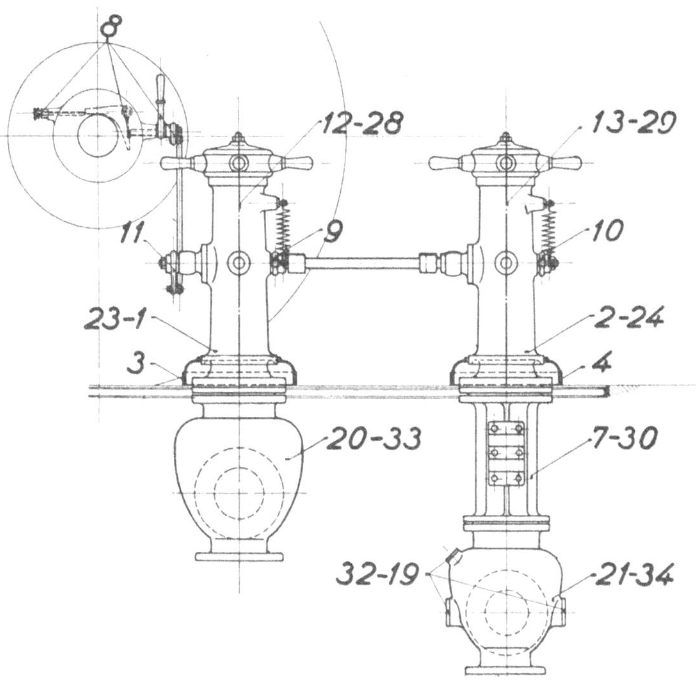

Bild 166. **Gesamtzeichnung** für **Massenausführung** in 1: 10 (auf $^1/_3$ verkleinert): Schnellschluß-vorrichtung für Dampfturbinen. **Mit Stückliste.** Hierzu (nicht dargestellt): Seitenansicht und Grundriß.

Stückliste zur Schnellschlußvorrichtung für Dampfturbinen (auf $^1/_2$ verkleinert).

St.	St.	St.	St.	St.	Pos.	Mod. №	Gegenstand	Material	№	kg	Zchg. vorhanden	Pos	Z№	Bemerkung
					35							( )		
		(1)	–	–	34		Ventil 150 l.W. bohren n.				82082	(1)		
		(1)	–	–	33		" 175 l.W. " "				82082	(1)		
		1	–	–	32		Blindflansch				82395	(5)		
		1	–	–	31		Abdampfleitung				82599	(1)		
		1	–	–	30		Zwischenstück				82600	(1)	25183/12	
		1	–	–	29		Spindel O.K.V.				82586	(3)	25201/12	
		1	–	–	28		" H.R.V.				82496	(3)	25202/12	
		1	–	–	27		Kupplung				82557	(2)	25162/12	
		1	–	–	26		Klinke				82555	(2)	25160/12	
		1	–	–	25		Führungsbock				82168	(7)	21675/12	
		1	–	–	24		Sch.Sch.Bock 150 l.W. O.K.V.				82570	(1)	24258/12	
		1	–	–	23		" " " 170 l.W. H.A.V.				82451	(2)	22918/12	
		–	1	–	22		Abdampfleitung				82558	(1)		
		–	(1)	(1)	21		Ventil 175 l.W. bohren n.				82082	(1)		
		–	(1)	(1)	20		" 200 l.W. " "				82082	(1)		
		–	1	1	19		Blindflansch				82395	(4)		
		–	–	1	18		Abdampfleitung				82559	(1)		
		1	1	1	17		Gestänge				82253	(6)	26998/12	
		–	1	1	16		Kupplung				82557	(1)	23968/12	
		1	1	1	15		Klinke				82556	(1)	23971/12	
		–	1	1	14		"				82555	(1)	23972/12	
		–	1	1	13		Spindel				82496	(2)	23970/12	
		–	1	1	12		"				82487	(1)	22985/12	
		1	1	1	11		Hebel				41858	(1)	23212/9	
		1	1	1	10		Feder mit Hebel				82160	(1)	26085/11	
		1	1	1	9		" " "				82160	(5)	26085/11	
		1	1	1	8		Schnellschlußhebel				82393	(1)	21704/12	
		–	1	1	7		Zwischenstück				82412	(3)	23969/12	
		1	1	1	6		Führungsbock				82168	(3)	26490/11	
		–	1	1	5		" "				82168	(3)	26490/11	
		1	1	1	4		Verschalung				82486	(1)	22987/12	
		1	1	1	3		"				82486	(1)	22987/12	
		–	1	1	2		Sch.-Bock 175 l.W. O.K.V.				82451	(2)	22918/12	
		–	1	1	1		" " 200 l.W. H.A.V.				82451	(1)	22916/12	

Geändert durch	№	Änderung betrifft	Pos.	Dat.	Name
	( )				
	( )				
Ersatz I	(1)	Ausführung (3) nachgetragen		21. 10. 12.	

Ausführung	Erste Ausführung für:	Besteller	TF. №	Bestell №
(1)		Wysoka	7671	20873
(2)		Eschweiler Anna	7476	21761
(3)		Soerabaja	7945/46	22257/58
(4)				
(5)				

AEG Turbinenfabrik.

D mod 5001/F36

SCHNELLSCHLUSSVORRICHTUNG

1:10

Angefangen von .... am ....
Fertiggestellt von .... am 23. 8. 12.
Kontrolliert von .... am ....

Zchg. № 82554

ihren Zweck nach beiden Richtungen hin verfehlt: als Gesamtzeichnung, weil die Übersicht verloren geht, und als Werkzeichnung, weil sie alle für die Herstellung erforderlichen Maße doch nicht enthalten kann.

Bild 161 zeigt einen Teil der Gesamtzeichnung einer Bohrmaschine. Es ist erkenntlich, daß diese Zeichnung schon für die Formvorstellung unzureichend ist. Die Form geht unter der Menge der Maße verloren, weil die Zeichnung zugleich Werkzeichnung sein will; der Zweck und die zeichnerische Darstellung widersprechen einander.

Wird, wie in Bild 162, die Form deutlich gezeichnet, also in kräftigen Linien, unter Hervorhebung der Querschnitte durch Schraffierung, dann ist kein Raum mehr für die Maße. Die Zeichnung kann daher nicht mehr als Werkzeichnung dienen, als Gesamtzeichnung für die Übersicht und den Zusammenbau der Teile aber enthält sie zuviel Einzelheiten.

In Bild 163—165 ist die Gesamtzeichnung einer Bohrmaschine mit drehbarem Tisch wiedergegeben. Sie enthält in kräftigen Linien deutlich die Formen der Teile und ihren Zusammenhang. Alle Einzelteile sind mit Nummern bezeichnet, die auf die Werkzeichnungen der einzelnen Stücke bzw. auf die Normalteile verweisen. Diese Darstellung ist für den besonderen Zweck: nur den Zusammenbau der Teile zu zeigen, sehr deutlich und die Nummernbezeichnung für diesen Zweck sehr einfach.

Erhalten die Einzelteile fortlaufende, bei andern Maschinen nicht mehr wiederkehrende Nummern, dann ist es jedoch unvermeidlich, daß in einer großen Fabrikation bald fünfstellige Zahlen erreicht werden, die wenig übersichtlich sind und zu Irrtümern Anlaß geben können. Sollen diese hohen Zahlen vermieden werden, dann muß die Numerierung auf Gruppen oder auf die einzelnen Maschinen beschränkt und jeder Nummer das Kennzeichen der Gruppe oder Maschinengattung vorgesetzt werden.

Die Bezeichnung muß dann gemischt durch Buchstaben und Zahlen erfolgen.

Bild 166 zeigt einen Teil der Gesamtzeichnung für die Schnellschlußvorrichtung einer Dampfturbine. Die Zeichnung ist auf die Ansicht der Hauptteile beschränkt; die Teile sind mit deutlichen Nummern bezeichnet und in einer Stückliste übersichtlich zusammengestellt.

Derartige Gesamtzeichnungen werden auch vielfach zu dem besonderen Zwecke hergestellt, dem Käufer und Gebraucher der Maschine ein Bild des Zusammenhanges aller Teile der Maschine zu geben. Die einzelnen Konstruktionsteile werden dann durch fortlaufende Nummern (ähnlich wie in den Bildern 163—165) bezeichnet und eine besondere Stückliste hergestellt, in der jedes Stück mit seiner Nummer der Reihenfolge nach eingetragen ist. Außerdem wird jedem Teil noch eine abgekürzte Bezeichnung beigefügt, die bei eiligen Bestellungen als Kennwort für Telegramme dient. Da in der Regel auch die liefernde Fabrik und die ganze Maschine durch kurze Kennworte für den telegraphischen Verkehr gekennzeichnet sind, so kann beim Schadhaftwerden eines Teiles der notwendige Ersatzteil durch ein kurzes Telegramm eingefordert werden. In der Fabrik müssen außerdem noch besondere Zeichnungen der Ersatzteile einer Maschine vorhanden sein, und zwar wird am besten jeder Teil für sich herausgezeichnet und mit der gleichen Nummer wie in der Gesamtzeichnung der Maschine bezeichnet. Auf diese Weise ist die rascheste Beschaffung von Ersatzteilen möglich.

Vollständigkeit und Deutlichkeit der Formdarstellung.

Art und Anordnung der Projektionen.

Die Konstruktionsformen müssen in soviel Projektionen bzw. Schnitten dargestellt werden, daß sie vollständig und unzweifelhaft bestimmt sind. Gegen diese selbstverständliche und einfache Forderung wird aber an den Schulen und auch in der Praxis oft verstoßen. Daraus erwachsen bei mangelhafter Kontrolle große Nachteile.

Z. B.: Für eine Schiebersteuerung mit drehbarem Expansionsschieber waren die halben Abwicklungen der Schieber richtig gezeichnet, aber ohne die auffällige Angabe, daß die untere Hälfte dargestellt sei. Die Schieber wurden irrtümlich symmetrisch ausgeführt, ergaben unrichtige Dampfverteilung und mußten mit großen Kosten ausgewechselt werden. — Nach sonst richtigen Werkzeichnungen wurden, nur wegen unklarer Anordnung der Projektionen, die Dampfzylinder von zehn Maschinen mit den Schieberkasten rechts statt links ausgeführt und mußten durch neue ersetzt werden. Der Schaden betrug etwa 13 000 Mark. — In einem anderen Falle wurden, gleichfalls wegen mangelhafter Anordnung der Projektionen, die äußeren Pumpenkörper von zwei großen Pumpmaschinen ohne Druckstutzen ausgeführt und diese wegen eiliger Lieferung nachträglich angeflickt, was den Bruch der Pumpenkörper veranlaßte. Der unmittelbare Schaden betrug etwa 25 000 Mark, der mittelbare, durch Verspätung der Inbetriebsetzung und den Betriebsunfall verursachte, über 200 000 Mark.

Solche Fehler werden insbesondere häufig veranlaßt bei einfachen Formen, wenn diese in nur zwei oder überhaupt zu wenig Projektionen dargestellt werden und dann die Bedeutung von rechts und links usw. verwechselt wird.

Die strengste Einhaltung einer bestimmten Ordnung in der Darstellung der Projektionen, wie überhaupt in allen Einzelheiten der Werkzeichnungen, ist unerläßlich, wenn Irrtum und Schaden vermieden werden sollen. Solche Ordnung ist freilich auch in der Praxis nicht immer zu finden. An den Schulen sollte sie jedenfalls streng geübt werden, während sie meist vernachlässigt wird. Die angehenden Ingenieure entziehen sich dieser ihnen nebensächlich und pedantisch scheinenden Forderung, und auf Schulzeichnungen wird, unter oder ohne Mitwirkung des Lehrers, der sachlich notwendige Zusammenhang der einzelnen Projektionen wegen der Reißbrett- oder Papiergröße oder um das Blatt zu füllen geopfert. Damit wird das wichtigste Erfordernis einer Werkzeichnung, die unzweifelhafte Richtigkeit und Eindeutigkeit, gefährdet. Es sollte niemals der äußere Umfang der Zeichnung, sondern der Zweck und die Sache entscheiden.

Die Ursachen der Irrtümer liegen wesentlich darin, daß die herkömmlichen Projektionsverfahren der darstellenden Geometrie bei der Anfertigung von Maschinenzeichnungen sehr verschiedenartig gehandhabt werden, und daß für die Anordnung von mehr als drei Projektionen die Einheitlichkeit fehlt, oft sogar innerhalb einer und derselben Zeichnung mit der Anordnung gewechselt wird.

Die darstellende Geometrie benutzt für ihre abstrakten Darstellungen meist nur drei Projektionen. Diese genügen für die Formen vieler Maschinenteile nicht. Selbst wenn eine Konstruktionsform nur in Aufriß, Grundriß und Kreuzriß (oder entsprechenden Schnitten) vollständig darstellbar ist, muß einheitlich eine bestimmte Anordnung der Projektionen eingehalten, also z. B. der Grundriß unterhalb des Aufrisses und der Kreuzriß je nach der Umklapprichtung rechts oder links dargestellt werden (Bild 167). Bei Durcheinandermengung der Projektionen (Bild 168) ergeben sich Irrtümer und Zweifel über die Bedeutung von rechts und links.

Wie sehr die notwendige Einheitlichkeit in der Anordnung der Projektionen außer acht gelassen wird, beweisen die vielen auf Werkzeichnungen zu findenden schriftlichen Zusätze: „rechts“ oder „links ausführen“, „Ansicht von vorn“, „Rückansicht“, oder gar Angaben wie „als Spiegelbild auszuführen“ und andere Vorschriften, die bei einheitlicher Anordnung der Projektionen durchaus überflüssig wären.

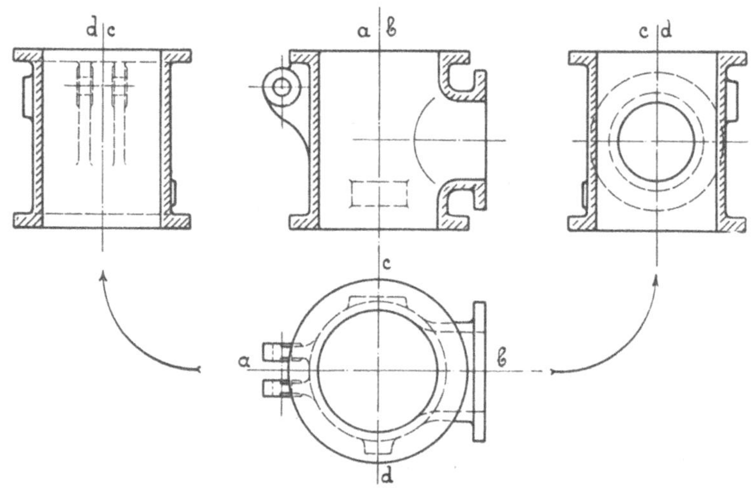

Bild 167.
„Rechts“ und „links“, „vorn“ und „hinten“ sind eindeutig.

Da solche Vorschriften meist recht unverständlich ausfallen, werden sie durch besondere Skizzen auf den Werkzeichnungen veranschaulicht. Oder es werden die Abänderungen, welche rechts und links betreffen, auf den Zeichnungen farbig hervorgehoben, was sich aber nicht auf die Lichtkopien übertragen läßt und auch sehr umständlich ist. Richtiger ist es, in wichtigen Fällen für Rechts- und Linksausführung getrennte Zeichnungen anzufertigen.

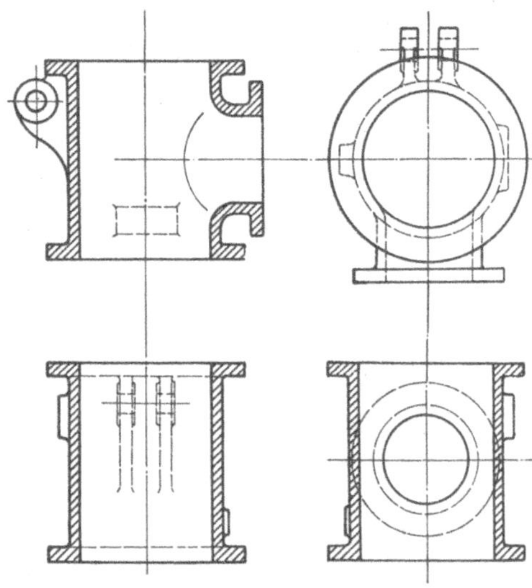

Bild 168. Willkürliche Anordnung der Projektionen. Die Richtungen sind unbestimmt, mehrdeutig.

Ebenso entstehen durch willkürliche Projektionsanordnung Zweifel über die Lage von Nebenteilen zur Maschine, z. B. darüber, ob die Steuerwellen rechts oder links, „Steuerbord“ oder „Backbord“ anzubringen sind.

Für die Darstellung vieler Konstruktionsformen sind mehr als drei Projektionen erforderlich; dann kann jede Willkür in der Anordnung der Einzelprojektionen erst recht Irrtümer veranlassen.

Werden die sechs Flächen eines Würfels als Hauptprojektionen angenommen, so kann ihre Darstellung in einer Zeichnungsfläche im wesentlichen nach zwei verschiedenen Annahmen erfolgen.

Damit im nachfolgenden aus den projektiven Darstellungen der Würfelflächen erkannt werden kann, ob sie den oben angeführten Bedingungen entsprechen, sind die Seitenflächen mit Buchstaben versehen, welche nur in drei Sehrichtungen richtig, verkehrt zu ihnen aber im Spiegelbild erscheinen. Diese drei angenommenen Sehrichtungen sind: Ansicht von vorn nach hinten, von oben nach unten und von links nach rechts (entsprechend dem Aufriß, Grundriß und Kreuzriß der darstellenden Geometrie).

1. Annahme.

Bei uns ist es vielfach, aber nicht allgemein üblich, nach dem Verfahren der darstellenden Geometrie die einzelnen Projektionen in diejenige Richtung umzuklappen, in welcher gesehen wird.

Identisch damit ist die anschauliche Ausdrucksweise: „Der darzustellende Körper, auf einer ebenen Zeichnungsfläche liegend gedacht, wird stets so gekantet, daß sich die darzustellende Ansicht oben befindet. Der jeweilige Platz des Körpers auf der Papierfläche ist auch derjenige der darzustellenden Projektion.“

Bild 169 zeigt diese Darstellung an dem Würfel, Bild 170 an einem Maschinenrahmen.

Die Sehrichtungen sind die oben angegebenen; daher erscheinen R, L, G am Würfel wie eingezeichnet und in der Umklappung als Spiegelbilder; die entsprechenden Projektionen des Maschinenrahmens zeigen Vertauschung von rechts und links, oben und unten, vorn und hinten.

Dazu ist indes zu bemerken:

Die Projektion von R ist ein Spiegelbild, aber zulässig. Sie ist links vom Aufriß N und wurde, im Gegensatze zum Kreuzriß F, von rechts, d. h. verkehrt zur gewöhnlichen Sehrichtung angesehen. Daraus folgt selbstverständlich eine Vertauschung von rechts und links. Um Irrtümer zu vermeiden, muß die Umklappung der Projektionen immer in derselben Weise vor sich gehen.

Auch die Projektion von L ist zulässig. Sie ist eine Ansicht von unten, welche anders nicht erhalten werden kann als dadurch, daß der Körper auf den Kopf gestellt wird; durch richtige Kantung erfolgt dabei auch die Vertauschung von vorn und hinten (siehe Maschinenrahmen Bild 170).

Bequemer wäre es, diese Ansicht in derselben Lage wie den Grundriß P zu zeichnen, dann aber wäre das vorausgesetzte Kanten nicht konsequent durchgeführt. Hier zeigen sich schon die Quellen von Mißverständnissen.

Die Projektion G endlich kann auf zweierlei Weise erhalten werden; entweder durch Umkanten gemäß dem Bilde 169, oder durch Kanten in eine 90° mit der früheren einschließende Richtung.

Im ersten Falle erhält man ein auf dem Kopfe stehendes Bild, welches gern vermieden wird; im zweiten ein aufrecht stehendes Bild, aber mit Rechts- und Linksvertauschung, welches man überdies, der besseren Bildverteilung wegen, meistens nicht an seinem richtigen Platze darstellt. Irrtümer müssen nunmehr durch ausausdrückliche, schriftliche Bezeichnungen: „Ansicht von hinten“ usw. ausgeschlossen werden.

Bei strenger Durchführung dieser Darstellung können Ungewißheiten über rechts und links, vorn und hinten usw. nicht entstehen. Diese ergeben sich aber aus Abweichungen von den gemachten Annahmen, welche sich der Konstrukteur der besseren Verteilung der Projektionen wegen erlaubt. Wird die Projektion immer in die Richtung umgeklappt, in welcher gesehen wird, so ist ein Irrtum nicht möglich. Ist solche Art des Umklappens nicht durchführbar, dann muß grundsätzlich, auch wenn Irrungen nicht anzunehmen sind, die erwähnte genaue Beschreibung auf die abweichende Art der Darstellung aufmerksam machen, z. B.: „Ansicht von unten“; „Ansicht nach A B“; „Ansicht von hinten“ „in Richtung des Pfeiles gesehen“ usw. Eine streng durchgeführte Projektionsweise soll aber schriftliche Zusätze entbehrlich machen.

Alles Gesagte gilt auch für Schnittfiguren.

Dies ist durch Bild 172 und 173 veranschaulicht. Der Würfel ist nicht durchgeschnitten, sondern aufgeklappt gedacht, was keinen Unterschied ergibt. Da N in Ansicht, so folgt daraus gleiche Sehrichtung wie für G. G kann, ohne daß Irrtum zu befürchten ist, unter L gesetzt werden.

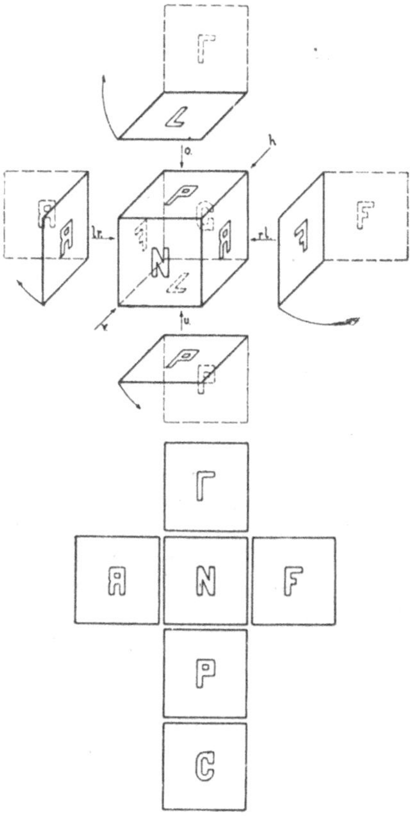

Bild 169. Schema.

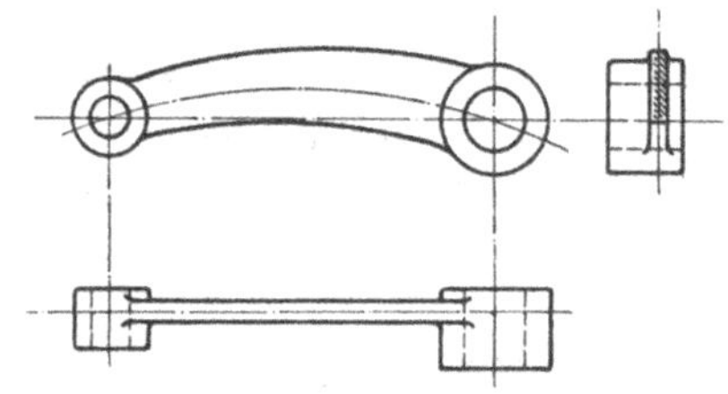

Bild 171 c. Eindeutige Anordnung.

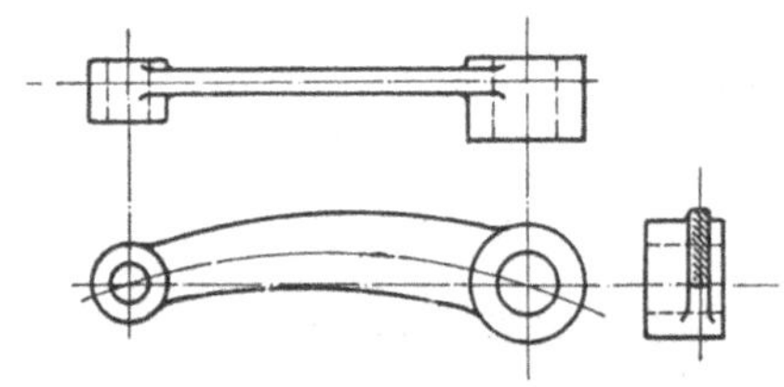

Bild 171 b.

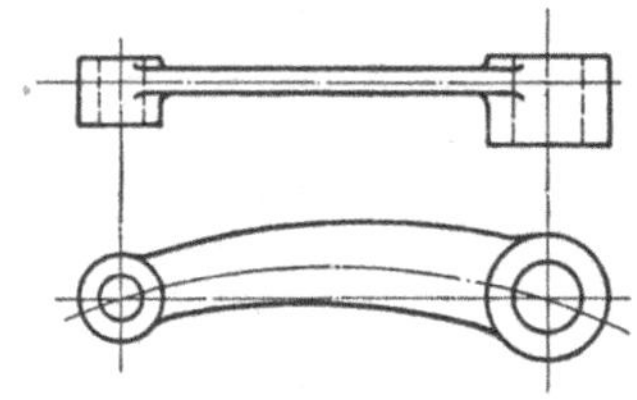

Bild 171 a. Mehrdeutige Projektions-Anordnungen.

Bild 169 u. 170. **Anordnung der Projektionen**
nach dem Verfahren (Umkanten) der darstellenden Geometrie.

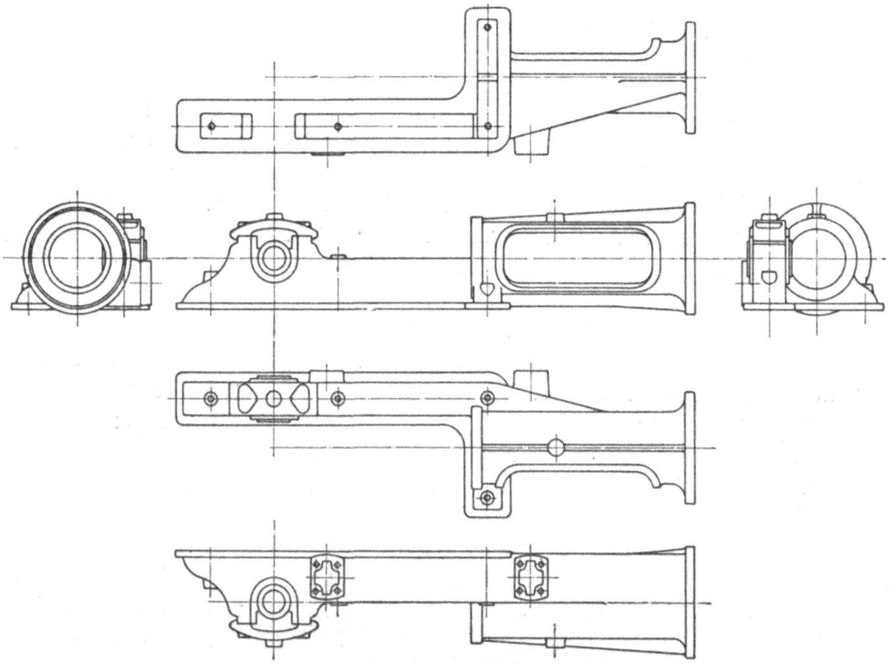

Bild 170. Projektions-Beispiel eines Maschinenrahmens für das Schema Bild 170
(Nur Ansichtsbilder.)

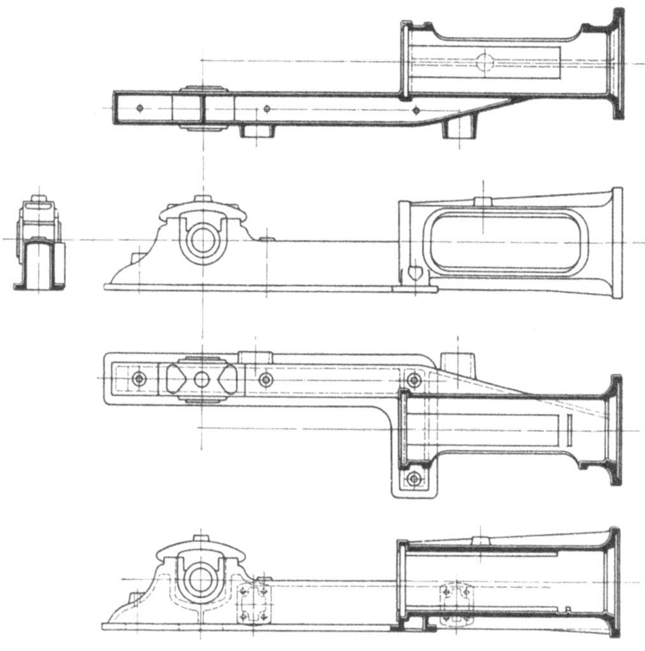

Bild 173.
Projektions-Beispiel eines Maschinenrahmens für das Schema Bild 172.
(Mit Schnittdarstellungen.)

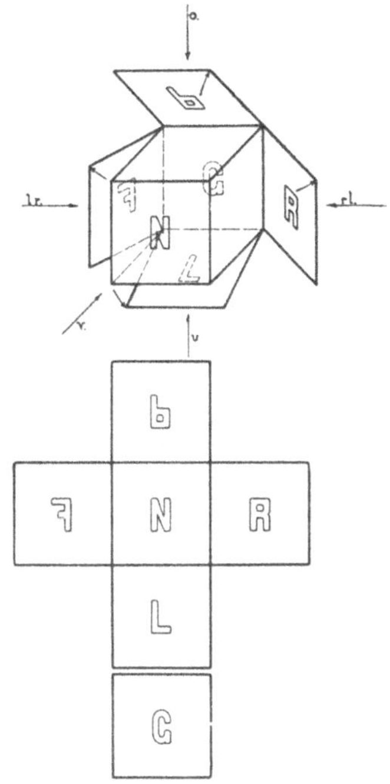

Bild 172.
Schema des Verfahrens nach der darstellenden Geometrie.

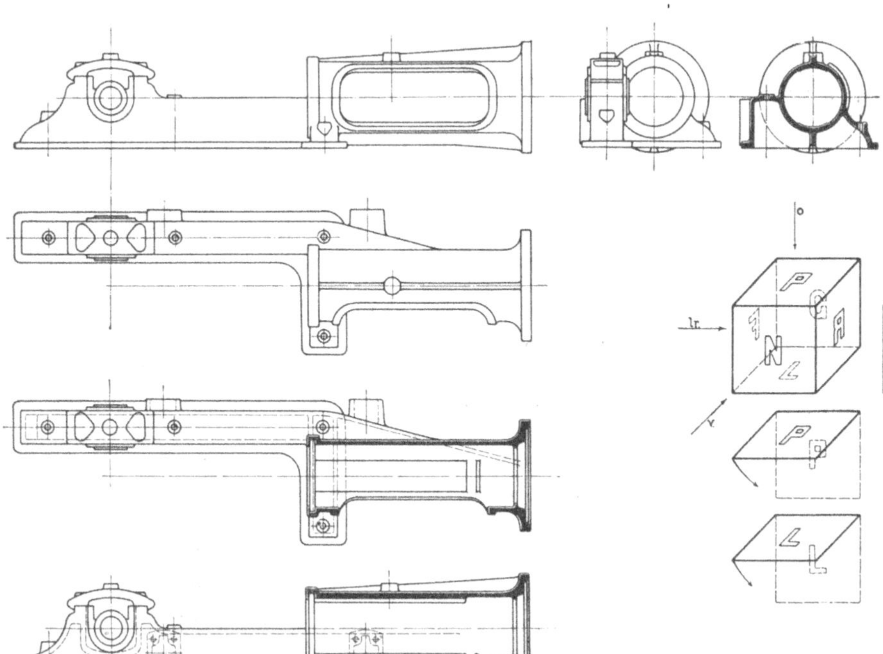

Bild 175.
Projektions-Beispiel eines Maschinenrahmens für das Schema Bild 174.
(Mit Schnittdarstellungen.)

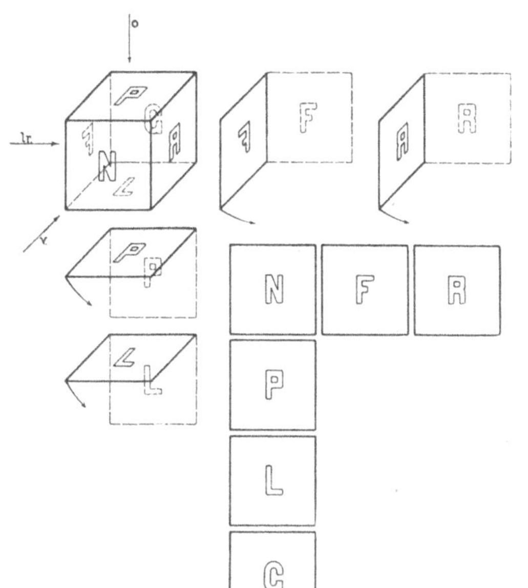

Bild 174.
Schema des Verfahrens: drei Sehrichtungen mit Schnittdarstellungen.

Obiges Verfahren läßt nur bei richtiger, strenger Durchführung Irrtümer vermeiden, ohne sie kann Vertauschung von rechts und links, oben und unten vorkommen. Es könnte daher angenommen werden, daß eine Darstellung, welche diese Vertauschung sicher verhütet, zweckmäßiger wäre.

Mit drei Sehrichtungen und richtiger Verbindung von Ansichts- und Schnittbildern ist solche Darstellung zu erreichen (Bild 174 und 175). Bei drei Sehrichtungen können nur drei Ansichtsflächen gesehen werden; dann müssen die anderen drei Darstellungen Schnittfiguren sein. N, P und F werden daher als Ansichtsprojektionen von vorn, oben und links projiziert. G, L und R werden als Schnittprojektionen ebenfalls von vorn, oben und links projiziert und nach der Sehrichtung umgeklappt.

Hierbei können Irrtümer allerdings nicht vorkommen. Nachteilig ist aber die schlechte Ausnutzung des Zeichenblattes, welche zu willkürlicher Verteilung der Projektionen verleitet und dadurch die Vorteile dieser Darstellung wieder aufhebt.

Es ist nicht immer notwendig, einen Körper durch 6 Projektionen darzustellen. Bild 176 zeigt den bisher als Beispiel verwendeten Maschinenrahmen in der geringsten Zahl von Ansichten und Schnitten.

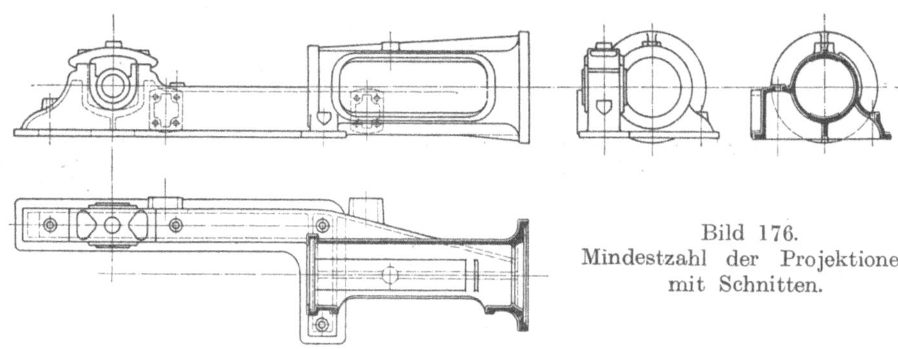

Bild 176. Mindestzahl der Projektionen mit Schnitten.

Es ist aber in solchem Falle notwendig, das, was oberhalb der Schnittebenen wegfällt und doch dargestellt werden muß, in die vorhandene Schnittfigur in strichpunktierten Linien und die Teile unterhalb der Schnittfläche in gestrichelten Linien einzutragen.

2. Annahme.

Die zweite Annahme, mehr in Amerika als bei uns üblich, ordnet die Projektionen so an, daß sie zusammengeklappt den vollständigen Körper geben. In gleichem Sinne ist die folgende anschauliche Ausdrucksweise gemeint:

„Man läßt den aufzuzeichnenden schweren Körper ruhig liegen und bewegt sich von vorn nach links, nach rechts, nach oben.“ Der Aufriß ist dann das Hauptbild; links davon kommt das von links Gesehene, rechts die rechte Ansicht, oben die Draufsicht usw.

In Bild 177 und 178 ist dieses Verfahren dargestellt. Gegenüber der bei uns üblichen Darstellungsart ergibt sich eine vollständige Vertauschung der Projektionen, u. a. befindet sich der Grundriß oben statt unten usw.

Dieses amerikanische Verfahren gestattet bei konsequenter Durchführung fehlerlose Darstellung und hat den großen Vorzug, daß es anschaulich ist und den Arbeiter, der nicht darstellende Geometrie studiert hat, instand setzt, sich die wirkliche Körperform durch Zusammenklappen der Einzelbilder zu versinnlichen. Leider wird jedoch oft die unterste Ansicht nicht, wie konsequenter Projizierung entsprechend, auf dem Kopfe stehend, sondern umgedreht, mit Rechts-

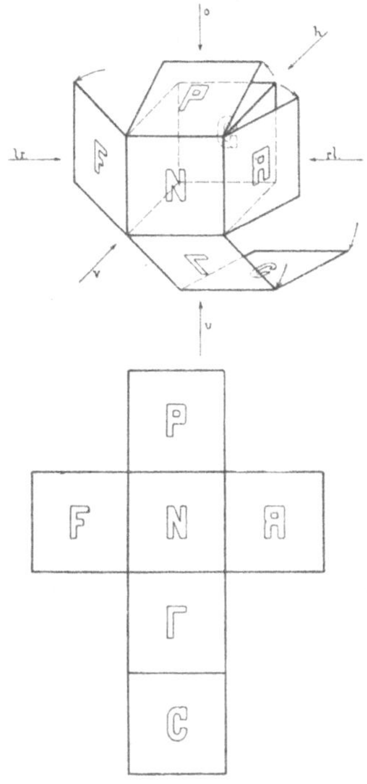

Bild 177. Schema des Verfahrens nach amerikanischer Projektionsweise.

und Linksvertauschung, gezeichnet. Damit wird wieder Irrtümern Tür und Tor geöffnet.

Über die Zweckmäßigkeit der verschiedenen möglichen Annahmen bei der Anordnung der Einzelprojektionen herrscht bei uns große Meinungsverschiedenheit. Die Vielfältigkeit der Annahmen zwingt dann in zweifelhaften Fällen zu zeitraubenden, an sich schon bedenklichen Auseinandersetzungen zwischen Konstrukteur und Werkstätte, während die Zeichnung allein alles Erforderliche unzweideutig enthalten sollte.

Die Sache ist so wichtig, die Folgen mehrdeutiger Anordnung so bedeutend, daß es zweckmäßig wäre, allgemein gültige Annahmen festzustellen. Dazu ist es bisher nicht gekommen. Solange die Praxis nicht selbst strenge Ordnung hält, so lange ist von der Schule noch weniger Einheitlichkeit zu erwarten.

Die Abhilfe wird dadurch erschwert, daß bei einfachen Formen oft eine einzige Projektion nebst Hilfsprojektionen für die Darstellung ausreicht. Bei stark unregelmäßigen Formen, wofür das Maschinenbett Bild 178 ein Beispiel ist, werden Irrtümer nicht vorkommen, wohl aber bei Formen, welche nach einigen Hauptachsen symmetrisch sind, aber in jeder Projektion geringe Verschiedenheiten zeigen.

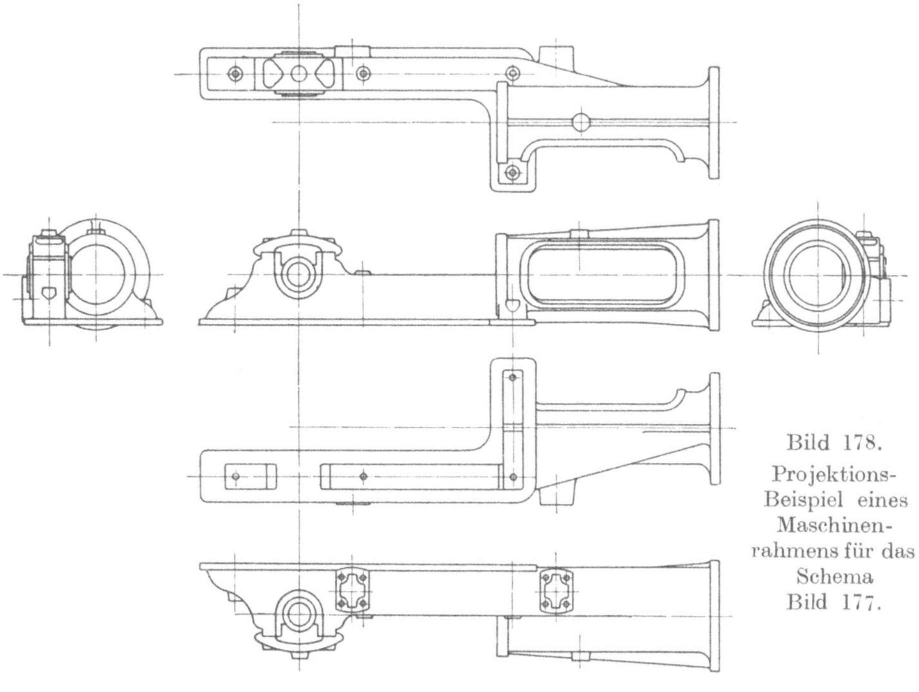

Bild 178. Projektions-Beispiel eines Maschinenrahmens für das Schema Bild 177.

Es ist selbstverständlich, daß schließlich jedes Projektionsverfahren brauchbar ist und seine Vorzüge und Mängel besitzt. Wesentlich ist, daß von dem einmal angenommenen Verfahren grundsätzlich, auch bei den einfachsten Darstellungen, nicht abgewichen wird; dagegen wird aber oft verstoßen. Daher soll die Möglichkeit von Fehlern gerade an einem einfachen Beispiele gezeigt werden.

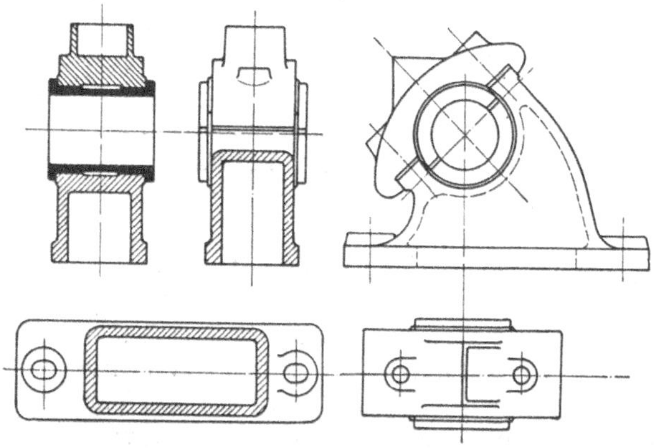

Bild 179.
W i l l k ü r l i c h e Projektionsanordnung eines Lagers. Mehrdeutig hinsichtlich der Bedeutung von rechts und links.

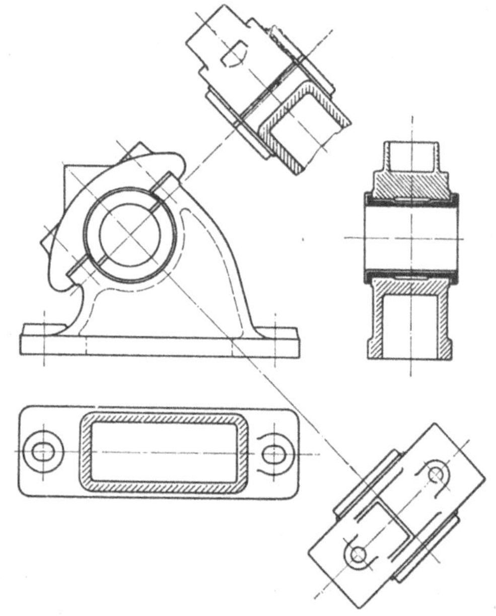

Bild 180.
R i c h t i g e Projektionsanordnung, eindeutig

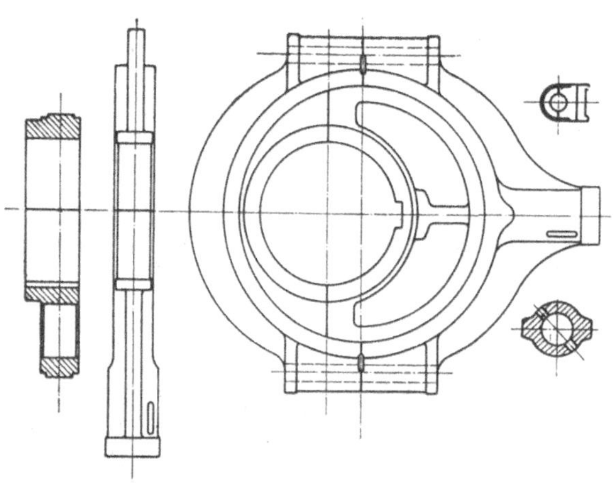

Bild 181.
W i l l k ü r l i c h e Projektionsanordnung, mehrdeutig.

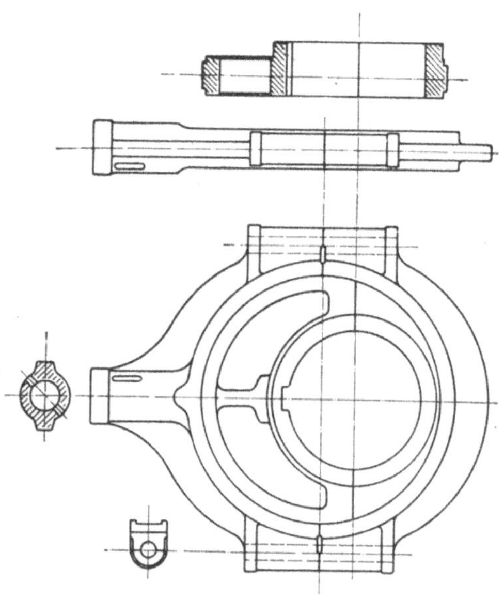

Bild 182.
R i c h t i g e Projektionsanordnung, eindeutig.

Bild 179—182.
W i l l k ü r l i c h e u n d r i c h t i g e
Anordnung von Projektionen.

Bild 171a, 171b und 171c zeigen einen einfachen gekrümmten Hebel, zu dessen Darstellung Bild 171a allein ausreicht, wenn eine einheitliche Projektionsnorm besteht. Ist dies nicht der Fall, so kann bei der Ausführung, ohne daß die Darstellung eigentlich fehlerhaft wäre, die Nabe des Hebels nach dem Projektionsverfahren 1 hinten, nach Verfahren 2 vorn angebracht werden.

Bild 171b ist noch verwirrender, weil Kreuz- und Grundriss nach verschiedenen Verfahren projiziert sind. Nach Verfahren 1 verlangt der Kreuzriß die Nabe vorn, der Grundriß hinten; nach Verfahren 2 ist es umgekehrt.

Eine unzweideutige Darstellung dieses einfachen Körpers erfordert demnach die konsequente Projizierung in drei Ansichten, die in Bild 171c nach dem Projektionsverfahren 2 richtig durchgeführt ist.

Zusammengehörige Projektionen müssen dem gewählten Projektionsverfahren gemäß richtig unter und neben einander gezeichnet und dürfen nicht beliebig verteilt werden, wie in Bild 179 und 181.

Richtige Darstellung zeigen die Bilder 180 und 182.

Unzulässig ist es, Konstruktionsformen in unzureichenden Projektionen darzustellen und die Zeichnung durch schriftliche Zusätze zu ergänzen.

Die Ausführungen über die richtige, unzweideutige Anordnung aller Projektionen sind besonders bei der werkstattmäßigen Darstellung von Einzelteilen zu beachten, weil hierbei Zweideutigkeiten und Irrtümer sofort fehlerhafte Herstellung des Stückes und daher Schaden zur Folge haben.

Nicht so wichtig ist die Befolgung der maßgebenden Projektionsregeln bei Zusammenstellungszeichnungen von Maschinen, in denen meistens mehrere verschiedene Stücke in richtigem Zusammenhange in jeder Projektion gemeinsam dargestellt werden.

Selbst bei fehlerhafter Anordnung der Projektionen wird in der Regel der gegebene Zusammenhang der Einzelteile auch die richtige Form jedes einzelnen Stückes erkennen lassen.

Auf den Technischen Hochschulen sollte aber auf richtige Anordnung der Projektionen stets besonders geachtet, und es sollten die Studierenden auf die unter Umständen schwerwiegenden Folgen unrichtiger Anordnung aufmerksam gemacht werden.

Viele Studierenden sind an und für sich leicht geneigt, möglichst wenig Projektionen zu zeichnen, auch von unsymmetrischen Maschinenteilen, Teilen, bei denen die Bedeutung von rechts und links, vorn und hinten nicht selbstverständlich ist. Sie pflegen dann entweder, um an Zeichenpapier zu sparen, die verschiedenen Projektionen möglichst auf ein Blatt zusammenzudrängen, oder umgekehrt, um möglichst viele Zeichenblätter abzuliefern, jede einzelne Projektion auf ein besonderes Blatt zu zeichnen, wodurch jede Übersicht verloren geht.

Dies sollte nicht zugelassen werden, sondern die Studierenden sollten dazu besonders angehalten werden, ihre Entwürfe und Konstruktionen genau den Anforderungen der Praxis entsprechend aufzuzeichnen und jedes Stück in so vielen Projektionen darzustellen, daß seine praktische Herstellung in unzweideutiger Weise möglich ist.

Es möge im Zusammenhange hiermit eine Bemerkung über die Ausführung der Zeichnungen an dieser Stelle Platz finden:

Um die rein zeichnerische Arbeit auf den Hochschulen, besonders beim vorgeschrittenen Fachunterricht nicht zu weit zu treiben, sollte auf das Ausziehen sämtlicher Entwurfszeichnungen in Tusche kein besonderer Wert gelegt werden. Es genügt, wenn ein Blatt als Originalpause mit allen erforderlichen Maßen, Bemerkungen und mit der Stückliste in Tusche ausgeführt wird.

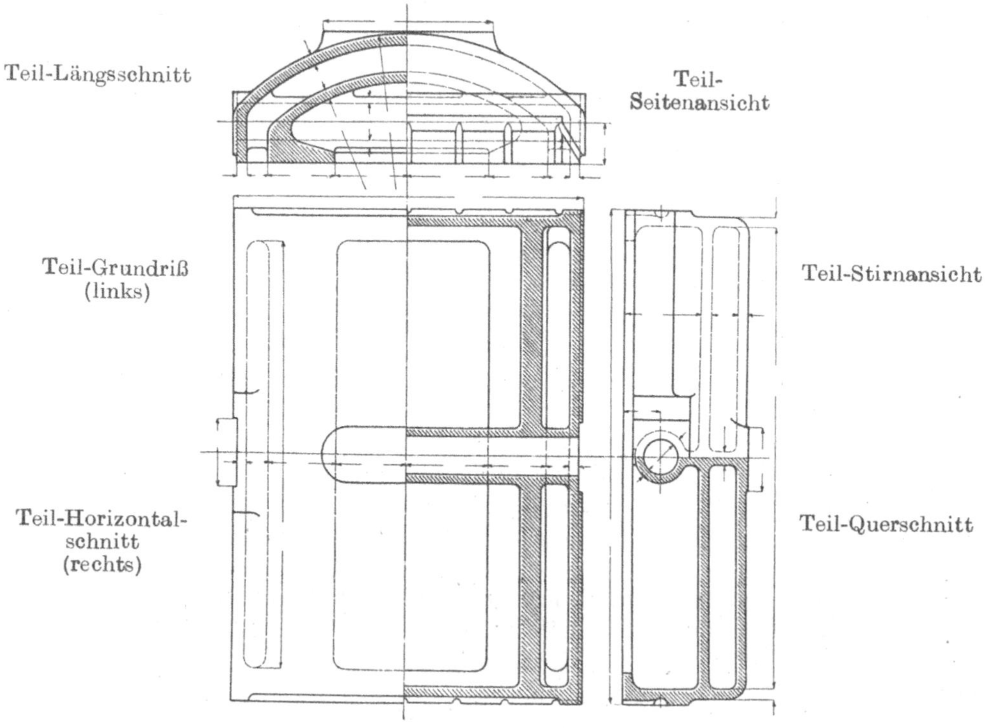

Bild 183. Richtige Darstellung.
Bild 183—187. Unzweckmäßige und richtige Anordnung von **Teilprojektionen und Teilschnitten, in einem Bild vereinigt.**

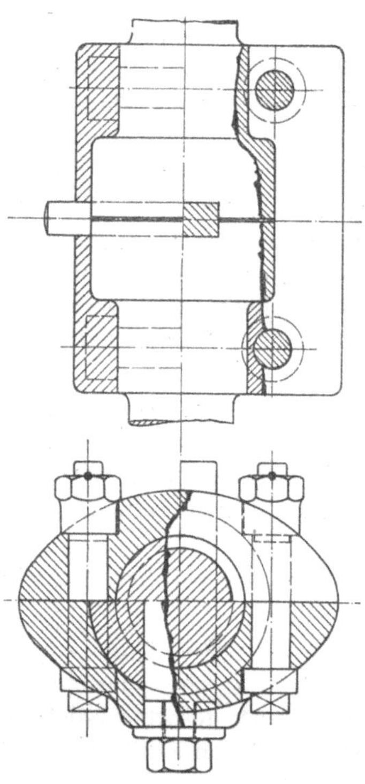

Bild 184. Undeutliche Zusammenfügung willkürlicher Teilprojektionen.

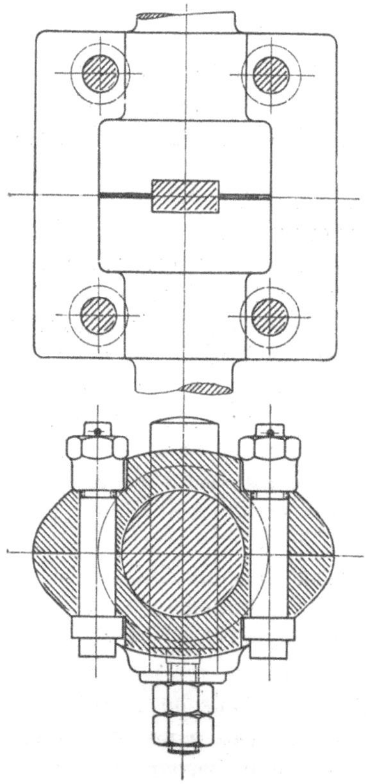

Bild 185. Richtige Projektionsverteilung.

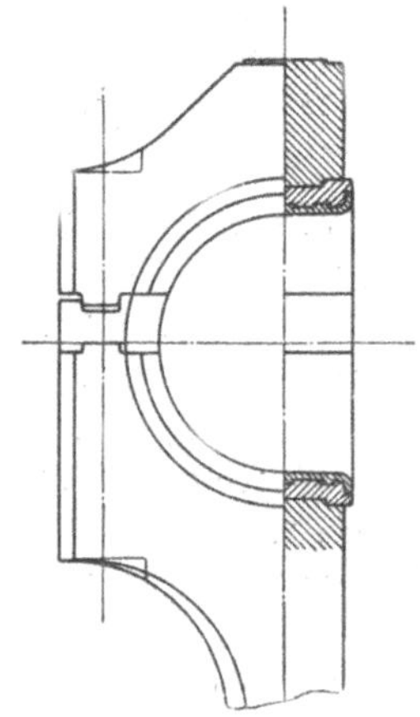

Bild 186. Unzweckmäßig.

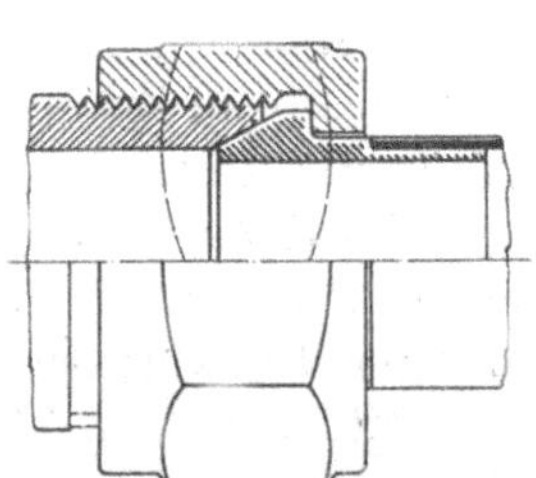

Bild 187. Richtige Darstellung.

Formdarstellung durch Schnitte und Teilprojektionen.

Für die Anordnung der Schnittfiguren gilt dasselbe wie von den Projektionen. Das Wesentliche der Maschine liegt in ihrem Innern und muß durch Schnitt- statt Ansichtsfiguren dargestellt werden.

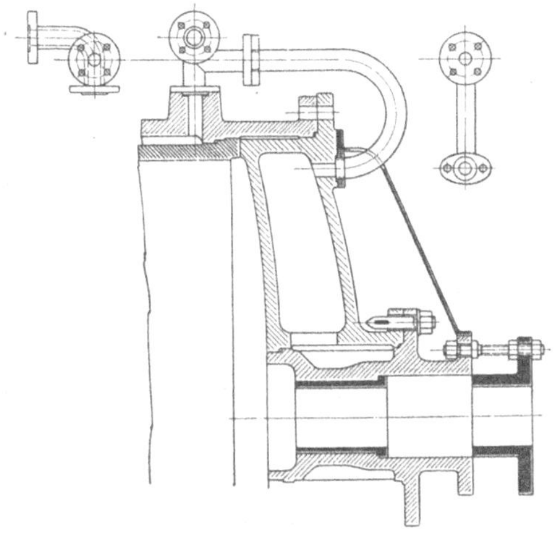

Bild 189. Teilbilder, auf die Rohranschlüsse beschränkt.

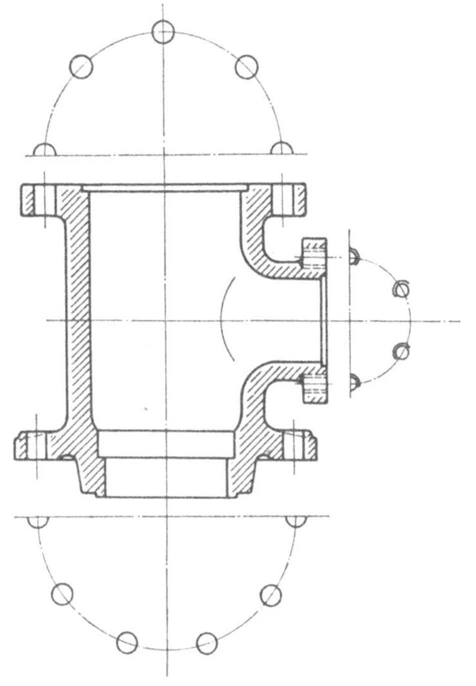

Bild 188—190. Darstellung in **Teilprojektionen,** auf das Notwendige beschränkt.

Bild 188. Teilprojektionen, auf die Schraubenverteilung beschränkt.

Bei symmetrischen Formen sind Teilprojektionen ausreichend, z. B. nur halbe Schnitte oder Ansichten nebeneinander (Bild 183—187). Die Trennungslinie muß jedoch immer die Mittellinie sein. Damit ist stillschweigend gesagt, daß die auf der anderen Seite der Mittellinie liegende, aber nicht dargestellte Form symmetrisch mit der gezeichneten ist. Die Trennung darf nicht durch eine willkürliche Linie (Bild 184) und noch weniger durch Begrenzungslinien der Form (Bild 191 S. 91) erfolgen.

Übertreibung und Undeutlichkeit entsteht, wenn zu einer Ansichtsfigur ein senkrecht dazu geführter Schnitt an eine gemeinsame Mittellinie gezeichnet wird (Bild 186).

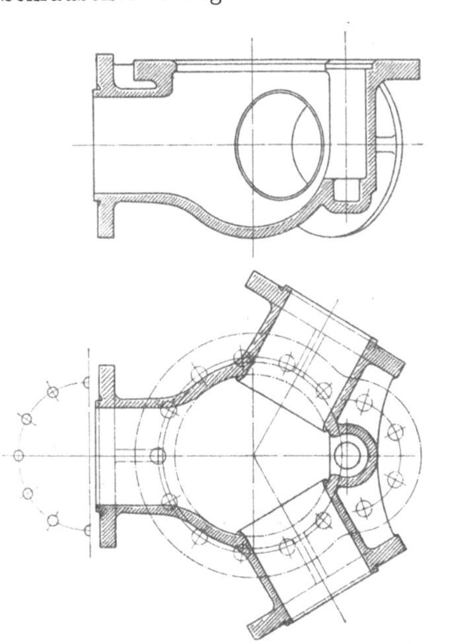

Bild 190.
Teilprojektionen, über Schnitte gezeichnet.

Symmetrische Formen sind oft schon in einem Schnitt genügend dargestellt oder erfordern nur noch Teilprojektionen, z. B. Bild 188; es genügen die halben Verschraubungen, die neben jedem Flansch umgelegt dargestellt werden, oder es werden Teilbilder hinzugefügt: Bild 189, oder Teilprojektionen über Schnitte gezeichnet, die Teile darstellen, die über der Schnittebene liegen: Bild 190.

Maßgebend ist, ob die Zeichnung ohne Erläuterung alles für die Ausführung Erforderliche enthält. Unsymmetrische Formen sollen in Teilprojektionen grundsätzlich nicht dargestellt werden.

Fehlerhaft ist es:

die Anwendung solcher Teilprojektionen zu übertreiben, z. B. Viertel-Projektionen anzuwenden (Bild 184) oder die Darstellung aus Bruchstücken von Schnitten und Ansichten zusammenzusetzen oder mehrere Projektionen oder Schnitte übereinander zu zeichnen, über Schnitte Ansichtsfiguren zu zeichnen (Bild 191 und 193) oder umgekehrt.

Richtige Darstellung zeigen Bild 192 und 194. Was in einer Schnittfigur nicht richtig darstellbar ist, muß in besonderen Projektionen dargestellt oder, wie z. B. der Hebel in Bild 194, als Ansichtsfigur strichpunktiert über den Schnitt gezeichnet werden.

Hiervon ist jedoch, wie überhaupt vom Übereinanderzeichnen mehrerer Projektionen, vorsichtig Gebrauch zu machen.

Bei unsymmetrischen Formen dürfen die Teilprojektionen nur Nebenformen und Einzelheiten darstellen. Für ihre Anordnung gilt dasselbe, was über die Anordnung der Hauptfiguren gesagt wurde.

Gebrochene Schnitte werden, so wie Teilfiguren, vielfach angewendet, um bei symmetrischen Formen in einem Bilde möglichst viel darzustellen.

Bild 195 zeigt z. B. gemeinsam die Schnitte A—B, C—D, D—E und F—G. Auch dieses übliche Verfahren darf, wie die Verwendung von Teilfiguren, nicht übertrieben werden. Bei ungewöhnlichen Formen ist die Lage der Schnittebene stets durch Buchstaben genau anzugeben.

Konstruktionsteile, deren Schnitt nichts Neues darstellt, werden überhaupt nicht geschnitten, auch wenn sie in der Schnittebene liegen.

Z. B. Bolzen, Stangen und Rippen, alle ebenen Flächen und vollen Zylinder oder Kegel usw. würden im Schnitt nichts für die Ausführung Erforderliche darstellen und die Zeichnung nur unklar machen (Bild 200, 196, 198, 202, 203, 206); solche Teile werden nur senkrecht zu ihrer Achse im Schnitt dargestellt, nicht parallel zu ihr. Der Schnitt wird daher, z. B. beim Ventilsitz Bild 201, in einer gebrochenen Linie A B C D E F geführt, und die Rippen werden nur in Ansicht dargestellt, obwohl sie in der Schnittebene liegen (Bild 200).

Solche gebrochenen Schnitte werden als selbstverständlich angesehen und in der Zeichnung nicht besonders bezeichnet.

Schnittdarstellungen in gebrochenen Linien zeigen die Bilder 197, 199, 204, 205, 207. Angabe des Verlaufs der Schnittebene ist bei solchen einfachen Formen nicht erforderlich.

Die Schnitte werden ohne Rücksicht auf Materialunterschiede schraffiert oder kleinere Querschnitte schwarz hervorgehoben. Die Bezeichnung der Schnitte erfolgt durch Buchstaben mit dazwischen stehendem Bindestrich: Schnitt A—B.

Schnittflächen sollten möglichst frei von eingeschriebenen Maßzahlen bleiben. Dies gilt besonders für schmale Schnittflächen und für schwarz hervorgehobene.

Bei breiten Schnittflächen ist das Eintragen von Maßzahlen nicht so störend wie bei schmalen. An der Stelle der einzuschreibenden Maßzahl ist die Schraffur zu unterbrechen.

Dies ist besonders derart leicht ausführbar, daß zuerst die Maßzahlen eingetragen und erst nachher die Querschnitte schraffiert werden.

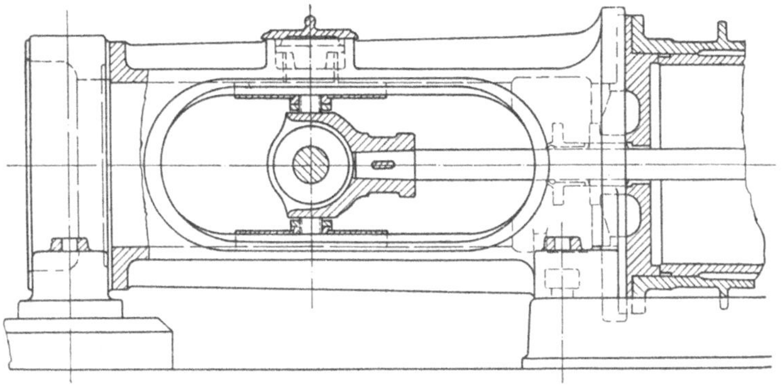

Bild 191.
Falsche Begrenzung
der Teilschnitte durch
Kanten der
Ansichtsdarstellung.

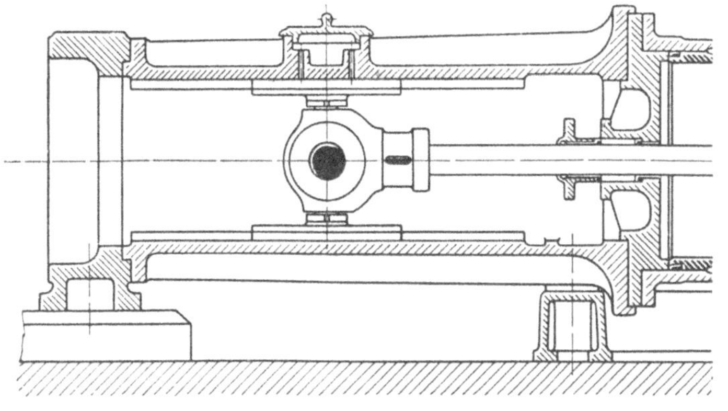

Bild 192.
Richtige Beschränkung
der Zeichnung auf den
Schnitt.

Bild 191—194.
Falsche
und richtige Anordnung von **Schnitten und Ansichten übereinander.**

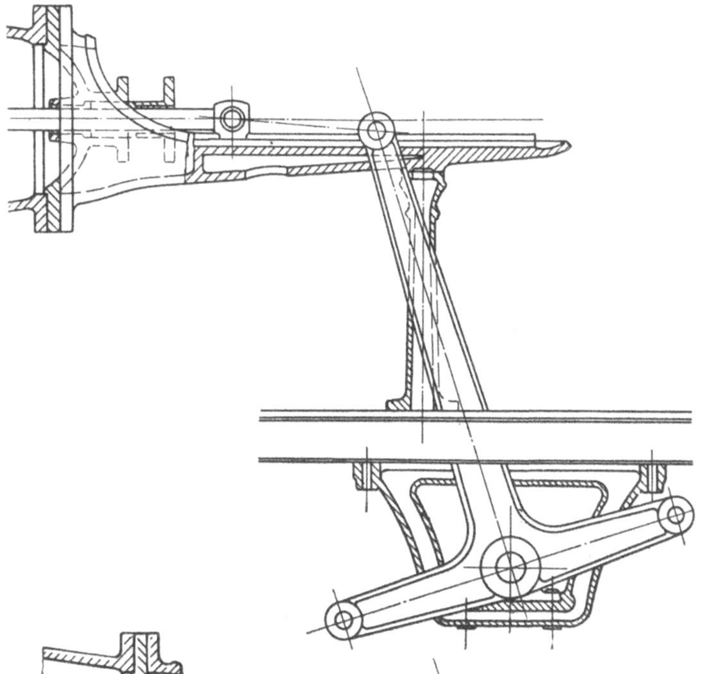

Bild 193.
Unrichtige Zeichnung,
weil Ansichtsdarstellung
über das Schnittbild
gelegt ist.

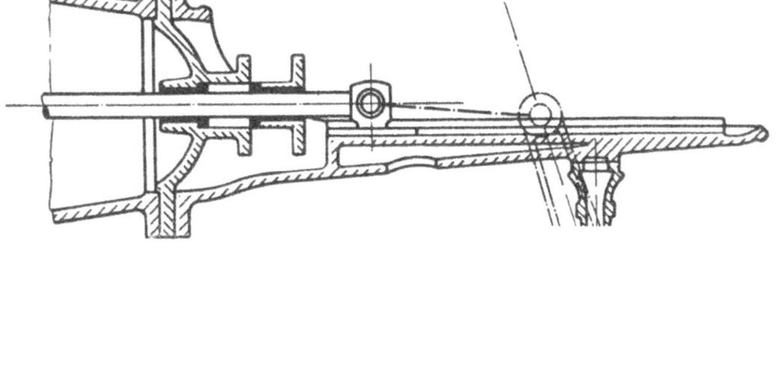

Bild 194.
Richtige Darstellung.
Ansicht strichpunktiert
über den Schnitt
gezeichnet.

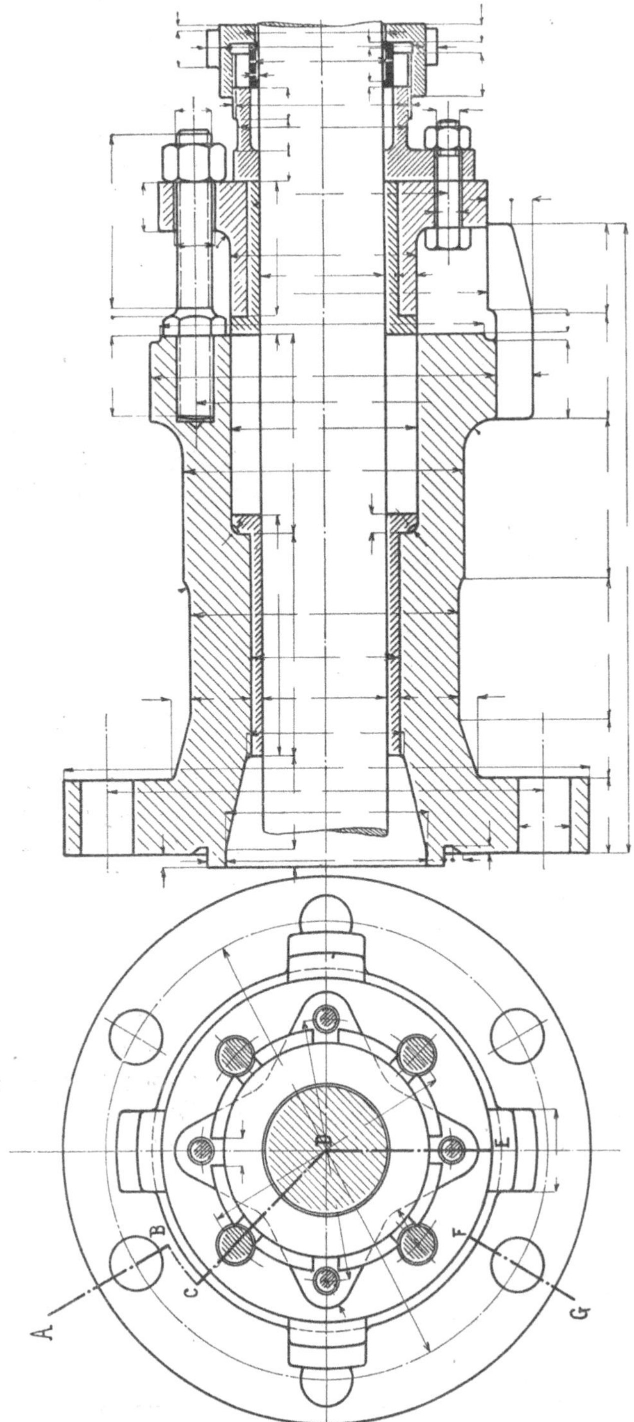

Bild 195. Anordnung von **Teilschnitten** und Schnitten nach gebrochenen Ebenen.

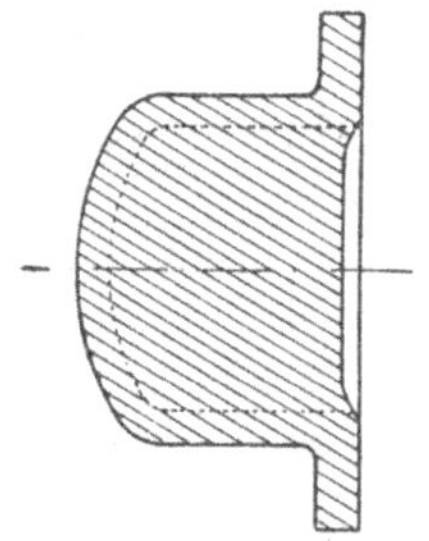

Bild 196.
Undeutlicher Schnitt durch eine Rippe.

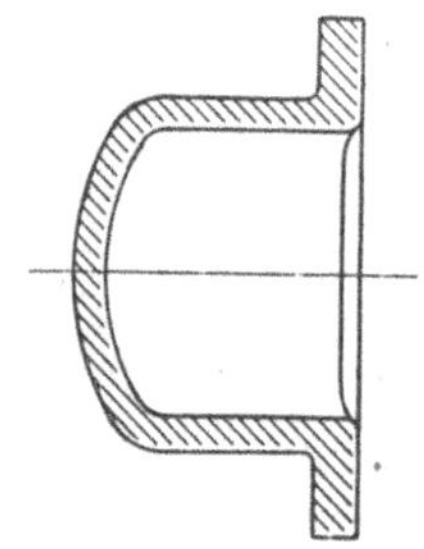

Bild 197.
Richtiger Schnitt neben der Rippe.

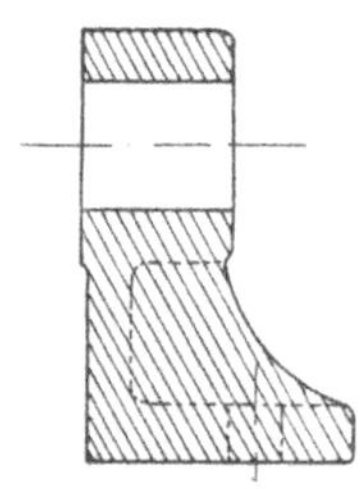

Bild 198.
Unrichtiger Schnitt durch eine Rippe.

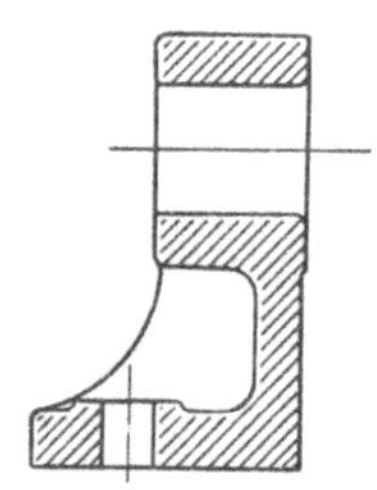

Bild 199.
Richtiger Schnitt neben der Rippe.

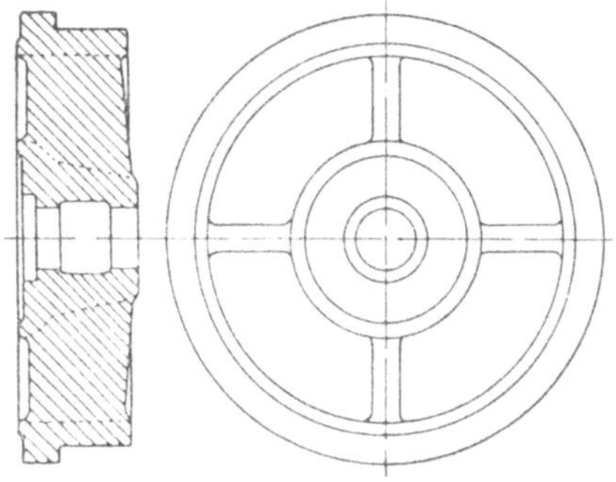

Bild 200.
Schnitt durch flache Rippen

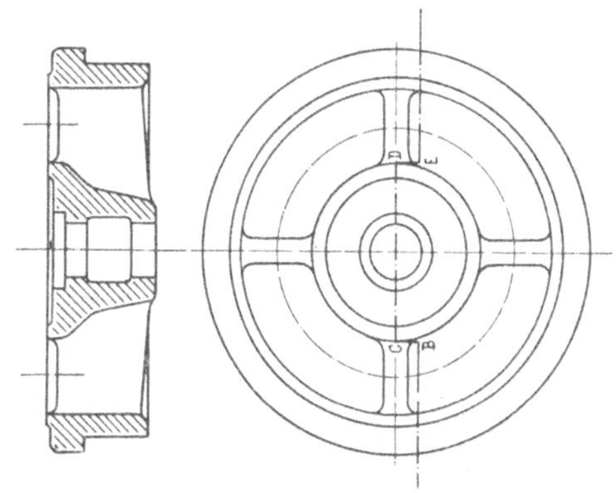

Bild 201.
Richtiger Schnitt neben den Rippen.

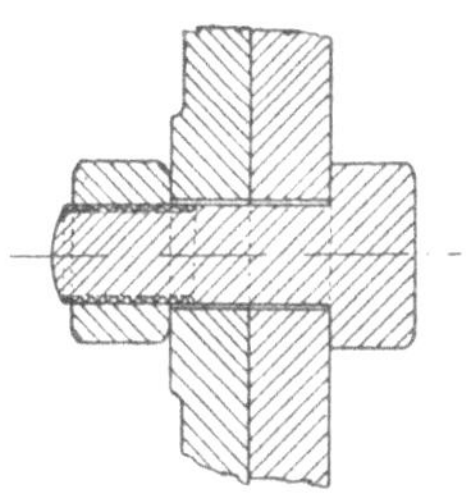

Bild 202.
Unrichtiger Schnitt
durch eine Schraube.

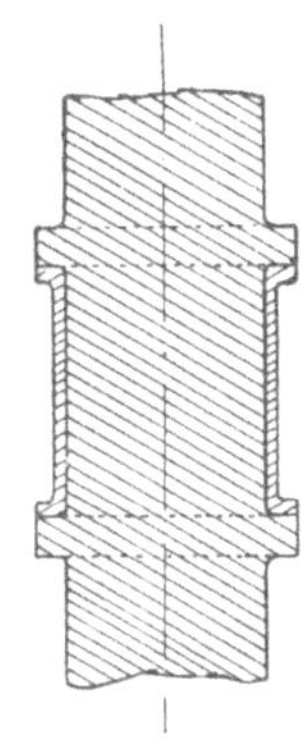

Bild 203.
Unrichtiger Schnitt
durch eine Welle.

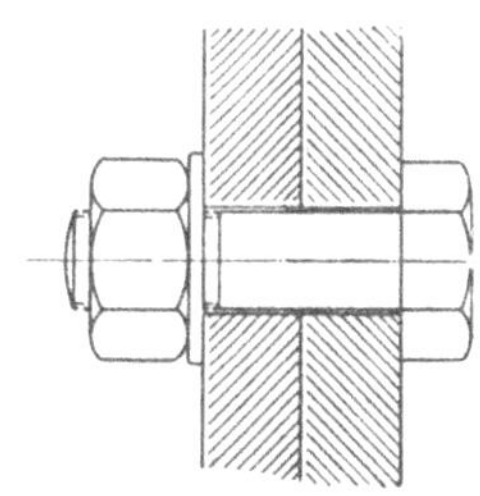

Bild 204.
Richtiger Schnitt
neben der Schraube.

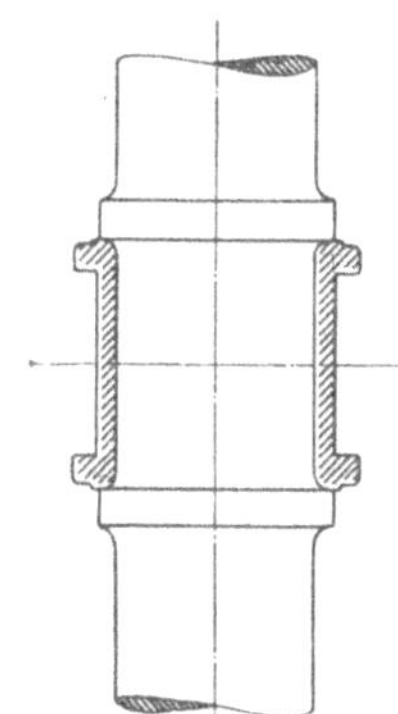

Bild 205.
Richtiger Schnitt
nur durch das
Lager.

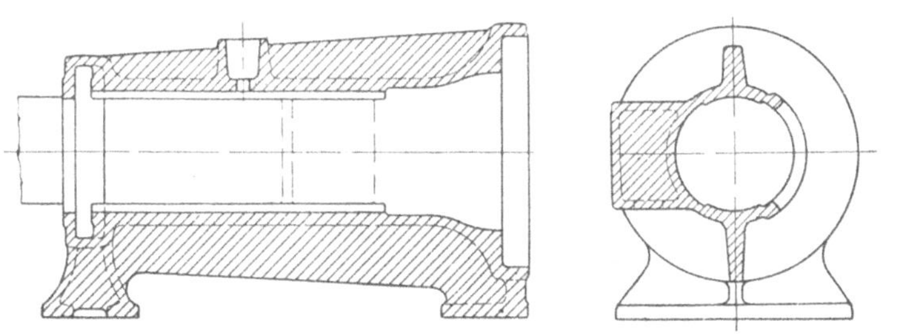

Bild 206.
Undeutliche
Schnitte durch
ebene Rippen.

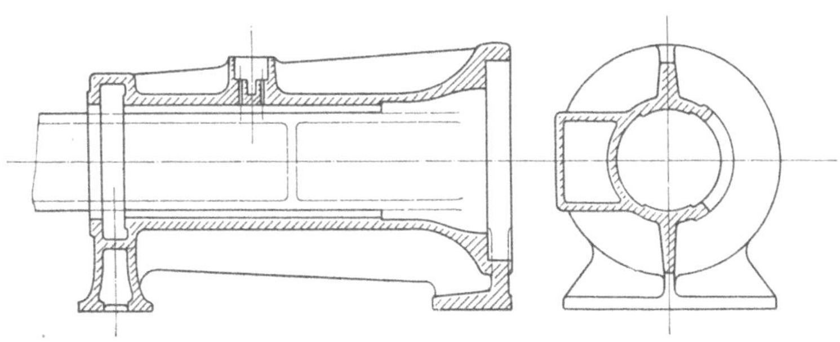

Bild 207.
Richtige Schnitte
neben den Rippen.

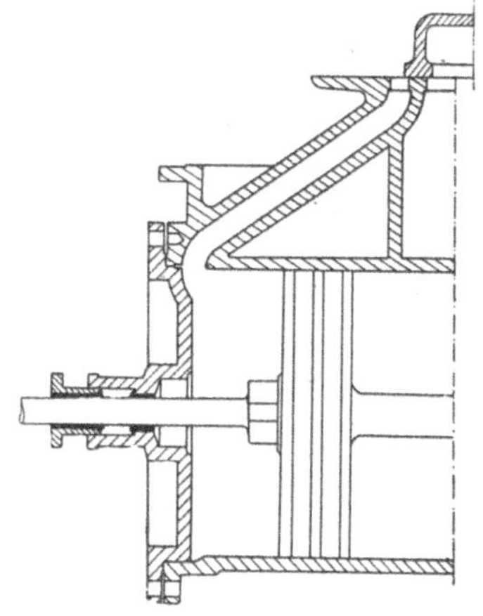

Bild 208.
Die sichtbaren Verschneidungen des Dampfkanals fehlen. Kolben in nichtssagender Stellung.

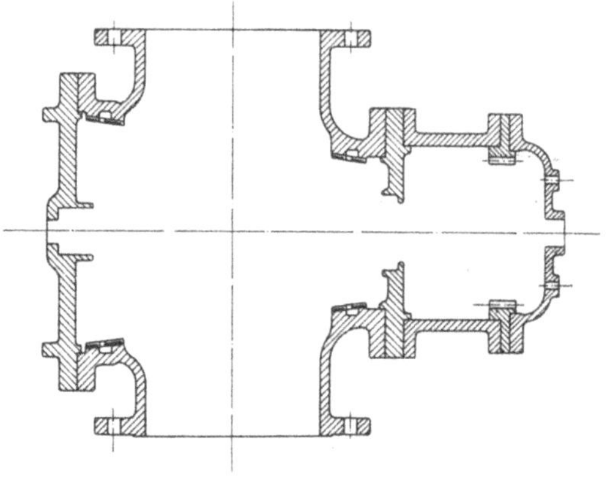

Bild 210.
Nicht anschaulich, weil alle sichtbaren Kanten im Schnitt fehlen.

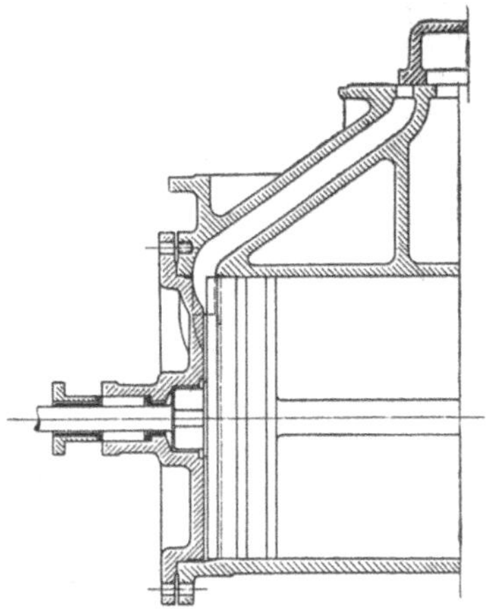

Bild 209.
Richtige Darstellung. Kolben und Schieber in kennzeichnender Lage.

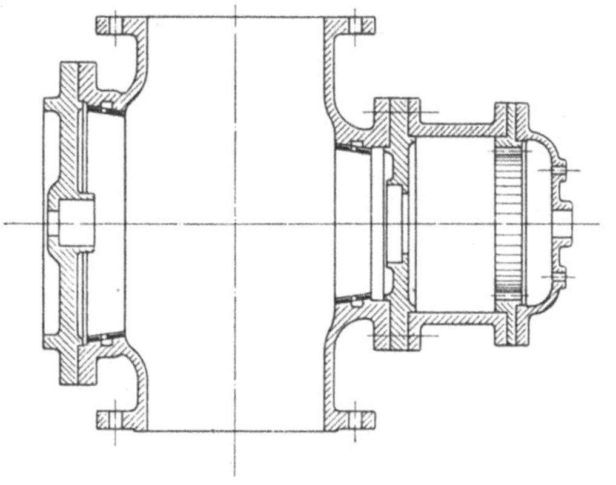

Bild 211.
Richtige Darstellung mit Projektion aller sichtbaren Kanten, dadurch wesentlich anschaulicher.

Bild 208, 210, 212 u. 213.
Unrichtige, weil nicht anschauliche Formdarstellungen.
Fehlen der **sichtbaren** Kanten in **Schnitten.**
Bild 209, 211 u. 214. Richtige Gegenbilder.

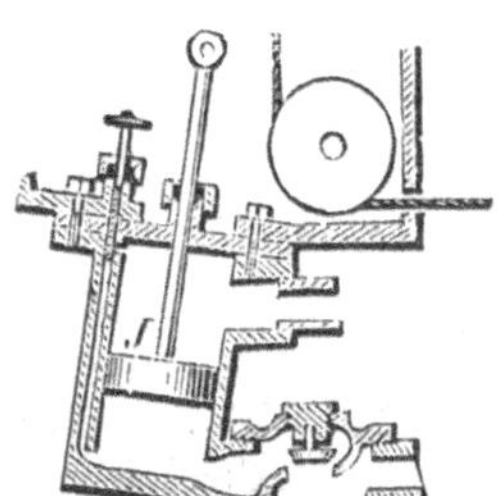

Bild 212.
(Aus dem Patentblatt.) Fehlerhaft, nicht anschaulich.

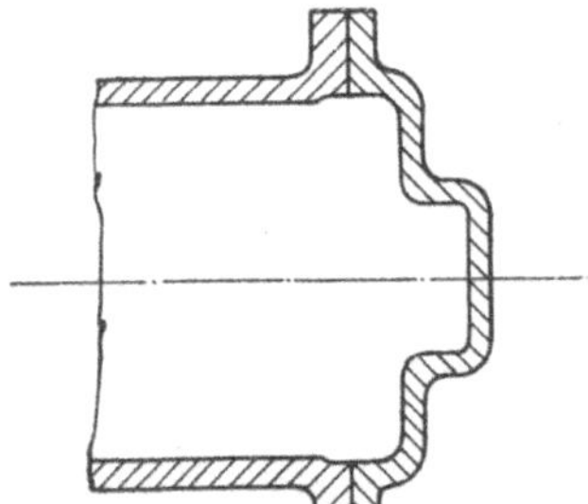

Bild 213.
Unvollständig, weil die sichtbaren Kanten fehlen.

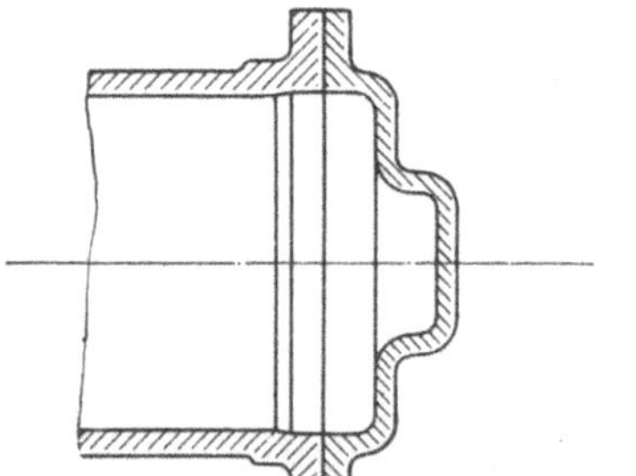

Bild 214.
Richtige Darstellung mit den sichtbaren Kanten, dadurch anschaulicher.

Übersichtlichkeit der Formdarstellung.

Wesentlich ist übersichtliche Anordnung und Deutlichkeit der einzelnen Bilder. Die Hauptsache muß stets mit den einfachsten Mitteln auf das klarste und anschaulichste zum Ausdruck kommen und darf nicht durch Nebendinge beeinträchtigt werden. Wichtig ist, vorher gute und vollständige Skizzen der darzustellenden Sache anzufertigen. Wem beim Zeichnen auf dem Reißbrett genau bekannt ist, was darzustellen ist, dem ist die zweckmäßige, übersichtliche Anordnung des Darzustellenden nicht schwierig.

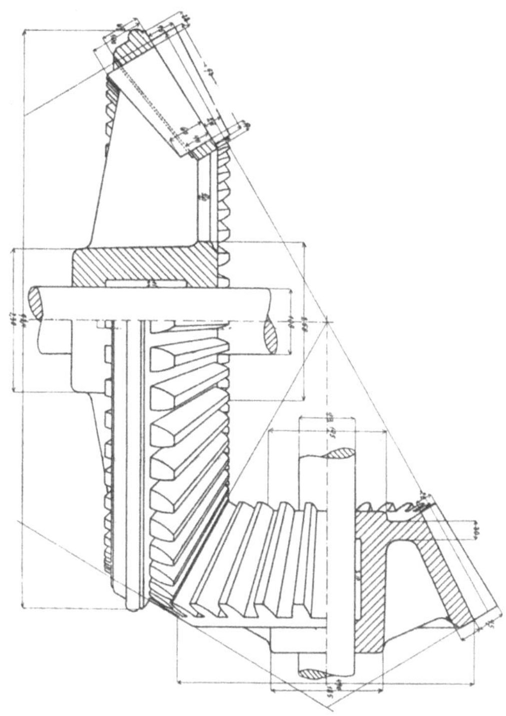

Bild 215. Überflüssige Einzelheiten (Darstellung der Zähne).

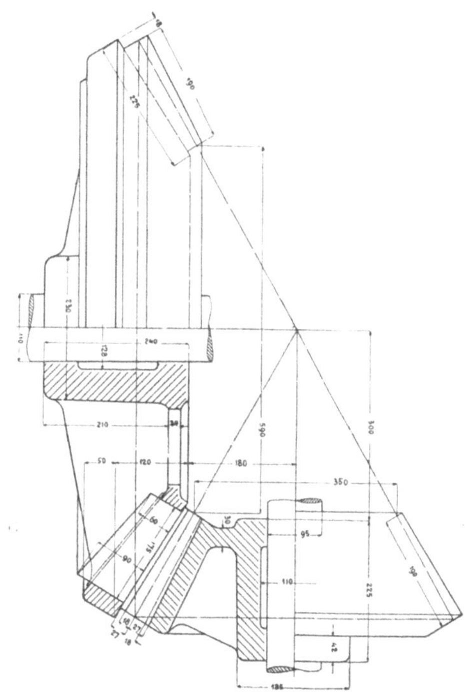

Bild 216. Richtige Darstellung, auf das Notwendige beschränkt.

In Werkzeichnungen müssen oft die Konstruktionen, die sich an die dargestellten Maschinenteile anschließen, in einfachster Darstellung strichpunktiert eingezeichnet werden; z. B. werden in die Werkzeichnung eines Dampfzylinders Kolben, Kolbenstange und Verbindung mit dem Maschinenrahmen, auf Wellen die Riemenscheiben und Zahnräder eingezeichnet, um den Zusammenhang der Teile auch auf den Teilzeichnungen anzudeuten. Viele Irrtümer in der Ausführung rühren davon her, daß in den Werkzeichnungen einzelne Teile ohne Angabe der Anschlußkonstruktionen der in der Nähe befindlichen Teile gezeichnet wurden. Alle überflüssige zeichnerische Darstellung, die nicht für die Ausführung des betreffenden Werkstücks erforderlich ist, ist jedoch zu vermeiden; aber für die Kontrolle ist der Zusammenhang mit Nachbarteilen unerläßlich und sollte daher auf jeder Zeichnung dargestellt sein. Die zeichnerische Mehrarbeit verhütet Fehler, die an den ausgeführten Maschinenteilen nur mit großen Kosten beseitigt werden können und gewöhnlich erst dann bemerkt werden, wenn die Maschine fertig zusammenzubauen ist. Bei Zeichnungen für Massenherstellung werden die Anschlußteile in der Regel nicht gezeichnet.

In den Einzelheiten ist zu beachten:

Bewegliche Teile müssen immer in kennzeichnenden Stellungen zu den festen Teilen gezeichnet werden. Z. B. sind Dampfkolben in Dampfzylindern, wenn sie überhaupt eingezeichnet werden, immer im Hubwechsel (Bild 209) darzustellen, um die Lage zum Deckel und den Dampfkanälen zu kennzeichnen. Stopfbüchseneinsätze sind stets ganz herausgezogen darzustellen, um den notwendigen Raum zu kennzeichnen (Bild 129) usw. Unrichtig sind die Darstellungen Bild 208 und 128.

Das zur Veranschaulichung der Form Notwendige muß dargestellt werden. Infolge mangelhafter Vorstellung werden in Schnitten (Bild 210, 213) die Projektionslinien der hinter dem Schnitt liegenden Ebenen nicht dargestellt. Solche Darstellung ist nie anschaulich, nie deutlich. Die seien selbstverständlich, heißt es. Was würde man aber sagen, wenn jemand nach dem Vorbilde der schlechten Zeichnung des Patentblattes Bild 212, in Schrift oder Wort „selbstverständliche" Wörter oder Buchstaben wegließe? Richtige Darstellungen zeigen Bild 211 und 214.

Unzweckmäßig ist es, zu viele oder alle Nebenteile, z. B. Befestigungsschrauben, Kettenglieder, Niete von Blechträgern, Schrauben von Flanschenverbindungen, Zähne von Zahnrädern (Bild 215), zu zeichnen, deren Darstellung weder für die Ausführung noch für die Formdarstellung erforderlich ist.

Fehlerhaft ist es:

1. Ansichtsprojekionen mit vielen nicht unterscheidbaren Linien zu zeichnen, wenn die sachliche Darstellung nur im Schnitt möglich ist.

2. Mehrere Bilder ineinander zu zeichnen, ohne sie zeichnerisch ausreichend voneinander zu unterscheiden.

3. Ansichtsbilder über Schnitte zu zeichnen oder umgekehrt (Bild 191 und 193). Darin liegt ein Widerspruch, da durch den Schnitt doch das vor der Schnittebene Liegende weggeschnitten wird. Mindestens müssen Ansichten und Schnitte, wenn übereinander gezeichnet, durch strichpunktierte Linien deutlich unterschieden werden (Bild 190), sonst ergeben sich unübersichtliche Bilder: es erscheinen Querschnittflächen in der Zeichnung, die es in Wirklichkeit nicht gibt (vgl. Bild 191). Auch das Ineinanderzeichnen von Querschnitten ohne deutliche Unterscheidung gegenüber der Hauptform ist unzulässig.

4. Viele punktierte Linien für die Darstellung der hinter der Zeichnungsebene liegenden Teile zu verwenden. Ein Übermaß von punktierten oder gestrichelten Linien macht jede Formdarstellung unklar (Bild 217, 218, 221, 223). Maschinenzeichnungen sollen derartige Linien nur ausnahmsweise und nur zur Darstellung von Nebensächlichem enthalten (vergl. Bild 219, 220, 222, 224).

5. Schnitte und Projektionen darzustellen, welche nicht die wahren Abmessungen zeigen oder für die Ausführung unwesentlich sind (Bild 225). Solche schiefen Projektionen oder Schnitte sind zu umgehen und durch besondere Teilprojektionen zu ersetzen, welche die für die Ausführung erforderlichen wahren Abmessungen darstellen (Bild 226).

Die Durchdringungslinien von Körpern sollen nicht auffällig dargestellt, sondern nur angedeutet werden. Ihre richtige Konstruktion ist unerläßlich und muß gerade vom Anfänger gründlich geübt werden, weil die Festigkeit der Teile von den Übergangsformen abhängt; ihre Darstellung ist aber nur ein Hilfsmittel des Konstrukteurs, welches nicht in die Werkzeichnung gehört, da diese Linien für die Ausführung der Form ohnedies nicht benutzt werden können. Sie entstehen bei scharfeckiger Verschneidung von selbst bzw. verschwinden bei abgerundeten Übergängen, welche in der Regel ausgeführt werden müssen. Für die Ausführung ist nur erforderlich die genaue Angabe der einander durchdringenden Körper, der Übergangsformen und der dazu gehörigen Maßzahlen.

Für die zeichnerische Ausführung gelten in allen Einzelheiten die erwähnten sachlichen Forderungen, die durch den jeweiligen Zweck gegeben sind.

Bild 217. Die gestrichelten Ansichtslinien im Schnitt sind überflüssig.

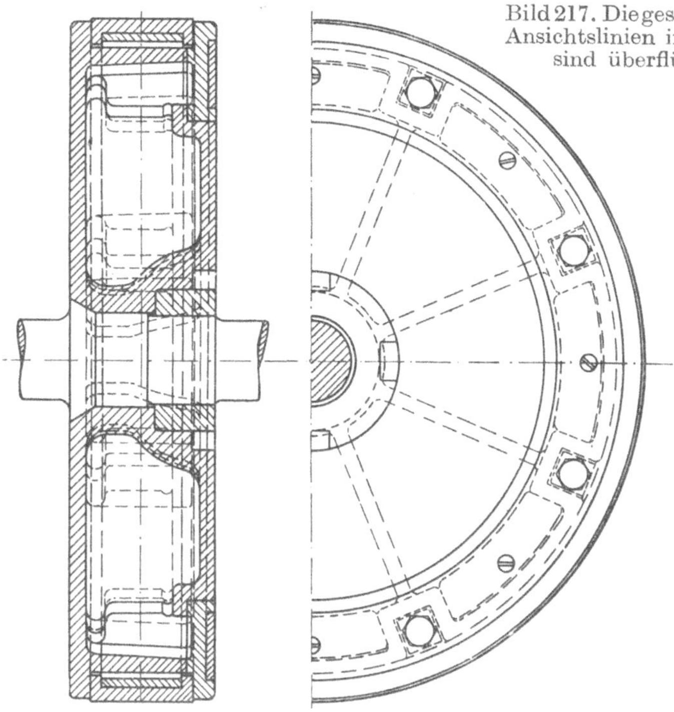

Bild 218. Alle gestrichelten durchlaufenden Kanten sind überflüssig.

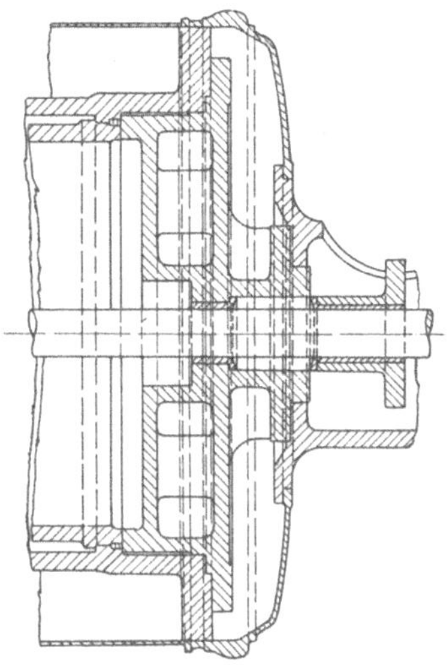

Bild 217 und 218. Undeutliche, überladene Formdarstellungen mit **entbehrlichen gestrichelten** Linien, die Selbstverständliches zeigen oder besondere Projektionen oder Schnitte erfordern.

Bild 219 und 220. Richtige Gegenbilder.

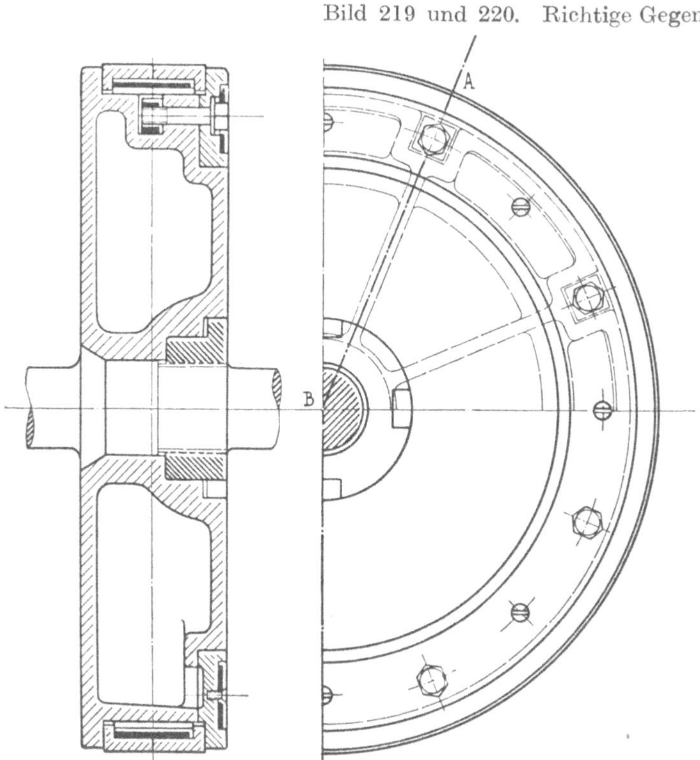

Bild 219. Richtige Darstellung.
Gestrichelte Linien nur im Ansichtsbild und nur auf einen Quadranten beschränkt.

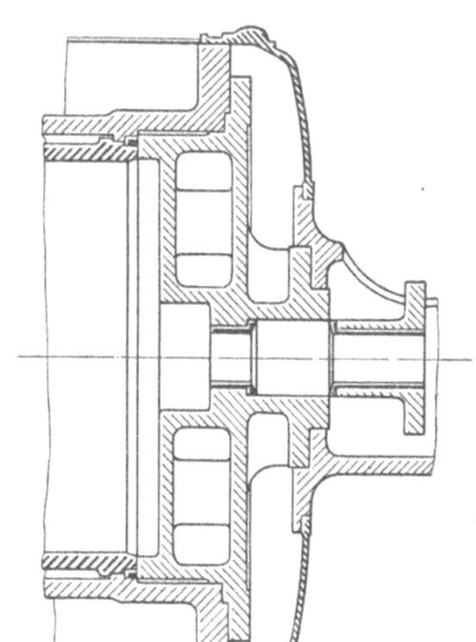

Bild 220. Richtige Darstellung ohne überflüssige gestrichelte Ansichtskanten.

Bild 221. Entbehrliche oder undeutliche gestrichelte Kanten.

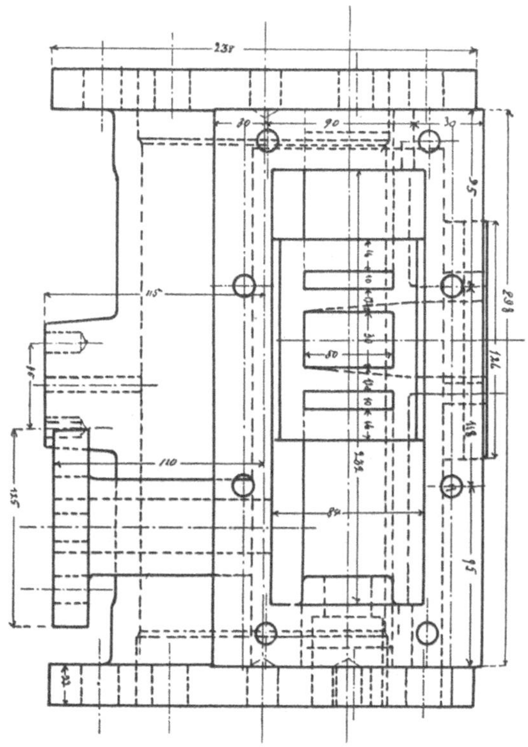

Bild 222. Gestrichelte Kanten, auf das beschränk was sich in einem Ansichtsbild darstellen läßt.

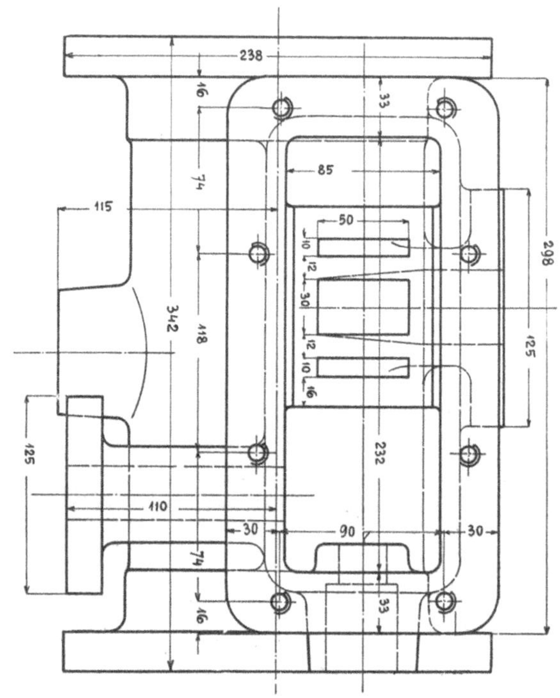

Bild 221—224. Undeutliche Formdarstellungen, mit **entbehrlichen gestrichelten Linien** oder **schiefen Ansichten** überladen, und richtige Gegenbilder.

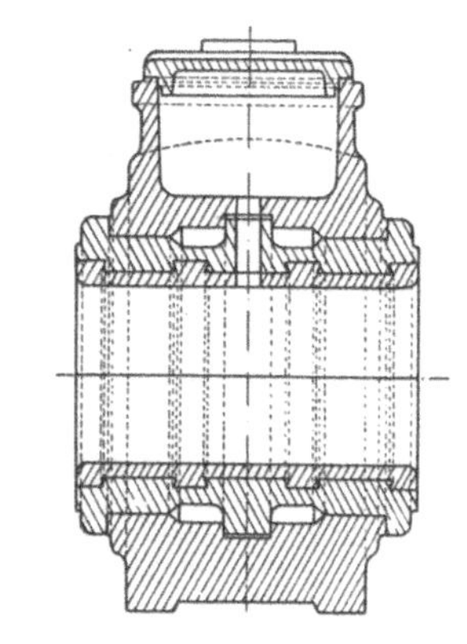

Bild 223. Durch überflüssige punktierte Linien der unsichtbaren Teile überladen.

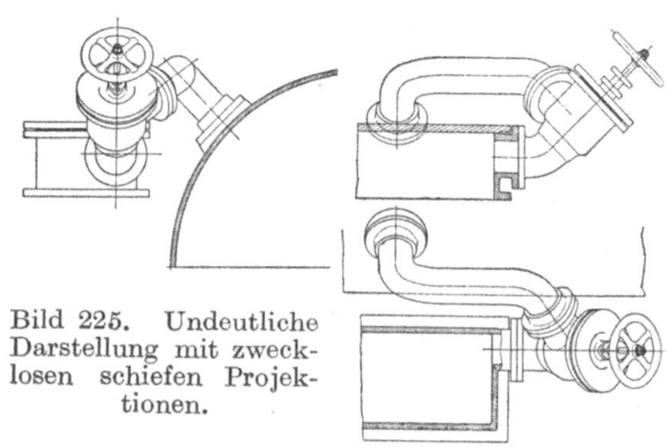

Bild 225. Undeutliche Darstellung mit zwecklosen schiefen Projektionen.

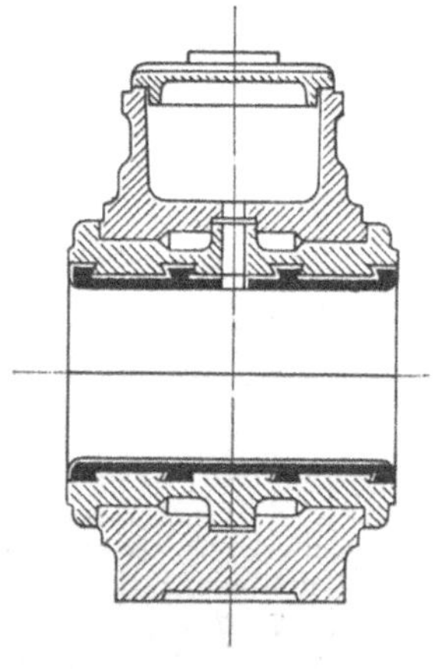

Bild 224. Richtige Darstellung, auf den Schnitt beschränkt.

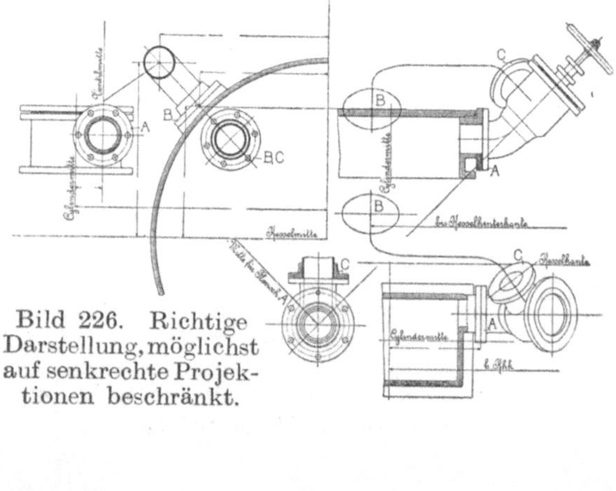

Bild 226. Richtige Darstellung, möglichst auf senkrechte Projektionen beschränkt.

Deutlichkeit der zeichnerischen Darstellung.

Deutlichkeit und Einfachheit sind Haupterfordernisse. Das gefällige Aussehen der Maschinenzeichnung liegt ausschließlich in richtiger Formdarstellung, in gleichmäßigen, scharfen, kräftigen Linien. Rissige, zerfahrene, unbestimmte Linien machen die Zeichnung undeutlich und unübersichtlich (vgl. Bild 227 mit Bild 228).

Außerdem ist erforderlich richtige und übersichtliche Verteilung der Bilder und deutliche Beschreibung.

Die Umrißlinien der Form sind kräftig auszuziehen. Die Strichstärke richtet sich nach Zweck, Inhalt und Maßstab der Zeichnung. Linien unter $1/4$ mm Stärke sollen für Werkzeichnungen nicht benutzt werden, bei Zeichnungen in Naturgröße nicht unter $3/4$ mm. Größere Strichstärke macht die Einzelheiten der Form undeutlich und das Zeichnen zu mühsam. Die notwendige geringste Strichstärke für verschiedenen Maßstab ist in den Bildern 269—271 angegeben. Fallen viele Linien zusammen, dann können einzelne der eng aneinander fallenden Linien schwächer gezogen werden. Verwickelte Formen sind in genügender Einzeldarstellung zu zeichnen, um die Häufung vieler Linien in einem Bilde zu vermeiden.

Die „genaue" Ausführung von Zeichnungen in dünnen Linien ist ein sachlicher Fehler, ein Verkennen des Zwecks. Der Genauigkeit bedarf nur der Konstrukteur und die Werkstätte. Die Genauigkeit der Werkzeichnung wird nur durch die Maßzahlen gewährleistet; die Zeichnung muß stets kräftig ausgezogen werden, weil sie nur von der Form ein anschauliches Bild zu geben hat, nicht aber Abmessungen bieten soll. Beim Ausziehen in dünnen Linien wird jede Ungenauigkeit in den Übergängen, in der Strichstärke usw. sofort sichtbar und beeinträchtigt die Sauberkeit.

Unsichtbare Linien sind nicht zu punktieren (Bild 223), sondern etwa in halber Strichstärke zu stricheln (Bild 191) oder bei großem Maßstabe noch besser voll, aber dünn zu ziehen. Anschlußteile zur Erläuterung des Zusammenhangs werden in noch dünneren Strichen gezeichnet. Punktierte Linien sollen grundsätzlich nicht verwendet werden. Die Studierenden bringen von der darstellenden Geometrie andere Gewohnheit mit, die aber für Maschinenzeichnungen nicht paßt; bei diesen gibt es in der fertigen Zeichnung (abgesehen von graphischen Berechnungen) keine konstruktiven „Hilfslinien", es handelt sich schließlich nur um die Körperdarstellung und die Maßbezeichnung. In der Körperdarstellung sind punktierte Linien viel zu umständlich und vor allem undeutlich, weil die Zeichnung dadurch unklar und unruhig wird (Bild 227, 229).

Nur gestrichelte Linien mit dünnen langen Strichen und möglichst kleinen Zwischenräumen sind für die Darstellung unsichtbarer Linien der Körperform geeignet; sie sind rasch zu zeichnen, einfach und deutlich.

Die gestrichelten Linien müssen viel schwächer als die sichtbaren Körperkanten gezogen werden. Die Zwischenräume zwischen den Strichen dürfen nicht größer sein, als eben zur Unterscheidung von vollen Linien notwendig ist, sonst wird die Zeichnung unklar und unruhig, ebenso wie bei punktierten Linien. Auch ist jedes Übermaß gestrichelter Linien grundsätzlich zu vermeiden.

Die Beobachtung dieser einfachen, ohne jegliche Mühe einzuhaltenden Regeln hat den größten Einfluß auf die Klarheit und Übersichtlichkeit der Darstellung. Deutlichkeit verwickelter Zeichnungen ist fast nur bei strenger Einhaltung dieser Vorschriften erreichbar, die durch die zwingende Forderung größtmöglicher Einfachheit der Darstellung wie auch durch den einfachen Sinneseindruck begründet sind.

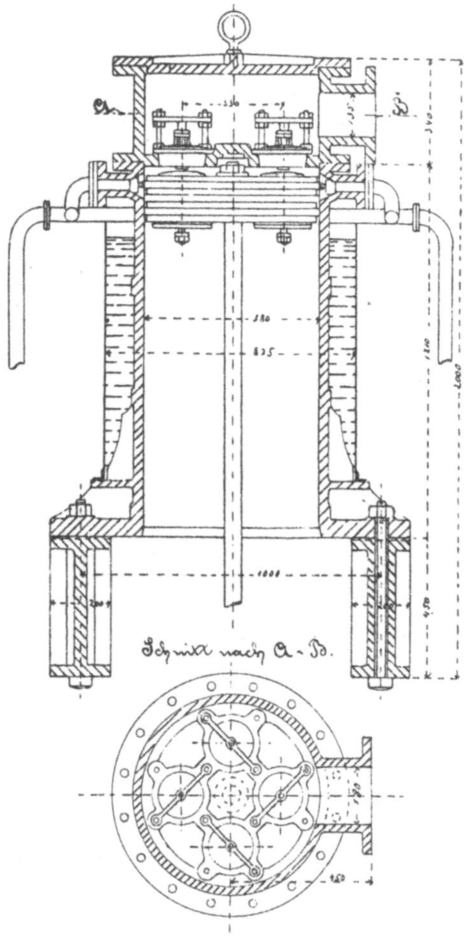

Bild 227.

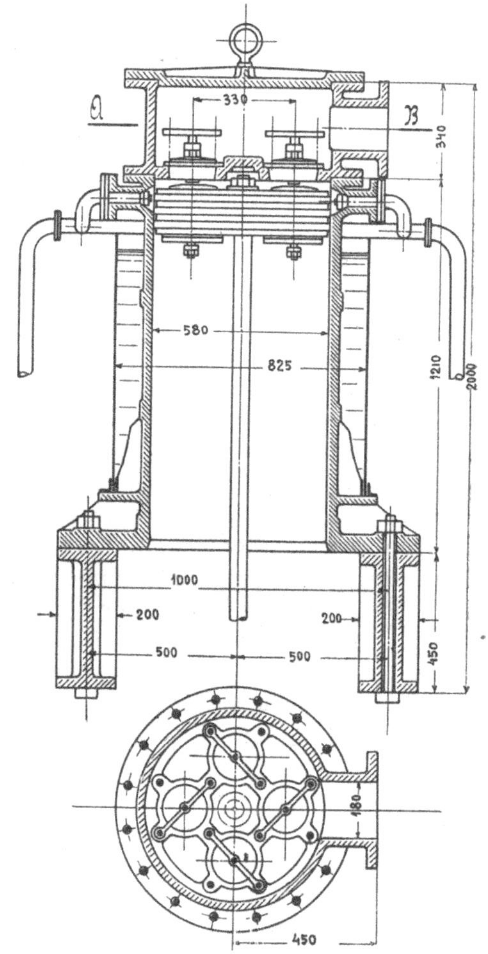

Bild 228.

Punktierte Linien und Maße undeutlich, die Formdarstellung störend.

Richtige Darstellung mit deutlichen Ma und klaren Linien.

[Bild 227 u. 229.

Undeutliche Darstellung durch entbehrliche oder **zerrissen** wirkende **punktierte Linien.**

Bild 228 u. 230. Richtige Gegenbilder.

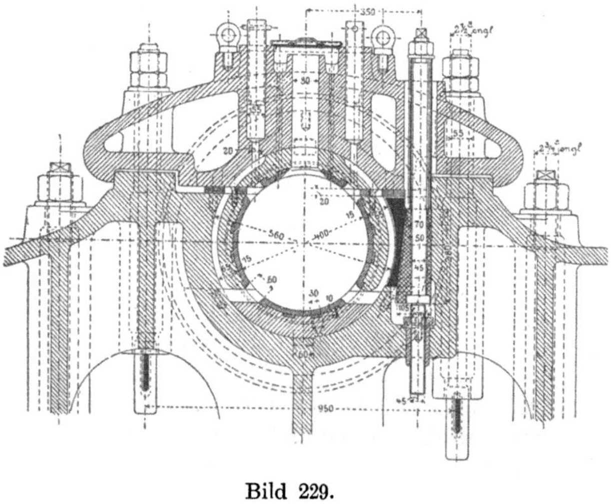

Bild 229.
Durch entbehrliche punktierte Linien überladen.

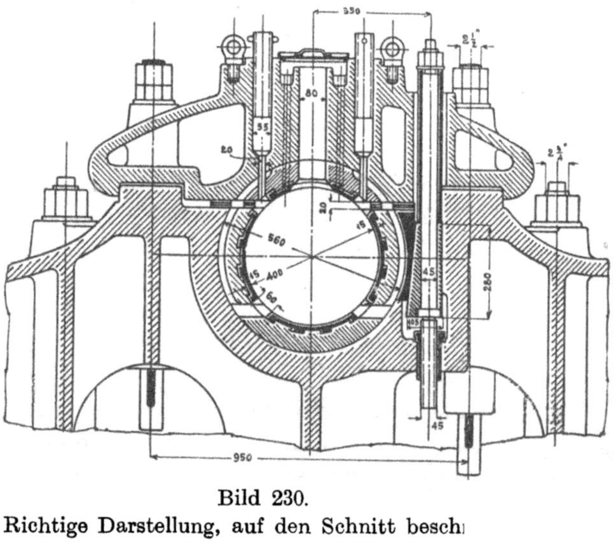

Bild 230.
Richtige Darstellung, auf den Schnitt besch

Bild 231. Undeutlich, weil Querschnitte nicht deutlich getrennt.

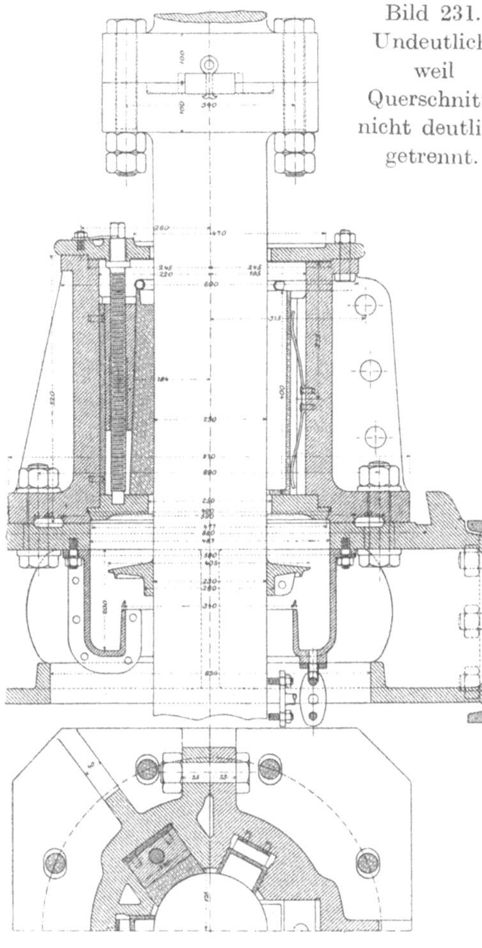

Bild 232. Deutlich, weil Teile getrennt durch Lichtkanten und schwarze Querschnitte.

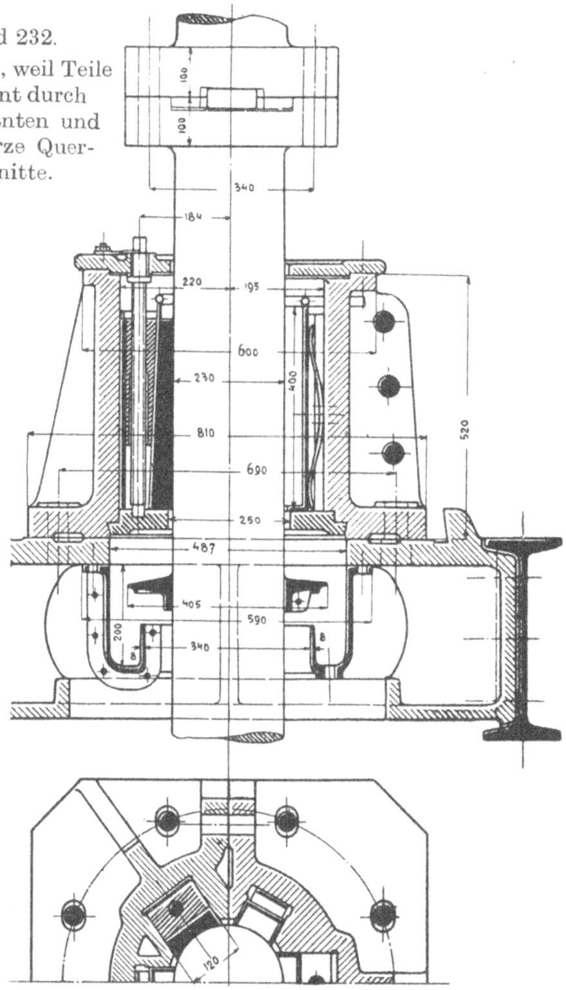

Bild 231—234. Unklare und deutliche Darstellungen.

Bild 233. Undeutlich (aus dem Patentblatt).

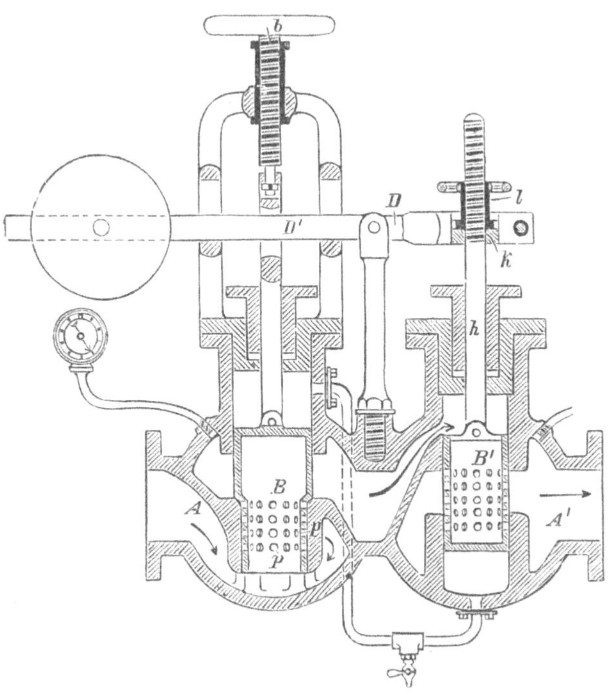

Bild 234. Deutlich, Teile getrennt

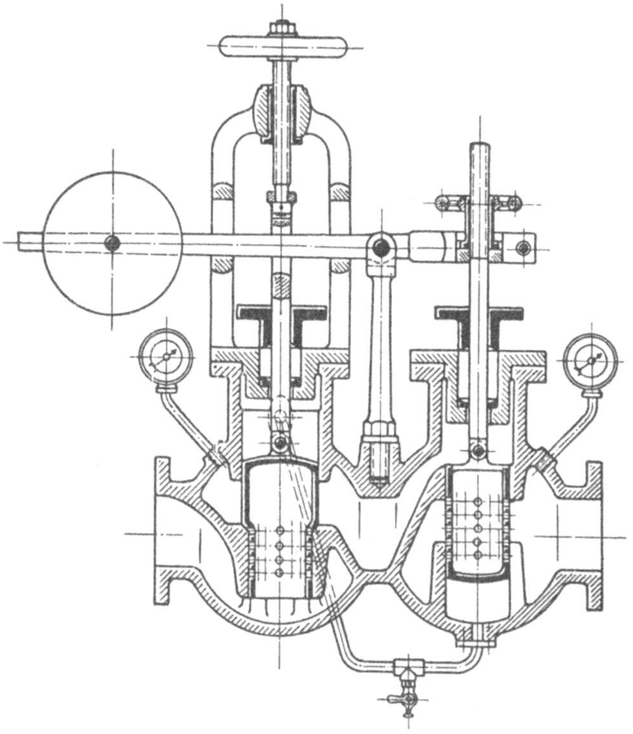

Überflüssige, d. h. für die Formdarstellung oder Ausführung nicht erforderliche unsichtbare Linien dürfen nicht gezeichnet werden (Bild 217, 218); sie schaffen unklare Darstellungen.

Außerdem gilt der Grundsatz: Durch gestrichelte Linien darf überhaupt nur Unwesentliches dargestellt werden; alles Wesentliche muß in Ansicht oder Schnitt gezeichnet werden. Deshalb ist es auch zulässig, die wenigen unsichtbaren Linien voll, aber dünn auszuziehen.

Mittel- und Maßlinien sind Hilfslinien und dürfen die Umrißlinien der Form nicht beeinträchtigen, müssen daher schwächer als diese gezogen und deutlich davon unterscheidbar sein. Es empfiehlt sich, alle Maßlinien dünn voll mit blasserer Tusche zu ziehen, alle Mittellinien hingegen zu strichpunktieren. Auf die farbige Unterscheidung der Linien muß bei Anwendung von Lichtkopierverfahren verzichtet werden. Es ist ein Nachteil der Lichtkopierverfahren, daß die Maßlinien sich nicht besser von den Linien der darzustellenden Form unterscheiden.

Werden die Maßlinien zur besseren Unterscheidung gestrichelt, dann gibt die Kopie ein zerrissenes Bild, und es fehlt die scharfe Unterscheidung von den unsichtbaren Körperlinien.

Die Mittellinien sind mit langen Strichen und möglichst kleinen Zwischenräumen zwischen den Punkten und Strichen zu zeichnen (Bild 195, 222, 228, 230); die Maßlinien sind niemals über die Maßpfeile hinaus zu ziehen.

Alle entbehrlichen Linien sind wegzulassen und die Querschnitte nur zum Zwecke der zeichnerischen Deutlichkeit hervorzuheben (Bild 151 und richtiges Gegenbild 152).

Undeutlich ist es auch, alle Querschnitte gleichmäßig zu schraffieren (Bild 151, 231, 233) oder vollschwarz darzustellen (Bild 153). Zweckmäßige Darstellungen zeigen die Gegenbilder 152, 154, 232, 234.

Besondere Mittel zur Verdeutlichung der Zeichnungen.

Abgesehen von den wenigen und immer seltener werdenden Fällen, wo für Nichtsachverständige, für Ausstellungen, Behörden usw., kostspielige bemalte Bilder statt Maschinenzeichnungen angefertigt werden müssen, ist jede farbige Ausführung, weil mühsam und zeitraubend, auszuschließen, insbesondere jeder Versuch, durch umständliche farbige Behandlung Maschinen und Maschinenteile plastisch darzustellen.

In den Zeiten des unentwickelten alten Maschinenbaus war solche Darstellung manchmal berechtigt, weil es nur wenige Sachverständige gab, die Maschinenzeichnungen lesen konnten, und weil die Form dem Arbeiter nicht selten durch besondere Darstellung klargemacht werden mußte. Das ist gegenwärtig ganz anders.

Farbig abgetönte Zeichnungen müßten, um Eindruck zu machen, geradezu künstlerisch ausgeführt sein; dazu fehlt, außer dem Zweck, die Zeit und jegliche Vorübung.

Es ist übrigens ein merkwürdiger Gegensatz, daß bei den technischen Zeichnungen solche Malkunst angestrebt wurde, während der ganze Vorbereitungsunterricht von jeher nicht nur jeder künstlerischen Auffassung des Zeichnens aus dem Wege geht, sondern sogar das gewöhnliche Freihandzeichnen als Stiefkind behandelt.

Gleich zwecklos ist das farbige Berändern, insbesondere dünn ausgezogener Linien. Durch Berändern in blasser Farbe wird die Zeichnung nur unbestimmt; kräftige Farbe hingegen stört die Umrißlinien. Der Zweck der Zeichnung ist aber deutliche Wiedergabe der Form. Für einfache Darstellungen ist die Methode überflüssig, bei komplizierten zu umständlich, und außerdem wird der Zweck gar nicht erreicht: die Konstruktionsteile treten durch das Berändern keineswegs deutlicher hervor.

Plastisch wirkende Darstellung ist für den Arbeiter nicht notwendig, wohl aber zur Übung des Anfängers. Das ist eine wichtige Übung; der Anfänger soll sich aber dabei der einfachsten Mittel und nicht zeitraubender Malereien bedienen, vielmehr Maschinenteile perspektivisch in Skizzen freihändig darstellen (siehe S. 182). Solche Übung muß dem Entwerfen vorangehen und führt zur Hauptsache: zur Ausbildung der Formvorstellung.

Mauerwerk, Erdreich und dgl. wirkt in Maschinenzeichnungen schon durch die großen Flächen; es ist daher völlig ausreichend, diese Flächen im Querschnitt durch Schraffierung hervorzuheben. Es wäre zwecklos, große Mauerwerksflächen etwa nach dem Vorbilde der Architekturzeichnungen zu behandeln.

Der Zweck der Maschinenzeichnung erfordert nur die Unterscheidung dieser Stoffe von den Maschinenteilen. Zur Ausführung der Fundamente ist mit Rücksicht auf die geringe Übung von Maurern und sonstigen Arbeitern im Lesen von Maschinenzeichnungen stets ein farbig ausgeführter Plan empfehlenswert. Dieser wird am besten als Weiß-Lichtpause hergestellt, in der die Querschnitte in der angegebenen Weise mit Farbe hervorgehoben werden. Doch ist auch Schraffieren der Querschnitte (vgl. Bild 326 usw.) vielfach üblich, wobei deutliche Kopien hergestellt werden müssen.

Lichtränder, Schattierungen usw.

Die Deutlichkeit jeder Zeichnung und jedes ihrer Teile wird wesentlich erhöht, wenn zwischen den benachbarten Konstruktionsteilen Lichtränder freigelassen werden, und zwar etwa links und oben, unbedingt aber dort, wo Querschnittsflächen aneinanderstoßen.

Der Lichtrand darf keine größere Breite als die Strichstärke der Zeichnung erhalten, die Ränder müssen gleichmäßig und scharf begrenzt sein, nicht rissig. Werden die Lichtränder in der ganzen Zeichnung richtig durchgeführt, dann ist die Deutlichkeit und Anschaulichkeit wesentlich erhöht. Das ist ein einfaches, jederzeit anwendbares Darstellungsmittel (vgl. Bild 236, 238, 240).

Auch bei Zeichnungen in kleinem Maßstabe, ja sogar in jeder freihändigen Skizze sollten die Querschnitte immer mit Lichträndern versehen werden, gleichgültig, ob der Querschnitt einfach vollschwarz oder schraffiert dargestellt wird. Dies gibt klare, plastische Bilder. Unterbleiben die Lichtränder, dann sehen die Zeichnungen selbst bei sonst sorgfältiger Ausführung flach, meist auch undeutlich aus.

Ein anderes Mittel zur Verdeutlichung von verwickelten Darstellungen in kleinem Maßstabe, insbesondere von Gesamtzeichnungen, ist die Andeutung von Schlagschatten.

Darunter ist aber nicht eine Schattierung im Sinne einer richtigen Schattenkonstruktion, sondern nur ein schematisches Hilfsmittel zur Verdeutlichung zu verstehen.

Richtige Schattierung wäre ganz unbrauchbar, würde die Zeichnung plump erscheinen lassen und die Form stören. Die Schattierung muß auf die Hervorhebung der runden Teile beschränkt werden, welche als Hauptsache aus der Gesamtzeichnung hervortreten sollen (Bild 244).

Alle Schatten, welche zu diesem Zwecke nicht beitragen, werden einfach weggelassen ohne jede Rücksicht auf die Schattenlehre. Es handelt sich nicht um Schattenkonstruktionen, sondern um ein Mittel einfachster Art für einfache plastisch wirkende, anschauliche Verdeutlichung.

Die Schatten müssen das Charakteristische der Form andeuten und dürfen nicht mit den Begrenzungslinien der Form zusammenfallen, sondern es muß ein

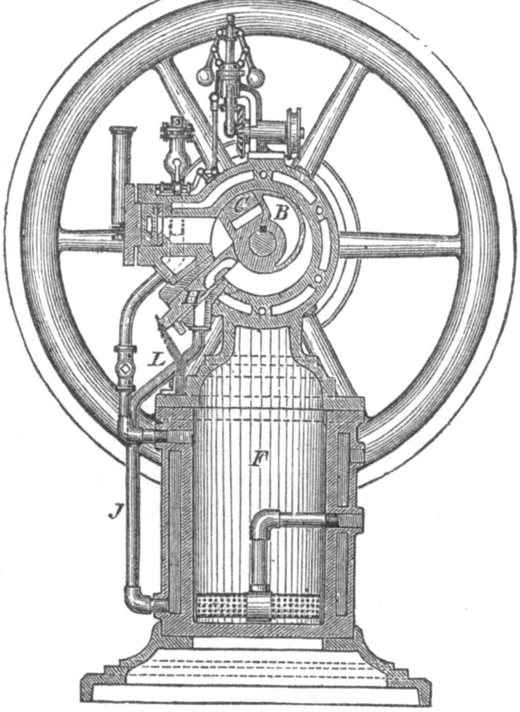

Bild 235.
Undeutlich wegen zweckloser Schraffen und Nichthervorhebung der Hauptteile.

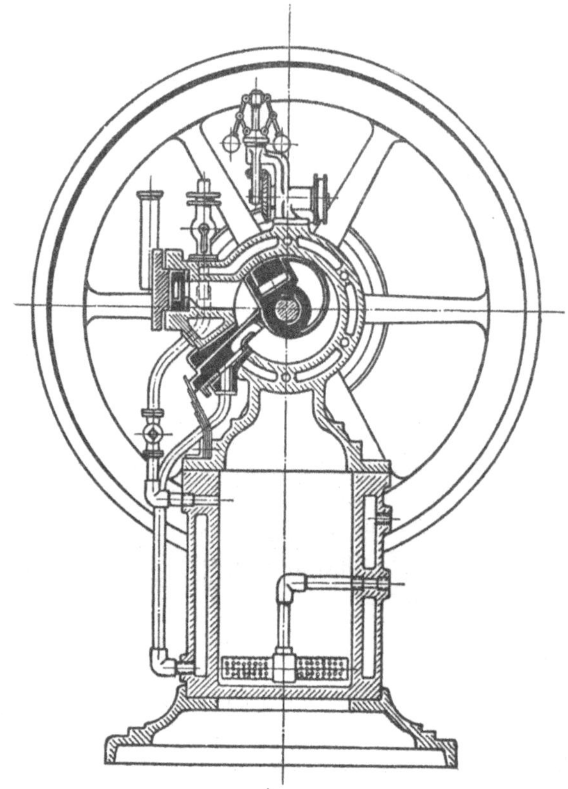

Bild 236.
Deutlich, weil Hauptteile hervortreten.

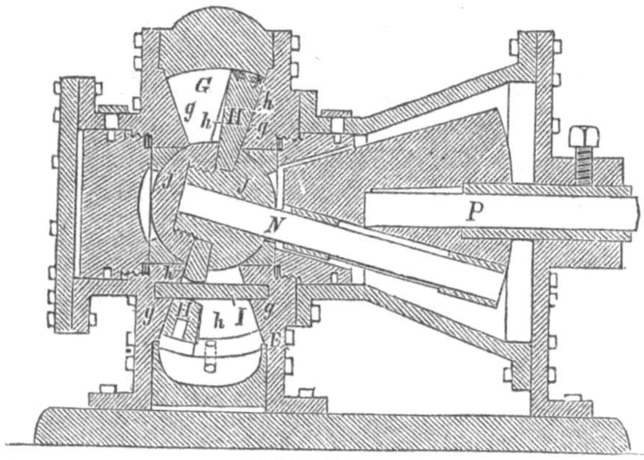

Bild 237.
Undeutlich, weil Teile nicht getrennt und Schrauben überflüssig und schlecht eingezeichnet sind.

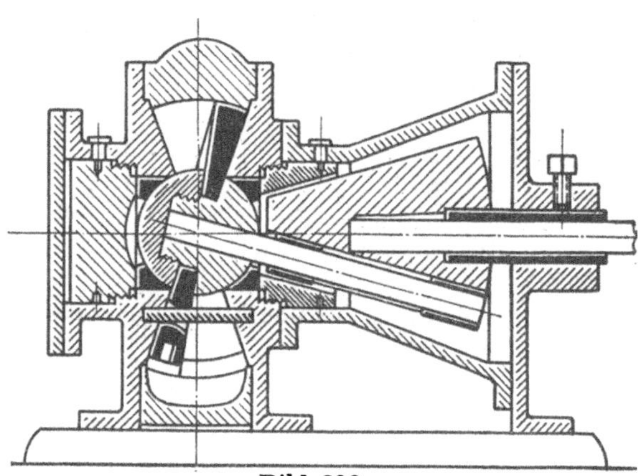

Bild 238.
Deutlich, weil Hauptteile hervorgehoben, alles Entbehrliche weggelassen.

Bild 235—240.
Undeutliche und deutliche Formdarstellungen.

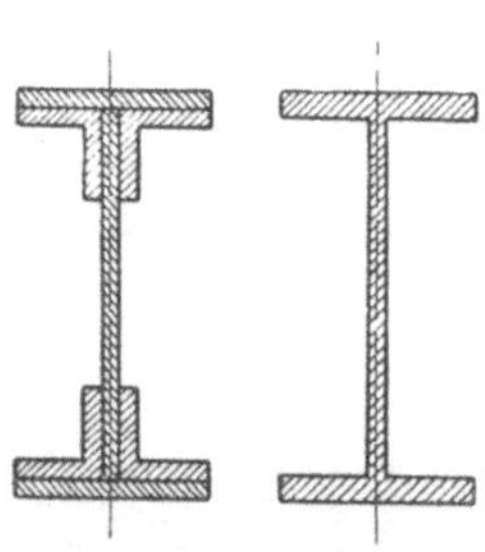

Bild 239.
Trägerquerschnitte undeutlich, weil schraffiert, ohne Trennung der Teile durch Lichtränder.

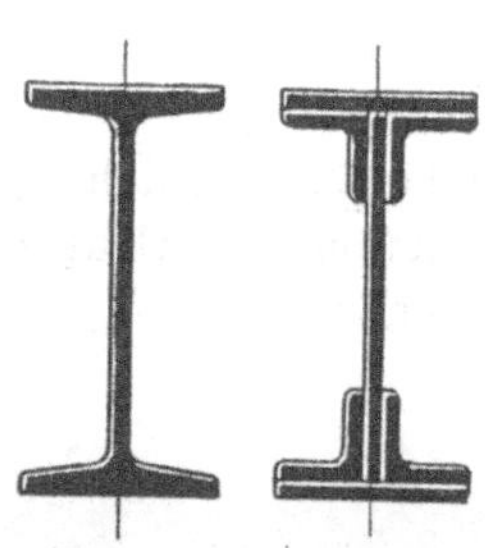

Bild 240.
Trägerquerschnitte deutlich hervortretend und die Teile durch Lichtränder getrennt.

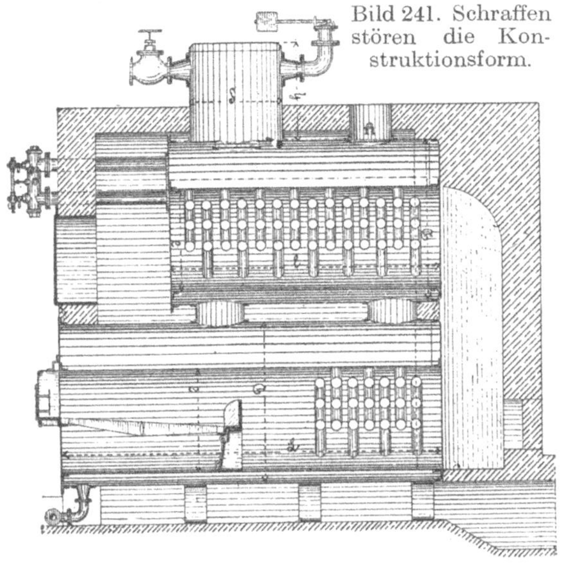

Bild 241. Schraffen stören die Konstruktionsform.

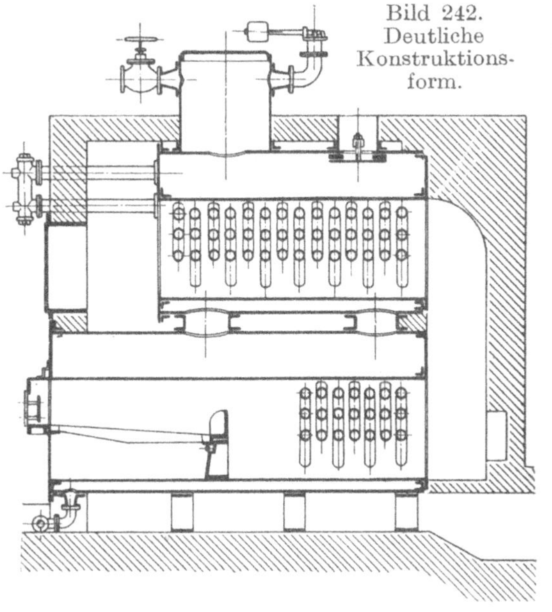

Bild 242. Deutliche Konstruktionsform.

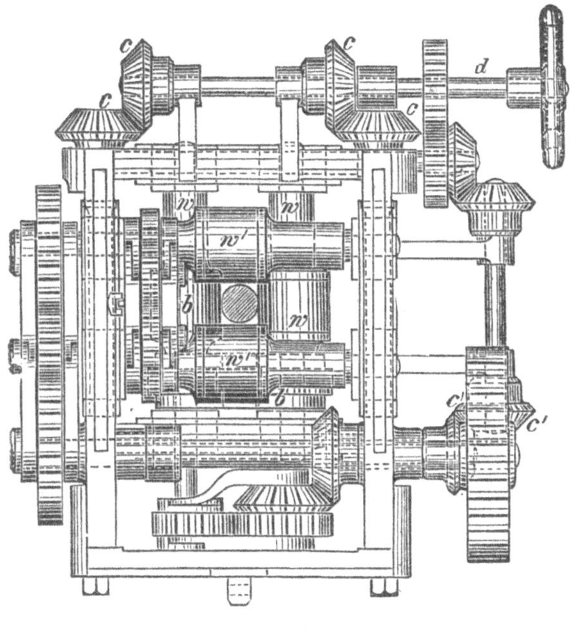

Bild 243. Schraffen und punktierte Linien machen das Bild undeutlich.

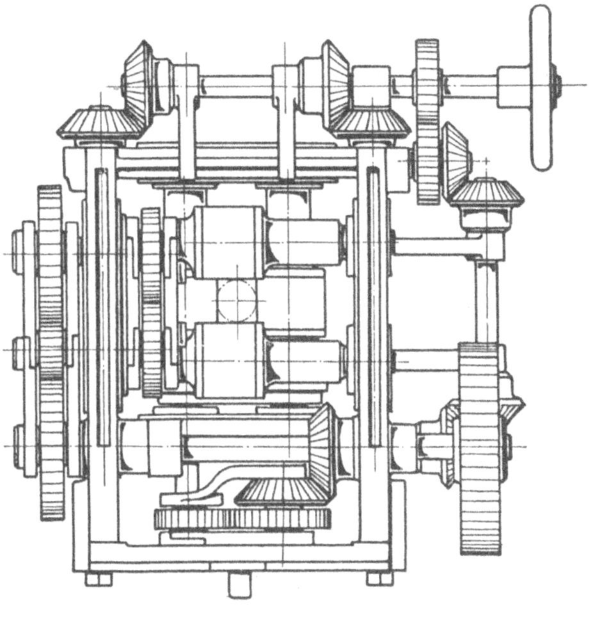

Bild 244. Einfache Schattenandeutung.

Bild 241—246. **Undeutliche Darstellung** durch **zwecklose, überladene Schraffierung** und **deutliche Gegenbilde**

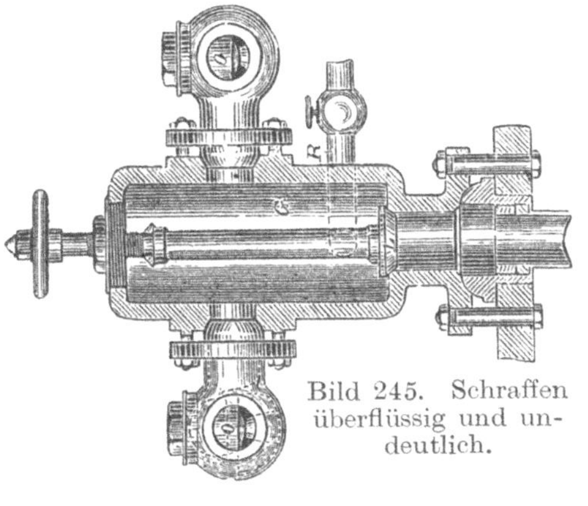

Bild 245. Schraffen überflüssig und undeutlich.

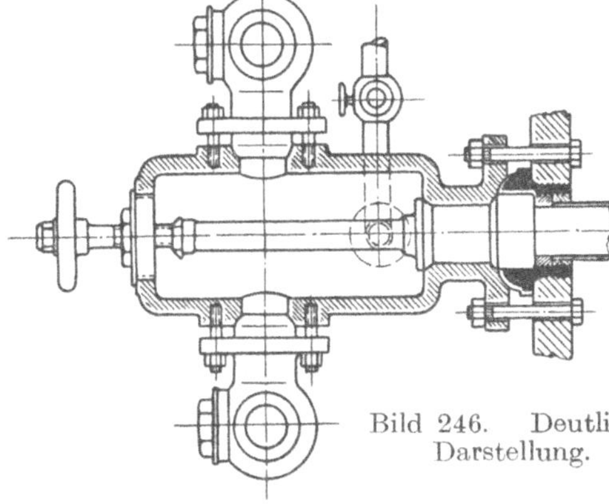

Bild 246. Deutliche Darstellung.

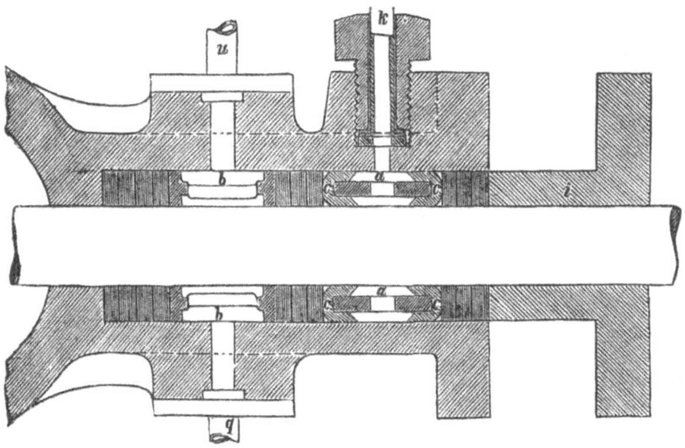

Bild 247.
Stopfbüchse eines **Ammoniakkompressors** (aus dem Patentblatt). Unrichtig, undeutlich, weil die Dichtungsteile nicht hervorgehoben sind. Schraffierung der Querschnitte zu eng.

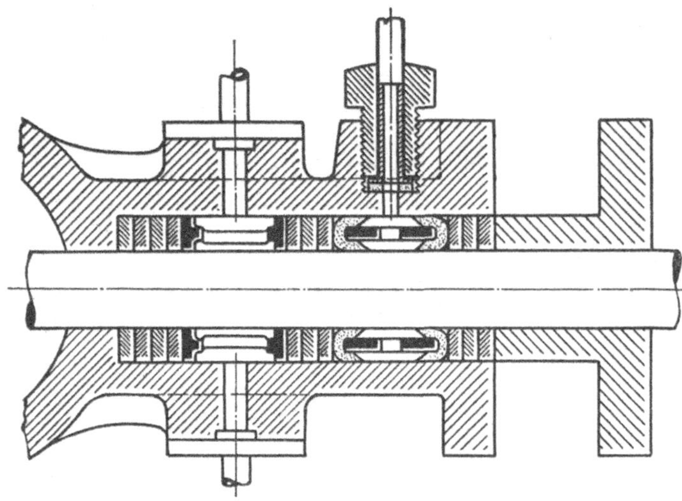

Bild 248.
Richtige Darstellung mit Hervorhebung der Dichtungsteile, Trennung der Querschnitts-Schraffierung und Trennung der Bauteile durch die verschieden stark wirkenden Flächen.

Bild 247—250. Undeutliche und richtige Formdarstellungen.

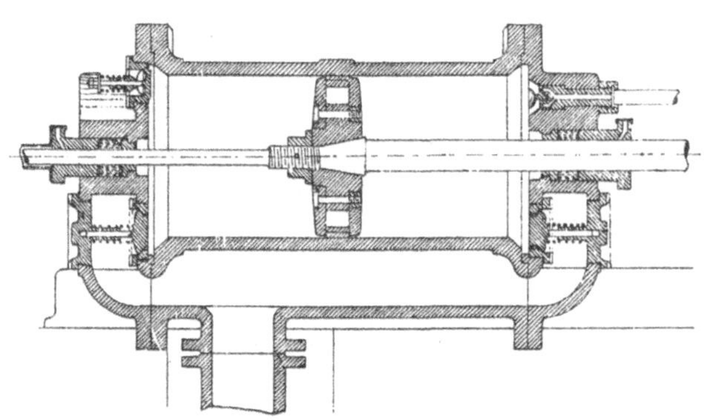

Bild 249.
Doppeltwirkender Kompressor.
Unzweckmäßige Darstellung eines Kompressionszylinders mit seinen Ventilen. Kolbenschnitt für den Zusammenhang überflüssig. Stopfbüchseneinsatz in nichtssagender Lage.

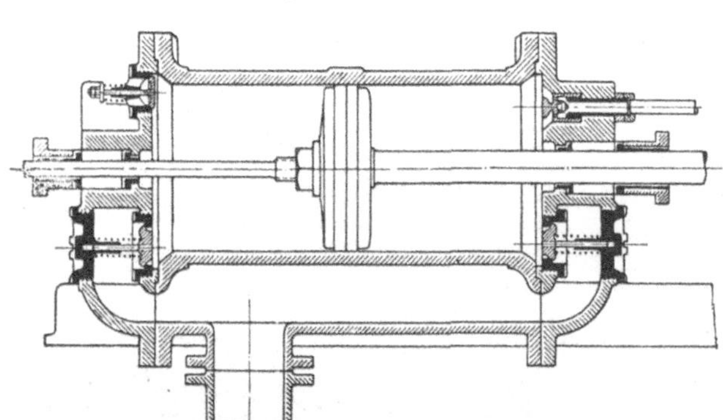

Bild 250.
Richtige Darstellung. Überflüssiges weggelassen, die Hauptteile ausreichend getrennt. Schraffierung der Querschnitte, mit Lichträndern.

kleiner Lichtrand dazwischen bleiben (Bild 244), sonst wird die Darstellung schwerfällig und undeutlich (vergl. auch Bild 239 und 240).

Das Schraffieren der Bilder, um runde Formen zu kennzeichnen, ist nicht zu empfehlen. Es erfordert große Übung und mühsamere Durchführung als die einfachen Schlagschatten. Die Bilder 235, 241, 243, 245 sind wenig übersichtliche Darstellungen, die sich durch Anbringung einiger Schlagschatten (Bild 244) oder selbst durch einfache Linien (Bild 242, 246) wesentlich klarer gestalten.

Nur ausnahmsweise, bei Skizzen und schematischen Darstellungen, ist Schraffieren zur Kennzeichnung einer runden Form zulässig (vgl. die Bilder 380—387).

Zeichnerische Darstellungen für Veröffentlichungen müssen in gleicher Weise möglichste Anschaulichkeit und Klarheit bei Verwendung einfachster zeichnerischer Mittel darbieten. Auch hier kommt es darauf an, das Wesentliche einfach und anschaulich darzustellen. Der gewöhnlichste Fehler ist: die Darstellung von zu vielerlei in einer Zeichnung, die Überladung, namentlich mit punktierten Linien und mit Nebensächlichem, häufig auch der viel zu kleine Maßstab.

Immer ist das jeweilig Wesentliche hervorzuheben. Z. B.: In Bild 241 tritt das unwesentliche Mauerwerk grell hervor, während der Dampfkessel, das Wesentliche, unklar bleibt. In Bild 235 und 237 tritt nichts klar hervor. Treten hingegen die Querschnitte kräftig hervor, wird alles für die Formdarstellung Entbehrliche, wie Schrauben und dergl., weggelassen, das Wesentliche aber hervorgehoben (Bild 236 und 238), dann wird die Darstellung deutlich.

Wenn das Wesen einer Konstruktion durch eine Veröffentlichung gezeigt werden soll, dann ist von der Sprache des Ingenieurs, der Zeichnung, der ausgiebigste Gebrauch zu machen. Jede für Fachleute bestimmte Veröffentlichung soll, wo immer es angeht, statt der schriftlichen Erläuterung die zeichnerische Darstellung bieten. Diese ist die Hauptsache, und die schriftliche Erläuterung hat sich nur mit dem zu befassen, was aus der Zeichnung nicht genügend ersichtlich ist. Bei der Wiedergabe von Einzelheiten des Betriebes, von Erfahrungen tritt nicht das Wort an die Stelle der Zeichnung, sondern die Zahl.

Meist wird es freilich umgekehrt gemacht. Die Autoren suchen wegen mangelnder Mittel und Hilfskräfte schwierige zeichnerische Darstellungen zu vermeiden, und den Verlegern liegt vor allem daran, Kosten zu ersparen. Dabei kommt die einwandfreie deutliche zeichnerische Darstellung zu kurz.

Wer gegenwärtig eine Maschine, statt sie anschaulich abzubilden, nur beschreibt oder ihre Teile mit Buchstaben bezeichnet und nun in mühselig-langweiliger Beschreibung auf diese Buchstaben und auf schlechte Bilder hinweist, der findet bei den Lesern kein Verständnis. Stets muß die klare Zeichnung selbst alles Erforderliche aussprechen.

Näher kann hier auf den Gegenstand nicht eingegangen werden, da die Zwecke der Bilddarstellungen in Veröffentlichungen zu verschiedenartig sind.

Der Mangel vieler Darstellungen ist die Eintönigkeit, daher Unklarheit, die daraus entsteht, daß die Teile in der Zeichnung zu wenig getrennt sind (Bild 247, 249). Richtige Unterscheidung in der Querschnittsdarstellung ergibt deutliche Bilder (Bild 248, 250).

Werkzeichnungen.

Von allen Maschinenzeichnungen sind die wichtigsten die Werkzeichnungen, die den Werkstätten als Grundlage der Ausführung dienen.

Jede Werkzeichnung hat zum Zwecke: die Verständigung des Konstrukteurs mit den ausführenden Arbeitern, die nur auf diesem Wege erfolgt. Mündliche Besprechung über das Auszuführende wird nur ausnahmsweise vorkommen, in Großbetrieben mit weitgehender Arbeitsteilung überhaupt nicht. Gelegentliche mündliche Erörterung der Werkzeichnung ist nur zulässig, wenn diese trotzdem unzweifelhaft richtig und vollständig ist, also auch das mündlich Festgestellte vollständig enthält. Maßgebend für die Ausführung bleibt immer nur die Werkzeichnung, niemals der mündliche Auftrag.

Das durch die Werkzeichnung gegebene Bild der Konstruktion hat nur der Vorstellung der auszuführenden Form zu dienen. Die Ausführungsmaße hingegen werden in die Zeichnung als Maßzahlen eingeschrieben, und nur diese Zahlen sind für die Ausführung maßgebend.

Die Werkzeichnung muß daher unzweifelhaft richtig und vollständig alles enthalten, was zur Kennzeichnung der Form und zur Ausbildung der Einzelheiten einer Maschine, was für die Ausführung notwendig ist; sie muß alle Angaben enthalten, die die Herstellung, die Bearbeitung und den Zusammenbau betreffen. Für die Herstellung, die Bearbeitung der Teile und für ihren Zusammenbau können auch getrennte Zeichnungen angefertigt werden.

Der Arbeiter muß sich die Konstruktionsform nach der Zeichnung richtig vorstellen und sie nach den Angaben der Zeichnung ausführen können. Die Werkzeichnung darf weder Irrtümer enthalten noch solche zulassen oder verursachen. Irrtümer oder mißverständliche Auffassung des Dargestellten und der Maßzahlen haben meist großen Zeitverlust und Kosten oder selbst Unfälle zur Folge.

Wenn die Zeichnung zur Darstellung dessen, was auszuführen ist, nicht völlig ausreicht, dann ist sie durch zusätzliche Beschreibung zweckentsprechend zu vervollständigen.

Das Wesen der Werkzeichnungen läßt sich am besten aus dem Zusammenhang der Maßzahlen mit der praktischen Ausführung erkennen; dieser sei deshalb hier zunächst erläutert.

Bei den Schwierigkeiten, welche die Behandlung der **Maßzahlen** dem Anfänger bietet, erfordern diese eine besonders eingehende. durch eine genügende Zahl von Beispielen veranschaulichte Erörterung.

Die sachlichen Erfordernisse ergeben sich aus dem schon erwähnten Zweck der Maßzahlen: ungenaue oder irrtümliche Abmessungen aus den Werkzeichnungen zu verhüten. Die Ausführungsmaße werden nie aus der Zeichnung abgemessen, sondern die eingeschriebenen Maße abgelesen und unter Verwendung besonderer Meßvorrichtungen bei der Ausführung benutzt. Nur die in der Zeichnung eingeschriebenen Maßzahlen, nicht aber die gezeichneten Abmessungen sind maßgebend. Die sachliche Richtigkeit der Werkzeichnung erfordert daher:

daß alle für die Ausführung erforderlichen Maße unzweifelhaft und richtig in die Werkzeichnung eingeschrieben werden, daß alle Maßzahlen dem tatsächlichen Arbeitsvorgange bei der Ausführung entsprechen, daß sie richtig und praktisch brauchbar sind, daß die vorhandenen Arbeitsmittel, Modelle, Bearbeitungsmaschinen, Kaliber, Normalteile, Lagervorräte usw. berücksichtigt sind.

Die geistige Arbeit in Maschinenzeichnungen liegt im Zusammenhange der Konstruktionsform mit ihrem Zweck, aber auch in der richtigen Angabe der Maße für die Ausführung, unter Berücksichtigung der gegebenen Verhältnisse, insbesondere der vorhandenen Werkstätteneinrichtungen, praktischen Arbeitsvorgänge usw.

Die Ausführung der Maschinenteile fordert von der Maschinenzeichnung die Angabe aller notwendigen Maßzahlen, und zwar in der Reihenfolge, wie sie praktisch benutzt werden.

Die Werkzeichnung soll daher auch so entstehen wie nachher das Werkstück. Gerade für den Anfänger ist es von Wichtigkeit, beim Einschreiben der Maßzahlen grundsätzlich diejenige Reihenfolge einzuhalten, welche nachher bei der praktischen Ausführung eingehalten werden muß. Erst nach erlangter genügender Übung ist Abweichung von dieser Folge zulässig. Hieraus erwachsen dem Anfänger besondere Schwierigkeiten, weil ihm die Kenntnis der Werkstättenarbeit fehlt; die Schwierigkeiten werden kaum überwindliche, wenn er vor dem Fachstudium nicht praktisch tätig war; der gleichzeitige oder später folgende technologische Unterricht über Arbeitsvorgänge und Herstellungs- und Bearbeitungsmittel reicht nicht aus, ihm das nötige praktische Verständnis zu vermitteln.

Die Ausführung sowohl wie die Maßzahlen müssen sich immer auf die Symmetrielinien (Mittellinien) der Konstruktionsform beziehen. Bei Einzelausführungen werden auf die rohen Werkstücke zuerst diese Mittellinien aufgerissen, in großen Fabriken mit entsprechender Arbeitsteilung durch besondere Arbeiter. Dieses Aufreißen ist für den Anfänger sehr lehrreich, wird aber leider selten geübt. In der Massenfabrikation fällt dieses Vorzeichnen der Arbeitsstücke weg, weil es durch besondere Hilfsvorrichtungen, Schablonen, Spezialmaschinen usw. ersetzt wird.

Fehlerhaft ist es: Maßzahlen nicht auf Mittellinien zu beziehen oder Maßzahlen einzuschreiben, welche mit der Ausführung nicht übereinstimmen, an dem Werkstück nicht nachgemessen werden können oder aus Einzelmaßen erst zusammengerechnet werden müssen.

Die Literatur bietet über den Zusammenhang der Konstruktion mit der Ausführung keine ausreichenden und genügend anschaulichen Angaben für den Anfänger. Alle Einzelheiten lassen sich gar nicht lehren; die Anfänger sollten aber wenigstens auf den untrennbaren Zusammenhang zwischen Maßzahl und Ausführung und auf die Notwendigkeit eigener Anschauung und Erfahrung hingewiesen werden.

Z. B. Arbeitsvorgang bei Herstellung des Gußstückes (Bild 251):

Es ist nicht üblich, mehrere Werkzeichnungen anzufertigen, z. B. eine für das Holzmodell (Schreinerei), eine für das fertig bearbeitete Stück (Dreherei usw.), obwohl Maße und Arbeitsvorgang in den beiden Werkstätten verschiedenartig sind. Eine Werkzeichnung muß für alle Werkstätten genügen. Die in der Modellschreinerei allein erforderlichen Schwindmaße, Kernstützen usw., werden daher in der Werkzeichnung gar nicht angegeben; sie müssen ohne besondere Angabe berücksichtigt werden.

Zur Veranschaulichung sind dargestellt in Bild 251: das herzustellende Stück, in Bild 252: die Einzelteile, aus denen die schließliche Form nach erfolgter Bearbeitung zunächst im Holzmodell zusammengebaut wird, in Bild 253: die für diese Teile erforderlichen Maße. Zuerst wird z. B. der Mittelzylinder, dann der obere und untere Flansch hergestellt und mit dem Zylinder zusammengesetzt (gewöhnlich wird der Mittelzylinder samt Kernansätzen aus einem in der Längsachse geteilten Stück hergestellt, auf das die Flanschen aufgesetzt werden; auf die Kernansätze ist in diesem Bild nicht Rücksicht genommen). Dann werden die seitlichen Rippen und Ansatzstutzen (Bild 254) in richtiger Höhe und Entfernung angepaßt und die Übergangsformen hinzugefügt (Bild 255). Dieses Holzmodell wird nach dem Schwindmaß (Zusammenziehen des erkaltenden Gußstückes) vergrößert hergestellt.

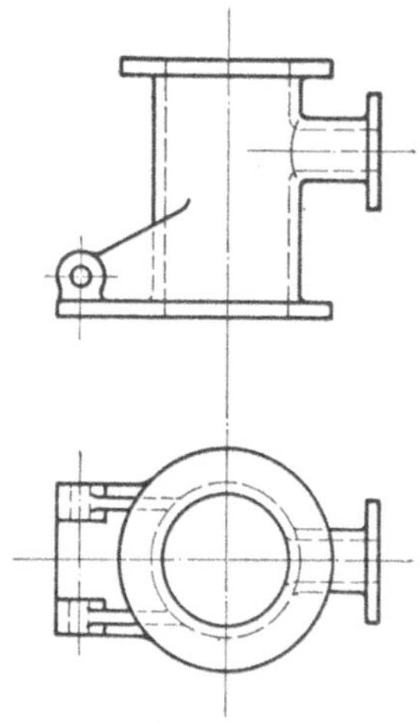

Bild 251.
Herzustellendes Gußstück.

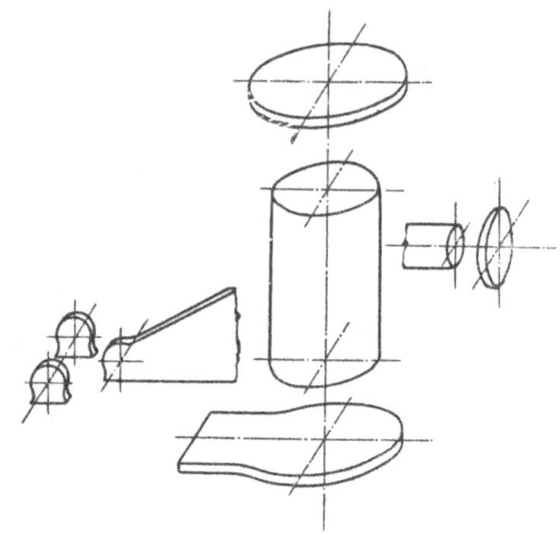

Bild 252.
Teile zur Herstellung des Holzmodelles.

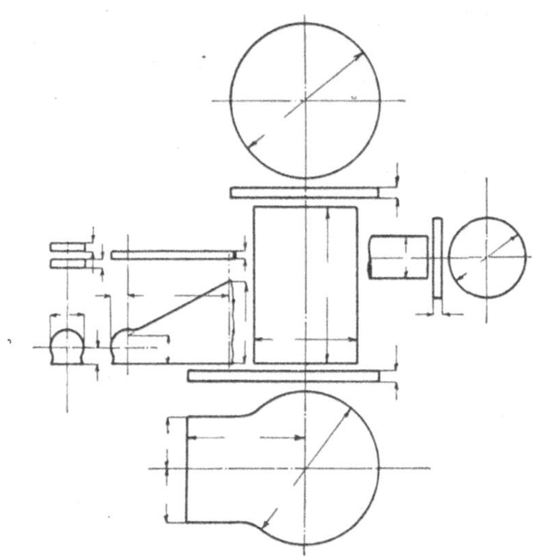

Bild 253.
Maße für die Einzelteile des Holzmodelles.

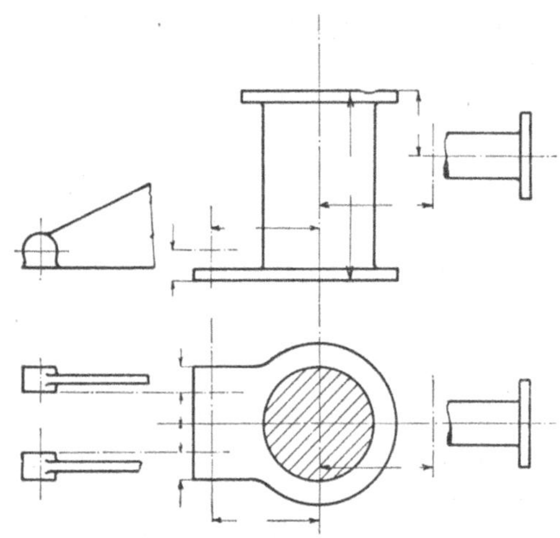

Bild 254.
Maße für den Zusammenbau der Teile.

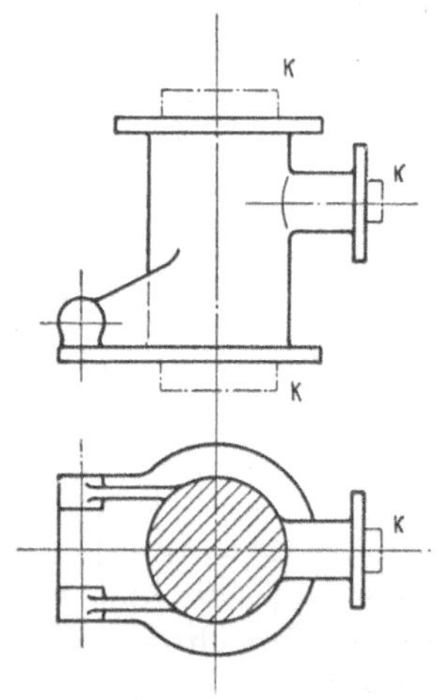

Bild 255.
Zusammengebautes Modell für die Gießerei (K K . . Kernansätze). Nach Schwindmaß

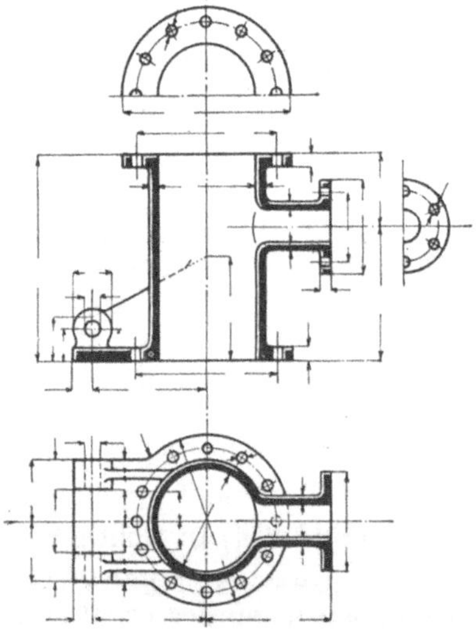

Bild 256.
Maße für das fertige Gußstück.
Zugleich Darstellung für die Modellherstellung.

Die Werkzeichnung (Bild 256) muß hingegen alle Maße enthalten, welche für die fertige Bearbeitung des Stückes in der Dreherei usw. erforderlich sind.

Diese Zeichnung allein wird als Werkzeichnung angefertigt und dient für alle Werkstätten: Modellschreinerei, Gießerei und Dreherei.

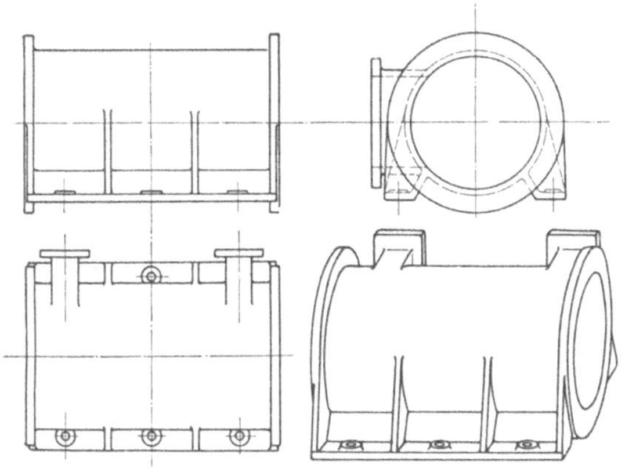

Bild 257.
Projektion und Bild eines Dampfzylinders.

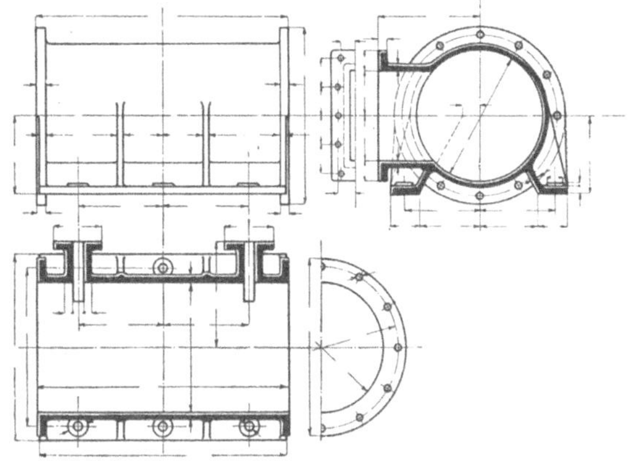

Bild 258. Maße für einen Dampfzylinder.

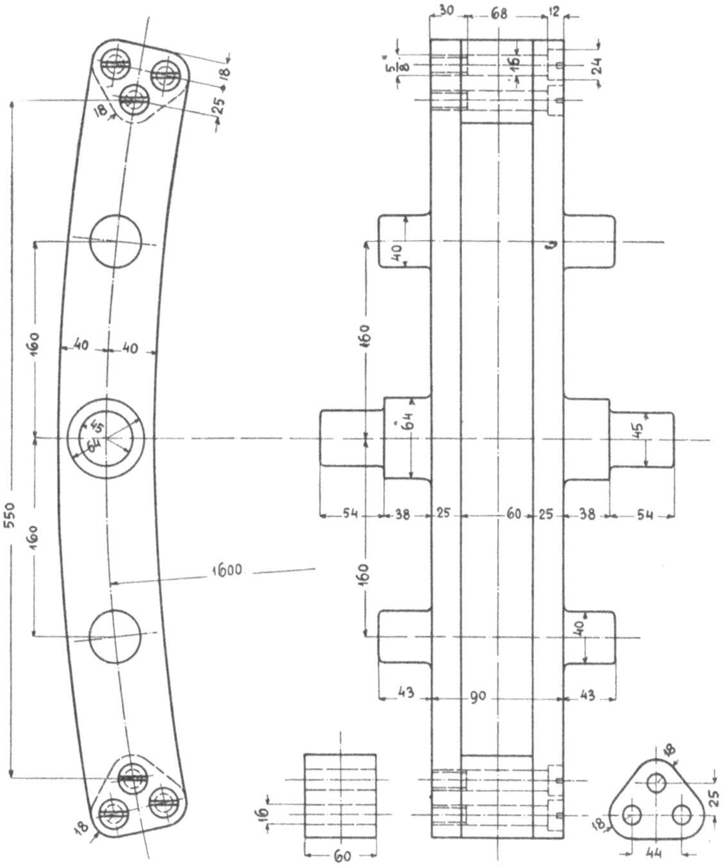

Bild 259: Ausführungsmaße für den Schleifbogen (Kulisse) einer Dampfmaschinen-Umsteuerung.

In Bild 258 sind die erforderlichen Maße für einen einfachen Dampfzylinder (s. Bild 257), in Bild 259 für den Schleifbogen einer Dampfmaschinensteuerung angegeben.

Die Maßzahlen müssen dem Vorgange der Ausführung entsprechen, leicht sichtbar und dort zu finden sein, wo man sie bei der Ausführung naturgemäß sucht; dies erfordert Überlegung für jeden einzelnen Fall. Die Hauptmaße, welche bei der Ausführung zuerst und wesentlich gebraucht werden, müssen in der Zeichnung auch sofort auffällig sichtbar sein und, wenn notwendig, durch kräftige (nicht weitläufige) Ziffern hervorgehoben werden. Als Hauptmaße sind die bei der Ausführung zunächst erforderlichen anzusehen: z. B. Entfernungen der Bearbeitungsflächen, der Mittellinien unter einander usw. Die Maßzahlen müssen, mit seltenen Ausnahmen, den Abmessungen der fertigen Ausführung entsprechen und werden immer in Millimetern eingeschrieben.

Die Maßzahlen sollen die gezeichnete Form nicht stören; sie sollen in die Zeichnung eingeschrieben werden, solange hierdurch die gezeichnete Form nicht undeutlich wird. Erst wenn von diesem Verfahren Undeutlichkeit zu befürchten ist, sind die Maßlinien aus der Zeichnung herauszuziehen und die Maßzahlen außerhalb derselben zu schreiben.

Fehlerhaft ist es:

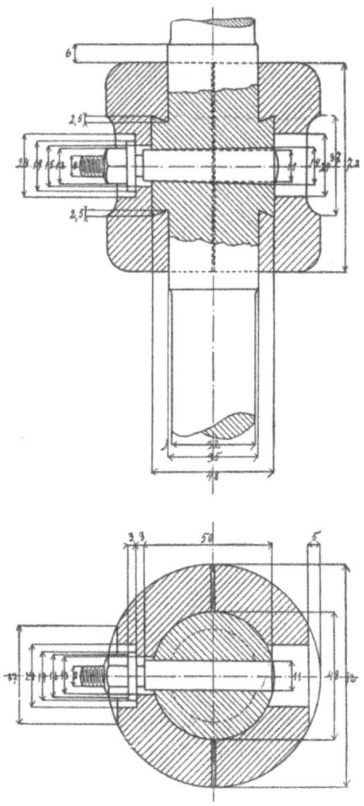

Bild 260. Undeutlich, weil alle Maße nach außen gezogen.

Alle Maße nach außen zu ziehen (Bild 260, 263, 266). Hierdurch werden die Ablesungen erschwert und Irrtümer hervorgerufen, und die Darstellung der Form wird dadurch ganz undeutlich. Erforderlich ist: eine zweckmäßige Verteilung der Maße, die die Formdarstellung nicht stört (Bild 261, 264, 265, 267).

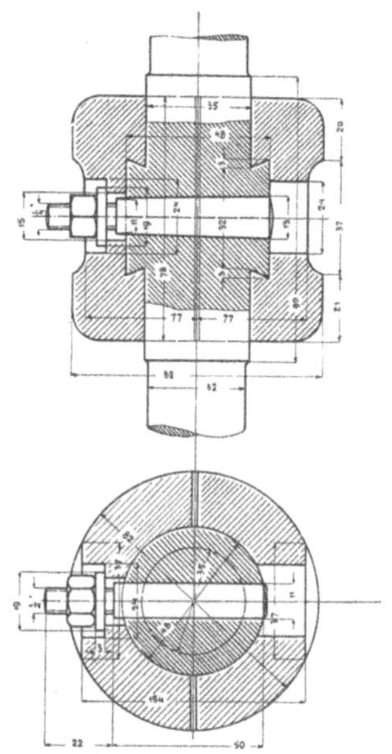

Bild 261. Übersichtliche Maße, zweckentsprechend verteilt.

Die Maße nicht in der Richtung der Maßlinien, also die Zahlen nicht senkrecht zu den Maßlinien einzuschreiben. Hierdurch entstehen bei sich kreuzenden Maßlinien Zweifel darüber, wohin die Zahl gehört, und infolge davon Irrtümer.

Zuviel Maße und überflüssige Maße einzutragen. Dadurch wird jede Zeichnung undeutlich und überladen. Erforderlich ist solche Verteilung, daß die Darstellung der Form klar bleibt. Jede Projektion muß die für den dargestellten Teil der Form notwendigen Maße enthalten. Wird hierdurch die zeichnerische Darstellung überladen, dann muß entweder der Maßstab größer gewählt, oder es müssen Einzeldarstellungen der verwickelten Teile hinzugefügt werden. Anfänger begehen gewöhnlich den Fehler, daß sie nicht alle für die Herstellung erforderlichen Maße einschreiben, so daß die Hauptmaße bei der Ausführung erst mühsam zusammengesucht werden müssen.

Die Mittellinien als Maßlinien zu benutzen oder die Maße zu nahe den Umrißlinien einzuschreiben oder statt Maßlinien und Maßpfeile Klammern oder sonstige die Zeichnung der Form störende Behelfe zu benutzen.

Maßzahlen für Werkzeichnungen.

Bild 262—265. Beispiele von falsch und von richtig eingetragenen Maßen und Maßlinien.

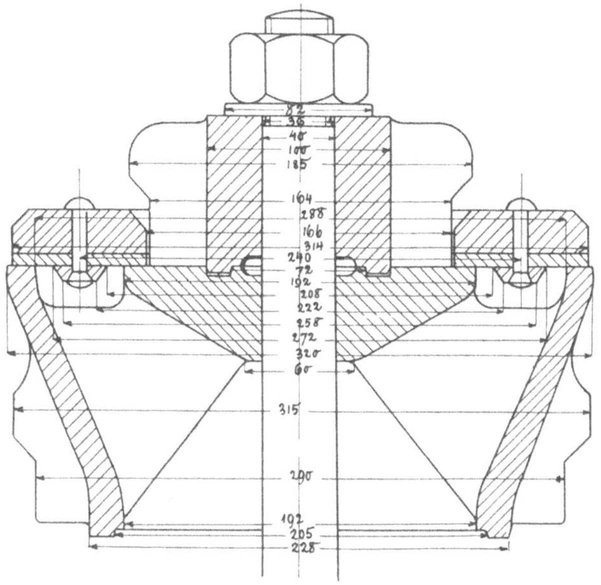

Bild 262.
Unzweckmäßig verteilte Maße, unleserlich, unübersichtlich, weil alle Maße in der Mitte.

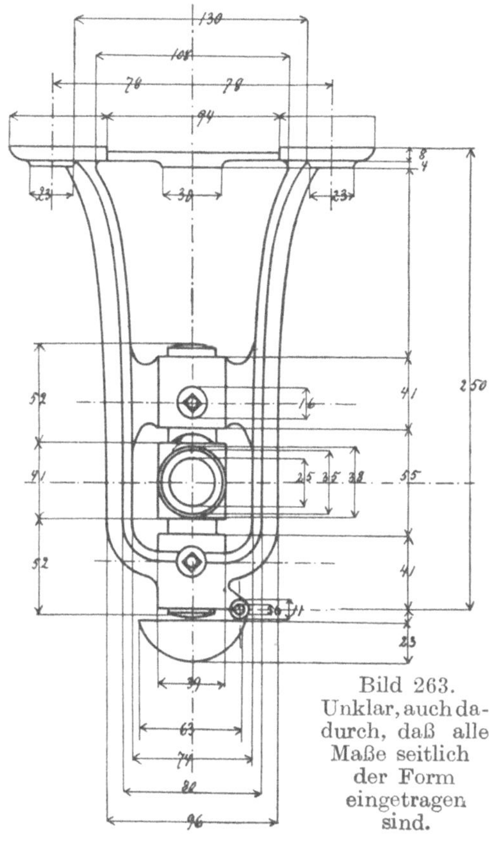

Bild 263.
Unklar, auch dadurch, daß alle Maße seitlich der Form eingetragen sind.

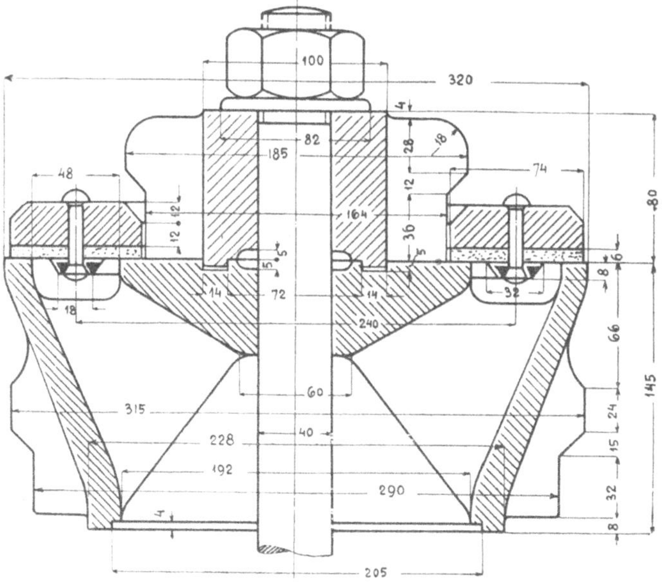

Bild 264.
Richtige, übersichtliche Maße, zweckmäßige Verteilung.

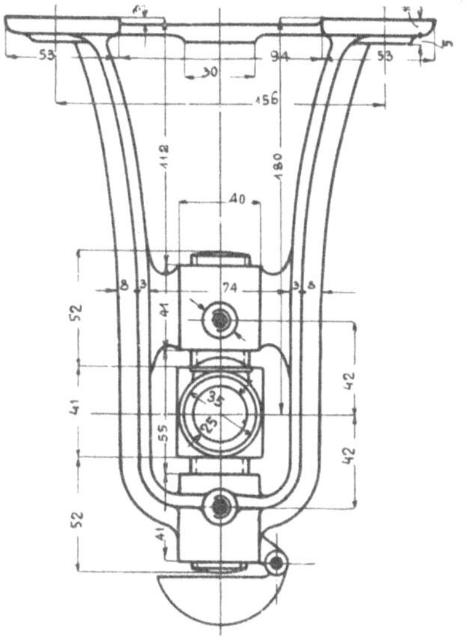

Bild 265.
Richtige und übersichtliche Maße.

Die Maße in die Mittellinien (Bild 262) oder reihenweise einzuschreiben oder durcheinander zu werfen, statt durch zweckmäßige Verteilung ein deutliches, übersichtliches Bild zu schaffen (Bild 264).

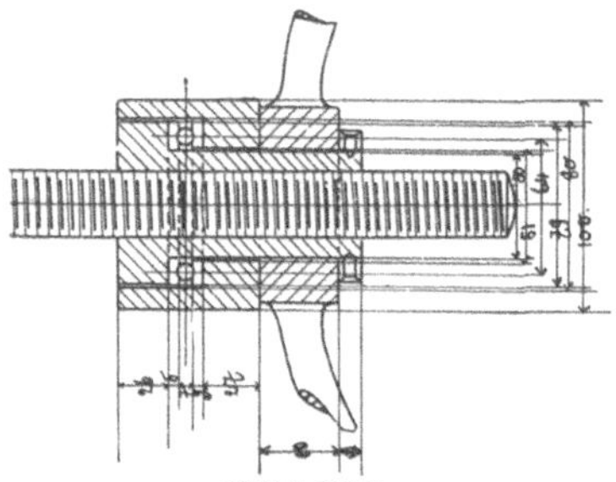

Bild 266.
Unleserliche Maße, weil sämtlich nach außen eingetragen.

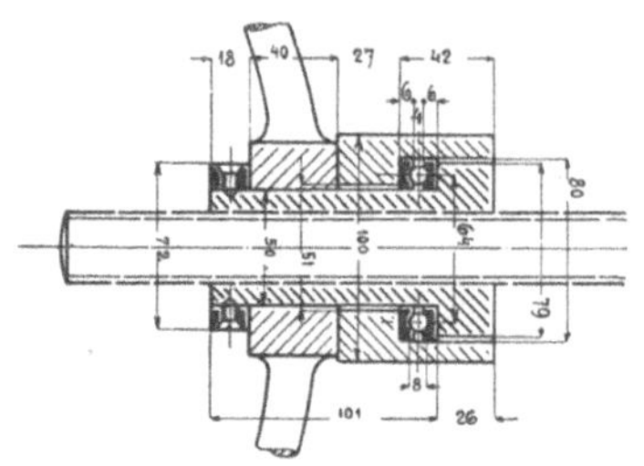

Bild 267.
Richtig verteilt und übersichtlich.

Übermäßig kräftige Maßlinien oder übertrieben starke Maßpfeile zu zeichnen; die Mittellinien voll und kräftig auszuziehen oder zu stark zu strichpunktieren, oder mit großen Zwischenräumen zu stricheln. Dies macht jede Zeichnung zerrissen und verworren. —

Das Wesentliche ist die Vollständigkeit und Richtigkeit der Maße sowie die Deutlichkeit der Formdarstellung und der Maße. Die Maßzahlen müssen so eingeschrieben werden, daß das Bild der Form übersichtlich und ruhig bleibt, die Zahlen selbst aber leicht auffindbar und deutlich sind. Die Zahlen dürfen unter keinen Umständen zu Zweifeln oder Irrtümern Anlaß geben. Diesem Zwecke entsprechende, richtige Verteilung der Maße ist Sache der Überlegung und Übung.

Maßlinien und Mittellinien müssen in der Zeichnung zurücktreten; die Zeichnung der Form und die Maßzahl müssen stets die Hauptsache bleiben. Maßlinien werden daher stets dünn schwarz ausgezogen.

Die Mittellinien werden etwas stärker gezogen als die Maßlinien, meistens strichpunktiert (vgl. Bild 149, 156—160).

Die Maßlinien werden am einfachsten von Pfeil zu Pfeil durchgezogen und die Maßzahl dann an der richtigen Stelle auf die Maßlinie geschrieben. Geübte Zeichner können auch die Maßlinie an der richtigen Stelle unterbrechen und darauf die Maßzahl in Richtung der Maßlinie einschreiben. Anfängern ist diese Methode nicht zu empfehlen, weil sie leicht zu wenig oder zu viel Platz für die Maßzahl lassen oder den Platz an unrichtiger Stelle frei lassen, so daß die Zeichnung unklar wird.

Es ist vielfach üblich, an Maßzahlen, die den Durchmesser einer Kreisform angeben, in den Projektionen, welche den Kreis nicht zeigen, ein Durchmesserzeichen rechts oberhalb der Maßzahl, wie einen Exponenten, anzufügen (z. B. 100⌀, Bild 268). Dies ist notwendig, wenn eine besondere Projektion fehlt, die die Kreisform zeigt. Bei Radien wird vor die Maßzahl die Bezeichnung „R = ...“ angefügt oder das R als Exponent (100^{R}) zugeschrieben.

Die Maßzahlen für quadratische Teile erhalten das Zeichen ⌑, und es ist dann unter Umständen die Projektion entbehrlich, welche den Vierkant zeigt (Bild 268).

Die Maßzahlen müssen so vollständig und richtig in die Zeichnung eingetragen werden, daß die praktische Herstellung des betreffenden Maschinenteiles möglich ist und kein Zweifel über die auszuführenden Maße entstehen kann.

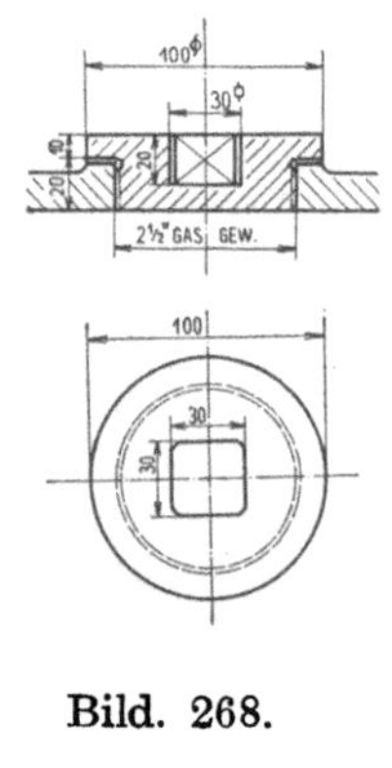

Bild. 268.

Die für die Bearbeitung erforderlichen Materialzugaben werden in der Regel nicht besonders in den Zeichnungen angegeben; in besonderen Fällen müssen jedoch außer den für das fertige Stück maßgebenden Maßzahlen auch noch die Maße eingetragen werden, die sich auf Zwischenarbeiten beziehen (vgl. Bild 272 S. 118).

Die Maßzahlen sind für die Bestellung der erforderlichen Materialien oft unzureichend. Die Teile müssen daher in der für die praktische Ausführung erforderlichen Vollständigkeit dargestellt werden.

Die Maßzahlen sind mit Ziffern bestimmter Größe, am besten nach Schablonen zu schreiben.

So wünschenswert es wäre, die oft gebrauchten Hauptmaße eines Teils mehrmals einzuschreiben, um das Aufsuchen zu erleichtern, so ist es andrerseits zweckmäßig, jedes Maß nur einmal zu schreiben, um bei vorkommenden Änderungen Fehler zu vermeiden. Dieser Gesichtspunkt ist der wichtigere. Da Werkzeichnungen für planmäßige Fabrikation immer mehr nur auf Einzelzeichnungen beschränkt werden und verhältnismäßig einfach sind, so ist das Aufsuchen der Maße ohnedies einfach, umsomehr daher die Wiederholung der Maße zu vermeiden.

Von größter Wichtigkeit ist die Eindeutigkeit und Vollständigkeit der Zeichnungen. Insbesondere ist es unzulässig, mit einer Zeichnung vielerlei erreichen zu wollen oder Nebenzwecke damit zu verbinden, z. B. durch strichpunktierte Linien eine Sonderausführung vorzuschreiben, statt dafür eine besondere Zeichnung anzufertigen. Jede Art von „Varianten“ und Konstruktionsabänderungen ist in der Regel auszuschließen, umsomehr, als für Teile, die nur in Einzelheiten von anderen abweichen, besondere Kopien oder andere Zeichnungen ohne Mühe hergestellt werden können.

Maschinenteile kommen oft in gleichen Ausführungsformen vor, verändern aber einzelne Abmessungen, z. B. die Längen, für besondere Zwecke oder verschiedene Größen der auszuführenden Maschine. In solchen Fällen dient oft nur eine einzige Zeichnung für die Herstellung der verschieden langen oder sonstwie in Einzelmaßen abwechselnden Teile. Solche veränderlichen Maße werden dann in einer Tabelle übersichtlich zusammengestellt oder unter- oder nebeneinander in die Werkzeichnung eingetragen (Bild 346 S. 169).

Für den **Maßstab,** in welchem Werkzeichnungen auszuführen sind gilt folgendes:

Alle Konstruktionszeichnungen sind, soweit als möglich, in natürlicher Größe zu zeichnen. Die Vorteile dieses Maßstabs für die richtige Ausbildung der Einzelheiten, sowohl für den Konstrukteur als für die Werkstätte, sind selbstverständlich.

Wird dieser Maßstab zu groß, dann ist, mit Rücksicht auf die herrschende Übung und auf das metrische Maß, als nächstkleinerer Maßstab 1 : 5 und nur ausnahmsweise 1 : 10 zu wählen, selbstverständlich können in diesen Fällen der Zeichnung auch Einzeldarstellungen in Naturgröße hinzugefügt werden.

Alle anderen, seltener gebrauchten Maßstäbe müssen dezimale sein, und zwar: 1 : 20, 1 : 50, 1 : 100 usw. Vom Maßstab 1 : 2 ist grundsätzlich abzuraten, er gibt stets unübersichtliche Darstellung und Anlaß zu Irrtümern. Sonstige Maßstäbe sind durchaus unzulässig. Nur unerfahrene Anfänger gebrauchen mit Rücksicht auf Papierformate usw. 1 : $2\frac{1}{2}$, 1 : 3, 1 : 4 usw. Das beweist geringe eigene Erfahrung, mangelhafte Berücksichtigung der Werkstättenpraxis, Unterschätzung der unerläßlichen Übung im Beurteilen und in der Kontrolle von Maßen. Konstrukteure und Arbeiter bedürfen hierin großer Übung, die aber nur in den üblichen Maßstäben erreichbar ist; nur der Unerfahrene glaubt sich darüber hinwegsetzen zu können. Einzelne Behörden verlangen freilich Zeichnungen in den unzweckmäßigen Maßstäben 1 : 2 oder 1 : 2,5.

Die Angabe des Maßstabs auf der Zeichnung erfolgt einheitlich mit Schablone in einem besonders dafür vorgesehenen Raume.

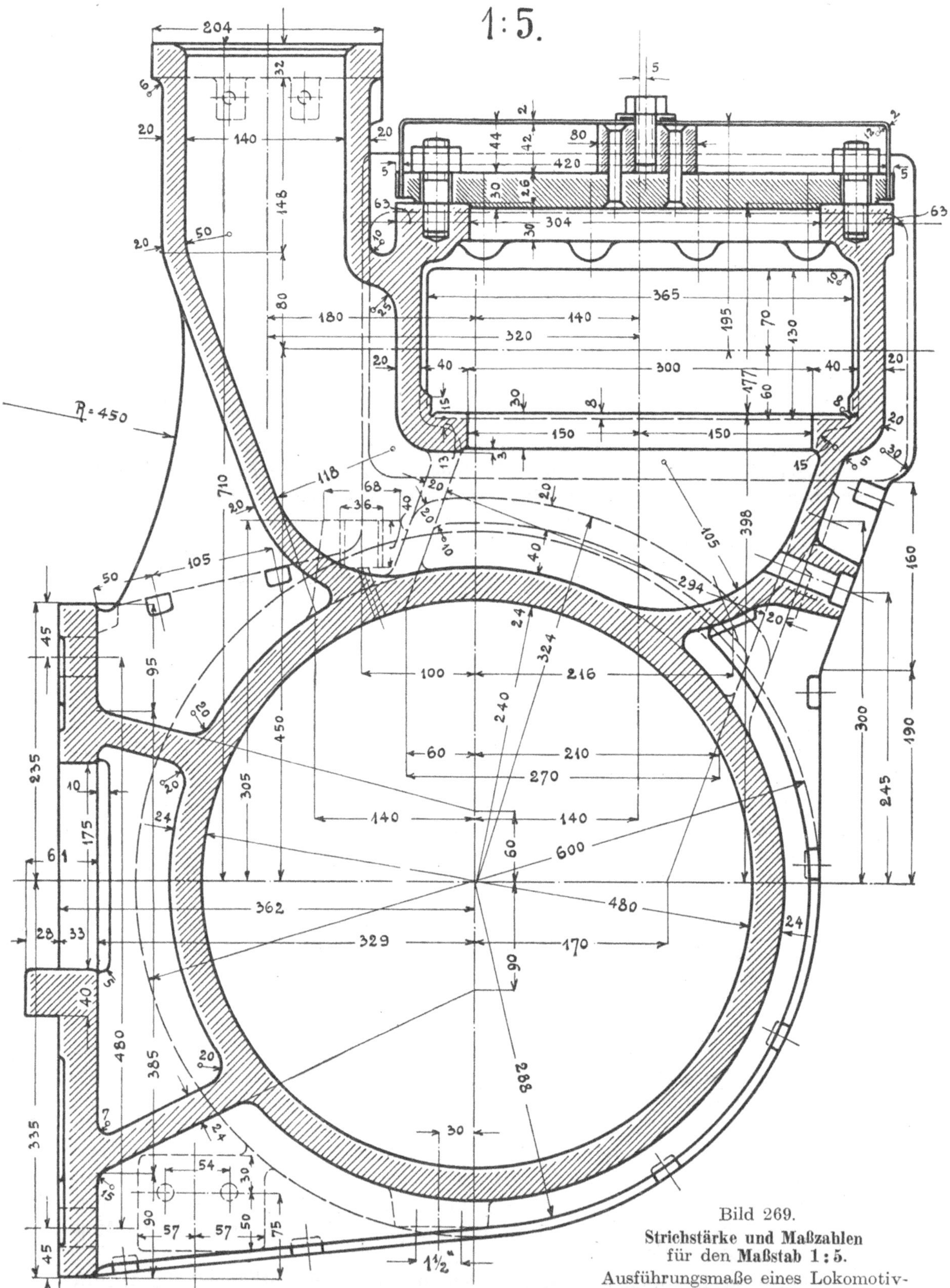

Bild 269.
Strichstärke und Maßzahlen für den Maßstab 1 : 5.
Ausführungsmaße eines Lokomotiv-Dampfzylinders. (Querschnitt.)

Bild 270 u. 271.

Strichstärke und **Maßzahlen** für Werkzeichnungen in **1:10** und **1:1.**

Bild 270.

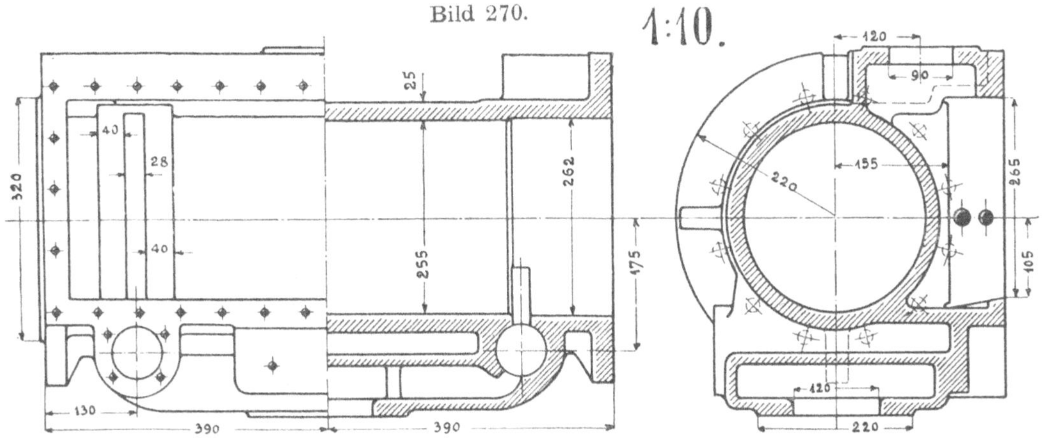

Bild 271.

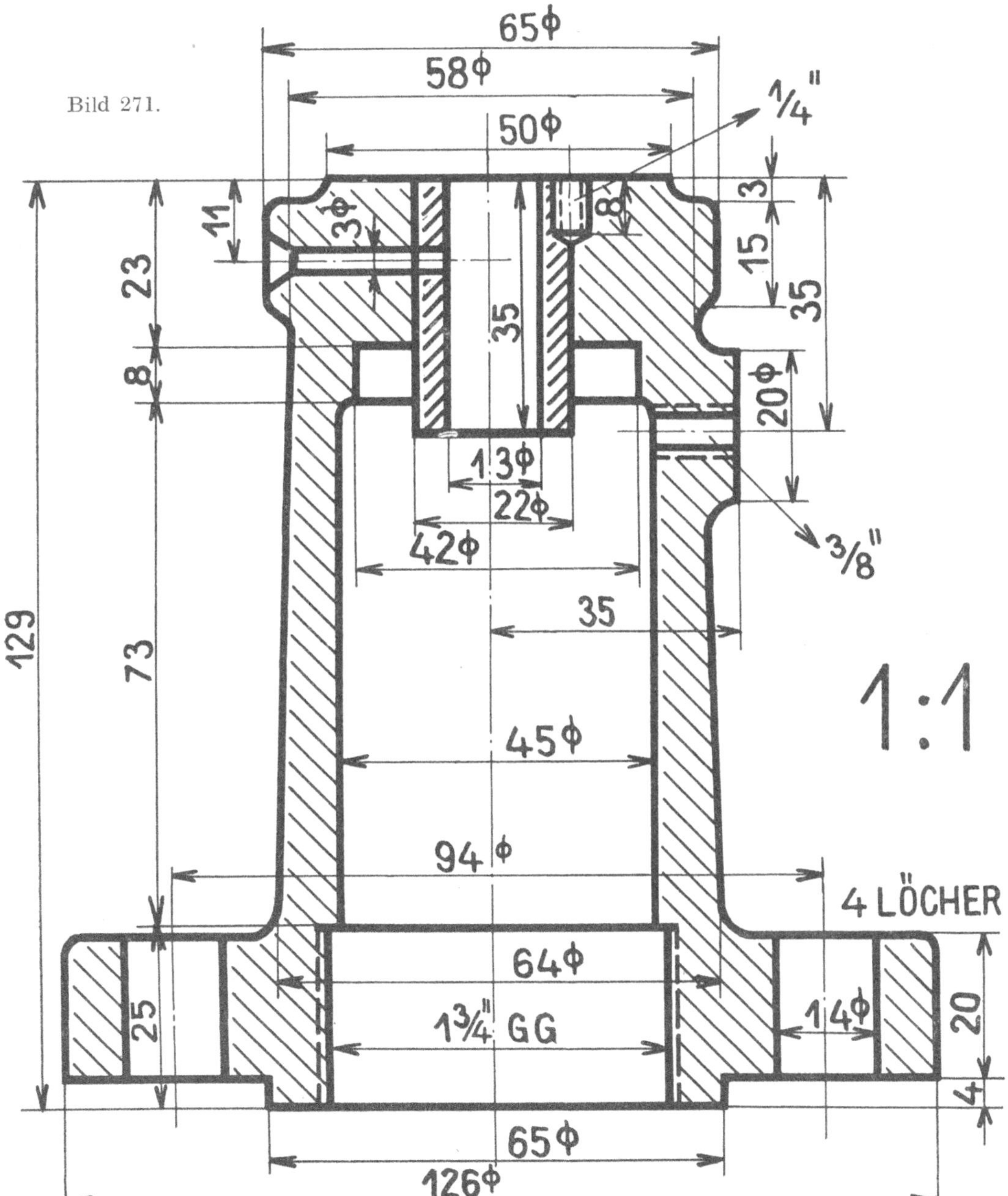

Bild 269—271 zeigen die erforderliche minimale **Strichstärke** und die Größe der Maßzahlen für Werkzeichnungen in natürlicher Größe (Bild 271), im Maßstab 1 : 5 (Bild 269) und 1 : 10 (Bild 270).

In der Regel werden die Maßzahlen nur den Abmessungen des fertigen Stückes entsprechend eingetragen.

Nur ausnahmsweise werden in der Werkzeichnung auch die Formen und Maße für Zwischenstufen der Bearbeitung angegeben, z. B. in Bild 272 für einen selbstspannenden Kolbenring.

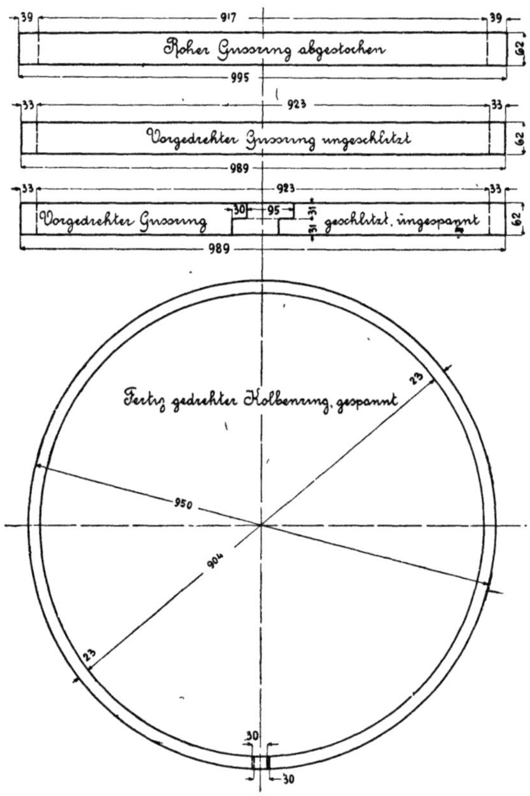

Bild 272. Form und Maße eines Kolben-Dichtungsringes mit Angabe der Zwischenstufen der Bearbeitung.

Bild 273—289 zeigen die Werkzeichnungen und **Ausführungsmaße** eines (nicht normalen) Stehlagers.

Es werden entweder alle Teile in einer Gesamt-Werkzeichnung (Bild 273—279) oder jeder einzelne Teil in einer besonderen Werkzeichnung dargestellt (Bild 280—289).

Letzteres ist bei vielgliedrigen Konstruktionen erforderlich, und die Teile werden nach Art und Bearbeitung getrennt in Gußteile, Schmiedeteile usw. (hier nicht dargestellt).

Werkzeichnungen für Massenfabrikation werden stets für jeden herzustellenden Teil, auch den kleinsten, getrennt angefertigt und dabei der Zusammenhang mit den übrigen Teilen auf den Werkzeichnungen überhaupt nicht oder nur in besonderen Fällen dargestellt, wenn eine Anschlußkonstruktion hervorzuheben ist.

Oder es werden die umständlichen Formen des Maschinenteils in Naturgröße dargestellt und der ganze Teil sowie Nebenteile in kleinerem Maßstab, wie Bild 290—292 zeigen. Weitere Beispiele von Werkzeichnungen für Einzelausführung zeigen Bild 293 (Steuerwellenlager) und Bild 294.

Bild 290 und 291 zeigen in den schraffierten Querschnittsflächen keine trennenden Lichtränder. Wesentlich deutlicher wird die Darstellung auch für Werkzeichnungen, wenn die schraffierten Querschnitte benachbarter Teile durch Lichtränder getrennt werden wie im Bild 295.

Auch für Werkstätten ohne weitgehende Arbeitsteilung werden Einzeldarstellungen der Gußteile, Schmiedestücke usw. für jede einzelne Abteilung auf getrennte Blätter gezeichnet.

Einzelzeichnungen werden auch von den wichtigsten Ersatzteilen einer Maschine hergestellt, vorausgesetzt, daß nicht schon der Massenfabrikation wegen von jedem einzelnen Maschinenteil Zeichnungen vorhanden sind. Als Ersatzteile gelten insbesondere diejenigen Teile, die rascher Abnutzung unterworfen sind oder stark beansprucht werden, so daß Beschädigungen oder Brüche an ihnen eher als an anderen zu befürchten sind, z. B. Ventile, Lagerbüchsen, Kolbenringe, Steuerungsteile.

Es ist besonders darauf zu achten, daß der Zusammenhang aller Einzelzeichnungen mit der Gesamtzeichnung und mit der Stückliste gewahrt wird.

Bild 273. Seitenansicht des Lagers.

Bild 274. Längsschnitt durch das Lager.

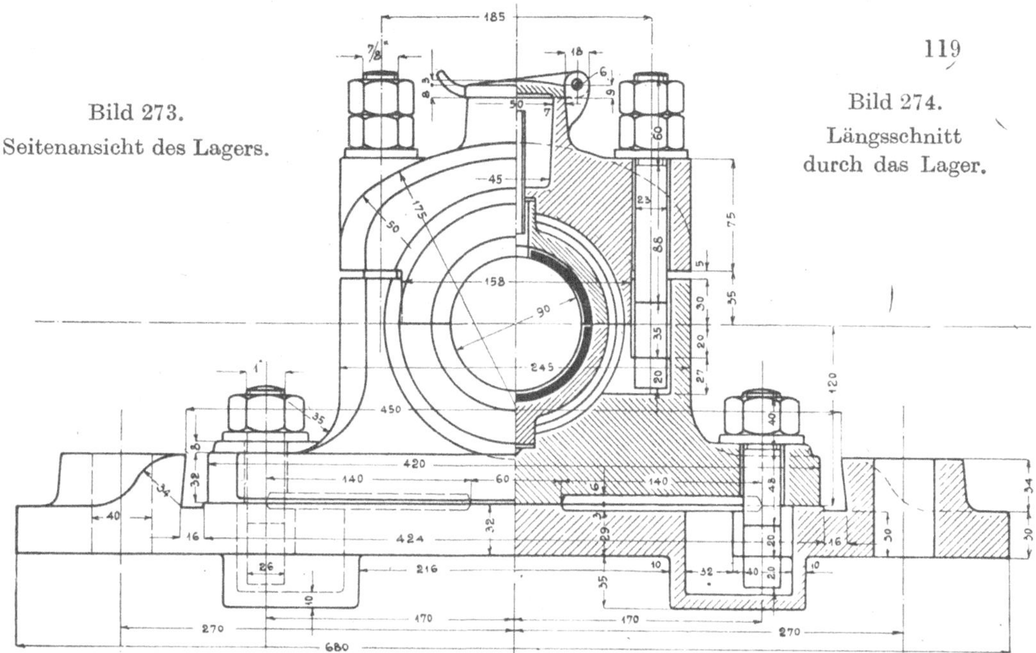

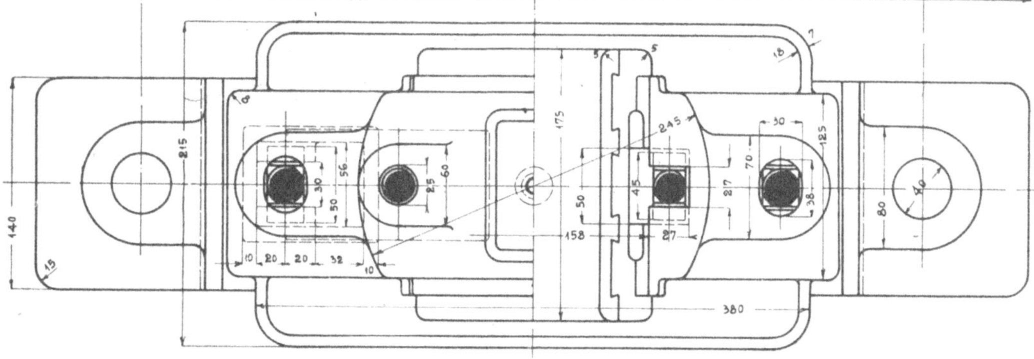

Bild 275. Draufsicht.

Bild 276. Draufsicht ohne Deckel.

Bild 277. Seitenansicht.

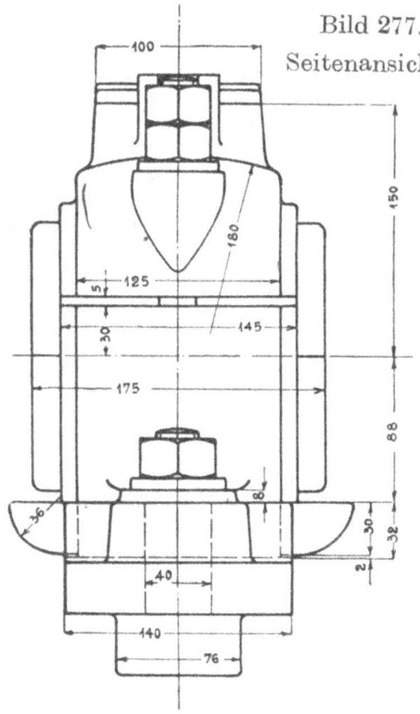

Bild 279. Verschluß-Deckel.

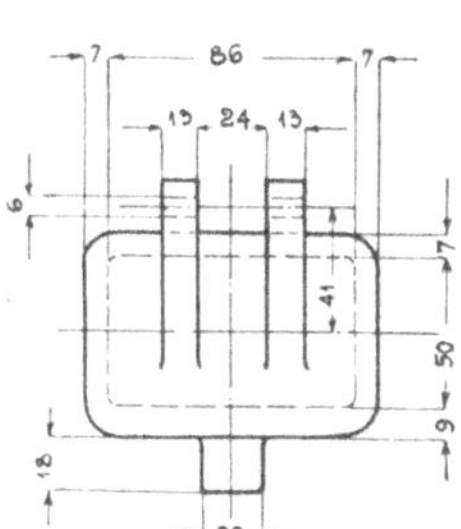

Bild 278. Querschnitt.

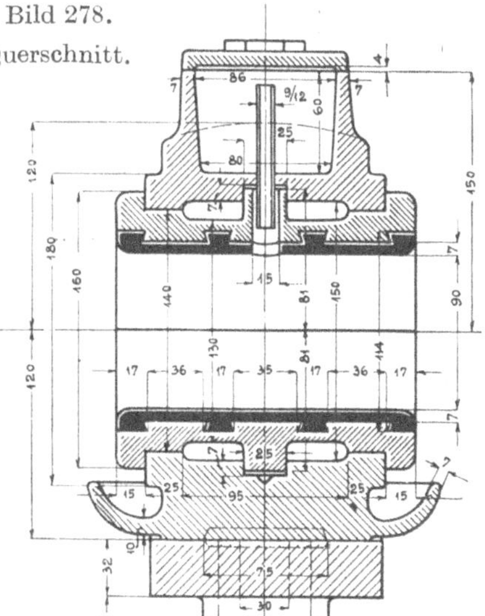

Bild 273—279. Werkzeichnung mit **Ausführungsmaßen** eines Stehlagers (die Teile im Zusammenhang gezeichnet) in Naturgröße (auf $^1/_5$ verkleinert).

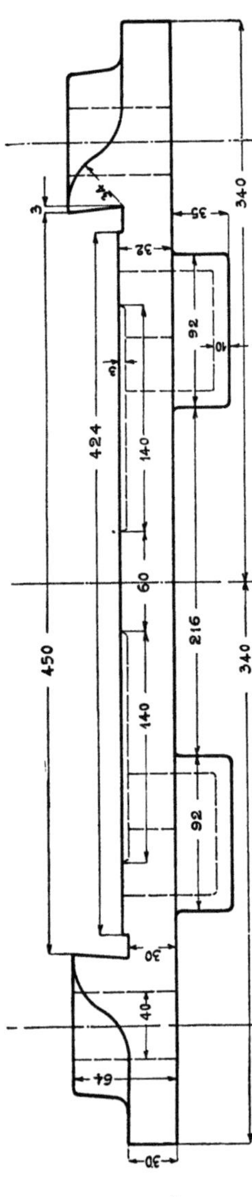

Bild 280. Lagerplatte. Seitenansicht.

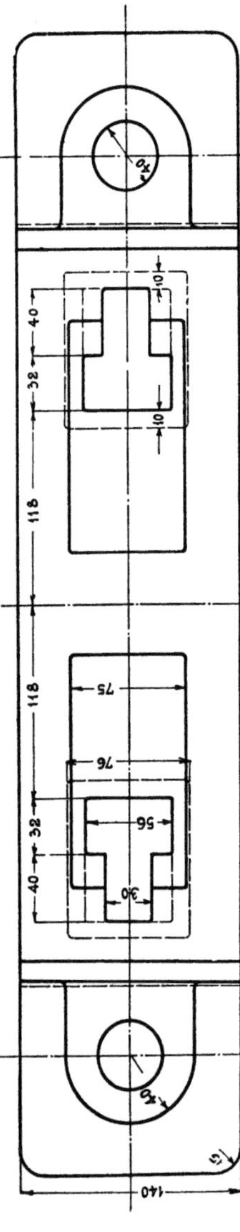

Bild 281. Lagerplatte. Grundriß.

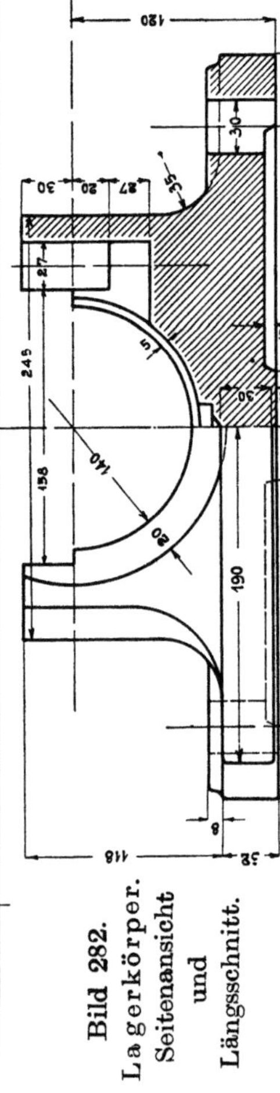

Bild 282. Lagerkörper. Seitenansicht und Längsschnitt.

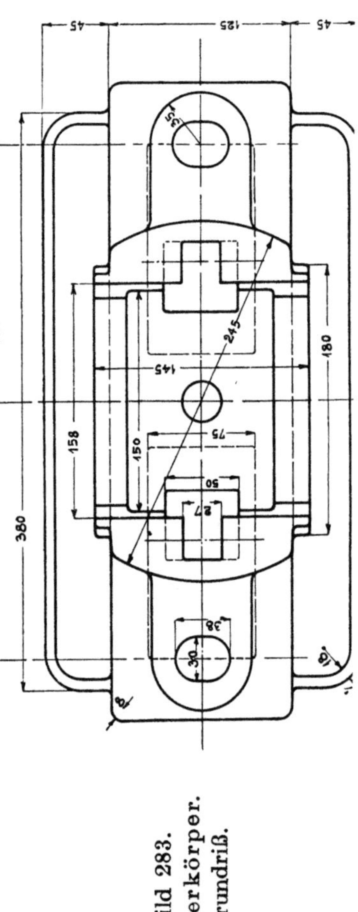

Bild 283. Lagerkörper. Grundriß.

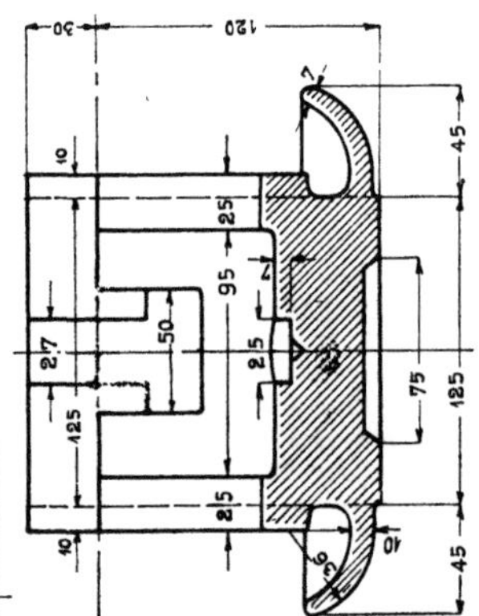

Bild 284. Lagerkörper. Querschnitt.

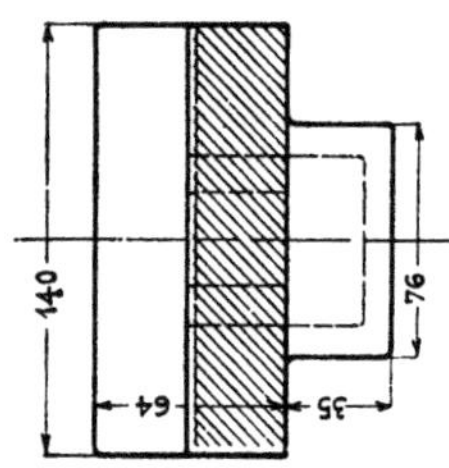

Bild 285. Lagerplatte. Querschnitt.

Hierzu Bild 286—289.

Bild 280—285. **Werkzeichnung mit Ausführungsmaßen** eines Stehlagers (die Teile einzeln gezeichnet) in Naturgröße (auf 1/, verkleinert).

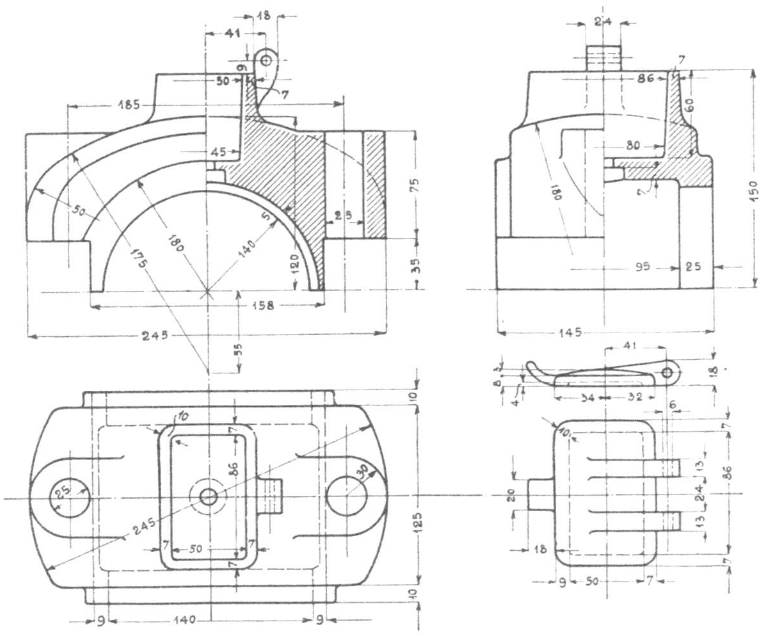

Bild 286.
Lagerdeckel. Seitenansicht. Längsschnitt. Grundriß.
Verschlußdeckel.

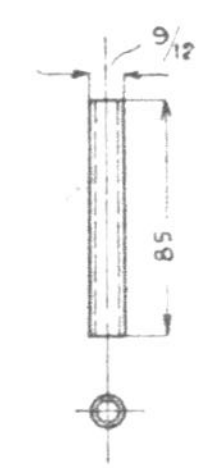

Bild 289.
Schmier-
rohr.

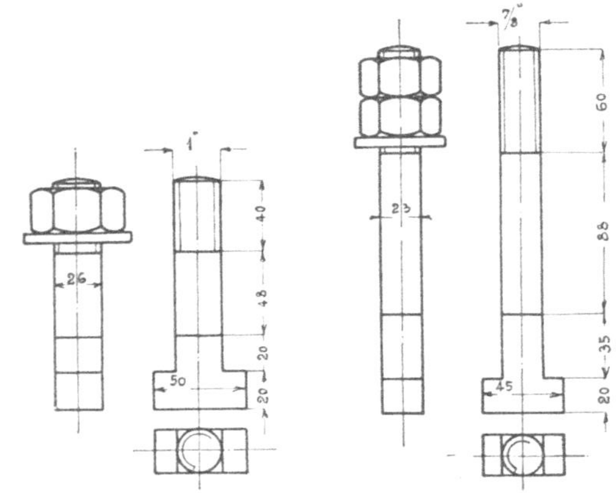

Bild 288.
Lagerschrauben für Grundplatte und Deckel.

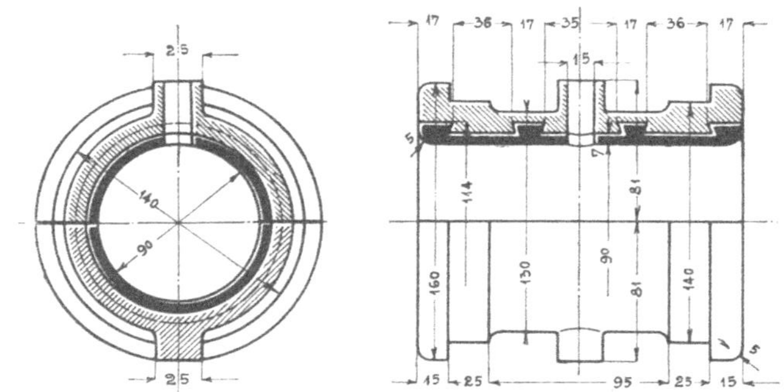

Bild 287.
Lagerschalen. Längschnitt. Seitenansicht.

Bild 286—289.
Werkzeichnung mit Ausführungsmaßen
eines Stehlagers (die Teile einzeln gezeichnet
in Naturgröße (auf $^1/_5$ verkleinert).
Hierzu Bild 280—285.

Bild 290. **Schubstangenkopf** in Ansicht und Schnitt 1:1.

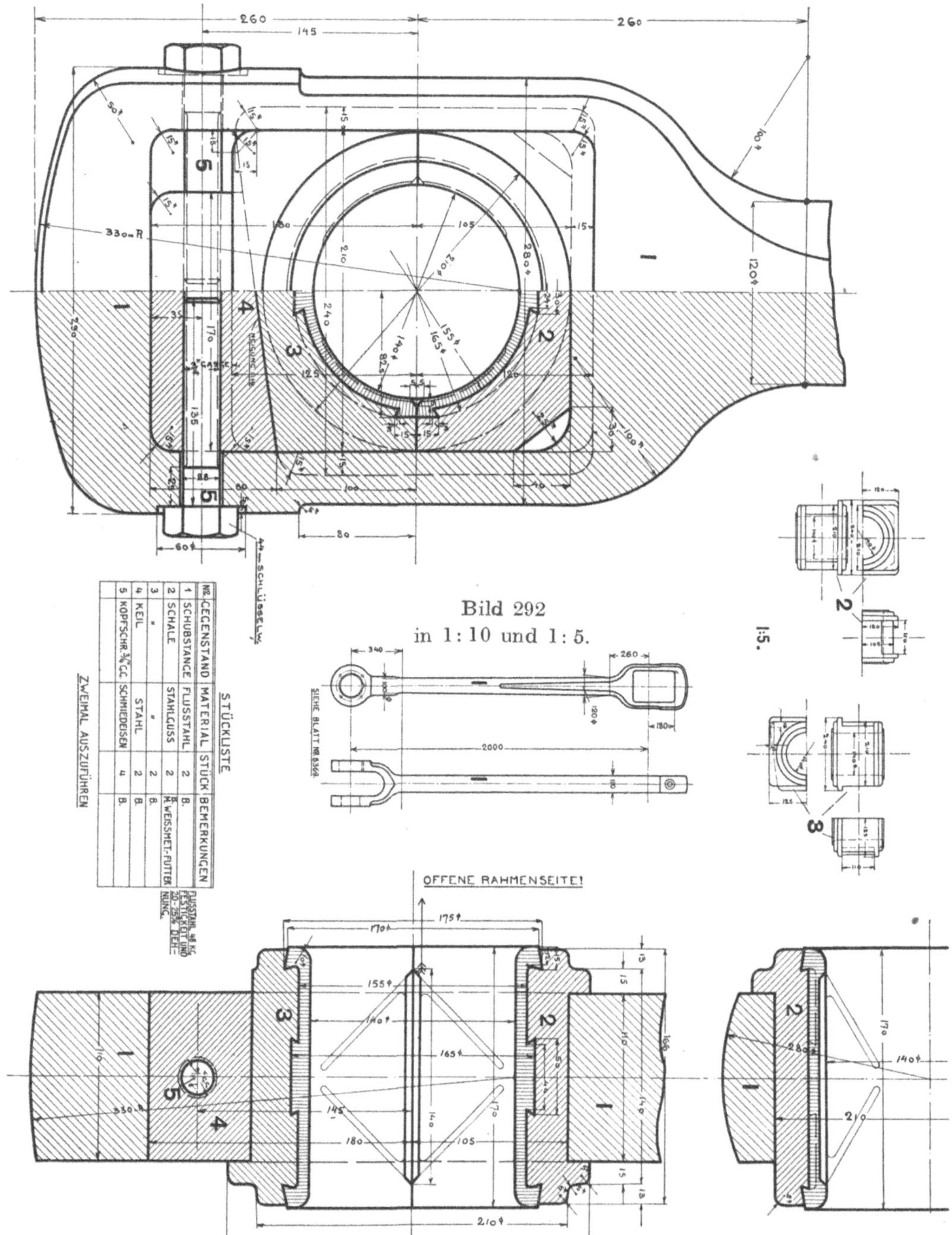

Bild 291. Stangenkopf in Querschnitten 1:1.

Bild 290—292. Werkzeichnung mit Teildarstellungen in 1:1, 1:5 und 1:10 (auf $^1/_5$ **verkleinert**).

Bild 292 (in der Mitte). Schaft und Lagerschalen in Teildarstellungen.

Bild 293.

Werkzeichnung für **Einzel-Ausführung** in Naturgröße (auf $^1/_5$ verkleinert).

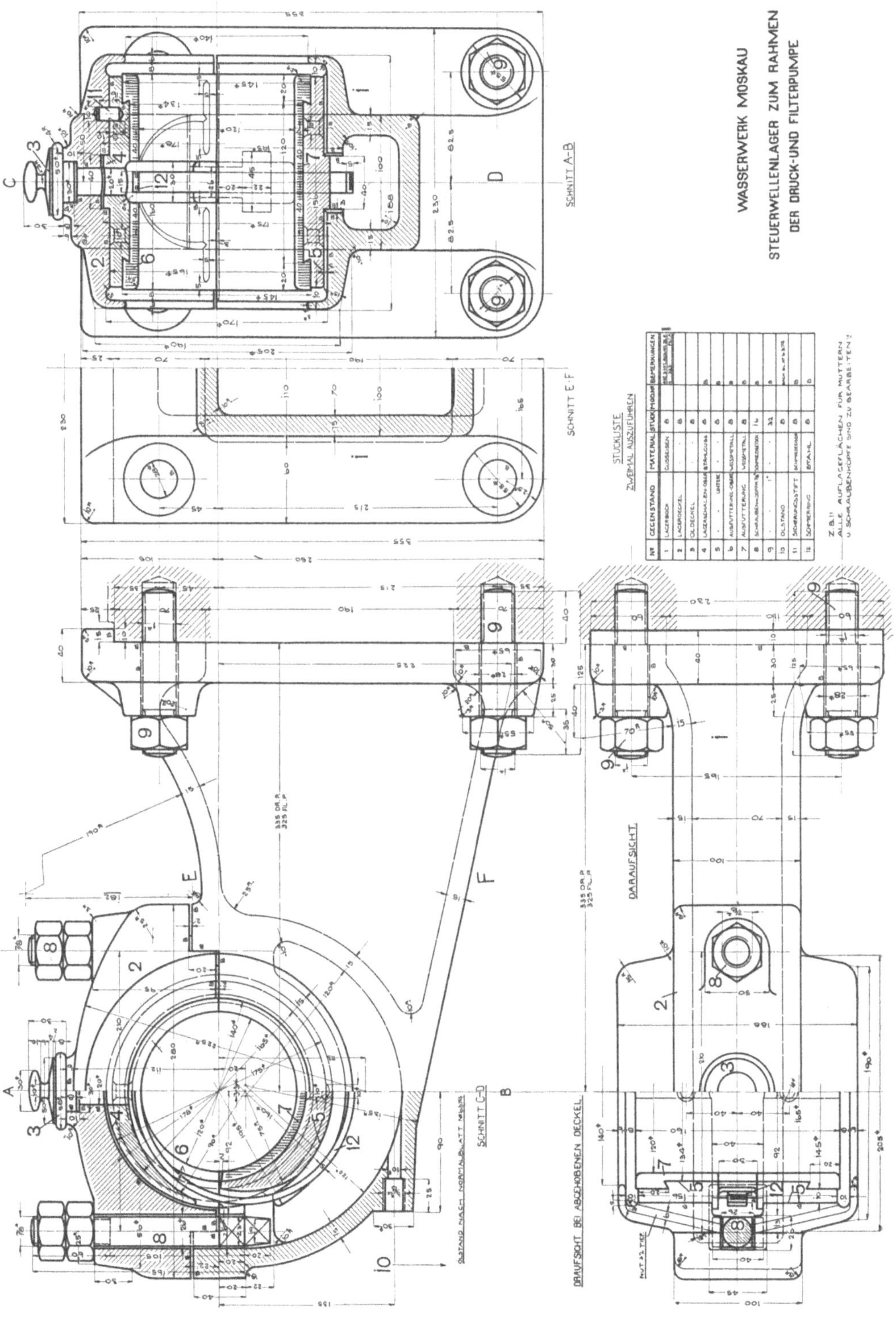

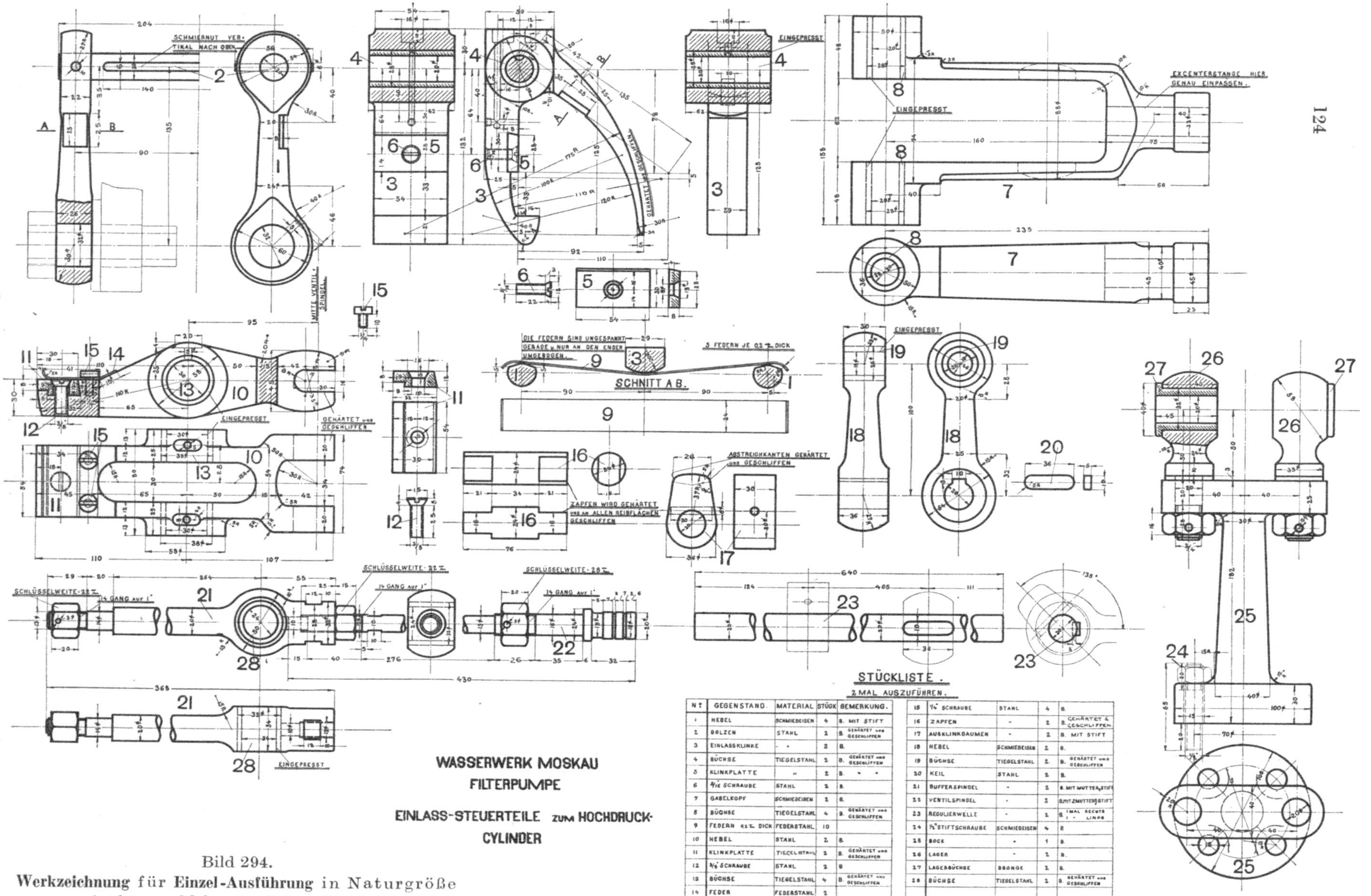

STÜCKLISTE.

2 MAL AUSZUFÜHREN.

N?	GEGENSTAND.	MATERIAL	STÜCK	BEMERKUNG.
1	HEBEL	SCHMIEDEISEN	4	B. MIT STIFT
2	BOLZEN	STAHL	2	B. GEHÄRTET UND GESCHLIFFEN
3	EINLASSKLINKE	- "	2	B.
4	BÜCHSE	TIEGELSTAHL	2	B. GEHÄRTET UND GESCHLIFFEN
5	KLINKPLATTE	"	2	B. " "
6	5/16 SCHRAUBE	STAHL	2	B.
7	GABELKOPF	SCHMIEDEISEN	2	B.
8	BÜCHSE	TIEGELSTAHL	4	B. GEHÄRTET UND GESCHLIFFEN
9	FEDERN 0,2 m/m DICK	FEDERSTAHL	10	
10	HEBEL	STAHL	2	B.
11	KLINKPLATTE	TIEGELSTAHL	2	B. GEHÄRTET UND GESCHLIFFEN
12	3/8" SCHRAUBE	STAHL	2	B
13	BÜCHSE	TIEGELSTAHL	4	B. GEHÄRTET UND GESCHLIFFEN
14	FEDER	FEDERSTAHL	2	
15	1/4" SCHRAUBE	STAHL	4	B.
16	ZAPFEN	-	2	B. GEHÄRTET & GESCHLIFFEN.
17	AUSKLINKDAUMEN	-	2	B. MIT STIFT
18	HEBEL	SCHMIEDEISEN	2	B.
19	BÜCHSE	TIEGELSTAHL	2	B. GEHÄRTET UND GESCHLIFFEN
20	KEIL	STAHL	2	B.
21	BUFFERSPINDEL	-	2	B. MIT MUTTER u. STIFT
22	VENTILSPINDEL	-	2	B. MIT 2 MUTTERN u. STIFT
23	REGULIERWELLE	-	2	B. 1 MAL RECHTS 1 " LINKS
24	1/2" STIFTSCHRAUBE	SCHMIEDEISEN	4	B
25	BOCK	-	1	B.
26	LAGER	-	2	B.
27	LAGERBÜCHSE	BRONCE	2	B.
28	BÜCHSE	TIEGELSTAHL	2	B. GEHÄRTET UND GESCHLIFFEN

Bild 294.
Werkzeichnung für **Einzel-Ausführung** in Naturgröße (auf 1/4 verkleinert). (Schmiedeteile.)

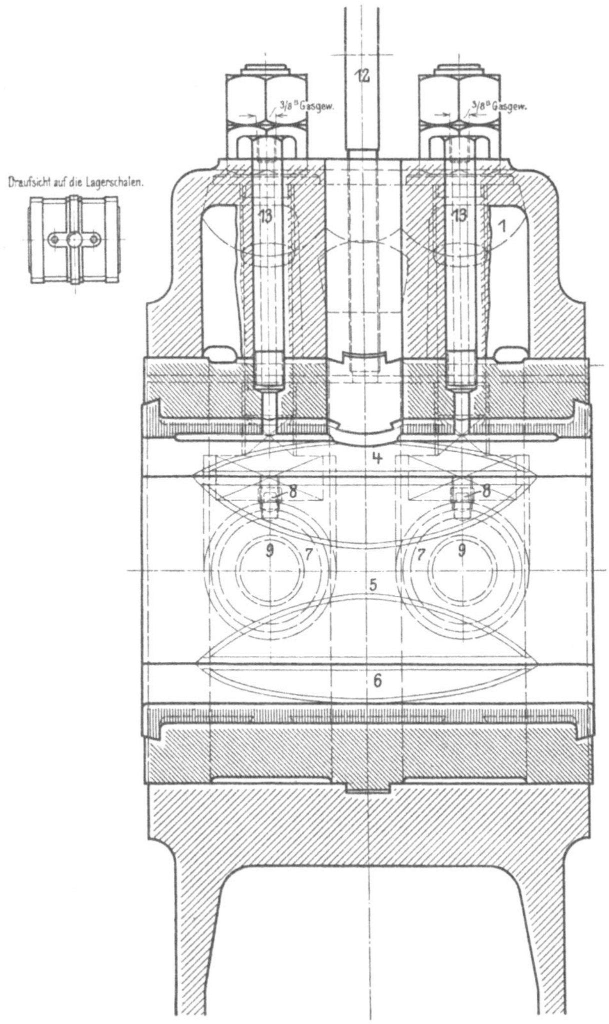

Bild 295. Teil einer **Werkzeichnung** (Querschnitt) in Naturgröße (auf $^1/_7$ verkleinert). Die Maße sind weggelassen.

Das Bild zeigt nur:

Schraffierung der Querschnitte,

Lichtränder (oben und links) an allen Querschnitten,

verschiedene Schraffenweite zur Trennung der Lagerteile (für Werkzeichnungen würde jedoch doppelt so große Weite genügen!),

Bezugnahme auf die Stückliste durch eingeschriebene Zahlen,

Teilansicht der Lagerschale.

Nicht dargestellt sind: Längsschnitt, Grundriß, Einzelteile und Maße.

Jedes einzelne Stück einer Maschinenzeichnung muß daher in kurzer, deutlich aus der Zeichnung hervortretender Weise, meistens durch eine Nummer, gekennzeichnet werden. Dabei darf auch die kleinste Schraube oder ein Splint nicht vergessen werden. Manchmal werden außerdem die zu einem größeren Teil (z. B. Einlaßsteuerung, Brennstoffpumpe usw.) einer Maschine gehörigen Einzelteile mit einem besonderen Kennzeichen versehen, z. B. alle Teile der Einlaßsteuerung einer Maschine mit einem „E", alle Teile der Brennstoffpumpe mit „B" usw. bezeichnet und dieser Buchstabe der Stücknummer vorgesetzt.

Wird diese Bezeichnungsweise auch für die Einzeldarstellungen jedes Stückes beibehalten, dann weiß man ohne weitere schriftliche Angabe sofort, daß z. B. das Stück „E 5" zur Einlaßsteuerung der betreffenden Maschine gehört.

Zu beachten ist, daß mit „1" möglichst das Hauptstück des betreffenden Maschinenteiles oder der Maschine und nicht etwa eine nebensächliche Schraube bezeichnet wird. Die ersten Nummern werden gewöhnlich für die großen Gußteile benutzt, dann folgen die Schmiedestücke, darauf die Nebenteile, Schrauben, Niete, Dichtungen usw.

Die einzelnen Stücke werden dann den fortlaufenden Nummern entsprechend in einer besonderen Liste, der „Stückliste", zusammengestellt.

Die **Stücklisten,** die für die Werkstätten von besonderer Wichtigkeit sind, erhalten je nach dem Zweck verschiedene Einrichtung. Ein Beispiel ist nachstehend für das Stehlager Bild 273—289 angegeben. Weitere Beispiele s. Bild 290—294.

Stückliste Nr. . . . . zum Stehlager (90 mm Bohrung).

Auftrag Nr. ......
Ort:.............
Hierzu Zeichnung Nr. ......
Ausgegeben: am ......
Abzuliefern: am ......

Lfd. Nr.	Stückzahl	Gegenstand	Modell Nr.	Material	Gewicht		Anmerkung
					roh	fertig	
1.	1	Lagerplatte	I 20	Gußeisen			vorhandenes Modell
2.	1	Lagerkörper	I 26	desgl.			neues Modell
3.	1	Lagerdeckel	I 27	desgl.			„ „
4.	1	Deckel zum Schmiergefäß	I 28	desgl.			„ „
5.	1	Lagerschale, Paar	I 6	Phosph.-Bronze			vorh. Mod., Schale mit Weißmetall
6.	1	Gelenkstift 6 mm		Eisendraht			
7.	1	Schmierrohr $^{9}/_{12}$		Kupferrohr			80 mm lang
8.	2	Schrauben 1″		Schmiedeeisen			110 mm lang
9.	2	Muttern dazu 1″		desgl.			
10.	2	Unterlegscheiben dazu		desgl.			
11.	2	Schrauben $^{7}/_{8}$″		desgl.			180 mm lang
12.	4	Muttern dazu $^{7}/_{8}$″		desgl.			
13.	2	Unterlegscheiben dazu		desgl.			

In den meisten Fällen genügt es, solche Listen auf die Werkzeichnung zu schreiben. In umfangreicheren Betrieben erhalten alle an der Ausführung beteiligten Werkstätten, ferner die Rechnungs-, Versendungs- und Lagerabteilung usw. je eine Kopie der Liste, so daß Kontrolle und Erledigung der Ausführung möglich ist, auch wenn die Werkzeichnung nicht zur Stelle ist. Dieses Verfahren ist für Massenfabrikation entsprechend abgeändert, wie die späteren Beispiele zeigen.

Der Inhalt der Stückliste richtet sich nach dem jeweiligen Zwecke, dem sie in den Werkstätten zu entsprechen hat. Für Arbeiten mit ausgedehnter Materialbestellung sind sehr vollständige Angaben über Material, Gewicht und Größe der einzelnen Teile nebst Skizzen erforderlich, welche übersichtlich in die Liste eingezeichnet werden.

Meist werden Zeichnungsblätter mit vorgedruckten einheitlichen Beschreibungen und mit vorgedruckten Stücklisten vorrätig gehalten.

In der Stückliste sind die Angaben wegen Herstellung, Bearbeitung und Lieferung tabellenartig übersichtlich zu vereinigen, auch die etwaigen Änderungs- und Ersatzvermerke. An der oberen und an der linken Seite der Stückliste ist genügender Raum für Zusätze freizulassen.

Die Reihenfolge der Angaben ist in der Stückliste nach Material oder nach zusammengehörigen Teilen übersichtlich zu ordnen. Die Abteilungen für Modell- und Lagernummern sind entsprechend auszufüllen. Vorhandene Modelle werden vor der Nummer besonders gekennzeichnet.

Trennung der Stückliste von der Zeichnung ist nur ausnahmsweise zulässig. Die Stückliste erhält dann dieselbe Nummer wie die Zeichnung.

Jeder Anfänger sollte sich mit der vollständigen Ausarbeitung von Stücklisten einschließlich der Bestell-Listen für die einzelnen Werkstätten und Materiallieferungen, insbesondere für Blecharbeiten, vertraut machen. In solcher Ausarbeitung, wenigstens an einem schwierigen Beispiele, liegt eine wesentliche Schulung und Anleitung zur Gründlichkeit und Gewissenhaftigkeit, diesen unerläßlichen Forderungen der Praxis.

Die Beispiele zeigen die Wichtigkeit der Stücklisten als Erläuterung der Werkzeichnung für die Herstellung, Lieferung und Kontrolle.

Stücklisten sollen nicht in gewöhnlicher Handschrift geschrieben werden, da die Handschrift vieler undeutlich ist und im Aussehen zu sehr individuell wechselt. Stücklisten sollten immer mit gezeichneter Schrift geschrieben werden, was unter Benutzung von Schablonen nicht mehr Zeit erfordert als Handschrift. Handschrift wird auch in der Regel viel zu klein, während das unter Benutzung von Schablonen Geschriebene eine bestimmte Minimalgröße hat, was für die Deutlichkeit in einem Werkstättenbetriebe nur erwünscht ist.

Zweck der Stückliste ist übersichtliche Vervollständigung der Werkzeichnung für die Aufgaben der Herstellung und zur Kontrolle der Ausführung und Lieferung. Die Stückliste muß daher enthalten:

als Titel die deutliche Bezeichnung des Gegenstandes,

das Verzeichnis der herzustellenden Teile nebst Erläuterungen, welche die Herstellung betreffen, auch Angabe der Lieferzeiten, Bezeichnung der Teile, die auswärts bestellt, sowie der Teile, die den Vorräten entnommen werden usw., außerdem die vollständigen Materialangaben; ferner

alle Angaben, die sich auf den weiteren Verlauf nach der Herstellung beziehen, also genaue Angaben über Versand, Zusammenbau, Aufstellung, Betriebsbereitschaft usw.

Durch die Stückliste werden die einzelnen Abteilungen der Fabrik: Konstruktion, Betrieb, Versand usw., vom übernommenen Auftrag und von den Lieferzeiten unterrichtet, so daß sie das Erforderliche vorkehren können.

Bei der Wichtigkeit der Stücklisten ist es selbstverständlich, daß stets eine besondere vollständige Stückliste für jede Zeichnung anzufertigen ist. Größere Betriebe brauchen von jeder Stückliste 20—30 Lichtpausen für die verschiedenen Betriebsstellen. Daraus allein ist schon zu entnehmen, welche Unordnung und welchen Schaden ein einziger Fehler in den Stücklisten anrichten kann, und mit welcher Sorgfalt und welchem Verantwortungsgefühl sie angefertigt werden müssen, damit sie richtig und eindeutig sind.

Weil in der Darstellung der Projektionen in den Fabriken keine Einheitlichkeit herrscht und infolgedessen die Bedeutung von rechts und links, vorn und hinten verwechselt werden kann (siehe S. 80), so ist es notwendig, die Zeichnungen auch in den Stücklisten dahin zu erläutern, welche Teile oder Modelle für „Rechts"- und „Links"-Ausführung bestimmt sind. Dies ist schon ein großer Übelstand. Ein Unfug und eine sichere Quelle von Irrtümern aber ist es, wenn in die Zeichnungen oder Stücklisten Vorschriften eingetragen werden müssen wie: „symmetrisch", „Spiegelbild", „entgegen der Zeichnung auszuführen", „nach andrer Zeichnung auszuführen" usw. Solche Vorschriften stehen im Widerspruch mit der Klarheit und Eindeutigkeit der Zeichnung und sollten nicht geduldet werden.

Normalteile müssen in den Stücklisten als solche besonders hervorgehoben werden. Normalteile werden dem Vorrat entnommen oder getrennt von den übrigen Teilen nach den Normalientabellen angefertigt. Ihre Bestellung erfolgt in der Stückliste stets unter der Bezeichnung, die im Normalienbuch einheitlich vorgeschrieben ist. Die wesentlichen Angaben über Normalteile enthält also die Stückliste. Gezeichnet werden sie nur soweit, als es zur Darstellung der Raumverhältnisse und des Zusammenhangs notwendig ist. Alle entbehrlichen Maße sind wegzulassen. Das gleiche gilt für die von auswärts zu beziehenden Teile.

Zu den Normalteilen gehören alle Schrauben. Diese sind in den Stücklisten stets mit denjenigen Teilen zur Bestellung aufzugeben, in welche sie eingeschraubt werden. Die nähere Bezeichnung der Muttern, Unterlegscheiben, Splinte usw. erfolgt unter „Bemerkungen". Abweichungen von den Normalschrauben, z. B. Schubstangenschrauben mit Feingewinde (siehe Bild 8 S. 23), sind in der Stückliste stets als besondere Posten anzuführen. Als solche sind auch stets Dichtungen und Packungen anzuführen, da ihre Anordnung wechselt. Dabei sind Material und Stärke in der Liste anzugeben.

Bei Auswärtsbestellung von Teilen ist in der Stückliste anzugeben, ob der Teil „fertig bestellt" oder nur das „Material bestellt" wird.

Mehrteilige Stücke sind in der Stückliste besonders sorgfältig zu beachten. Sind die Teile verschieden, so ist jeder mit zugehöriger Nummer als getrennter Posten anzuführen. Sind die Teile untereinander gleich, so sind die einzelnen Teile zusammenzufassen.

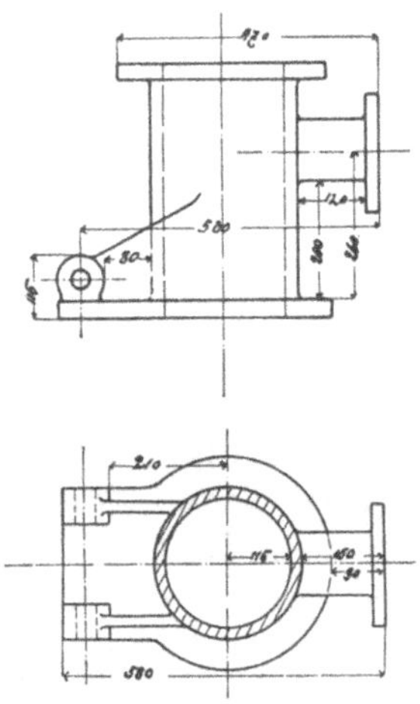

Bild 298. Unbrauchbare, willkürliche Maße.

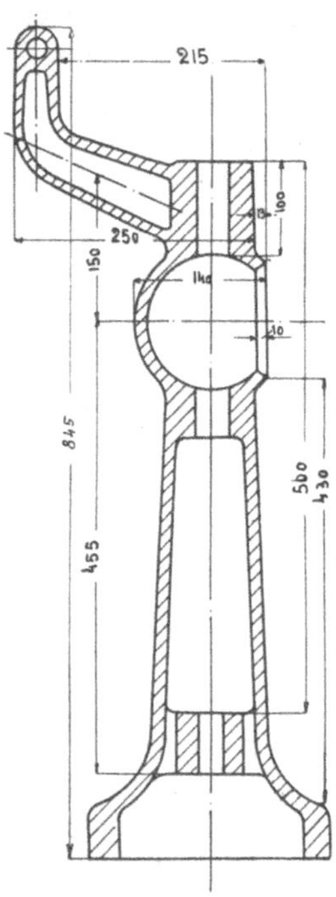

Bild 296. Unbrauchbare, willkürliche Maße, in Widerspruch mit der Ausführung.

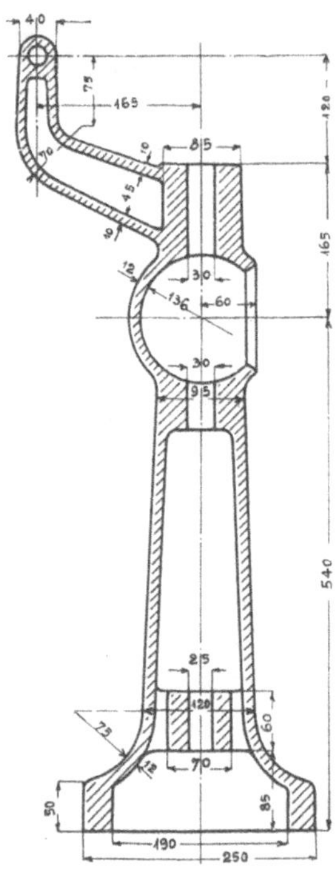

Bild 297. Der Ausführung entsprechende Maße.

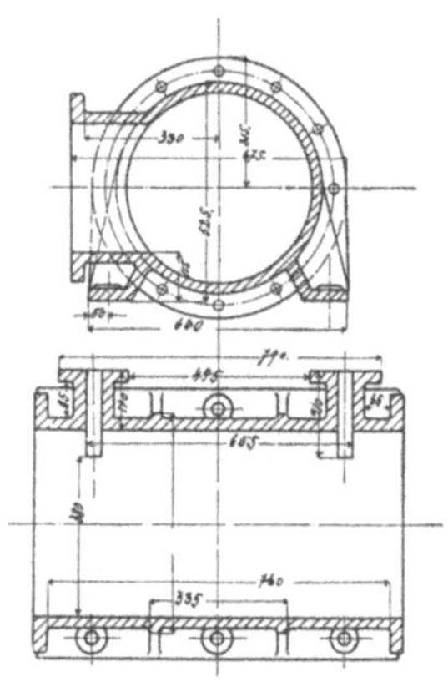

Bild 299. Unbrauchbare Maße.

Materiallisten werden gewöhnlich auf die Zeichnung besonders aufgeschrieben und sind den Stücklisten gleichartig. Für die Materialbezeichnung dienen angenommene Abkürzungen.

Auf jeder Zeichnung muß Titel, Nummer und Maßstab, ferner der Zeitpunkt des Beginns und der Fertigstellung der Zeichnung eingetragen sein. Ferner muß sie die Unterschrift des Konstrukteurs erhalten, die nicht als Chiffre zu zeichnen, sondern voll auszuschreiben ist.

Die „Werkaufgabe“ von Maschinen oder Teilen erfolgt durch die Übergabe der Werkzeichnungen und Stücklisten an das Betriebsbureau der Fabrik, das den Empfang bestätigt. Zur Herstellung der aufgegebenen Teile bedarf der Betrieb mindestens zweier Lichtpausen auf kräftigem Papier für die Werkstätten und einer auf dünnem Papier für die Kalkulation.

Selbstverständlich muß auf das genaueste darauf geachtet werden, daß bei getrennten Einzeldarstellungen die Maßzahlen der verschiedenen Zeichnungen vollkommen übereinstimmen, so daß das Ganze danach richtig hergestellt und zusammengebaut werden kann. Alle Maße der Einzelzeichnungen müssen daher mit der Zusammenstellung verglichen werden, ein schwieriges, zeitraubendes, aber notwendiges Geschäft. Bloße Stichproben sind unzulässig.

Anfänger verfallen manchmal in zweck- und sinnlosen Gebrauch von Maßangaben, die in Widerspruch mit der Ausführung stehen.

Bild 296, 298, 299 zeigen z. B. ganz gedankenlos eingeschriebene, unsinnige Maße, die nur ein Anfänger, der die Ausführung gar nicht kennt oder über sie getäuscht wurde, für richtige Maße hält; dabei fehlen gerade die Hauptmaße, die bei der Herstellung des Stückes vor allem gebraucht werden, während die zufällig eingeschriebenen Maße bei der Ausführung gar nicht so gemessen werden können oder dürfen, wie sie gezeichnet sind. Diese Maße sind grobe Widersprüche gegen die praktische Herstellung. Die richtige Angabe der Maße zeigen die Gegenbilder 297, 256 und 258.

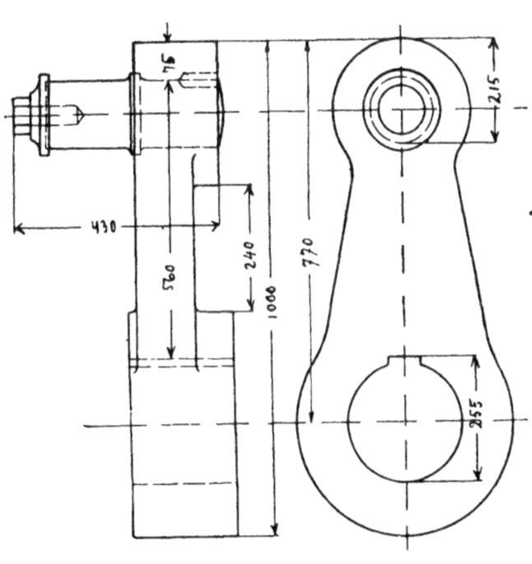

Bild 300. Unvollständige und falsche Maße, für die Ausführung unbrauchbar.

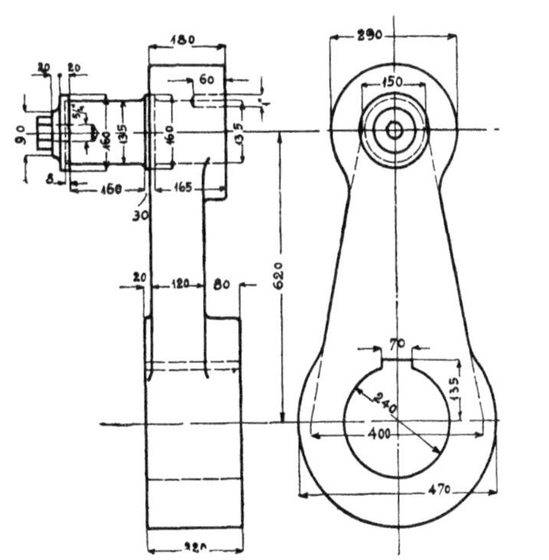

Bild 301. Richtige Maße, dem Ausführungsvorgang entsprechend.

In ähnlicher Weise zeigt Bild 300 sinnlose Maße und Widersprüche mit der Ausführung, das Gegenbild 301 die richtigen und notwendigen Maße.

Die gleichen Forderungen gelten für alle **Skizzen.** Auch in Aufnahmeskizzen müssen die Maße entsprechend dem wirklichen Arbeitsvorgang bei der Herstellung eingeschrieben werden und nicht so, wie sie zufällig am zu skizzierenden Maschinenteil abgemessen werden. Bei rasch herzustellenden Aufnahmen müssen allerdings manchmal für die Ausführung nicht brauchbare Maße abgemessen, aber nachträglich sofort die richtigen Ausführungsmaße berechnet werden. Viele für die Herstellung erforderliche Maße können am fertigen Stück ohne besondere Vorrichtungen überhaupt nicht nachgemessen werden, z. B. Mittelentfernungen, da die Mittelpunkte nur während der Ausführung, nicht aber nach derselben vorhanden sind. Trotzdem müssen die Mittelmaße angegeben werden.

Anfänger müssen daher schon beim Aufnehmen der Formen nach Modell oder Werkstück die richtigen Ausführungsmaße eintragen. Unsinnige und unvollständige Maße, ein Durcheinander von nicht abmeßbaren Maßen und willkürlichen zufälligen Abmessungen (Bild 302, 304, 305, 308) sollten nicht geduldet werden. Diese Bilder sind Beispiele ganz unbrauchbarer Formskizzen mit unzulässigen, sinnwidrigen Maßangaben, unter denen zudem die wichtigen Hauptmaße fehlen. Die richtigen Darstellungen zeigen die Gegenbilder 303, 306, 307, 309.

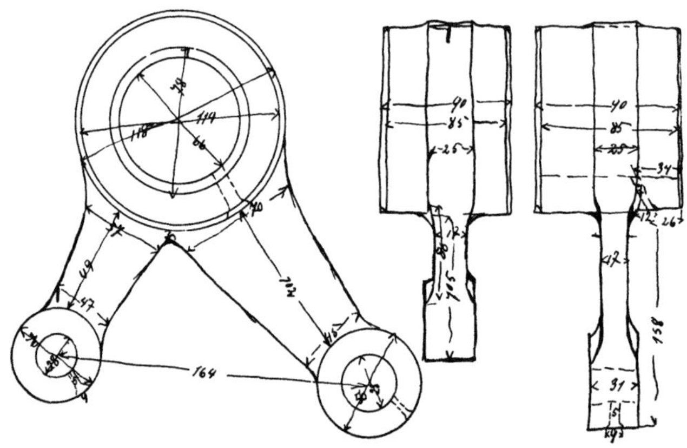

Bild 302. Falsche Maßskizze mit undeutlichen Formen und fehlerhaften Maßen.

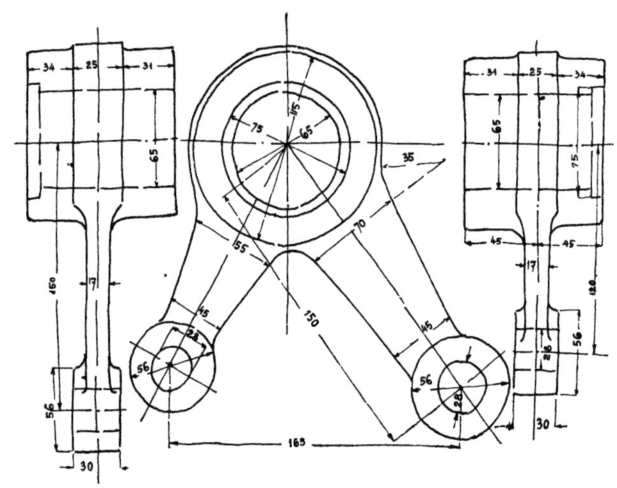

Bild 303. Richtige Maßskizze mit brauchbaren Maßen.

Anfänger werden gerade wegen solcher sinnlosen Zahlen, die der Sachverständige mit einem Blick bemerkt, verurteilt, weil daraus untrüglich ihre Unkenntnis der praktischen Ausführung und ihre Sorglosigkeit hervorgeht. Die Ursache liegt in fehlender eigener Praxis, im Mangel an Vorstellungsvermögen und auch Verantwortlichkeitsgefühl. Von schlimmen Folgen ist es, wenn ein verkehrter Unterricht die Studierenden mit der Annahme: Maßzahlen und Ausführung gehörten nicht an die Hoch-, sondern an die Gewerbeschulen, irreführt. In Wirklichkeit bildet die richtige Behandlung der Maßzahlen die wichtigste und schwierigste Aufgabe jedes Anfängers. An der Schule fehlt die praktische Ausführung, welche alle Fehler an das Tageslicht bringt und zur Verantwortlichkeit erzieht; daher ist Sorgfalt besonders wichtig. Die mühsame Prüfung der Richtigkeit der Maßzahlen erfolgt in der Praxis, um Zeit und Kosten bei der Ausführung zu sparen. Auch jeder Lernende sollte, wie jeder Ingenieur, seine Arbeit peinlich daraufhin kontrollieren, ob die zusammengehörigen Teile stimmen, ob alle Einzelheiten richtig und die Maße richtig und vollständig sind.

Die Fähigkeit hierzu kann schon in den ersten Anfängen des Fachunterrichtes an den Hochschulen — beim „Aufnehmen nach Modell" — wesentlich gefördert werden, wenn darauf geachtet wird, daß die Maschinenmodelle nicht, wie es im Freihandzeichnen nach Modellen üblich ist, einfach ihrer äußeren Form nach abgezeichnet werden, sondern daß die verschiedenen Schnitte und Ansichten des als Modell dienenden Maschinenteiles genau so skizziert werden, als wenn der Teil konstruiert und hergestellt werden sollte.

Bild 302—309. **Maß- und Formskizzen,** nach fertigen Stücken aufgenommen.

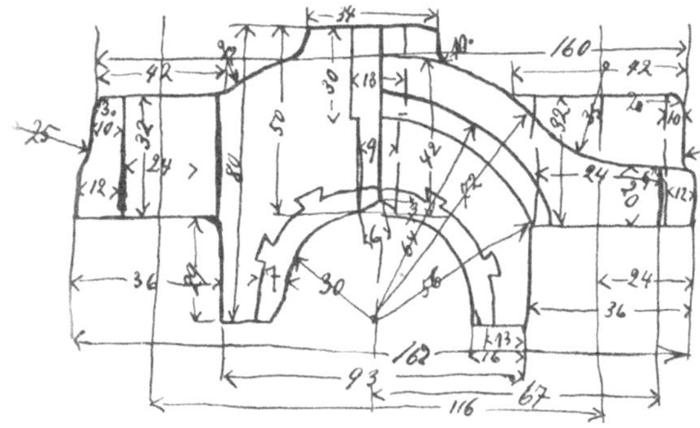

Bild 304. Unrichtig, unbrauchbar.
Form undeutlich, Maße unleserlich.

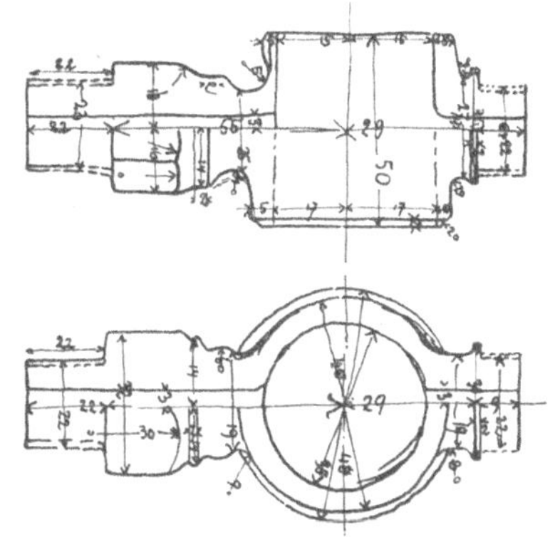

Bild 305. Unrichtig, unleserlich.
Maße verdecken die Form.

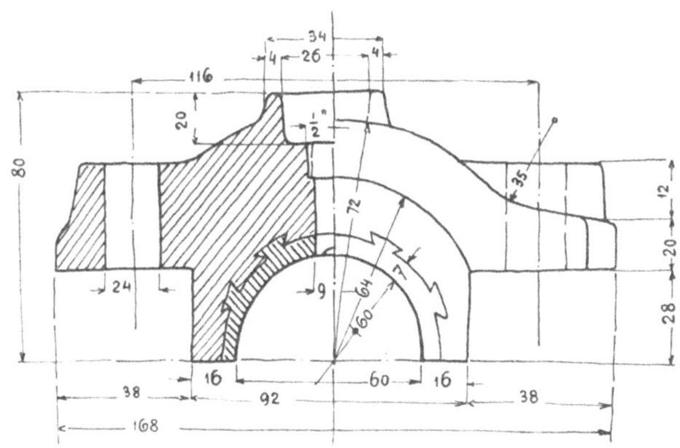

Bild 306. Richtig, dem Ausführungsvorgang entsprechend.
Form und Maße deutlich.

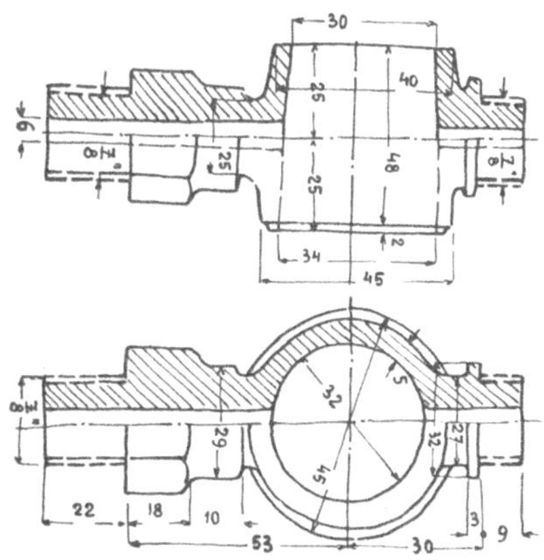

Bild 307. Richtig.
Form und Maße deutlich.

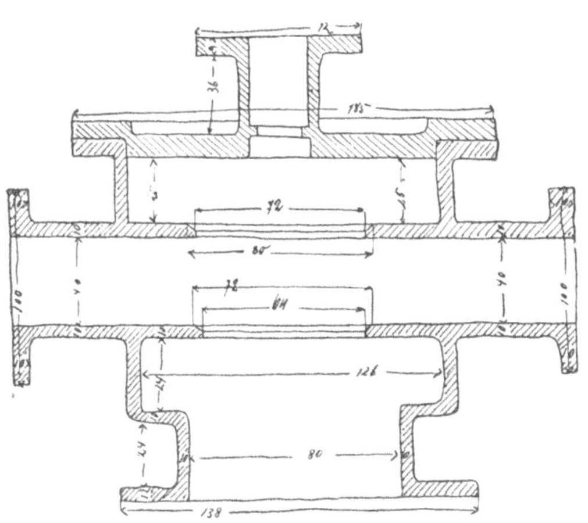

Bild 308. Falsche Maßskizze mit zufällig abgenommenen Maßen.

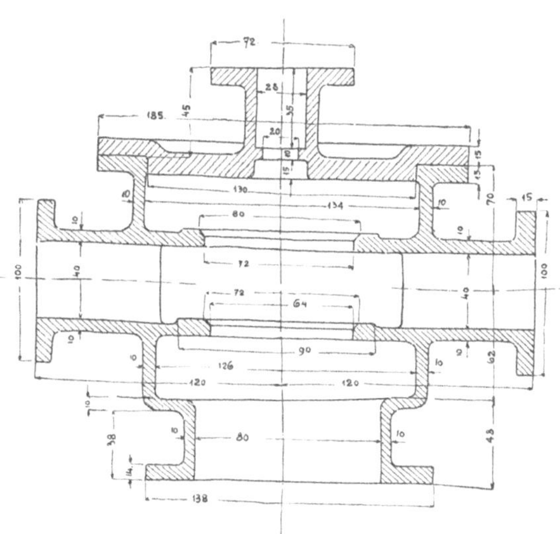

Bild 309. Richtige Maßskizze mit den notwendigen Herstellungsmaßen.

Die einzelnen Projektionen dürfen daher nicht eine nach der andern nach dem Modell vollständig gezeichnet werden, sondern die wesentlichen Einzelheiten müssen der Reihe nach in den verschiedenen Projektionen eines Stückes skizziert werden, genau so, als wenn das Stück konstruiert werden sollte.

Das Modell soll nur zur Stütze für das Vorstellungsvermögen dienen, nie aber zum mechanischen Abzeichnen. Hierin unterscheidet sich das Maschinenzeichnen grundsätzlich von gedankenlosem Freihandzeichnen, wie es oft in den Schulen geübt wird.

Es kann nicht scharf genug hervorgehoben werden:

Wer Werkzeichnungen und ihren Zusammenhang mit der Ausführung nicht vollständig beherrscht und richtig und gewissenhaft durchführt, ist für die ausführende Praxis unbrauchbar.

Es ist überaus beklagenswert und schadet dem jungen Ingenieur ungemein, daß die Verkennung dessen, was mit der Ausführung zusammenhängt, ihre Vertreter findet, und daß eine bloß „wissenschaftliche" Schulung des Ingenieurs für ausreichend gehalten wird. Es fehlt das Bewußtsein, daß Unkenntnis der Ausführung, daß insbesondere unzureichende oder falsche Maße der Verderb jeder Fabrikation sind, daß sie große Kosten verursachen und die rechtzeitige Lieferung in Frage stellen können; daß sie das Vertrauen zum Ingenieur beim Werkstättenpersonal untergraben, dieses zu eigenmächtigen Abweichungen von den Zeichnungen verleiten usw. Die Maßkontrolle wird oft so sehr vernachlässigt, daß regelmäßige kostspielige Kontrolle durch andere notwendig wird.

Es ist notwendig, daß sich der Anfänger das ganze Register der Verantwortlichkeit für die gewissenhafte Erledigung auch nebensächlicher Detailarbeit vergegenwärtigt bis zur Verantwortung gegenüber dem Strafgesetz; denn gar oft waren mangelhafte Zeichnungen Ursache von Unfällen und haben ihre Urheber in Strafprozesse verwickelt.

In seinem Wirkungskreise muß jeder seine Arbeit technisch und wirtschaftlich im Bereiche der gegebenen Arbeitsteilung vollständig und richtig erledigen, wie auch die hergestellte Maschine technisch, geschäftsmäßig und vertragsmäßig richtig sein muß. Gegen diese Forderungen wird oft schwer gesündigt.

Die wirtschaftliche Erledigung umfaßt auch die richtige Konstruktion im Zusammenhang mit den von der Maschine verlangten Wirkungen, die Wahl richtiger Abmessungen, richtige Formgebung und Bearbeitung, die Verwendung zweckentsprechenden Materials und ferner richtige Reihenfolge in der Fertigstellung der Zeichnungen, damit die Arbeit sachgemäß fortschreite und die Lieferfristen eingehalten werden.

Auf die Erfüllung vertragsmäßiger Verpflichtungen ist streng zu achten. Führt sachliche Überlegung zu einer besseren Lösung als der vertragsmäßigen, so darf nicht ohne weiteres angenommen werden, daß der Besteller mit dieser besseren Ausführung einverstanden sei. Dadurch entstehen unerquickliche Weiterungen und Schaden.

Die Richtigkeit und Unzweideutigkeit der Maßzahlen ist das allerwichtigste Erfordernis jeder Werkzeichnung. Hier muß die Praxis und die Schule die höchsten Anforderungen stellen. Die Genauigkeit der Zeichnung kommt erst in zweiter Linie. Ausnahmsweise sind unrichtig gezeichnete Größenverhältnisse zulässig, wenn die Maßzahlen richtig und vollständig sind. In solchem Falle ist es aber notwendig, den Widerspruch zwischen Form und Zahl auffällig hervorzuheben, etwa durch Unterstreichen der richtigen Maßzahl. Damit wird ausdrücklich bestätigt, daß nur die Maßzahl für die Ausführung maßgebend ist. Von diesem Mittel wird jedoch in der Praxis ein zu reichlicher Gebrauch gemacht, und viele Irrtümer werden dadurch veranlaßt.

Die Maßzahlen und die Art ihrer Eintragung wechseln selbstverständlich mit dem Zwecke der Zeichnung. Hat diese nur einem Teile der Ausführung zu dienen, z. B. den Zusammenbau einer Maschine darzustellen, dann hat sie auch nur diejenigen Maße zu enthalten, welche für diesen besonderen Zweck erforderlich sind.

Dies gilt von den Fundamentplänen, Rohrplänen, Armaturzeichnungen, Gesamtzeichnungen für verschiedene Zwecke usw.

Allgemein gilt: Die Maßzahlen müssen deutlich und sauber geschrieben sein. Die Ziffern müssen solche Form besitzen, daß Mißverständnisse ausgeschlossen sind, selbst wenn im Kopierverfahren Teile der Ziffern wegbleiben oder undeutlich werden sollten.

Dies gilt namentlich für die Ziffern 0, 6 und 9, 1 und 7, 3 und 8. Die Ziffern müssen den Charakter der Zeichnung und nicht den der Handschrift tragen, umsomehr, als die Handschrift der meisten gar jämmerlich ist. Maßlinien und Zahlen sind möglichst außerhalb der Querschnitte einzutragen, weil die Querschnitte in Zeichnungen, nach denen Lichtpausen herzustellen sind, schraffiert werden müssen und die Schraffen durch die Ziffern nicht beeinträchtigt werden sollen. Die Maßlinien sollen nicht überschneiden; die Maße sind zweckentsprechend zu verteilen, müssen klar hervortreten und leicht auffindbar sein.

Das übersichtliche und sachgemäße Eintragen der Maßzahlen ist eine schwierige Arbeit, die nicht nur Sachkenntnis, sondern auch ein besonders ausgeprägtes Verantwortungsgefühl verlangt. Das Einzeichnen der Maßlinien und das Einschreiben der Maße darf nicht etwa einem untergeordneten Zeichner oder Pauser überlassen werden, sondern diese Arbeit ist von dem Konstrukteur der Maschine selbst zu leisten.

Denn nur dem Konstrukteur ist der Zusammenhang aller Teile und sind die für die Herstellung, Bearbeitung, Aufstellung, den Aus- und Einbau der Teile usw. maßgebenden Einzelheiten so ausreichend gut bekannt, daß die erforderlichen Maßzahlen, Bemerkungen und die Stückliste richtig in die Werkstattzeichnung eingetragen werden können.

Es ist ja nicht notwendig, daß der stark beschäftigte Konstrukteur auch das Zeichnen und das Einschreiben der Maße in Tusche auf den Originalpausen selbst besorgt. Hierzu sind namentlich in Großbetrieben besondere Zeichner und Pauser vorhanden, die infolge ihrer langen Übung derartige Arbeiten geschickt und sauber auszuführen vermögen.

Der Konstrukteur muß aber wenigstens in den Entwurfszeichnungen alle Maßlinien in Blei richtig vorzeichnen, mit Begrenzungspfeilen versehen und die Maße an der richtigen Stelle der Maßlinien einschreiben. Auch alle für die weiteren Arbeiten in der Werkstätte usw. erforderlichen Bemerkungen, sowie die Kennzeichnungsnummern der einzelnen Stücke und der Stücklisten müssen vom Konstrukteur in Blei an den richtigen Stellen der Werkstattzeichnungen eingetragen werden.

Die Arbeit der Zeichner und Pauser muß auf das rein mechanische Ausziehen der Figuren und das Nachschreiben der Maßzahlen, der Bemerkungen und der Stückliste in Tusche auf den Originalpausen beschränkt werden.

Der Zeichner muß natürlich seine Arbeiten durch Vergleichen mit der Entwurfszeichnung kontrollieren, da er für das richtige Durchpausen aller in der Entwurfszeichnung enthaltenen Figuren, Maße usw. verantwortlich ist. Die Verantwortung für die richtige Ausführung der Konstruktionen und der Werkstattzeichnungen trägt aber der Konstrukteur. Er wird daher die von dem Zeichner fertiggestellten Originalpausen nochmals nachprüfen und hierauf die Richtigkeit der Original-Werkstattzeichnung durch seine Unterschrift bestätigen müssen.

Beschreibung der Werkzeichnungen.

Der Werkzeichnung müssen alle Angaben über Herstellung und Lieferung schriftlich hinzugefügt werden, die durch die Zeichnung allein nicht ausgedrückt werden können.

Ausreichende Beschreibung als zusätzliche Anweisung für die Werkstätten ist die Vervollständigung des Gezeichneten. Solche Beschreibung umfaßt:

die Einzelbezeichnung des Gegenstandes, den Auftrag an die Werkstätte, die schriftlichen Erläuterungen über Konstruktion, Material und Ausführung, insbesondere die Angabe der Bearbeitungsstellen und die Art der Bearbeitung, die Angaben über Benutzung vorhandener Einrichtungen und Modelle, die Angaben über Auswärtsbestellungen von Material, über Benutzung fremder Zeichnungen und Lieferungen, die Angaben über Abweichungen von der Zeichnung und Änderungen, alle Angaben, die mit der Übersicht über die Zeichnungen, ihrer Ordnung und Aufbewahrung zusammenhängen, überhaupt alles, was für den geordneten Betrieb und für die Erledigung der Aufträge notwendig ist und durch die Zeichnung allein nicht oder nicht ausreichend ausgedrückt werden kann.

Eigentlich gehören auch die Maßzahlen und alle Maßangaben zur Beschreibung der Zeichnung, da die Zeichnung nur die auszuführende Form darzustellen hat, nicht aber die auszuführenden Maße.

Damit ist schon gekennzeichnet, daß es sich hier um sehr wichtige Dinge handelt, die streng geordnet, einheitlich nach einmal festgelegter Vereinbarung, vollständig und eindeutig, in größter Klarheit und Übersichtlichkeit auf der Zeichnung angegeben werden müssen. Es handelt sich nicht um eine nebensächliche Beschriftung der Zeichnungen, wie der Anfänger meint, sondern um ein streng gegliedertes System von Anweisungen und Vorschriften für die weitere Behandlung der Zeichnungen. Verstöße gegen die Richtigkeit und Klarheit dieser schriftlichen Zusätze bringen in der Regel große Verwirrung und Schaden.

So wie die Werkzeichnungen selbst vollständig und eindeutig sein müssen, um ihren Zweck zu erfüllen, so müssen auch alle Angaben über Herstellung und Lieferung in der Beschreibung der Werkzeichnungen enthalten sein. Insbesondere muß die Beschreibung die nötigen Anweisungen an die Werkstätte enthalten über die Ausführung der gezeichneten Form selbst, über die zu verwendenden Materialien, die zu benutzenden vorhandenen, abzuändernden oder neuen Modelle, über zu benutzende vorhandene oder neu zu schaffende Einrichtungen usw.

Häufig wiederkehrende Anweisungen dieser Art werden auf die Werkzeichnung nicht geschrieben, sondern mit Gummistempeln aufgedruckt. Die Stempelabdrücke müssen so angebracht sein, daß sie die Zeichnung nicht stören und doch deutlich und auffällig sind.

Zur Beschreibung gehören auch alle erläuternden Angaben zur Zeichnung selbst: alle Beziehungen der Schnitte und Einzelprojektionen untereinander usw. Die schriftlichen Angaben werden in die Zeichnung eingeschrieben oder in der „Stückliste“ oder als „Aufgabe an die Werkstätte“ in Tabellen übersichtlich zusammengestellt; sie erfordern dieselbe Sorgfalt wie die Maßzahlen selbst. Alles muß einfach, übersichtlich, absolut richtig und unzweideutig sein. Die Angaben müssen sorgfältig, wie ein Vertrag, geschrieben werden, da sie für die Ausführung maßgebend sind.

Die Stückliste wird in allen Werkzeichnungen nach einheitlicher Anordnung ausgeführt (Bild 294) und ist stets an bestimmter Stelle, z. B. an der rechten unteren Ecke des Zeichnungsblattes, einzutragen.

Einige Ausführungen und Begründungen sind noch notwendig hinsichtlich der schriftlichen oder graphischen Bearbeitungsangaben, sowie hinsichtlich notwendig werdender Änderungen von Zeichnungen.

Die Angaben, welche die Werkstattausführung und die Änderung von Zeichnungen betreffen, sind von großer Wichtigkeit und erfordern streng einzuhaltende einheitliche Regelung, auf die der Anfänger auf das nachdrücklichste aufmerksam gemacht werden muß. Ihre Durchbrechung bringt Störungen und Verluste mit sich. Anfänger sind oft geneigt, Peinlichkeit in solchen Dingen als unnütze Belästigung anzusehen; aber streng geordnetes Vorgehen ist im Interesse planmäßiger Arbeit notwendig.

Überall ist Einfachheit und Übersichtlichkeit und zugleich Zeit- und Kostenersparnis anzustreben. Es muß stets gesucht werden, mit der geringsten Zahl von Zeichnungen und Zusätzen auszukommen; alle Angaben sind klar und eindeutig, deutlich und auffällig auszudrücken, damit jede weitere mündliche Erläuterung überflüssig wird, ebenso wie bei der Behandlung der Maße und Maßzahlen. Müssen Zeichnungen abgeändert werden, so muß das Bestreben sein, sich mit den vorhandenen zu behelfen und die kostspielige Anfertigung neuer Zeichnungen zu ersparen; trotzdem muß aber die volle Übersicht gewahrt und jeder Irrtum ausgeschlossen werden.

Die mündliche Verständigung zwischen den einzelnen Abteilungen und Personen ist durch deutliche und ausreichende Angaben auf den Zeichnungen auszuschließen. Soweit die Erledigung der Lieferungen besondere Verständigung erfordert, hat diese schriftlich zu erfolgen. Dazu dienen Vordruckblätter, deren Benutzung innerhalb des gesamten Betriebs einheitlich geregelt ist. Jede solche schriftliche Mitteilung muß enthalten: die klare Bezeichnung des Gegenstandes und die Werknummer, und sie muß mitunterzeichnet sein vom Vorsteher der betreffenden Abteilung. Von diesen schriftlichen Mitteilungen werden Kopien allen beteiligten Abteilungen übergeben.

Die Fabriken gehen aber auf dem Wege zu dem gleichen Ziele sehr verschieden vor. Die Verschiedenheit des von ihnen festgesetzten Verfahrens ist sachlich begründet durch die vorhandenen Arbeitsmittel und Arbeitsvorgänge, durch die Art der Aufträge und Lieferungen und namentlich auch durch die Überlieferung, die sich durch die allmähliche Entwicklung aus weit zurückliegenden Anfängen ergibt. Verschiedenheiten sind selbst dort vorhanden, wo es sich nur um Massenfabrikation handelt. Unter diesen Umständen kann die Belehrung des Anfängers nicht allgemein erfolgen, sondern muß an ausgewählte Beispiele anknüpfen.

Angaben über die Bearbeitung der Werkstücke.

Alle Werkzeichnungen müssen besondere Angaben darüber enthalten, welche Flächen der Werkstücke zu bearbeiten sind, und zwar muß diese Angabe in der Zeichnung selbst enthalten sein, vom Arbeiter aus der Zeichnung herausgelesen werden. In füherer Zeit wurde die Ausführung der zweckmäßigsten Bearbeitung ganz der Werkstätte überlassen. Es genügte, wenn in der Zeichnung die Kanten derjenigen Teile, die bearbeitet werden sollten, zeichnerisch besonders gekennzeichnet waren.

Diese zeichnerische Darstellung erfolgte und erfolgt noch jetzt sehr verschieden, z. B. dadurch, daß die Kanten, welche die Bearbeitungsflächen begrenzen, rot hervorgehoben wurden. Hierdurch wird die Zeichnung sehr deutlich, und die rote Anweisung stört nicht die gezeichnete Form, sondern vervollständigt sie. Dieses Verfahren ist aber kaum mehr üblich, weil jede der von den Werkstätten zu benutzenden zahlreichen Lichtkopien mit diesen roten Linien versehen werden muß und dies nur nachträglich auf jeder einzelnen Kopie geschehen kann. Das verursacht aber zuviel Zeitverlust und Kosten, und Fehler lassen sich dabei kaum vermeiden.

Gegenwärtig ist die Verwendung von Lichtkopien in den Werkstätten allgemein, es muß daher die Bearbeitungsangabe schon in der Originalpause enthalten sein und mitkopiert werden. Dadurch werden farbige Angaben unzulässig. Mit Schwierigkeiten und Undeutlichkeiten ist jedes Bezeichnungsverfahren behaftet, und so ist es bisher zu keiner Einheitlichkeit in dieser zusätzlichen Darstellung gekommen.

Es werden z. B. längs der ganzen Kanten der zu bearbeitenden Flächen schematische Zeichen × × × × eingezeichnet. Die Bearbeitungsstellen werden dadurch sehr deutlich bezeichnet; aber die Klarheit der Zeichnung, die auf der Deutlichkeit der Kanten und Linien beruht, wird dadurch beeinträchtigt. An allen Stellen, wo diese vereinbarten Zeichen fehlen, bleiben die Teile unbearbeitet.

Diese Bezeichnungsweise wird in verschiedenen Abstufungen benutzt:

ein × bedeutet „roh bearbeiten" (Schruppen),

zwei × × fordern genaues Bearbeiten (Schlichten),

drei × × × bedeuten Einhalten eines genauen Bearbeitungsmaßes durch Schleifen, Aufreiben, Schaben usw.

Statt dieser schematischen Zeichen werden auch aneinandergereihte Buchstaben angewendet und die Kanten der Bearbeitungsflächen fortlaufend oder an genügend vielen passenden Stellen z. B. mit bbb oder BBB beschrieben. Auch hierdurch wird die zusätzliche Angabe ausreichend deutlich, aber die Klarheit der Zeichnung geschädigt. Bei Werkzeichnungen in großem Maßstabe mit einfachen Formen ist dieses Verfahren immerhin das einfachste und hat die wenigsten Nachteile. Die Abstufungen in der Bearbeitungsgenauigkeit werden in ähnlicher Weise bezeichnet, wie oben erwähnt.

Eine andere Bezeichnungsart besteht darin, die Bearbeitungsstellen durch verdickte Linien hervorzuheben. Sie ist bei Werkzeichnungen für Massenherstellung am weitesten verbreitet, weil solche Zeichnungen immer nur auf einen Einzelteil beschränkt werden und dieses Verfahren ohne allzu große Unklarheit durchführbar ist.

Es entsteht aber sofort die Frage: Wie sollen die Linien verdickt werden, um als zusätzliche klare Vorschrift auf die Bearbeitung hinzuweisen? Es kann entweder die Konstruktionslinie, die Kante der zu bearbeitenden Flächen selbst, verdickt werden. Hierdurch wird die Formdarstellung gestört. Oder es wird nicht diese Kante verdickt, sondern zur Kennzeichnung der Bearbeitung eine dicke Linie mit Lichtrand neben die Kante gezeichnet, und zwar innerhalb der Bearbeitungsfläche des Körpers.

Dieses Verfahren stört die gezeichnete Form weniger als die Bezeichnung durch angenommene willkürliche Zusätze, ergibt aber Unklarheiten, wenn sich solche Bearbeitungslinien in der Zeichnung kreuzen.

Die planmäßige Massenherstellung, die vollkommenen Bearbeitungsmethoden und die Anwendung vollkommener Meßmethoden, des Toleranzverfahrens, während der Herstellung verlangen genauere Bezeichnungen in allen Werkstattzeichnungen. Es muß stets in der Zeichnung angegeben werden, wo oberflächliches rohes Bearbeiten (Schruppen) oder wo feine Bearbeitung (Schlichten) vorausgesetzt ist, und schließlich müssen für Schleifen und andere besondere Bearbeitungen und ungewöhnliche Bearbeitungen besondere kennzeichnende Angaben gemacht werden. Die üblichen Verfahren sind leider sehr verschieden.

Z. B. wird an die betreffenden Linien ein Haken gesetzt, der je nach der Genauigkeit der notwendigen Bearbeitung entsprechend viele Querstriche erhält. Auch für die verschiedenen zylindrischen Passungen (Laufsitz, Schiebesitz, Preßsitz usw.) werden entsprechende Bezeichnungen an die zugehörigen Durchmessermaße angefügt (z. B. l für Laufsitz, s für Schiebesitz, p für Preßsitz usw.).

Derartige Angaben dürfen in keinem Falle der Werkstätte überlassen werden, weil vielfach nur der Ingenieur über die Art der Bearbeitung und Passung im Zusammenhang mit den wirkenden Kräften und Beanspruchungen urteilen kann und für diese Beurteilung die Kenntnis des ganzen Zusammenhangs und der Konstruktions- und Betriebsabsichten notwendig ist.

Oder die Stellen an Maschinenteilen, an denen für die Bearbeitung zugegeben werden muß, und welche nachträgliche Bearbeitung auf den Werkzeugmaschinen erfahren, werden durch einen stark ausgezogenen Strich gekennzeichnet, und durch hinzugefügte Buchstaben wird die Art der Bearbeitung vorgeschrieben, nämlich durch:

b ganze Bearbeitung, d. i. Schruppen, Schlichten und Aufeinanderpassen,
b_s halbe Bearbeitung, d. i. bloßes Feilen, Drehen, Hobeln usw.

Diese abgekürzte Angabe der Bearbeitung ist auch in die Stückliste einzutragen.

Bild 310 zeigt als Beispiel die Angabe der Bearbeitungsstellen durch dicke Linien für die ganze Bearbeitung, durch gestrichelte Linien für die halbe Bearbeitung und durch Schraffen für die Bohrungen. Das Schema dieser Darstellung ist auf jeder Zeichnung vorgedruckt, so auch auf den Pauspapierblättern, auf denen die Originalzeichnungen hergestellt werden.

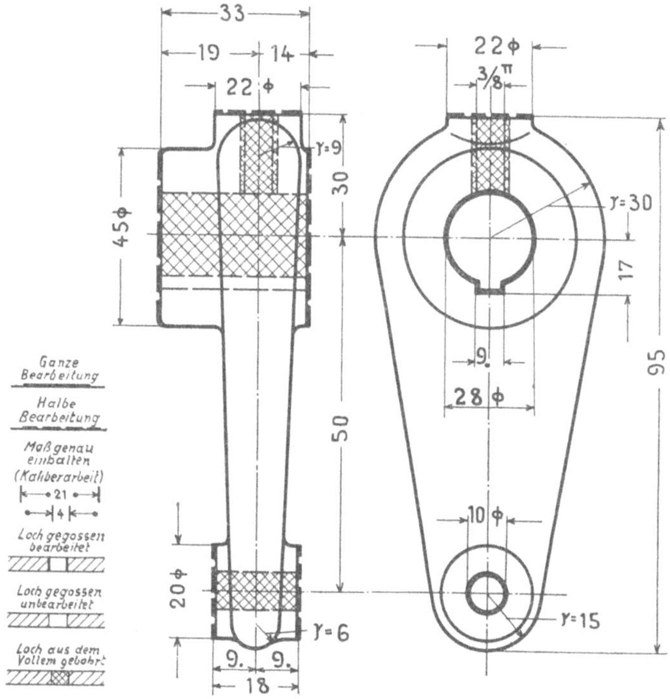

Bild 310. Angabe der Bearbeitungsstellen (auf $^1/_2$ verkleinert).

Die Bearbeitungszugaben dürfen nicht durch ungefähre Angabe wie „reichlich zugeben" vorgeschrieben werden und die Bemessung der Zugabe auch nicht der Gießerei überlassen werden. Sie ist sowohl für Modell- wie für Schablonenguß nur von der zuständigen Betriebsabteilung anzugeben.

Die Bezeichnung der Bearbeitungsstellen durch verdickte Linien ist durch Bild 311—315 erläutert.

Bild 311 zeigt die Darstellung durch Verdickung der Kanten der zu bearbeitenden Flächen. Die Verdickung dient nur dem Zwecke, die Bearbeitungsstellen hervorzuheben, ist daher dort, wo ein Maß begrenzt wird, zu unterbrechen. In Bild 313 ist die Bearbeitungslinie innerhalb des oberen Körpers gezeichnet. Diese Darstellung würde also vorschreiben, daß nur der obere Teil zu bearbeiten ist. Bild 312 schreibt die Bearbeitung der beiden einander berührenden Teile vor. Die Bearbeitungslinien liegen innerhalb der beiden Körper. Die Bearbeitungslinien sind wieder an allen Stellen, wo Maße begrenzt werden, unterbrochen, da die Deutlichkeit der Maße in keinem Falle gestört werden darf.

Die Bearbeitungsflächen müssen beim Entwurf und in der Werkzeichnung deutlich auf das Notwendige begrenzt werden, damit nicht mehr Bearbeitung aufgewendet wird, als notwendig ist. Daher müssen auch die Bearbeitungslinien genau auf das Ausmaß der notwendigen Bearbeitung begrenzt werden.

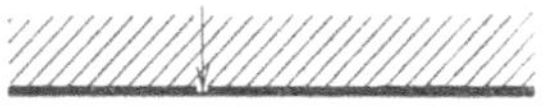

Bild 311.

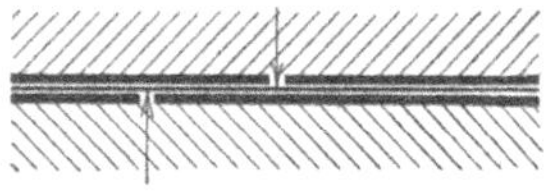

Bild 312.

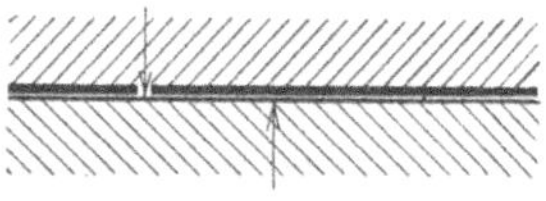

Bild 313.

Grundsätzlich muß die Bearbeitung auf das erreichbare Minimum beschränkt werden, um Abfall an Material und Kosten auf das Mindestmaß zu bringen.

Es ist ohne weiteres zu erkennen, daß die Angabe zweiseitiger Bearbeitung die Deutlichkeit der Formdarstellung stört, wie auch aus Bild 315 zu ersehen ist.

Bild 314 zeigt einen Zapfen mit zugehörigem Stellring. Die Bearbeitungsstellen sind durch dicke Linien hervorgehoben, eine Darstellung, die den Zweck vollständig erfüllt, deutlich ist und die Formdarstellung nicht stört, solange der Maschinenteil einfach ist.

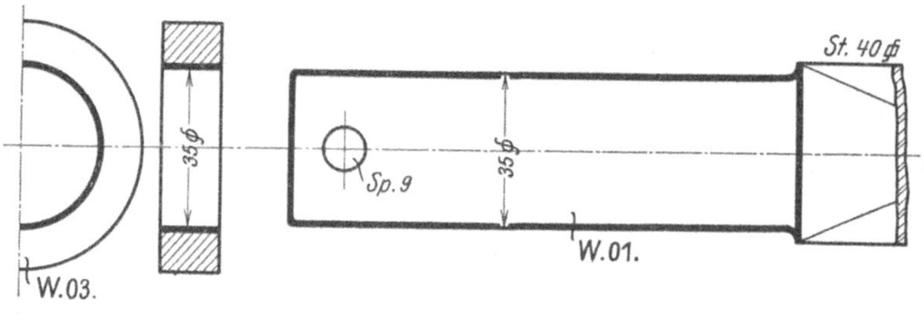

Bild 314. Bearbeitungsstellen in dicken Linien.

Bild 315 zeigt dieselbe Darstellung an einem Zapfen in der Radnabe.

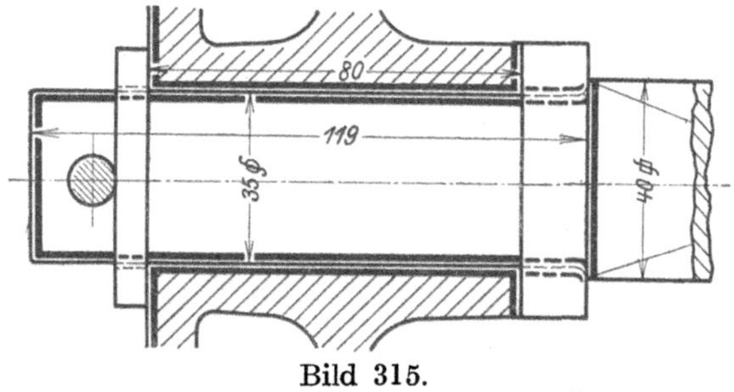

Bild 315.
Undeutlich an den Kreuzungsstellen.

Die zu bearbeitenden Stellen sind durch dicke Linien gekennzeichnet. Notwendig kreuzen sich die Bearbeitungslinien, und die Kreuzungsstellen werden undeutlich durch das Zusammenfallen dreier Linien an der Berührungsstelle der zu bearbeitenden Teile.

Die Bearbeitungslinien werden etwa doppelt so stark gezogen als die Konstruktionslinien; die Außenlinien, die Linien der Form, müssen unverändert bleiben. Wo sich mehrere bearbeitete Flächen berühren, muß die verdickte Bearbeitungslinie unter scharfer Einhaltung schmaler Lichtränder außerhalb der Konstruktionslinie angegeben werden, sonst wird die Formdarstellung undeutlich oder unbrauchbar.

Wie die Beispiele zeigen, ist keine Einheitlichkeit in diesen Zusatzbezeichnungen vorhanden, weil jede Methode ihre Schattenseiten hat und mit der klaren Formdarstellung in Widerspruch geraten kann.

Diese schematischen zusätzlichen Bezeichnungen gelten auch nur für die Bearbeitung auf den gewöhnlichen Werkzeugmaschinen: für Drehen, Hobeln, Fräsen, Bohren. Ungewöhnliche Bearbeitungen, z. B. durch Stanzen, Scheren, Sägen, Pressen, Gewindeschneiden usw., sowie alle Arten der Feinbearbeitung: Schleifen, Schaben usw., sind stets besonders schriftlich anzugeben.

Auch ganz gewöhnliche Herstellungsvorgänge erfordern besondere Angaben, z. B.:

Bei Löchern in Gußstücken ist anzugeben, ob das Loch einzugießen ist, mit oder ohne Bearbeitungszugabe, oder ob das Loch nachträglich gebohrt werden soll. —

Im Zusammenhange mit Maschinenzeichnungen und ihren Bearbeitungsangaben ist es von besonderer Wichtigkeit, daß der Konstrukteur bei jeder zu bearbeitenden Konstruktionsform vorher überlegt, ob und wie das Werkstück in einfacher Weise auf vorhandene Werkzeugmaschinen aufgespannt werden kann, und wie dann der Arbeitsvorgang verläuft.

Denn mit der Angabe der Bearbeitungsstellen ist es nicht getan. Das Wesentliche ist, daß der Bearbeitungsvorgang normal verläuft, d. i. mit geringstem Kosten- und Zeitaufwand praktisch durchgeführt werden kann. Solche Vorausüberlegung ist durchaus Sache des Konstrukteurs beim Entwurf der Konstruktionsform und bei der Feststellung der Bearbeitungen.

Der häufigst vorkommende Fehler ist, daß am Maschinenteil für das bequeme Aufspannen desselben nichts vorgesehen ist, und daß dann die Werkstätte, um die Bearbeitung überhaupt zu ermöglichen, zu umständlichen und mangelhaften Hilfsmitteln greifen muß. Jeder während der Bearbeitung schwierig zu behandelnde Teil muß daher für das Aufspannen mit den erforderlichen Löchern, Vorsprüngen usw. versehen sein.

Weiter ist im voraus darauf zu achten, daß das Werkstück während der Bearbeitung durch das Aufspannen nicht verspannt wird, d. h. nicht seine Form verliert und erst nach dem Abspannen in seine natürliche Form zurückgeht, wobei natürlich die gewollte genaue Bearbeitungsform nicht erzielt werden kann.

Es muß daher vorgesehen werden, daß z. B. die Spannbacken, welche das Werkstück während der Bearbeitung festhalten, den Maschinenteil nicht deformieren können; dies wird erreicht, indem man z. B. die Zahl der Verstärkungsrippen mit der Zahl der Spannbacken übereinstimmend wählt, so daß jede Spannbacke auf eine Rippe wirkt und nicht auf einen schwachen Teil. Kleine Spannfutter haben in der Regel nur drei Spannbacken, größere vier.

Insbesondere ist wesentlich, daß vorhandene Aufspannvorrichtungen benutzt werden können, und daß jedes Werkstück, einmal auf die Werkzeugmaschine aufgespannt, bis zum Ende der Bearbeitung möglichst nicht mehr verändert wird. Alles hierzu Erforderliche muß schon bei der Konstruktion vorausgesehen und überlegt werden.

Z. B. müssen benachbarte gleichartige Bearbeitungsflächen gleichartig zum Werkzeug liegen, ebene Flächen in gleicher Höhe, so daß sie gleichzeitig durch dasselbe Werkzeug bearbeitet werden können. Schräg stehende Bearbeitungsstellen müssen vermieden werden. Liegen die Bearbeitungsstellen in verschiedenen Ebenen, so sollen sie möglichst senkrecht zueinander stehen, dann können sie vielfach auf ein und derselben Werkzeugmaschine bearbeitet werden. Kleine Maschinenteile müssen von großen getrennt werden, weil sie zweckmäßig nur auf verschieden großen Werkzeugmaschinen bearbeitet werden können. Nebenteile sind daher von Hauptteilen abzutrennen und trotz der entstehenden besonderen Kosten aufzuschrauben, nicht mit dem Hauptteil aus einem Stück herzustellen (s. Bild 55, S. 33). Gründliche Kenntnis der Werkzeugmaschinen und der Arbeitsvorgänge auf ihnen ist hierzu selbstverständlich erforderlich.

Der Konstrukteur muß besonders auch mit den vorhandenen Einrichtungen der eigenen Fabrik so weit vertraut sein, daß er beurteilen kann, ob die gewählte Konstruktionsform sich mit den vorhandenen Werkstattmitteln ausführen läßt. Wo der Konstrukteur wegen der Ausdehnung und Größe der Fabrik hierzu nicht imstande ist, müssen besonders Neukonstruktionen vor Herausgabe an die Werkstätten von dem maßgebenden Werkstättenleiter auf ihre Herstellbarkeit mit den vorhandenen Werkzeugmaschinen usw. geprüft und unter Umständen im Konstruktionsbureau entsprechend den zur Verfügung stehenden Bearbeitungsmitteln abgeändert werden.

Änderungen von Zeichnungen und Aufträgen.

Änderungen während der Ausführung, nachdem die Zeichnung und der Auftrag an die Werkstätte hinausgegeben ist, gehören zu den Ausnahmen, die nach Möglichkeit vermieden werden. Änderungen, die an vorhandenen Zeichnungen vorgenommen wurden, um sie für einen neuen Auftrag geeignet zu machen, gehören zu den laufend notwendigen. Die Absicht hierbei ist stets, an Zeichnungen und Kosten zu sparen und die Übersichtlichkeit zu erhöhen. Doch wird es auch in diesem Falle immer vorkommen können, daß es zweckmäßiger wird, neue Zeichnungen anzufertigen, als vorhandene abzuändern. Die Beurteilung von Abänderungen kann daher vom besonderen Falle nicht getrennt werden. Allgemein läßt sich für Anfänger folgendes sagen:

Alle Angaben über Abweichungen der Ausführung von der Zeichnung, z. B. die besondere Angabe, daß ein Maschinenteil nach Zeichnung, jedoch mit Weglassung oder Änderung von Einzelheiten herzustellen sei, erfordern planmäßige, eindeutige Erledigung und stets gleiches Verfahren, von dem nicht abgewichen werden darf. Sind Abänderungen unvermeidlich, etwa um Zeit und Kosten für eine neue Zeichnung zu sparen, so muß grundsätzlich jede solche schriftliche Angabe wenigstens von einer Skizze der Abänderung begleitet sein, um irrtümliche Deutungen auszuschließen. Die zeichnerische Darstellung ist für den Arbeiter immer verständlicher als die schriftliche Belehrung. Mündliche Mitteilungen ohne schriftliche Angaben auf der Zeichnung sind grundsätzlich unzulässig.

Es ist daher sinngemäß wie bei Anfertigung neuer Werkzeichnungen zu verfahren. Die schriftlichen Anweisungen über Änderungen sind in der Zeichnung anzugeben, z. B.: „Ausführung nach eingesandtem Stichmaß“, „Probedruck 50 statt 40 Atm.“, „bis hierher härten“, wobei die Stelle durch Maßpfeile zu bezeichnen ist, „nicht durchbohren“. Solche Änderungsangaben erfordern keine neue Zeichnung.

Änderungen von Zeichnungen kommen bei der Wiederbenutzung vorhandener Modelle, welche für eine Neuverwendung nur geringer Abänderungen bedürfen, laufend vor. Die Abänderungen werden dann in allen Zeichnungen und in allen Pausen auffällig angegeben mit ausdrücklichem schriftlichen Vermerk, z. B.: „4 Stück nach strichpunktierter Änderung auszuführen“. Solches Vorgehen ist aber nicht immer empfehlenswert; es sollten bei allen wesentlichen Änderungen immer neue Zeichnungen in die Werkstätte gegeben werden, da sonst leicht Irrtümer entstehen.

Originalzeichnungen werden überhaupt nicht in der Werkstätte benutzt, sondern nur Lichtkopien, und bei Änderungen verursacht es oft geringere Kosten, neue Kopien auszugeben als die Änderungen auf allen vorhandenen Kopien einzutragen

Jeder in einer Zeichnung entdeckte Fehler erfordert sofortige Änderung und muß vom Werkstättenpersonal dem Konstruktionsbureau sofort gemeldet, alle fehlerhaften Zeichnungen müssen sofort berichtigt oder beseitigt werden, sonst werden Fehler wiederholt.

Nachträge und Änderungen an Werkzeichnungen dürfen nur vom zuständigen Konstruktionsbureau vorgenommen werden.

Die Art jeder Änderung ist unter laufender Nummer und unter Angabe des Datums ausführlich in die entsprechende Abteilung der Stückliste einzutragen. Die Eintragung muß in der Originalzeichnung und in allen vorhandenen Werkstatt- und Bureauzeichnungen vorgenommen werden.

Zeichnungsergänzungen müssen so wie Zusätze aller Art auf den Hauptzeichnungen deutlich hervorgehoben werden, so daß sie nicht übersehen werden können.

Bei Änderungen ist zwischen wesentlichen und unwesentlichen zu unterscheiden. Jede wesentliche Änderung erfordert Ersatz der ursprünglichen Zeichnung durch eine neue; die ursprüngliche Zeichnung wird zurückgezogen und geht mit entsprechendem Vermerk in die Registratur.

Bei jeder Änderung muß das Ursprüngliche deutlich sichtbar erhalten bleiben; es soll deshalb nur so durchgestrichen werden, daß es neben der nachträglichen Änderung deutlich erkennbar bleibt.

Bei Maßänderungen ist daher das ursprüngliche Maß schräg durchzustreichen, aber nie wegzuradieren. Das neue Maß wird daneben geschrieben und mit der Nummer des betreffenden Änderungsvermerks versehen; diese Ziffern werden zur Unterscheidung von den Positionsziffern und den Maßzahlen z. B. mit einem Kreise umschlossen:

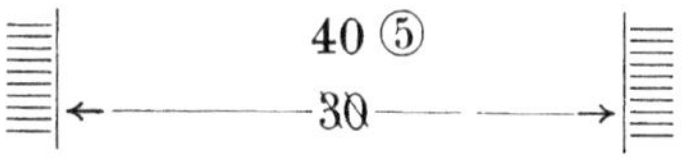

Bei Konstruktionsänderungen ist ebenso zu verfahren. Das heißt: der zu ändernde Teil ist durchzustreichen und der neue daneben zu zeichnen. Ist dies nicht angängig, dann sind besondere Zeichnungen anzufertigen.

Wird eine Zeichnung durch eine andere ersetzt, so erhält die alte Zeichnung in dem freien Raume über der Zeichnungsnummer den Vermerk: „Ersetzt durch Zeichnung gleicher Nummer vom........“ oder „Ersetzt durch Zeichnung Nummer...... vom........“

Die neue Zeichnung erhält folgenden Vermerk:

„Ersatz für Zeichnung gleicher Nummer vom........“ oder dergl.

Wird eine Zeichnung durch eine solche gleicher Nummer ersetzt, so werden in der neuen Zeichnung die Änderungsvermerke im Anschluß an diejenigen der alten Zeichnung laufend weiter numeriert. An erster Stelle ist der Grund für die Neuanfertigung der Zeichnung deutlich anzugeben.

Die Posten der Stückliste müssen auf Ersatzzeichnungen dieselben Nummern tragen wie auf der ursprünglichen Zeichnung. Ungültige Posten werden nicht wiederholt, jedoch müssen die betreffenden Felder in der Liste freigelassen werden.

Sinngemäß gilt dasselbe für Änderungen von Zeichnungen und Stücklisten, die sich schon im Werkstättenbetrieb befinden. Hierzu ist besonders strenge Einhaltung der einheitlichen Vorschriften notwendig, wenn Schaden verhütet werden soll.

Zeichnungen können innerhalb großer Organisationen nur vom oder durch das Betriebsbureau zurückgezogen, Änderungen nur vom Konstruktionsbureau vorgenommen werden. Ein Zurückziehen unmittelbar aus den Werkstätten darf nicht stattfinden. Konstrukteure müssen sich mit dem Grundsatz vertraut machen, daß sie unter keinen Umständen befugt sind, an die Werkstätte abgegebene Zeichnungen abzuändern. Konstrukteure sind oft geneigt, sich nur von der guten Absicht leiten zu lassen, die aber niemals von der notwendigen strengen Ordnung entbindet.

Wenn eine Ausführung nach bestimmter Zeichnung unterbleiben soll, so müssen Zeichnungen und Stücklisten schriftlich zurückgezogen werden. Dann ist die Frage zu regeln (gleichfalls schriftlich), wie bereits verausgabte Material- und Lohnkosten ber betreffenden Werknummer zu verrechnen sind, ob bei großen Stücken das Material zum Altwert zurückgenommen wird usw. Angaben hierzu muß schon die schriftliche Mitteilung über Zurückziehung von Zeichnungen und Auftrag enthalten.

Wesentliche Änderungen an Zeichnungen dürfen nie durch Zusätze, Ergänzungen oder schriftliche Angaben vorgenommen werden, sondern nur durch Umtausch aller Zeichnungen, die zu dem betreffenden Maschinenteil gehören.

Die neuen, richtigen Zeichnungen müssen also an die Stelle der zurückzuziehenden treten. In einem großen Betriebe ist ein Schweif von Zusatzzeichnungen und Zusatzangaben durchaus unzulässig, weil er jede Ordnung unmöglich macht.

Nur bei Stücklisten sind Zusätze zulässig, wenn durch den zusätzlichen Auftrag keine Änderung der Ausführung, sondern nur eine Änderung des Umfangs der Lieferung eintritt. Solche Zusätze müssen aber auf die Stückzahl und auf die einzelnen Posten der ursprünglichen Stückliste Bezug nehmen.

Über alle Änderungen von Zeichnungen, über jeden Umtausch von Zeichnungen und Stücklisten muß im Konstruktionsbureau genaue Übersicht gehalten werden.

Besondere Behandlung erfordern die für Maschinenlieferungen auswärts zu bestellenden Teile. Sie müssen sinngemäß wie Abweichungen von der normalen Ausführung und der Auftragserteilung an die eigene Werkstätte behandelt werden.

Der Maschinenbau bezieht sehr viele Teile von Spezialfabriken. Es sind dies oft betriebsfertig bearbeitete, häufiger aber nur vorbearbeitete oder rohe Teile.

Diesen verschiedenen Fällen entsprechend ist die Bestellung auf den Zeichnungen und in den Stücklisten zu kennzeichnen durch die Vermerke „fertig bestellt", „Material bestellt" usw., und diese Angaben müssen auch an die betreffenden Abteilungen gerichtet werden. Zu Auswärtsbestellungen müssen in der Regel erst Angebote auf gleicher Grundlage — „frachtfrei" usw. — eingeholt werden, wobei rechtzeitige Lieferung von größter Wichtigkeit ist. Die Lieferzeit muß auf den Tag vorgeschrieben werden. Lautet das Angebot: „Lieferzeit 5—6 Wochen", so ist in der Bestellung beispielsweise hinzuzufügen: „also spätestens 15. März 1913". Auch muß die Bestellung die genaue Versandvorschrift an die Fabrik oder zum Aufstellungsorte enthalten.

Die Auswärtsbestellungen umfassen zumeist Rohrleitungen, Schmiede- und Gußstücke, Nebenteile, die aus besonderem Gußmaterial bestehen, Absperrvorrichtungen, Armaturen usw. Es muß dem Lieferanten aufgetragen werden, alle Stücke auffällig mit der Nummer der Stückliste und der Werknummer zu versehen, entweder durch grelles Aufmalen mit Ölfarbe oder durch Anhängezettel oder auch durch Einschlagen von großen Ziffern an vorbearbeiteten Teilen. An die Lieferungen ist rechtzeitig zu mahnen; unter Umständen sind Zusatztermine einzufordern. Dies muß zwischen Konstruktionsbureau und Betrieb einheitlich geregelt sein, sonst sind Verzögerungen leicht möglich.

Für die Korrespondenz in solchen Angelegenheiten werden Vordrucke verwendet. Abschriften aller Mitteilungen erhält der Betrieb, damit er über alle Vorgänge, die mit der Lieferung zusammenhängen, unterrichtet ist. Die Vordrucke sind so einzurichten, daß der Gegenstand, um den es sich handelt, auf einen Blick erkannt werden kann. Die Werknummer muß deutlich angegeben sein.

Aufträge an die Werkstätte über Reparaturen und Lieferung von Ersatzteilen müssen gleichfalls wie Abweichungen von der normalen Fabrikation behandelt werden. Sie sind immer eine lästige Zugabe zum normalen Betriebe und stören stets den normalen Fabrikationsgang. Daher ist es zweckmäßig, daß Betriebe, bei denen Reparaturen häufig vorkommen, wie Werkstätten für Lokomotiven, Kraftwagen usw., eigene Reparaturabteilungen einrichten. Bei Reparaturen und Ersatzlieferungen wird die Zahl der Zeichnungen jedenfalls aufs äußerste beschränkt.

Ersatzteile, die zur Maschinenlieferung gehören, erhalten die Werknummer der Maschinenlieferung, und ihre Zahl wird der Stückliste unter der ausdrücklichen Bezeichnung als „Ersatzteile" hinzugefügt.

Ersatzteile, die getrennt für sich bestellt werden, sollten zweckmäßigerweise als besonderer Auftrag mit besonderer Werknummer und in besonderer Stückliste behandelt werden. Doch werden sie nicht getrennt, sondern gleichzeitig mit gleichen Stücken der normalen Serienfabrikation ausgeführt.

Werkzeichnungen zu verschiedenen Zwecken.

Werkzeichnungen haben oft nur einem Teile der Ausführung zu dienen, z. B. nur dem Zusammenbau der Maschine (Gesamtzeichnungen, Montierungspläne) oder für die Anordnung der Rohrleitungen (Rohrpläne), Ausrüstungsgegenstände (Armaturpläne), Schutzvorrichtungen usw.

Jeder solche besondere Zweck erfordert entsprechend geänderte Darstellung und verlangt sowohl hinsichtlich der Formdarstellung wie der Maßzahlen die Beschränkung auf den besonderen Zweck. Die Zeichnung hat daher nur das zu enthalten, was für den jeweiligen Teil der Ausführung erforderlich ist. Dies zeigen übersichtlich die folgenden Beispiele.

Rohrpläne z. B. dienen zur Übersicht über die Rohranordnung oder auch für den Zusammenbau und die Bestellung aller Rohrleitungen einer Maschinenanlage. Erforderlich sind daher:

die Einzel- und Anschlußmaße der Rohrstücke und der Rohrverbindungen und eine vollständige „Stückliste"; auch die Einzelheiten der Rohrverbindungen, wenn Abweichungen von der normalen Bauart vorkommen, die aber so weit als möglich zu vermeiden sind.

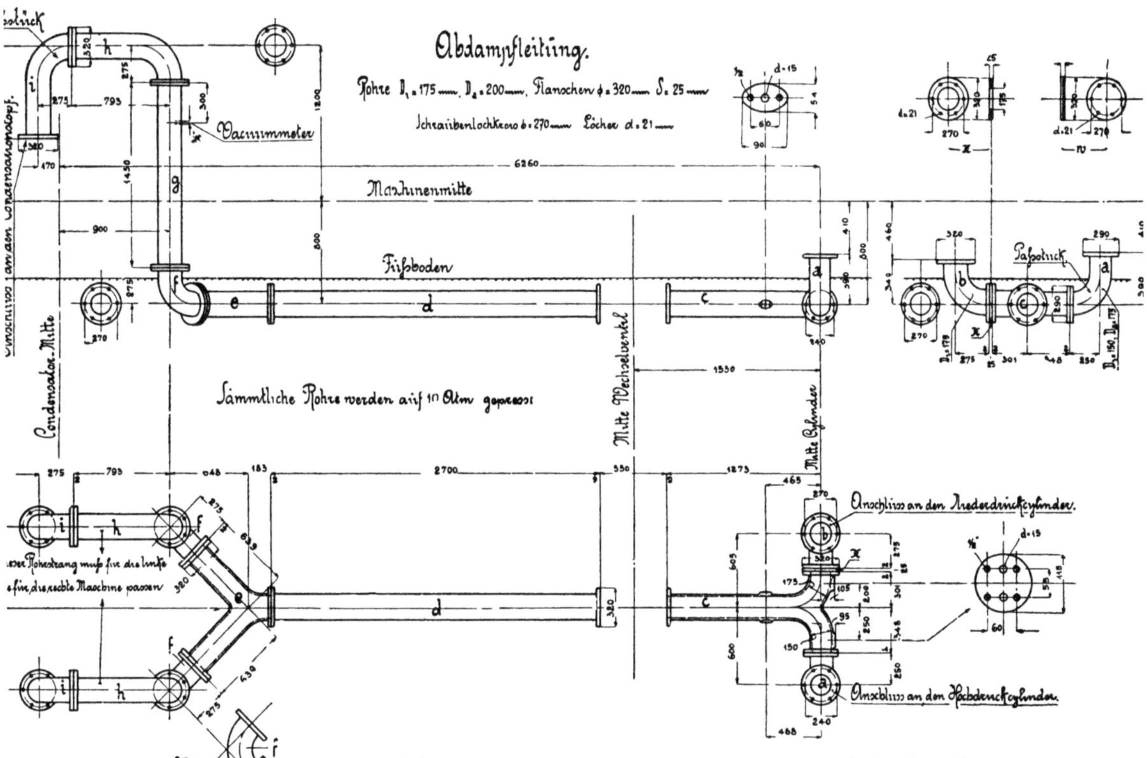

Bild 316. **Rohrplan** für Ausführung und Aufstellung in 1 : 20 (auf $^1/_3$ verkleinert).

Bild 316 zeigt den Rohrplan der Abdampfleitung einer unterirdischen Wasserhaltungsmaschine. Ähnliche Rohrpläne zur gleichen Maschinenanlage sind erforderlich: für die Dampfzuleitung, für die Entwässerung der Dampfleitungen und Zylinder, für die Pumpensaugleitung und die Druckleitung.

Bild 317 und 318 zeigen Teile des Rohrplanes für eine Dampfmaschine. Hierzu gehörig (nicht dargestellt): Seitenansicht und Einzelzeichnungen.

Stückliste zum Rohrplan Bild 316.

Stück			
1	Krümmer	D. = 150, l. = 390 × 250, Paßstück	a
1	,, ...	D. = 175, l. = 340 × 275	b
1	—<-Stück	D. = 175/150	c
1	gerades Rohr	D. = 175, l. = 2700	d
1	—<-Stück	D. = 175	e
2	Normalkrümmer . . .	D. = 175	f
2	gerade Rohre	D. = 175, l. = 1450	g
2	Krümmer	D. = 175, l. = 793 × 275	h
2	,, ...	D. = 175, l. = 710 × 275	i
1	Zwischenring	D. = 320, Dicke 25 mm	x
1	Blindflansch	D, = 320, Dicke 25 mm	w

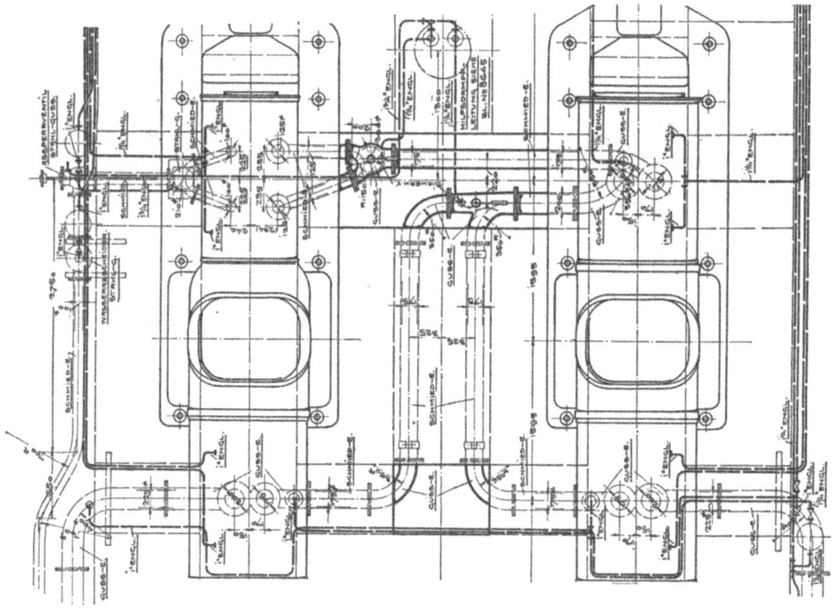

Bild 317. Grundriß der Rohrleitungen zwischen den Zylindern.

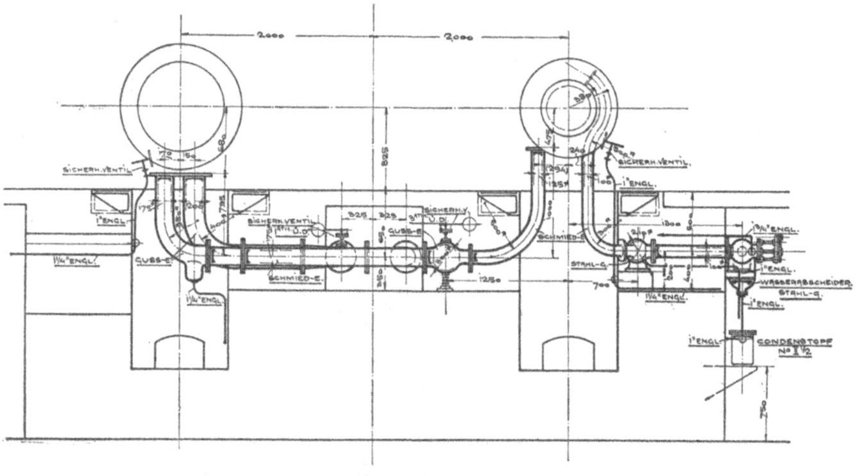

Bild 318. Querschnitt.

Bild 317 und 318. Teile des **Rohrplanes** einer Dampfmaschine in 1 : 25 (auf $^{1}/_{3}$ verkleinert).

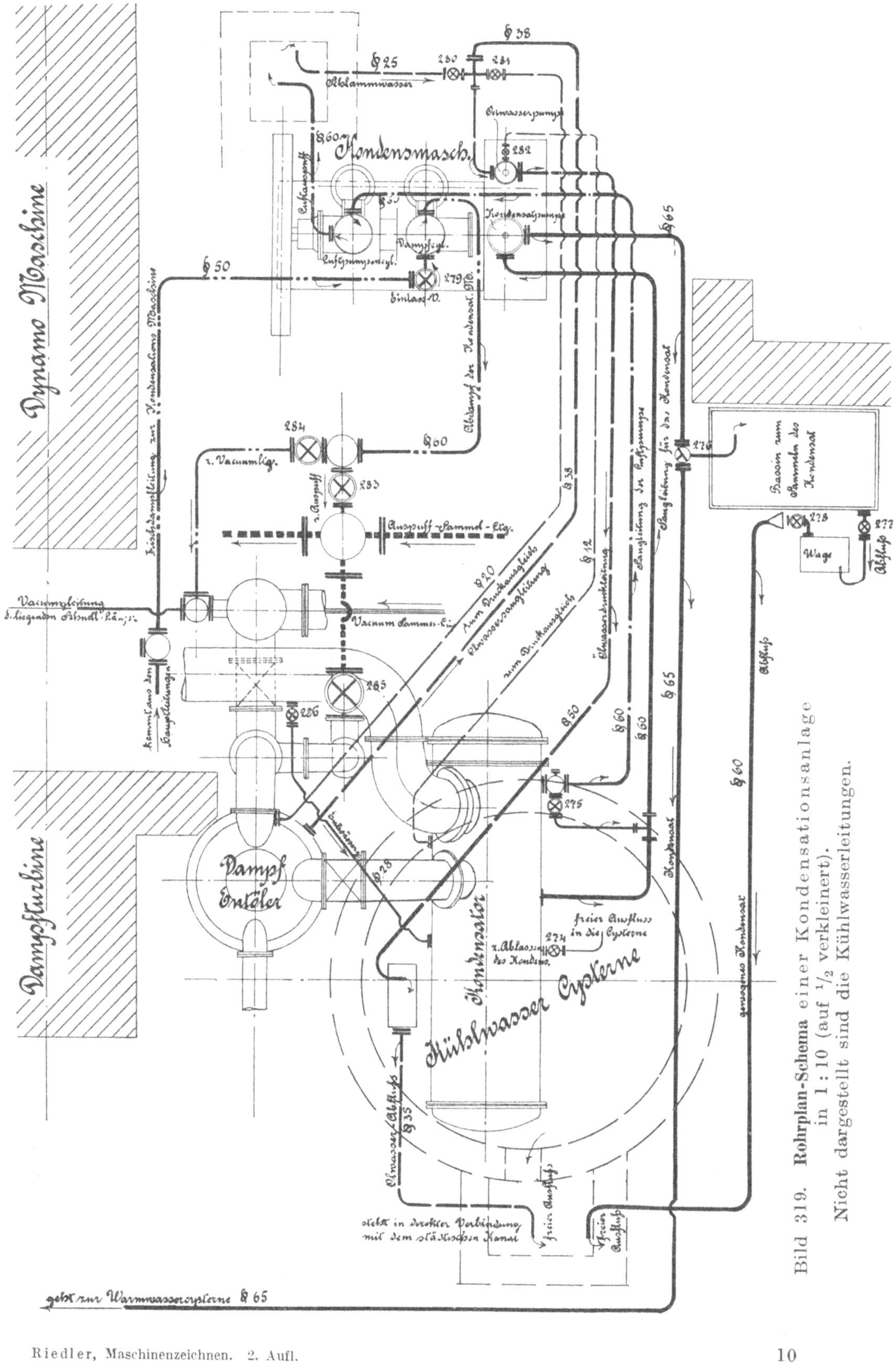

Bild 319. **Rohrplan-Schema** einer Kondensationsanlage in 1 : 10 (auf $^1/_2$ verkleinert). Nicht dargestellt sind die Kühlwasserleitungen.

Über zeichnerisch abgekürzte Darstellung der Rohrleitungen, Armaturen usw. siehe S. 170.

Bild 319 zeigt die schematische Darstellung des Rohrplans einer Kondensationsanlage, mit Kennzeichnung der verschiedenen Rohrleitungen je nach ihrem Zweck durch volle, gestrichelte und strichpunktierte Linien verschiedener Stärke und mit schematischer Angabe der Abschlußvorrichtungen.

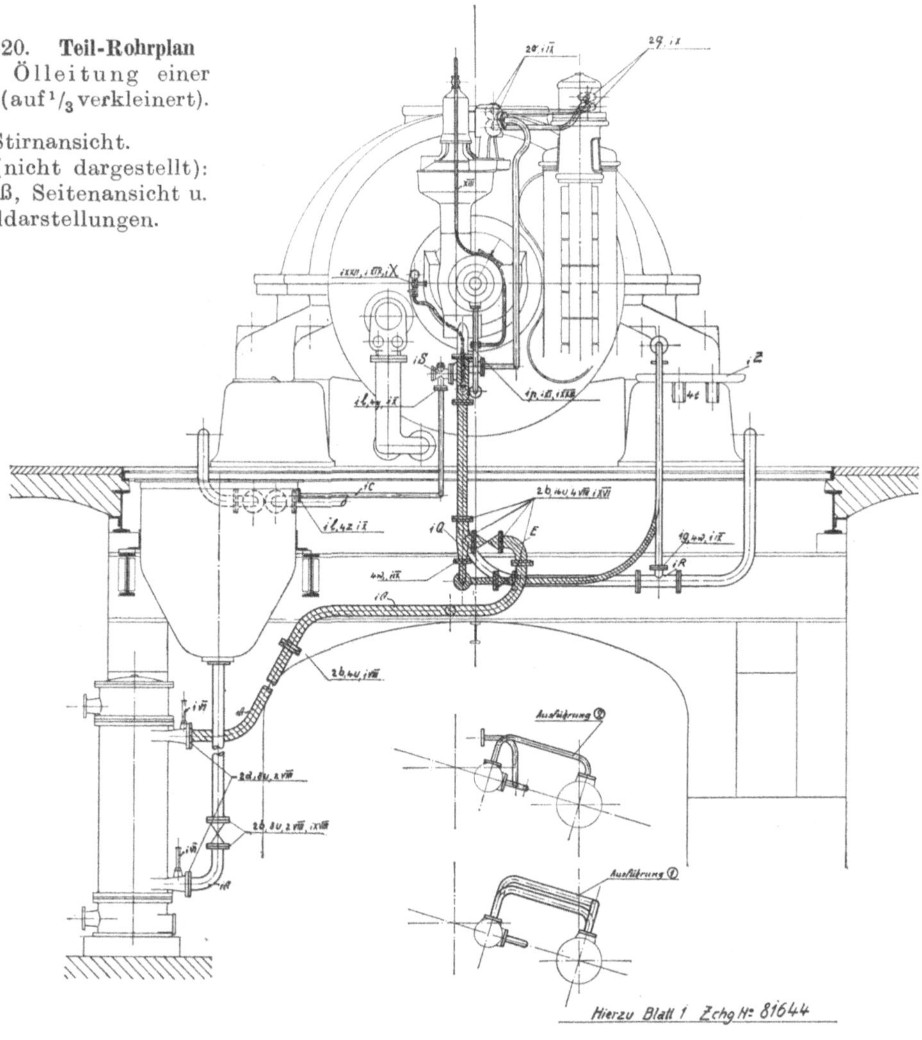

Bild 320. **Teil-Rohrplan** für die Ölleitung einer Turbine (auf $^1/_3$ verkleinert).

Stirnansicht.
Hierzu (nicht dargestellt): Grundriß, Seitenansicht u. Teildarstellungen.

Bei umfangreichen Ausführungen muß die zum Rohrplan gehörige Stückliste im einzelnen enthalten:

deutliche Maßskizzen jedes einzelnen Stücks mit vollständigen Angaben über Flanschenbohrungen usw., über Material und Materialbeschaffung, vorhandene Modelle („auswärts bestellt", „vom Lager", „Modell Nr.....").

Gießerei und Kupferschmiede führen oft einfache Rohrleitungen nur nach der Liste, ohne Zeichnung, aus, wenn hierfür normale Formen benutzt sind.

Derartige Normalformen von Flansch- und Muffenrohren, sowie von Rohrverbindungs- und Formstücken, die einheitlich von allen maßgebenden Gießereien ausgeführt werden, sind in den Ingenieur-Handbüchern tabellarisch zusammengestellt. Außerdem liefern große Gießereien vielfach noch besondere Rohre und

Formstücke, die in den Verzeichnissen dieser Gießereien angegeben sind. Bei Bestellungen muß dann auf die Nummer und Seite des Verzeichnisses Bezug genommen werden.

Der Rohrplan wird oft zusammen mit einem anschaulichen, aber einfachen Bilde der ganzen Maschine (in schwach ausgezogenen oder gestrichelten Linien) gezeichnet, um über die Lage der Rohrleitungen zu den einzelnen Teilen der Maschine und über Lage und Einzelheiten der Anschlüsse keinen Zweifel zu lassen. Ohne diesen Zusammenhang zu zeigen, sind selbst einfache Anordnungen (Bild 316) für den Anfänger schwer verständlich.

Verwickelte Rohrpläne müssen in einen Gesamtplan und in Einzelpläne getrennt werden. Bleibt der Hauptplan noch immer unübersichtlich, wie z. B. für große Kraftanlagen, Schiffsmaschinen, Gasmaschinen usw., dann müssen die einzelnen Rohrleitungen nach Material oder Zweck in verschiedenen Farben unterschieden werden.

Ähnlich wie in diesen Fällen verwickelte Rohrpläne durch verschiedene Farben verdeutlicht werden, so werden auch bei ausgeführten Rohranlagen zur Erhöhung der Übersichtlichkeit und zur Vermeidung von Irrtümern die einzelnen Rohrstränge durch farbigen Anstrich unterschieden, wobei zweckmäßig nur Farben verwendet werden, die sich den atmosphärischen und unter Umständen auch den Einflüssen von Gasen, Dämpfen und Hitze gegenüber genügend widerstandsfähig zeigen. Mit den praktisch geeigneten Farbtönen sind dann auch die im Rohrplan dargestellten Leitungen übereinstimmend zu bezeichnen und nicht mit beliebig gewählten Farben.

Auch in solchen, scheinbar nebensächlichen Einzelheiten der Maschinenzeichnungen muß der Zusammenhang mit der praktischen Ausführung berücksichtigt werden, wenn die Zeichnung ihren Zweck erfüllen soll, wenn also z. B. nach dem farbigen Rohrplan jede Leitung in der Wirklichkeit an jeder Stelle leicht gefunden und von den anderen Leitungen unterschieden werden soll.

Armaturpläne haben die für den Maschinenbetrieb erforderlichen Ausrüstungsgegenstände nebst Anschlußkonstruktionen darzustellen, z. B.: Schmiervorrichtungen, Heizungs- und Entwässerungsvorrichtungen, Anbringung von Meß- und Schutzvorrichtungen usw.

Auch diese Pläne werden im Zusammenhang mit einer übersichtlichen, einfachen Gesamtzeichnung hergestellt. Die Hauptteile der Maschine werden in schwachen Linien, die Armaturen, als Hauptzweck der Zeichnung, in kräftigen Linien dargestellt; bei verwickelter Anordnung werden die einzelnen Rohrleitungen und Armaturen noch schraffiert oder farbig unterschieden.

Bild 320 zeigt einen Teil des Armatur- und Rohrplanes einer Dampfturbine (Ölleitung) (nicht dargestellt sind Grundriß und Seitenansicht).

Rohrleitungspläne stellen oft große Anforderungen an die Sachkenntnis des Ingenieurs. Rohrleitungen können ebenso wie Schaltungen wichtiger und schwieriger werden als die Maschinen. Im einzelnen ist besondere Sorgfalt erforderlich, besonders wenn Rohrleitungen unmittelbar an der Maschine selbst und in der Nähe ihrer bewegten Teile angebracht werden, wie z. B. Kühlwasserleitungen, Ölleitungen usw. Die Leitungen müssen gut verlegt werden, sie dürfen die anderen Konstruktionsteile der Maschine nicht stören, dürfen das gute Aussehen der Maschine nicht beeinträchtigen, müssen sich der Formgebung aller Teile gut anpassen usw. Von den Rohrleitungen hängt oft die Wirkung und die Sicherheit der Maschine in erster Linie ab. Früher wurde und auch heute noch wird vielfach das Verlegen der kleinen Leitungen (z. B. der Ölleitungen) dem Monteur überlassen, der hierbei nach eigenem Gutdünken vorgehen kann. Richtige Ausführung ist nur auf Grund eines sorgfältig ausgearbeiteten Rohrplans mit vollständiger Stückliste möglich.

Fundamentpläne dienen entweder nur für die Herstellung des Fundaments (Bild 321) oder zugleich für die Aufstellung der Maschine. Dementsprechend muß die Zeichnung das hierfür Erforderliche enthalten: alle Formen und Maße für den Bau des Fundamentkörpers, seiner Kanäle, frei zu lassender Querschnitte, einzumauernder Teile, Entfernungen der Fundamentschrauben und Hauptmaße der Maschine.

Der maschinentechnische Anfänger, unerfahren in Bauarbeiten, macht leicht grobe Verstöße gegen die Ausführbarkeit. Öffnungen für die Einführung der Fundamentschrauben richten sich danach, ob das Fundament aus Ziegelmauerwerk oder aus Beton hergestellt wird.

Bei Ziegelmauerwerk muß auf die Ziegelmaße Rücksicht genommen werden. Dies gilt besonders für die Ankerschraubenaussparungen. Schrauben sind nicht zu nahe an die Ränder des Fundamentes zu setzen, weil sonst die geschwächten Mauerteile ausbrechen können (Bild 325).

Aus den gleichen Gründen müssen hervorstehende, der Beschädigung ausgesetzte Fundamentkanten, die durch Stoßwirkung brechen können, vermieden oder entsprechend verkleidet werden.

In die Fundamentpläne müssen alle maßgebenden Bemerkungen über die Beschaffenheit des zu verwendenden Materials eingetragen werden (z. B.: Zement, Ziegel oder Beton von bestimmten Eigenschaften), ebenso genaue Angaben über das rechtzeitige Einbringen einzelner Teile, z. B. der Ankerplatten, die im Fundament vermauert werden und später unzugänglich sind u. dgl. m.

Die Maschine, die auf dem Fundament aufzustellen ist, wird in den Hauptumrissen in dünn ausgezogenen Linien in den Fundamentplan eingezeichnet. Die Lage der Fundamentschrauben muß deutlich erkennbar sein; aber alle sonstigen Einzelheiten, die nicht zur Aufstellung der Maschine auf dem Fundament gehören, sind wegzulassen.

In Bild 321 ist ein Fundament einfachster Art (teilweise) dargestellt.

Verwickelte Anordnungen müssen in allen erforderlichen Projektionen und Schnitten dargestellt werden und diese mit den für die Ausführung der Maurerarbeiten allein oder auch mit den für die Maschinenaufstellung erforderlichen Maßen versehen sein (Bild 326 u. 327, ohne Längsschnitt und ohne Einzelheiten).

Bild 322 zeigt die zeichnerische Darstellung der verschiedenen Materialien in einfachen Linien, für Lichtpausen geeignet, mit genügender Unterscheidung der Bauteile: Stein oder Beton, Erdreich, Pflaster usw.

In Gesamtplänen, die zugleich die Übersicht über die Aufstellung der Maschine zeigen (Bild 324), tritt das Fundament durch seine großen Querschnittsflächen genügend deutlich hervor. Es ist unzweckmäßig, das Fundament grell hervorzuheben wie in Bild 323. In diesen Gesamtplänen soll die Maschine als Wesentliches hervortreten.

Dieses Beispiel mag zur Kennzeichnung dienen, wie der Fundamentplan in einen Gesamtplan für andere Zwecke übergeht und dementsprechend die zeichnerische Darstellung sich ändern muß.

Bild 328 zeigt einen Teil des Fundamentplanes einer Dampfturbine für Ausführung und Aufstellung mit schriftlichen Zusätzen über Lieferung, Ausführung und Aufstellung.

In diesen Plan sind noch die wichtigsten Rohrleitungen und Armaturen bis zu den Anschlüssen an die in den Fundamentgruben zu verlegenden Rohrleitungen eingezeichnet.

Damit ist gleichzeitig gekennzeichnet, welche Teile der Rohrleitung, als zur Dampfturbine gehörig, mitgeliefert werden. In einer besonderen Stückliste werden noch alle maßgebenden Angaben der Rohrleitung übersichtlich zusammengestellt.

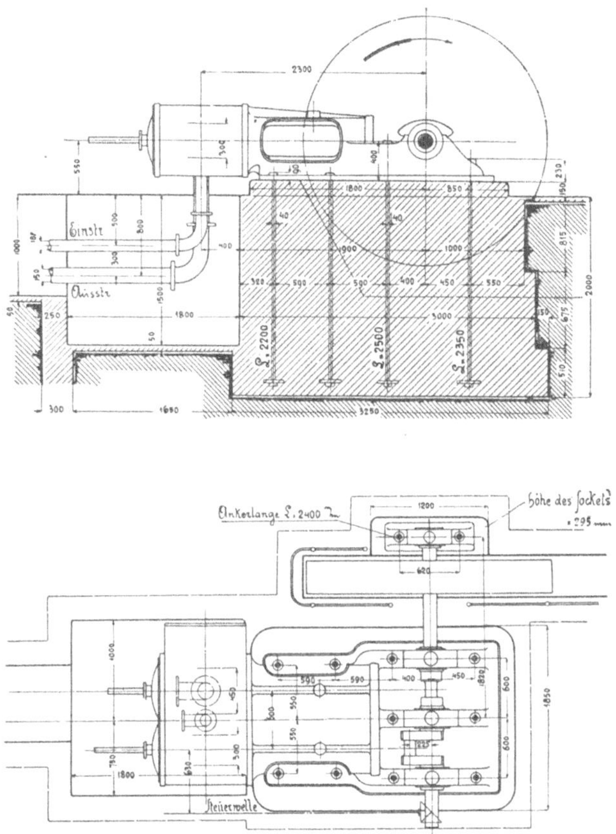

Bild 321. Einfacher Fundamentplan in 1:20 (auf $^1/_4$ verkleinert).

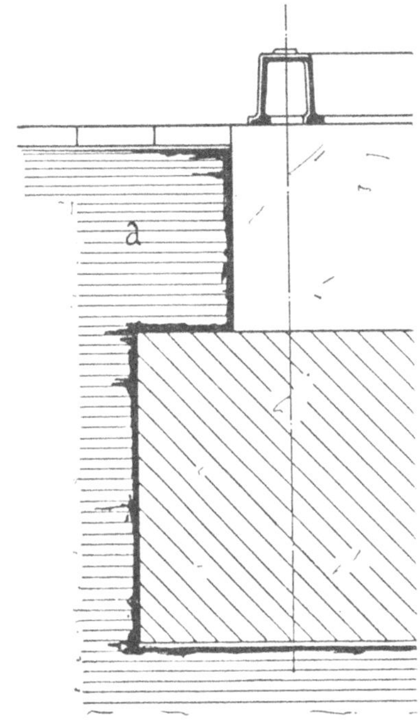

Bild 322. Darstellung von Mauerwerk und Erdreich durch **Schraffierung.**

Bild 321—324. **Fundamentpläne.**

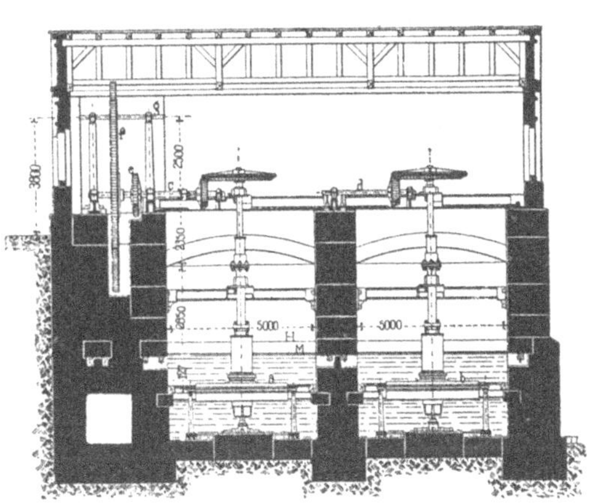

Bild 323. Mauerwerk durch schwarze Querschnitte dargestellt. Undeutlich, weil die Konstruktionsformen gedrückt werden.

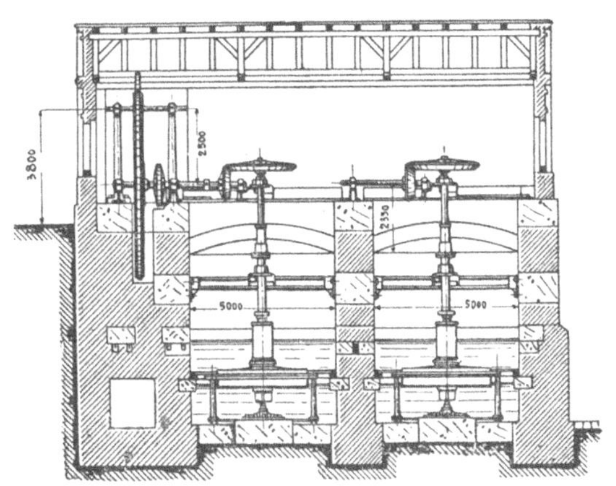

Bild 324. Mauerwerk durch Schraffierung dargestellt. Deutlich, weil die Maschinenteile hervortreten und das Fundament doch deutlich bleibt.

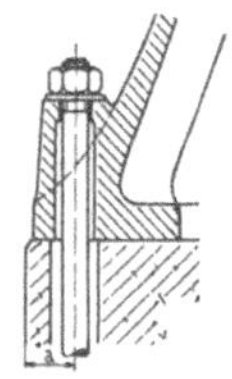

Bild 325. Fundament-schraube, zu nahe dem Mauerrande angebracht.

Schnitt A—B.

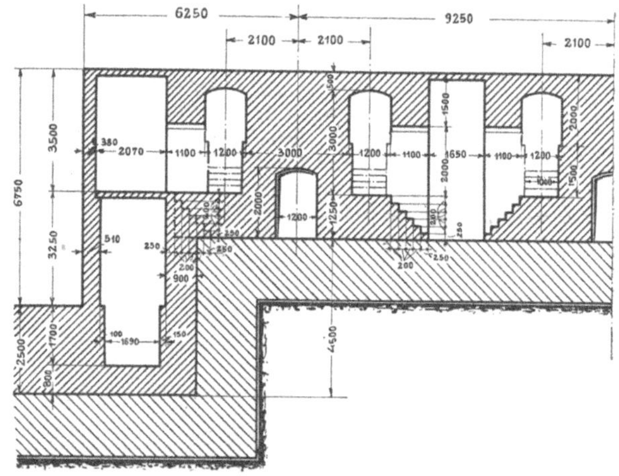

Bild 326. Querschnitt.

Bild 326 und 327. **Fundamentplan** einer liegenden Pumpwerksmaschine in 1:75 (auf $^{1}/_{3}$ verkleinert).

Hierzu (nicht dargestellt): Längsschnitt und Einzelteile.

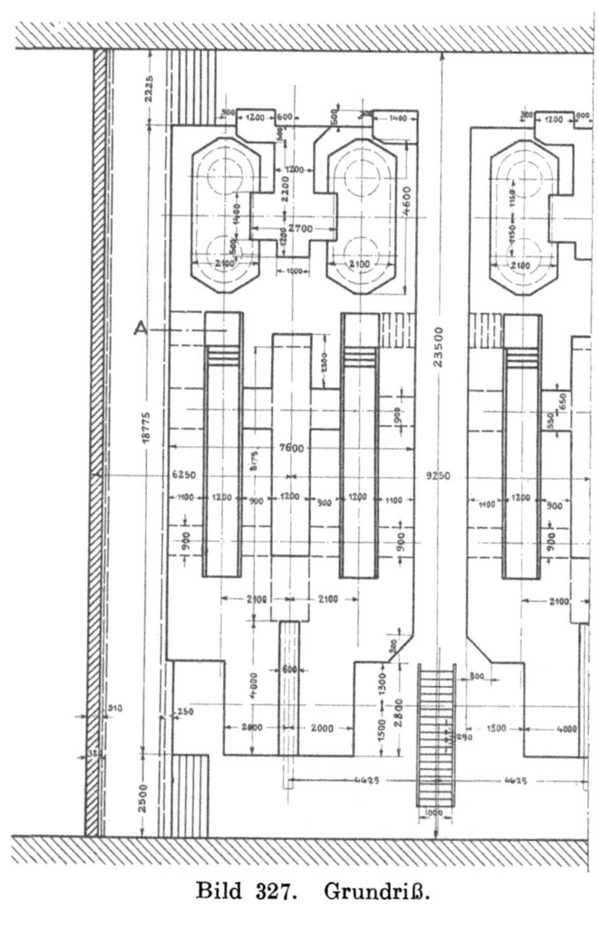

Bild 327. Grundriß.

Im allgemeinen sollten aber Fundamentpläne nur als Werkzeichnungen für die Fundament-Ausführung und nicht zu anderen Zwecken als zur Herstellung des Fundamentes selbst verwendet werden. Es sollten daher in ihnen nur die für die Ausführung der Fundamente maßgebenden Angaben gemacht, sonst aber von den Einzelheiten der Maschine nur das Notwendigste eingezeichnet werden, also etwa Teile, die unmittelbar mit dem Mauerwerk zusammenhängen, wie die Ankerplatten und Fundamentschrauben.

Denn das Fundament wird fast immer vollständig unabhängig von der Lieferung der Maschine und schon längere Zeit vor deren Aufstellung durch Maurer oder Betonarbeiter fertiggestellt. Seine Ausführung gehört meist überhaupt nicht zur Maschinenlieferung, und die Bauausführung andrerseits kümmert sich nicht um die Einzelheiten der später auf dem Mauerwerk aufzustellenden Maschine. Die Einzeichnung von Maschinenteilen, die auf das Mauerwerk selbst keinen Einfluß haben, wäre deshalb zwecklos.

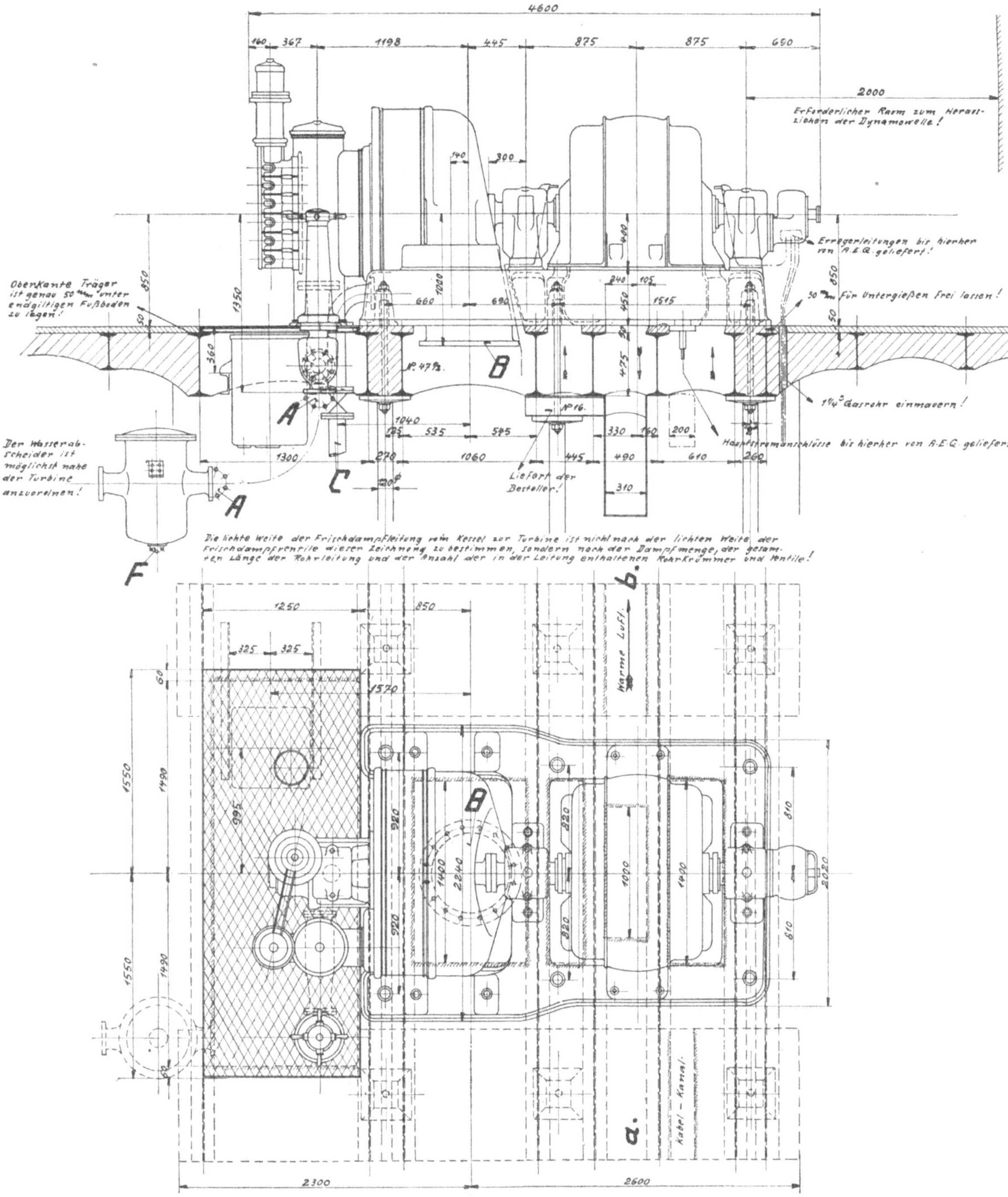

F	Entwässerung	1½"	140	110	6	½"	Preßrohr zum Kondenstopf
E	Kühlwasserabfluß	70	185	145	4	⅝"	
D	Kühlwasserzufluß	70	185	145	4	⅝"	
C	Hilfsauspuff	125	260	210	4	¾"	
B	Abdampfleitung	600	790	725	16	⅞"	
A	Frischdampfleitung	125	270	220	8	¾"	
Bez.	Art der Leitung	Lichter ϕ	Flansch ϕ	Lkr. ϕ	Anzahl d. Schrb.	ϕ	Bemerkung

Verzeichnis der Rohrleitungen (auf $^1/_2$ verkleinert).

Bild 328. Gesamtplan und **Fundamentplan** mit schriftlichen Zusätzen für die Ausführung in 1:20 (auf 1:$2^1/_2$ verkleinert).

Hierzu (nicht dargestellt): Seitenansicht und Schnitte a—b. Die umränderten Teile sind Öffnungen im Gewölbe.

Normalisierung von Maschinenteilen.

Über die „Normalisierung" ist, außer dem bereits kurz Angedeuteten, zur Kennzeichnung des wichtigen Zieles und der seiner Erreichung entgegenstehenden Schwierigkeiten eine nähere Darlegung zweckmäßig.

Normalisierung und Massenfabrikation gestatten weitgehende Vereinfachung der Maschinenzeichnungen.

Während die Normalisierung auf vielen Fachgebieten schon seit langer Zeit üblich ist (z. B. Walzeisen, Träger, Röhren, Bleche, Bestandteile in der Nähmaschinen-, Uhrenfabrikation usw.) hat sie im eigentlichen Maschinenbau erst in neuerer Zeit größeren Umfang angenommen. Zuerst wurden die einfachsten Maschinenelemente, wie Schrauben, Niete, Splinte, Keile usw., normalisiert, weil sie selbst in einer einzelnen Fabrik in kurzer Zeit zu Tausenden gebraucht werden.

Früher wurden, und auch heute geschieht es zum Teil noch, derartige Normalteile in besonderen Spezialfabriken, z. B. Schraubenfabriken, hergestellt; gegenwärtig sind aber große Fabriken und besonders solche, die nur Massenfabrikation von wenigen Maschinenarten betreiben, dazu übergegangen, alle Maschinenteile, die in größerer Menge gebraucht werden, durch Massenfabrikation auf Automaten selbst herzustellen. Dieser Massenerzeugung muß die Normalisierung vorausgehen.

Gegenwärtig ist die Normalisierung in vielen Fabriken auch schon ausgedehnt auf: Schmiervorrichtungen und Schmierpumpen, Armaturen aller Art, Stellringe, Handgriffe, Handräder, Triebwerksteile, Schubstangen, Kolbenringe, Kurbelwellen, Regulatoren, Zahnräder usw.

Auch im Automobilbau mit seiner hochentwickelten Massenherstellung ist die Normalisierung eingeführt und hat außerordentliche Verminderung der Herstellungskosten gebracht.

Grundsatz muß sein: rechtzeitig, d. h. nichts Unreifes zu normalisieren und am einmal Normalisierten solange festzuhalten, als das Normalisierte richtig ist.

Der Konstrukteur muß daher auf die Möglichkeit der Normalisierung stets Rücksicht nehmen. In jedem, auch im unbedeutendsten Falle, muß er bei Ausbildung der Maschinen auf die bereits normalisierten, in den Normalienlisten enthaltenen Maschinenelemente Rücksicht nehmen und unbedingt Normalteile verwenden, sowie danach trachten, jeden Teil zu einem Normalteil auszubilden, wenn dies erreichbar ist.

Er muß sich an die in den Listen angegebenen Schraubenlängen, Gewindelängen, Splintdurchmesser und -längen usw. genau halten. Nur in besonderen, begründeten Fällen darf davon abgewichen werden, und auch dann muß dies in einer Weise geschehen, daß nur eine geringe Veränderung eines auf Lager gehaltenen Normalstückes erforderlich ist. Wenn z. B. eine Schraube von bestimmter Länge nicht vorhanden ist, so wird nicht etwa eine neue Schraube hergestellt, sondern möglichst so konstruiert, daß eine normale längere Schraube verkürzt wird, was immer billiger sein wird als Neuherstellung.

Wenn die Möglichkeit der Massenherstellung von Stücken gegeben ist, dann kann dies oft zur Verwendung besonderer Materialien oder Bearbeitungsmethoden führen, die bei der Einzelherstellung der Stücke zu teuer wären. Die Normalisierung und Konstruktion von Normalteilen hängt daher in weitgehender Weise mit der ganzen Werkstattstechnik und ihren vervollkommneten Hilfsmitteln zusammen.

Z. B. sind in Gesenken gepreßte Schmiedestücke die teuersten; sie werden aber billiger als selbst Gußstücke, wenn eine große Zahl davon hergestellt werden kann.

Ein gedrehter Hebel kann bei Einzelherstellung teurer als ein gefräster Hebel werden. Bei Massenherstellung auf der Revolverbank wird aber die Drehform wesentlich billiger.

Vielfach empfiehlt es sich mit Rücksicht auf billige Massenherstellung, einen Maschinenteil in mehrere Teile zu zerlegen, was früher nie geschehen ist, z. B. eine Geländerstange (Bild 329).

Die Säule aus einem Stück, wie sie früher hergestellt wurde, verlangt am gleichen Stück: Schmiedearbeit, dann Dreharbeit und schließlich Bohrarbeit für die Löcher. Wird die Säule aber in mehrere Stücke geteilt und zusammengebaut, dann ist billige Herstellung der vielen Eckenstücke auf Automaten erreichbar, und die Herstellungskosten der geteilten Säule werden trotz größerer Umständlichkeit weniger als halb so groß wie bei der alten Form aus einem Stück.

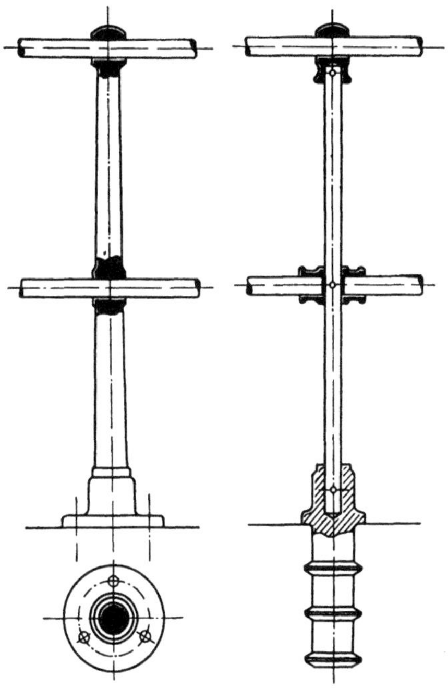

Bild 329. Geländersäule.

Solche Beispiele kennzeichnen Sinn und Ziel der Massenherstellung im Bereiche des ganzen Maschinenbaus, nicht nur innerhalb der Spezialfabrikation, sondern auch im Bereiche gewöhnlicher Gebrauchsteile. Maßgebend sind die vollkommenen Hilfsmittel und die Verbilligung durch besondere Konstruktionsformen.

Die Normalisierung hat auch in anderer Form große Bedeutung erlangt. Moderne Maschinenkonstruktion verlangt möglichste Vereinfachung der Einzelteile einer Maschine.

Z. B. sollen die Ventile einer Dampfmaschine, Gasmaschine oder eines Kompressors möglichst gleich ausgeführt werden, nach Möglichkeit auch die Ventileinsätze, oder sie sollen nur geringfügige Unterschiede aufweisen, die keine besondere Herstellungsart erfordern. Durch entsprechende Vereinfachung können aber auch viel wichtigere Teile, wie die Zylinder der Maschinen, völlig gleichartig und symmetrisch gestaltet und die Herstellungskosten dieser großen Stücke verringert, zugleich auch die Kosten von Ersatzzylindern weit herabgemindert werden. Durch die Verwendung möglichst gleichartiger Stücke wird auch der Zusammenbau und der Betrieb der Maschine vereinfacht und die Kosten für Werkzeuge (Bohrer, Schlüssel und Reibahlen) verringert usw.

In den Werkzeichnungen werden die normalen Stücke höchstens in den Umrissen angedeutet und ihre Maße nicht angegeben. Es genügt eine entsprechende Bemerkung, z. B.: Nach Normalienblatt Nr. 112 Tabelle 3 oder dgl. in der Zeichnung oder in der Stückliste.

Das Arbeiten mit Normalteilen führt dazu, für die Werkstätte nur Zeichnungen zu verwenden, auf denen nur ein Stück dargestellt ist. Dies ermöglicht die Verwendung der gleichen Zeichnung für die verschiedensten Maschinen und bringt, konsequent durchgeführt, große Zeit- und Kostenersparnis.

Zu den Normalteilen gehören insbesondere Rohrflanschen und Rohrleitungen.

Flanschen sollten stets normale Form haben oder wenigstens so konstruiert sein, daß vorhandene normale Schrauben für die Flanschverschraubung verwendet werden können. In allen Fällen muß der Flansch so breit sein, daß die Unterlegscheiben unter den Muttern genügenden Raum finden, daß sie den Flansch nicht überragen und daß die Schraube ausreichend vom Rohr absteht, um bequem zugänglich zu sein.

Ist die Länge der Flanschen gering, dann müssen die Sitzflächen der Schraubenmuttern eingefräst werden, was teure Arbeit erfordert. Deshalb sind die Flanschen genügend lang auszuführen, oder die Ecken müßten mit kleinem Radius ausgerundet werden, was aber den Festigkeits- und Ausführungsrücksichten widerspricht.

Sichtbare Rundflanschen an Maschinen müssen meist abgedreht werden, sonst sieht die Ausführung roh aus, oder es muß ein Flansch über den andern greifen, um etwaige Ausführungsfehler unsichtbar zu machen (siehe S. 31).

Es sind nur runde Flanschen zu verwenden und andere Formen zu meiden, insbesondere viereckige Flanschen, da deren Bearbeitung stets umständlich ist. Viereckige oder ovale Flanschen werden meistens nur bei Hochdruckleitungen oder Stopfbüchsen von kleinem Durchmesser angewendet.

Die Schraubenzahl für Flanschen soll durch 4 teilbar sein, um das Auflegen von Bohrschablonen zu erleichtern. Die Schraubenteilungen müssen stets gleichmäßig und symmetrisch zu den Hauptachsen des Werkstückes stehen. Die Teilungen müssen den vorhandenen Bohrschablonen entsprechen.

Bei Bestellung und Herstellung von Rohrleitungen muß unterschieden werden, ob sie an die Maschinen anzupassen sind, daher einen Teil der Maschinenlieferung bilden, oder ob sie Rohrleitungen der gewöhnlichen, laufenden Art sind, die mit der Maschinenlieferung nicht unmittelbar zusammenhängen, wie Speiseleitungen usw. Die zur Maschine gehörigen Rohrleitungen müssen stets in den Stücklisten der Maschinenzeichnung enthalten sein. Die Rohrleitungen erhalten, wie die Maschinen, fortlaufende Nummern. Für die Lieferung unabhängiger Rohrleitungen, die vielfach durch andere Abteilungen besorgt werden, ist eine besondere Aufgabe an die Werkstätte erforderlich.

Für gewöhnliche Rohrleitungen werden nie besondere Zeichnungen angefertigt, auch für Abweichungen von den gewöhnlichen Leitungen nicht. In solchem Falle wird die Zeichnung durch Handskizzen in der Stückliste ersetzt und in solchen Skizzen die Abweichungen von der gewöhnlichen Rohrart und Verschraubung dargestellt.

In großen Fabriken werden in neuerer Zeit nach amerikanischen Vorbildern besondere Abteilungen für Normalien eingerichtet, die jede Werkstattzeichnung vor der Ausgabe an die Werkstätte darauf hin zu prüfen haben, ob im Konstruktionsbureau bei der Ausbildung der Maschinenteile die vorhandenen Normalteile vollständig berücksichtigt wurden. Außerdem wird untersucht, ob sich nicht neue Stücke zu einer neuen Normalform vereinigen lassen. So war es z. B. früher üblich, daß bei stehenden und liegenden Maschinen ungefähr gleicher Stärke verschiedene Schubstangen verwendet wurden. Nach Einführung der Normalisierung wurden schließlich die Schubstangen der verschiedensten Typen normalisiert, obwohl die Beanspruchungen und die Verwendung verschieden sind, und dadurch wesentliche Ersparnisse erzielt.

Der Konstrukteur ist durch solche Kontrolle gezwungen, stets die normalen Teile zu verwenden und Sonderkonstruktionen zu vermeiden.

Der wirtschaftliche Maschinenbau ist ferner gekennzeichnet durch das Streben nach genauer Herstellung mit besten Werkzeugen und Maschinen, sowie nach äußerster Verminderung der Herstellungskosten.

Diese beiden Forderungen: Benutzung von Normalteilen, wenn möglich Ausbildung aller wesentlichen Maschinenteile zu Normalteilen, und ständige Rücksicht auf Kostenersparnis, also Vermeidung umständlicher, teurer Konstruktionen und Arbeitsverfahren, muß schon jeder Anfänger als maßgebende Richtlinie richtig erfassen. Teure Konstruktionen, die leicht durch ebenso gute, aber billigere ersetzt werden können, sind für den modernen Maschinenbau unbrauchbar geworden.

Von den Normalien darf nicht abgewichen werden, weil dadurch stets vermehrte Kosten entstehen. Ist mit den vorhandenen Normalien nicht auszukommen, so soll von ihnen trotzdem nicht ohne weiteres abgewichen werden, vielmehr sofort Schritte eingeleitet werden, um sie zu erweitern oder zu verbessern.

Hierzu ist Verständigung mit den übrigen Abteilungen der Fabrik oder mit den besonderen Stellen notwendig, die für die „Normalisierung" von Maschinenteilen vorhanden sind. Im gleichen Sinne soll die Normalisierung, die in einer Abteilung des Maschinenbaues durchgeführt wird, stets im Einvernehmen mit den übrigen Abteilungen erfolgen. Sonst ist keine Einheit und Verbilligung häufig benutzter Teile, wie Armaturen, Rohrleitungen usw., möglich.

Da der moderne Maschinenbau immer weitergehende Arbeitsteilung durchführt, so daß die einzelnen Abteilungen selbständig werden und weder auf dem konstruktiven noch auf dem geschäftlichen Gebiete in unmittelbarem Zusammenhang stehen, so ist eine besondere Stelle für die Normalisierung der Maschinenteile in großen Betrieben durchaus erforderlich. Diese Normalisierungsstelle muß die einzelnen Abteilungen mit den richtigen Übersichten und Tabellen über die bereits normalisierten Teile versehen.

Jeder Maschinenteil, der häufig benutzt wird, muß vom Gesichtspunkt der möglichen Normalisierung betrachtet werden, damit er die zweckmäßigste Form und die billigste Ausführung erhält.

Zu den Normalteilen gehören auch die Transportösen und -ringe und viele andere Nebenteile des Maschinenbaus.

Auch geringe Ersparnisse müssen gesucht werden. Hierzu ist wieder Einvernehmen der verschiedenen Fabrikabteilungen notwendig, das durch die moderne Arbeitsteilung sehr erschwert wird.

Die Normalisierung ist vielfach nicht in der Bauart des Maschinenteils, wohl aber in der Wiederbenutzung der Vorrichtungen zur Bearbeitung zu ermöglichen.

Die Bauart ist daher derart einzurichten, daß die vorhandenen Bearbeitungsschablonen, Aufspannvorrichtungen, Spezialwerkzeuge immer wieder benutzt werden können. Auch hierzu ist eine Zentralstelle erforderlich, die für einheitliches Vorgehen sorgt.

Die Normalisierung wichtiger Maschinenteile ist ein folgenschwerer Schritt. Er darf nicht unternommen werden, wenn die betreffende Form dafür noch nicht reif ist. Da von den Normalteilen nicht mehr abgewichen werden darf, so muß der normalisierte Teil untadelhaft sein. Es ist ein schwerer Fehler, Unreifes durch Normalisierung für die Folge festzulegen. Die Schattenseite der Normalisierung ist die Notwendigkeit, am Normalteil festzuhalten, auch dann, wenn er anfängt zu veralten, denn die Abänderung kann nicht sofort erfolgen, sondern wieder nur planmäßig.

Neben der Normalisierung muß daher die „Entnormalisierung" hergehen, das planmäßige Verfahren, diejenigen Maschinenteile, die als Normalteile nicht weiter gebraucht werden, auf den Aussterbeetat zu setzen, sie allmählich eingehen zu lassen und durch bessere zu ersetzen. Dies muß, wie die Normalisierung, mit Vorsicht und planmäßig geschehen, denn die zu unterdrückenden Teile sind ja bei zahlreichen Maschinen ausgeführt und stehen im praktischen Betriebe.

Die Bedeutung der Normalisierung ist insbesondere klar für Maschinen, für welche zahlreiche Ersatzteile auf Lager gehalten werden müssen, weil die Maschinenteile starkem Verschleiß oder Brüchen ausgesetzt sind und durch die

Fabrik rasch ersetzt werden müssen. Dies gilt z. B. für Kraftwagen, deren vor Jahren gelieferte Typen jetzt längst veraltet sind, für die aber gleichwohl Ersatzteile vorhanden sein müssen, wenn sich nicht Schwierigkeiten ergeben sollen.

Das Außerkraftsetzen von Normalteilen darf nur, ebenso wie die Normalisierung, erfolgen auf Grund einer sorgfältigen Statistik über die bisherige Verwendung und die bisherigen Erfahrungen mit dem Normalteil, der künftig verschwinden soll.

Dies ist ein Gebiet, dem selbst erfahrene Ingenieure viel zu wenig Aufmerksamkeit schenken. Die Außerdienststellung von Normalteilen ist ein notwendiger Teil, ist naturgemäß nur die notwendige Verbesserung der vorhandenen Normalisierung, die ohne sie im Laufe der Zeit zur unbrauchbaren Schablone werden würde.

Im Sinne der Normalisierung muß jeder Konstrukteur darauf bedacht sein, gleichartige oder ähnliche Teile, die für verschiedene Zwecke dienen, auf gleiche Bauart zu bringen, um entweder die Massenfabrikation dieses Teils oder doch gleichzeitige Ausführung in vielen Stücken zu ermöglichen. Alle kleinlichen Bedenken über Beanspruchung und Formgebung müssen gegenüber diesem wichtigen Streben zurücktreten. Selbstverständlich ist hierzu wieder Einvernehmen zwischen den verschiedenen Fabrikabteilungen erforderlich.

Auch hierzu wird eine zeichnerische Statistik die besten Dienste leisten, die reihenweise die vorkommenden verschiedenen, aber doch ähnlichen Teile darstellt, so daß leicht zu erkennen ist, wo bessernd eingegriffen werden kann.

Die Einführung einer weitgehenden Normalisierung erfährt in verzweigten Großbetrieben bei den Abteilungsleitern vielfach zunächst einen heftigen Widerstand, und selbständig arbeitende Konstrukteure fürchten durch die Einführung zahlreicher Normalteile in der freien Konstruktionstätigkeit gehemmt zu werden.

Erst nach längerem Gebrauch der Normalstücke merkt der Konstrukteur, daß er, je mehr Maschinenteile normalisiert sind, umso wirksamer in der Entfaltung seiner Konstruktionen gefördert wird. Er kann viel kostbare Zeit, die er früher auf die Darstellung der einfachsten Maschinenelemente, wie Schrauben, Niete, Armaturen usw., verwenden mußte, nunmehr für die Ausbildung wichtiger Einzelheiten von Maschinen verwerten. Auch die Kontrolle der Zeichnungen wird durch möglichst weitgehende Normalisierung wesentlich erleichtert, so daß der Konstrukteur auch in dieser Hinsicht viel Zeit spart. Zeit- und Kostenersparnis ist doch der wesentliche Sinn der Normalisierung.

Die Folge der Einführung von Normalteilen ist daher stets erhebliche Erleichterung der Konstrukteurtätigkeit und Verbesserung der konstruktiven Leistungen. Ist der leitende Konstrukteur erst von der Zweckmäßigkeit und den guten Folgen weitgehender Normalisierung überzeugt, dann wird er selbst an der Weiterausbildung und Vervollkommnung von Normalteilen wirksam mitarbeiten.

Namentlich in Großbetrieben ist es notwendig, daß die Normalisierung von einem besonderen „Normalienbureau" aus geleitet und in den verschiedenen Abteilungen, selbst gegen den Widerstand einzelner Abteilungsleiter, energisch durchgeführt wird.

Die Verwendung der ausgegebenen Normalteile muß in den Konstruktionsbureaus der einzelnen Abteilungen besonders in der ersten Zeit sorgfältig kontrolliert werden.

Die Bestellung von Material für anormale Teile und die Herstellung solcher Teile darf in der Werkstätte nur erfolgen, wenn vom Konstruktionsbureau die Notwendigkeit der Verwendung eines nicht normalen Stückes ausreichend begründet wird; jede solche Abweichung von den Normalienlisten muß im Konstruktionsbureau in ein besonderes Verzeichnis eingetragen werden.

Auf diese Weise wird die Benutzung der Normalstücke durch die Konstrukteure in raschester Weise erzwungen und die „Normalisierung" in wirksamster Weise gefördert.

Werkzeichnungen für Massenherstellung.

Die Massenherstellung völlig gleichartiger Maschinenteile oder das Streben nach solcher Gleichartigkeit beherrscht den ganzen Maschinenbau, und die Konstruktionen sowie die Maschinenzeichnungen müssen immer mehr den besonderen Forderungen der Massenherstellung genügen. Es ist daher für Anfänger notwendig, sich über die maßgebenden Verhältnisse und über die Notwendigkeit, Maschinenzeichnungen dieser Fabrikationsrichtung entsprechend auszuführen, ausreichend zu unterrichten.

Das Wesen liegt im Streben nach Normalkonstruktionen, die dann in organisierter Fabrikation, meist mit Hilfe besonders geeigneter Spezialmaschinen, hergestellt werden; wo dies nicht erreichbar ist, wird wenigstens gesucht, Maschinen in Serienausführung herzustellen, also wenigstens eine größere Zahl gleichartiger Maschinenteile gleichzeitig auszuführen.

Früher war die Einzelausführung von Maschinen üblich. Hierfür wurden Maschinenzeichnungen angefertigt, in denen jeder Maschinenteil im Zusammenhang mit seinen Nachbarteilen dargestellt wurde, und erst auf Grund dieser Zeichnungen wurden dann noch Zeichnungen für Einzelteile hinzugefügt.

Diese Zeichnungen waren dann sowohl Werkzeichnungen für jeden Bestandteil, wie auch Zeichnungen für den Zusammenhang und den Zusammenbau. Aus solchen Zeichnungen konnte jeder Meister und Vorarbeiter die notwendige Bearbeitung der Teile ersehen und daraus auch den Zusammenhang der Teile, oft auch der ganzen Maschine, entnehmen.

Dieses Verfahren war nur möglich, solange der Maschinenbau sich mit verhältnismäßig einfachen Maschinen und nur mit deren Einzelausführung befaßte. Solches Verfahren ist gegenwärtig nur noch auf untergeordneten Gebieten zu finden, es ist längst unwirtschaftlich geworden.

Gegenwärtig herrscht die Massenherstellung oder wenigstens das Streben, die Maschinen möglichst aus normalen Einzelteilen zusammenzubauen, die sich in Massen mit besonderen Hilfsmitteln herstellen lassen.

Der gegenwärtige Maschinenbau ist daher vor allem auf möglichste Normalisierung der Einzelteile gerichtet, dann auf planmäßige Arbeitsteilung, um diese normalisierten Teile in organisierter Fabrikation mit besten Hilfsmitteln auf das billigste und, wenn notwendig, auch aufs beste herzustellen.

Die richtige Anfertigung von Maschinenzeichnungen für diesen organisierten Maschinenbau hängt davon ab, wie in den Werkstätten gearbeitet wird, mit welchen Hilfsmitteln und mit welcher Arbeitsorganisation. Verständnis des ganzen Zusammenhangs ist dem Anfänger äußerst erschwert. Er kann daher Kenntnis der Sachlage nur durch sinngemäße Würdigung von Beispielen erlangen, bevor ihm eigene Erfahrung dazu verhilft.

Wenn neue Aufgaben vorliegen, muß der zweckmäßigste Arbeitsplan, die gewollte Herstellung und Bearbeitung des Maschinenteils oder der Maschine festgelegt und dem Einzelwillen der Werkstattleitung entzogen werden; dieser Arbeitsplan muß dann bei allen Einzelheiten der Werkzeichnung berücksichtigt und auf ihn auch in den Zeichnungen ausreichend Bezug genommen werden.

Der Hauptzweck der Maschinenzeichnung bleibt im übrigen ganz unverändert; sie hat immer die Verständigung zwischen dem Konstrukteur und der ausführenden Werkstätte zu bewirken, so deutlich und so vollständig, daß jede weitere mündliche Verhandlung ausgeschlossen bleibt.

Die Maschinenzeichnungen für Massenfabrikation werden daher im allgemeinen äußerlich einfach sein, weil sie immer nur für einen Teil der organisierten Fabrikation bestimmt sind. Inhaltlich werden sie aber umständlicher, weil in ihnen die notwendigen Arbeitsvorgänge genauer angegeben werden müssen als in den Zeichnungen früherer Zeit. Es muß z. B. in die Zeichnung eingeschrieben werden, für welche Passung mit dem Nachbarteil die Teile zu bearbeiten sind, ob Preßsitz, Paßsitz, Schiebesitz usw. vorgeschrieben wird.

Die Werkstätte arbeitet nach genauen Vorschriften und prüft die gewollte Genauigkeit der Ausführung nicht mehr durch Zusammenpassen mit dem Nachbarteil, sondern durch besondere Meßverfahren mittels Kaliber.

Daher braucht auf diesen Werkzeichnungen der Zusammenhang der Maschinenteile mit ihren Nachbarteilen in der Regel nicht angegeben zu werden. Dieser Zusammenhang ist in den Konstruktionszeichnungen enthalten, die bei Massenfabrikation überhaupt nicht in die Werkstätten gelangen, sondern im Konstruktionsbureau verbleiben. Nur die Einzelblätter, enthaltend die auszuführende Form der Einzelteile und die anzuwendende Bearbeitung, gehen in die verschiedenen Werkstätten.

Dies bedeutet eine vollständige Änderung des Inhalts und der Anordnung von Werkzeichnungen, weil sich mit dem Übergang von der Einzelausführung zur Massenausführung der besondere Zweck der Zeichnung geändert hat.

Diese Änderungen betreffen:

Blattgröße: Da in der Regel kein Zusammenhang mit den Nachbarteilen anzugeben ist, die Werkzeichnung in Teilzeichnungen aufgelöst wird, so genügt kleines Format, oft sogar Karten.

Früher konnten die Zeichnungen nicht groß genug sein, weil wenigstens einige Maschinenteile im Zusammenhang und möglichst in natürlicher Größe dargestellt werden mußten. Es gab immer den Kampf zwischen dem Wunsche, alles in natürlicher Größe darzustellen und dem Streben, übermäßige, unhandliche Papierformate zu vermeiden. Die Regel waren aber trotzdem sehr große Zeichnungen, die dann durch alle Werkstätten hindurch laufen mußten und gerade wegen ihrer Größe arg beschädigt und bald unbrauchbar wurden. Die Einzeldarstellungen für den neuen Zweck lassen hingegen geringe Blattgröße zu.

Maßbezeichnung: Mit dem neuen Zweck ändert sich auch zum Teil die Maßbezeichnung der gewöhnlichen Werkzeichnung für Einzel- oder Serienausführung. Ist Massenherstellung nicht möglich, so werden wenigstens die häufig wiederkehrenden Maschinenteile „normalisiert“ oder sonstwie einheitlich für den Verkehr zwischen Konstrukteur und Werkstätte vorbereitet. Die normalisierten Teile werden auf Vorrat gearbeitet oder auswärts bestellt. So alle Schrauben, Muttern, Keile, Splinte, Ringe, Ringscheiben, Zahnräder usw.

Für die normalisierten oder vorrätigen Maschinenteile werden daher in die Werkzeichnung keine Maße eingetragen, sondern die Nummern der Normalteile. Diese Normalisierung wird auch auf zusammengesetzte Maschinenteile ausgedehnt, wie Lager, Schubstangen, Absperrvorrichtungen usw. Auch hierfür ist in den Werkzeichnungen kein Maß mehr erforderlich, sondern nur der Anschluß an die Nachbarteile.

Mit der Vereinfachung der Einzelzeichnungen, die unter großer Vermehrung ihrer Zahl erfolgt, ist auch ihre Ordnung und Aufbewahrung meist eine andere geworden. Früher wurden gewöhnlich die unmittelbar zusammengehörigen Zeichnungen aufbewahrt. Gegenwärtig werden die zu einer Maschine gehörigen Zeichnungen in Mappen zusammengefaßt, aber in der Regel werden getrennt: die Normalzeichnungen, die alles enthalten, was zur normalen Ausführung einer Maschine erforderlich ist, und die von den Normalkonstruktionen abweichenden Zeichnungen.

Die Ausführung der Zeichnungen wird innerhalb der streng einheitlichen Fabrikation von größter Wichtigkeit, insbesondere hinsichtlich Maßbezeichnung, schriftlicher Zusätze, Nummern, Abkürzungen, Angabe der Bearbeitung, Nachträge, Ersatzteile usw. Alles das erlangt erhöhte Wichtigkeit, weil Versehen und Irrtümer stets eine Reihe von Fabrikationsvorgängen treffen würden.

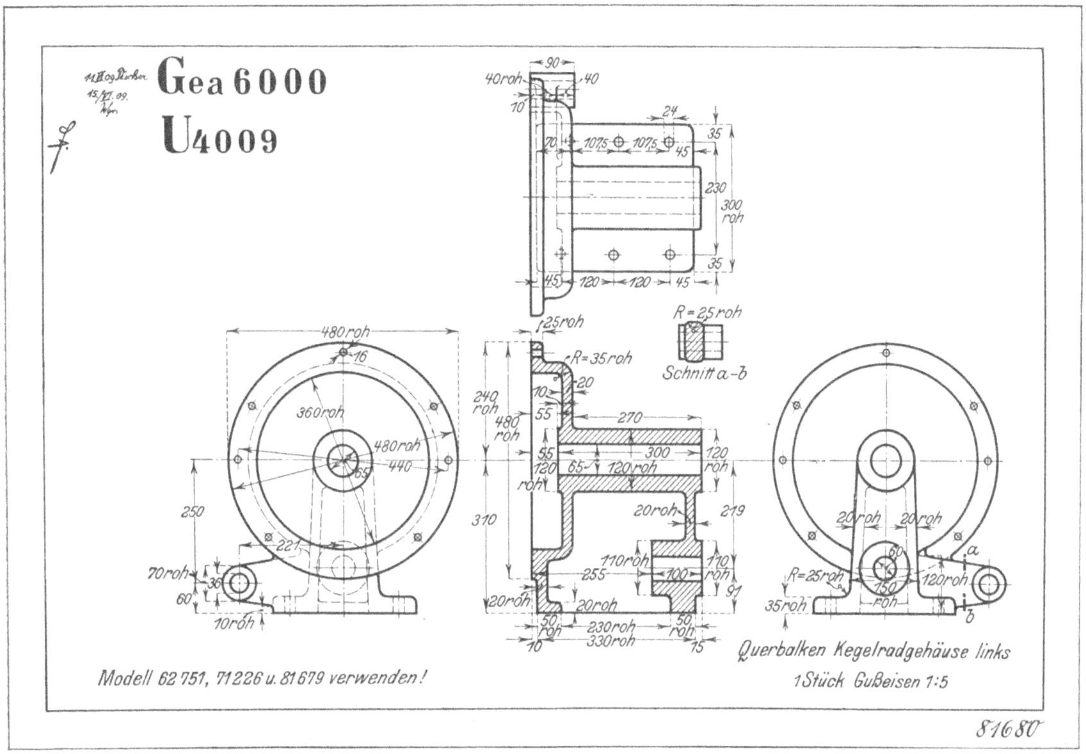

Bild 330. **Werkzeichnung für Massenfabrikation** in 1 : 5 (auf $^1/_3$ verkleinert).

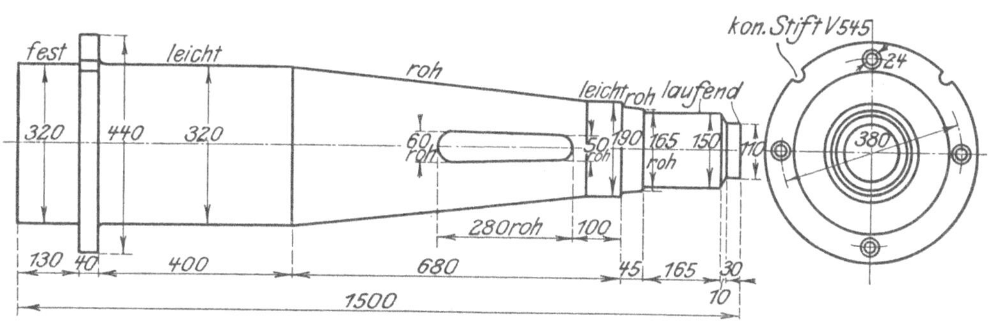

Bild 331. Werkzeichnung für Massenherstellung (Gußeisen-Spindel) in 1 : 5 (auf $^1/_3$ verkleinert) mit schriftlicher Angabe der Bearbeitungsart.

Die Normalteile erlangen die größte Wichtigkeit, denn auf der Normalisierung der Konstruktion und der Ausführung ruht die ganze organisierte Arbeit. Es werden abgekürzte schematische Formdarstellungen verwendet, indem die Formen auf die einfachsten Elemente zurückgeführt werden, oder auch einheitlich angenommene und streng durchgeführte Bezeichnungen durch Buchstaben, Zahlen oder Kombinationen aus beiden.

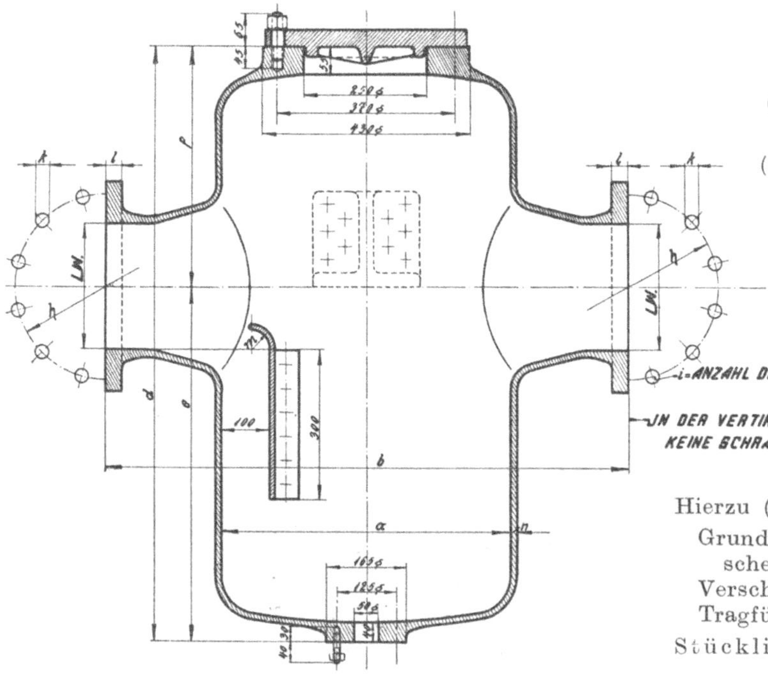

Bild 332.
Werkzeichnung für Massenherstellung.
(Wasserabscheider)
in 1 : 5
(auf $^1/_3$ verkleinert).

Hierzu (nicht dargestellt):
Grundriß des Wasserabscheiders,
Verschraubung des Deckels,
Tragfüße,
Stückliste für die Maße a-n.

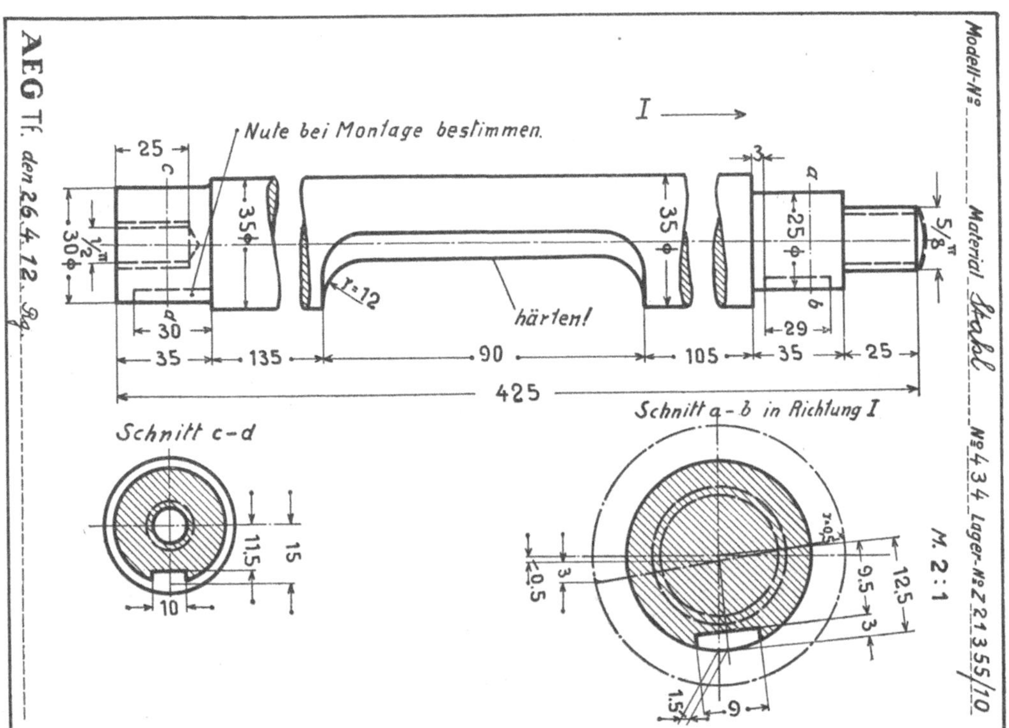

Bild 333. Werkzeichnung für Massenherstellung in 1: 1 und 2: 1 (auf $^1/_2$ verkleinert).

Hierzu gehört die Zeichenerklärung für die Bearbeitung (vergl. Bild 310).

Bild 334.

Werkzeichnung und **Stückliste** eines **Normallagers** in Naturgröße für ein Eisenbahnfahrzeug (auf $^1/_3$ verkleinert).

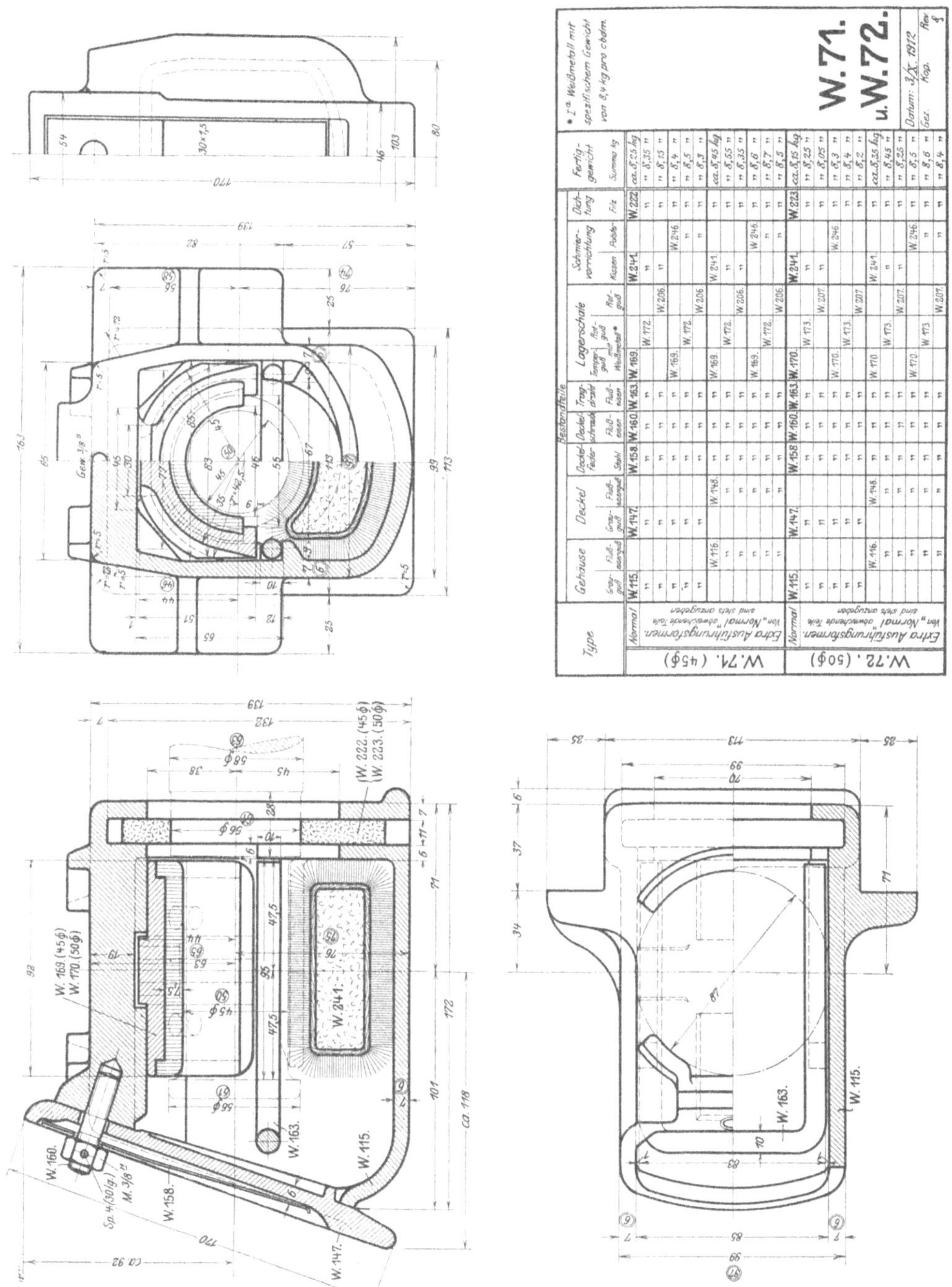

Werkzeichnungen für bestehende oder anzustrebende Massenherstellung bilden gegenwärtig die Mehrheit. Ihre Durchführung ist aber bisher leider keine einheitliche, weil die Zwecke und Absichten der Fabriken verschiedenartig sind und die Einzelheiten von zahlreichen Nebenumständen entscheidend beeinflußt werden. Es kann daher hier auf keine einheitliche Darstellung als Vorbild hingewiesen, sondern es können hier nur Beispiele gegeben werden, die aber nur bestimmten Verhältnissen entsprechen, auf deren Besonderheiten nicht eingegangen werden kann. Dieser Mangel an Einheitlichkeit erklärt sich aus folgendem:

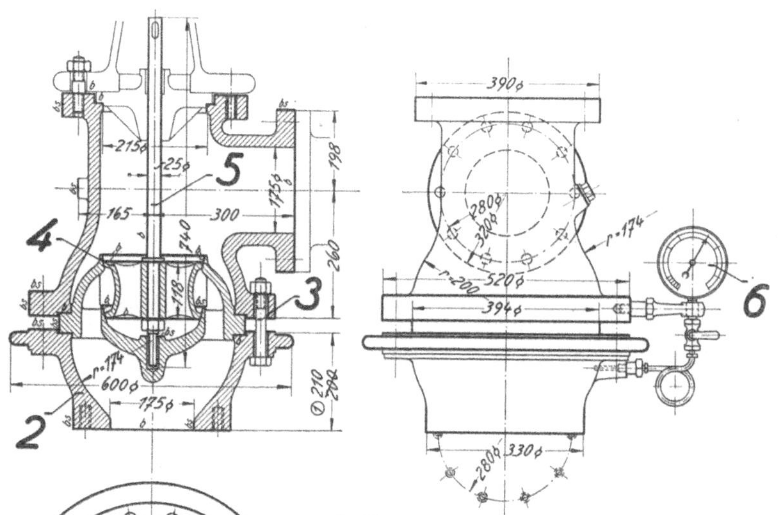

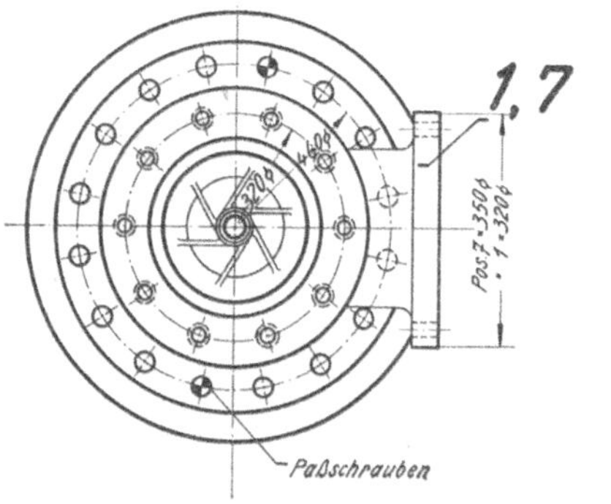

Bild 335. **Werkzeichnung** in 1 : 5 für Massenherstellung (auf 1/3 verkleinert). Hierzu Stückliste Bild 336.

Das Höhenmaß 200 im Querschnitt (links) ist auf 210 abgeändert. Die abgeänderte Zahl bleibt sichtbar, die eingekreiste Zahl 1 weist auf die Abänderung ausdrücklich hin.

Bild: 336. **Stückliste.**

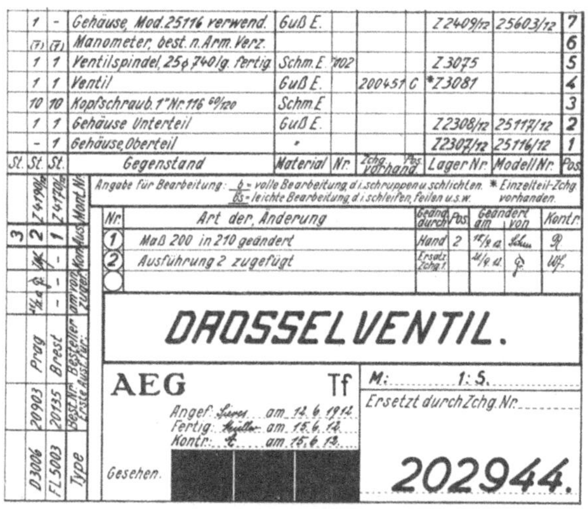

St.	St.	St.	Gegenstand	Material	Nr.	Zchg. vorhand.	Pos.	Lager Nr.	Modell Nr.	Pos.
	1	-	Gehäuse, Mod. 25116 verwend.	Guß E.				Z 2409/12	25603/12	7
	(1)	(1)	Manometer, best. n. Arm. Verz.							6
	1	1	Ventilspindel, 25ϕ 740 lg. fertig	Schm. E.	102			Z 3075		5
	1	1	Ventil	Guß E.		200451	C	*Z 3081		4
	10	10	Kopfschraub. 1" Nr. 116 60/120	Schm. E						3
	1	1	Gehäuse Unterteil	Guß E.				Z 2308/12	25117/12	2
	-	1	Gehäuse, Oberteil	"				Z 2307/12	25116/12	1

Angabe für Bearbeitung: b = volle Bearbeitung d. i. schruppen u. schlichten. bs = leichte Bearbeitung d. i. schleifen, feilen u. s. w. * Einzelteil-Zchg. vorhanden.

Nr.	Art der Änderung	Geänd. durch	Pos.	Geändert am	von	Kontr.
1	Maß 200 in 210 geändert	Hand	2	18/9. 12	Schm	R
2	Ausführung 2 zugefügt	Ersatz Zchg. 1		21/9. 12.	P	Wf.

	3	2	1	
Mont. Nr.		Z 41901/12	Z 41770/12	
Aus Kom.				
von am zuger.		14/2 12	-	
Besteller für		Prag	Brest	
Best. Nr. Erste Ausf. für:		20903	20135	
Type		D 3006	FL 5003	

DROSSELVENTIL.

AEG Tf

Angef. Lieres am 14. 6. 1912.
Fertig: Müller am 15. 6. 12.
Kontr.: A. am 15. 6. 12.

Gesehen.

M.: 1 : 5.

Ersetzt durch Zchg. Nr. ....

202944.

Richtige Massenherstellung bedarf in der eigentlichen Fabrikation überhaupt keiner Zeichnungen mehr, sondern, nach Maßgabe der eingehenden Aufträge, nur der Erneuerung der Stückliste. Zeichnungen werden nicht benötigt, solange der auszuführende Teil seine Bauart nicht ändert. Dies bedeutet den Grenzfall, der immer angestrebt, aber selten rein erreicht wird.

Der entgegengesetzte Grenzfall ist, daß jährlich zwar eine größere Zahl gleicher Maschinen nach gleichem Modell und vorhandenen Werkzeichnungen ausgeführt und soweit als möglich auch in Serien in Auftrag gegeben wird, daß aber jede

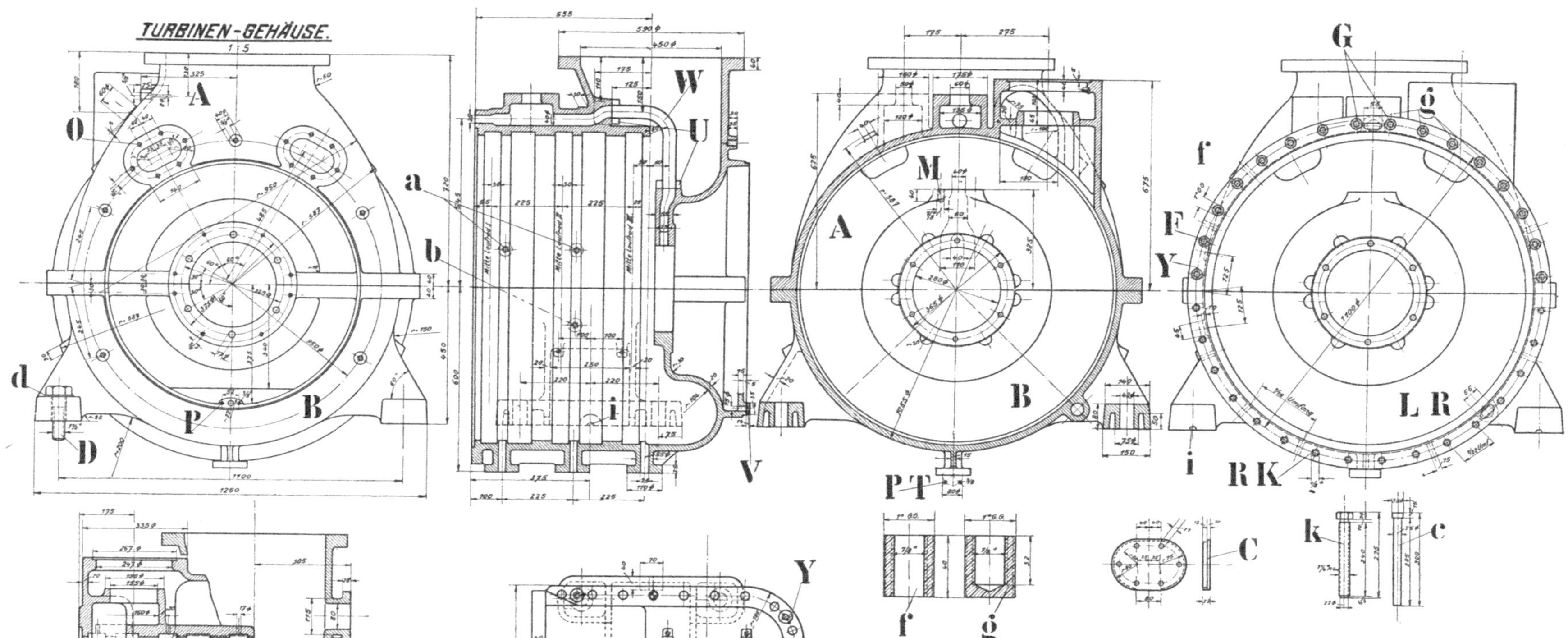

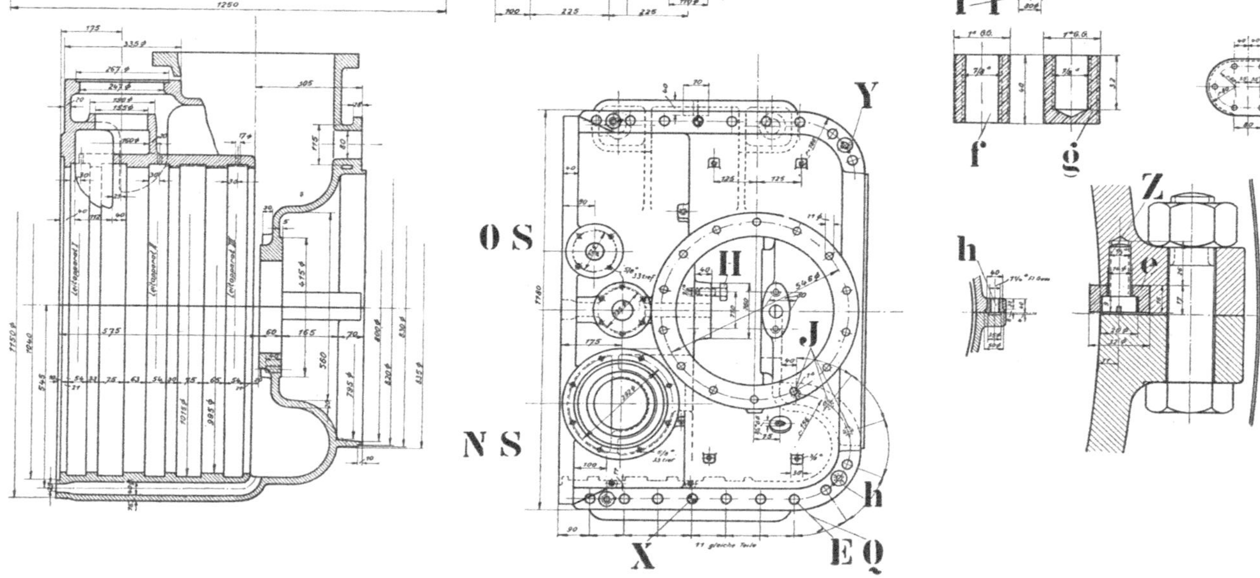

Bild 337.

Werkzeichnung für Massen-Ausführung in $^1/_5$ nat. Größe.

Verschraubung in Naturgröße (auf $^1/_4$ verkleinert).

Turbinen-Gehäuse einer AEG-Dampfturbine.

Hierzu Stückliste S. 164.

Einzelausführung mit Abänderungen und Zusätzen belastet ist, z. B. wegen des Anschlusses von Rohrleitungen, wegen örtlicher Verhältnisse oder besonderer Wünsche

Gewicht in kg	Reserveteil. Stück	pro Masch. Stck.	Pos	Gegenstand	Material	Bemerkung
	1	4	k	Abdrückschrauben	Stahl	
	1	4	i	Prisonstifte	″	22 φ, 60 lang
	—	4	h	Büchsen	Bronze	
	—	4	g	″	Schmied. Eis.	
	—	12	f	″	″ ″	
	—	4	e	Federn	″ ″	
	1	4	d	Unterlegscheiben	″ ″	1½″ normal
	—	4	c	Führungsbolzen	″ ″	
	1	1	b	Verschlußschraube	″ ″	⅝″
	1	3	a	Thermometerschrau.	″ ″	¾″ G.G.
	1	4	Z	Schlitzschrauben	″ ″	½″ № 1308 30/0
	2	20	Y	Sicherungsschrauben	″ ″	¼″, 15 lang
	1	2	X	Paßschrauben	″ ″	1″ № 116 60/45
	—	1	W	Rohr	″ ″	40 l.W., 450 lang
	—	1	V	Blindflansch	″ ″	
	—	2	U	Flanschen	″ ″	
	1	14	T	Muttern	″ ″	⅜″ normal
	3	30	S	″	″ ″	⅝″ ″
	6	18	R	″	″ ″	⅞″ ″
	3	24	Q	″	″ ″	1″ ″
	1	14	P	Stiftschrauben	″ ″	⅜″ № 1906 20/5
	1	22	O	″ ″	″ ″	⅝″ № 1910 30/10
	1	8	N	″ ″	″ ″	⅝″ № 1910 30/15
kompl. ca 1300 kg	1	2	M	″ ″	″ ″	⅞″ № 1914 40/10
	1	2	L	″ ″	″ ″	⅞″ № 1914 40/50
	2	14	K	″ ″	″ ″	⅞″ № 1914 40/25
	1	6	J	″ ″	″ ″	1″ № 1916 45/25
	1	2	H	Kopfschrauben	″ ″	⅞″ № 114 50/0
	1	2	G	″ ″	″ ″	⅞″ № 114 55/40
	2	14	F	″ ″	″ ″	⅞″ № 114 55/15
	2	16	E	″ ″	″ ″	1″ № 116 60/45
	1	4	D	Fußschrauben	″ ″	1½″ № 124 100/40
	—	2	C	Schaulochdeckel	Gußeisen	
	—	1	B	Gehäuse, Unterteil	″	
	—	1	A	Oberteil	″	

Bild 338. **Stückliste** zu Bild 337.

des Bestellers. Solche Fälle werden im Großmaschinenbau die Regel bilden, und es ist zweifelhaft, ob die Werkzeichnungen dann überhaupt nach den Grundsätzen der Massenherstellung behandelt werden können, ob nicht die zahlreichen Änderungen die Übersicht über Zeichnungen und Herstellung derart erschweren, daß es vorteilhafter wird, trotz der Serienausführung jede der gleichartigen Maschinen dennoch mit vollständigen Werkzeichnungen in Auftrag zu geben.

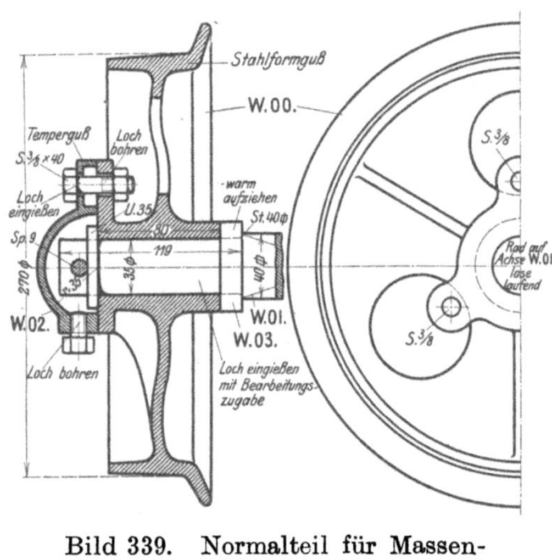

Bild 339. Normalteil für Massenherstellung in 1 : 1 (auf $^{1}/_{5}$ verkleinert).

Die Behandlung der Zeichnungen kann daher trotz gleicher Grundabsicht sehr verschiedenartig werden. Dazu kommt noch, daß Werkzeichnungen jeder Art, auch die für Massenherstellung, durchaus abhängig sind von vorhandenen Werkstätteneinrichtungen und Arbeitsmitteln, von eingebürgerten Verhältnissen, von der Schulung der Arbeiter und auch von Überlieferungen.

Beispiele der Darstellung von einfachen Maschinenteilen für die Zwecke der Massenherstellung mit den Bearbeitungsangaben zeigen Bild 330—333. Die zugehörigen Stücklisten sind weggelassen.

Beispiele zusammengesetzter Teile zeigen die Bilder 334 mit Stückliste, 335 mit teilweiser Stückliste (Bild 336), Bild 337 für Serienausführung mit Stückliste (Bild 338) und Bild 339 (Normalteil für Massenherstellung).

Bild 340 zeigt ein weiteres kennzeichnendes Beispiel: Die Werkzeichnung besteht aus einer großen Zahl gleichartiger Felder, deren jedes nur einen Teil darstellt, mit allen Maß- und Bearbeitungsangaben, und jedes Feld (im Bilde nur auf zwei unteren Feldern angegeben) enthält die Fabrikations- und Lieferungsangaben. Diese Werkzeichnung wird zerschnitten und die einzelnen Blätter an die Werkstätte hinausgegeben.

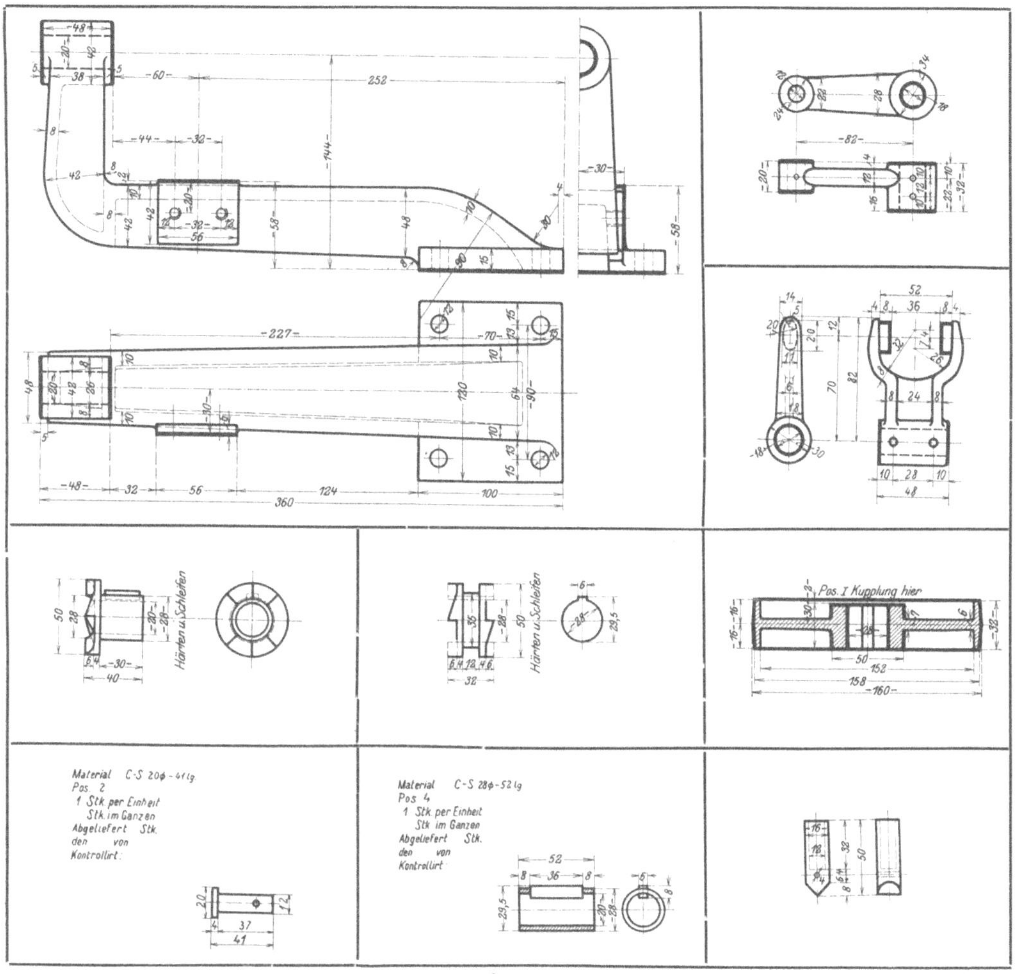

Bild 340. **Teilzeichnungen für Massenherstellung.**

Bild 341 zeigt als Beispiel einen Teil der Normalisierung für Flanschverschraubungen an Absperrventilen von Dampfturbinen.

Das, was diese einzelnen Beispiele bei aufmerksamer Betrachtung lehren, in allgemeine Grundsätze zusammenzufassen, würde ein Lehrbuch erfordern, das weit über die Grenzen des vorliegenden hinausgehen müßte. Immerhin läßt sich auf Grund der wenigen Beispiele der maßgebende Zusammenhang der gegenwärtigen organisierten Maschinenfabrikation mit der Normalisierung erkennen, auf die auch der Anfänger von allem Anfang an hingewiesen werden muß, da die ganze Entwicklung des Maschinenbaus immer zunehmend durch das Streben nach Normalisierung entscheidend beeinflußt ist. Zu dem im Vorangegangenen über Normalisierung allgemein Gesagten sei hier an der Hand von Beispielen noch folgendes hinzugefügt.

Mit dem Streben nach Normalisierung ist unvereinbar, daß der Konstrukteur unsymmetrische Stücke verwendet, Ausführungen für rechts und links vorsieht. Dies soll vermieden werden, wo es nur immer angeht. Mindestens muß Gleichheit der Modelle erreicht und die Verschiedenheit auf die Bearbeitung beschränkt werden.

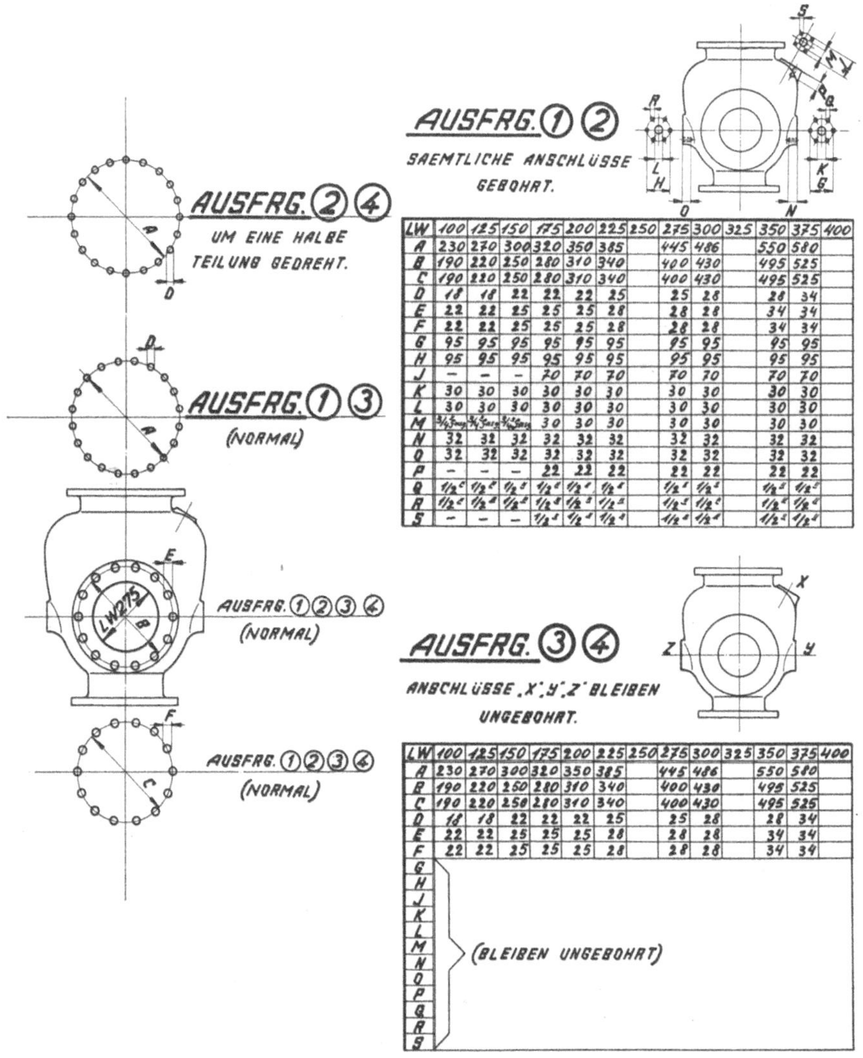

Bild 341. **Normalienzeichnung** für **Flanschverschraubungen** und **Lochverteilung** an Absperrventilen in 1:10 (auf $^1/_3$ verkleinert).

Hierzu gehören (nicht dargestellt): 20 weitere Darstellungen der vorkommenden Lochverteilung für Ventile von 270—400 mm Lichtweite, und zwar:

für normale Anordnung (Ausführung 1 u. 3): Schraubenmitte nicht in der Symmetrieachse der Ventile,

für versetzte Anordnung (Ausführung 2 u. 4): Schrauben in der Symmetrieachse,

und die gleichen Darstellungen für Ventile von 100—250 mm Lichtweite.

Der Normalisierung steht entgegen der außerordentlich häufig vorkommende Fall, daß ein Maschinenteil zwar als Normalteil ausgeführt werden kann, aber für die verschiedenen Lieferungen in den einzelnen Abmessungen geändert werden muß.

Dann entsteht die Frage: Ist es zweckmäßiger, die Werkzeichnung des Normalteils beizubehalten und nur die Stücklisten entsprechend abzuändern, wobei die Zeichnung entbehrlich, aber die Stückliste umständlicher wird, oder ist es zweckentsprechender, für jeden Teil und seine verschiedenen Abmessungen besondere Werkzeichnungen anzufertigen, was bei einfachen Teilen keine Schwierigkeiten bereitet, aber die Zahl der umlaufenden Zeichnungen außerordentlich vermehrt? Beispiele hierzu können die Sachlage kennzeichnen.

Bild 342. **Werkzeichnung** für **Massenausführung** in Naturgröße und in 3:1 (auf $^1/_4$ verkleinert). Längen beiderseits von a b veränderlich.

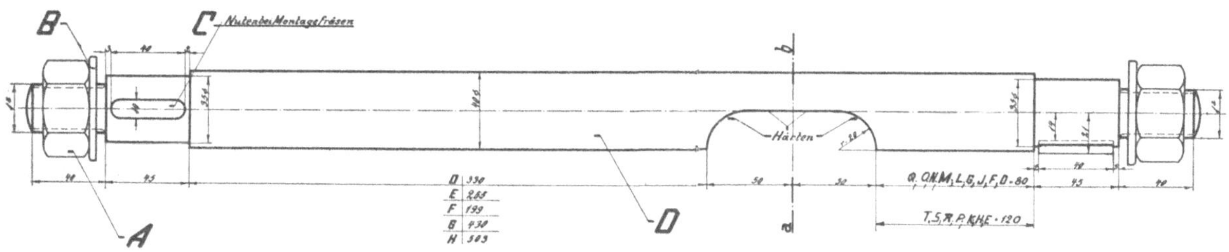

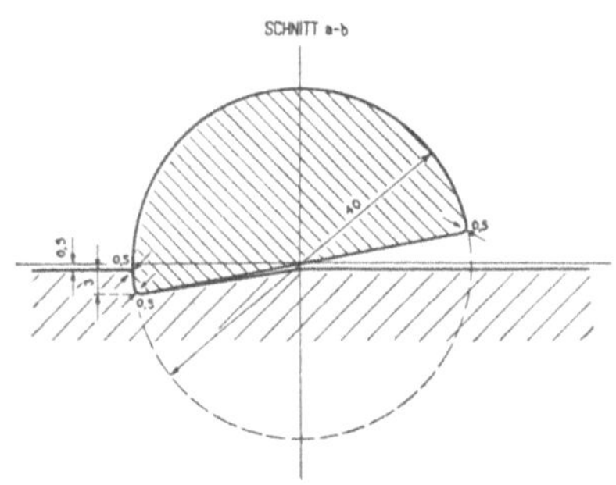

In 3 : 1.

St	St	St	St	St	St	St	St	St	St	St	St	St	St	St	St	Pos	Gegenstand	Material	ZN:
1																T	Klinke	Stahl	25901
	1															S	"	"	25878
		1														R	"	"	25711
			1													Q	"	"	24296
				1												P	"	"	23513
					1											O	"	"	23512
						1										N	"	"	23511
							1									M	"	"	22182
								1								L	"	"	21689
									1							K	"	"	21220
										1						J	"	"	20086
											1					H	"	"	20038
												1				G	"	"	26975
													1			F	"	"	26492
														1		E	"	"	26501
															1	D	"	"	26491
2	2	2	2	2	2	2	2	2	2	2	2	2	2	2	2	C	Federn (Keile)	"	
2	2	2	2	2	2	2	2	2	2	2	2	2	2	2	2	B	Unterlegscheiben	Schm. E.	
2	2	2	2	2	2	2	2	2	2	2	2	2	2	2	2	A	Muttern	"	
(16)	(15)	(14)	(13)	(12)	(11)	(10)	(9)	(8)	(7)	(6)	(5)	(4)	(3)	(2)	(1)	Ausführung			
																Bestell N° TfN° Besteller			

Geändert durch	N°	Änderung betrifft	Pos	Dat	Name	Geändert durch	N°	Änderung betrifft	Pos	Dat	Name
Ersatz	I	Ausführg (15) (16) nachg.	S T.			Ersatz I	(4)	Ausführung (9) nachgetr.	M		
Ersatz	II	Ausführung (14) nachgetr.	R			Hand	(3)	Ausführung (8) nachgetr.	L		
Ersatz III	6	Ausführung (13) nachg.	Q			Hand	(2)	Ausführung (7) nachgetr.	K		
Ersatz II	5	Ausführg 10, 11, 12 nachg.	N O P			Hand	(1)	Massänderung 120 statt 80	E H		

Bild 343. **Stückliste** für veränderliche Teilmaße.

Bild 342 zeigt die Klinke für eine Schnellschlußvorrichtung an Dampfturbinen, die für verschiedene Turbinengrößen gleiche Stärke, aber wechselnde Länge erhält. Die Maße ändern sich, wie in der Stückliste 343 angegeben, und mit dem Hauptlängenmaß D E F G ändern sich auch die Anschlußmaße 80 bzw. 120 mm.

Auf diese Veränderlichkeit in der Zeichnung durch Buchstaben hinzuweisen und sie in der Stückliste aufzuklären, erscheint auf den ersten Blick unübersichtlich und umständlich; das Wesentliche liegt aber darin, daß Werkzeichnungen für Massenfabrikation einerseits einfach und billig sein sollen, andrerseits eine volle Übersicht gerade über die verschieden großen Stücke und deren Ausführung gestatten müssen. Bei Massenherstellung ist zu beachten, daß in großer, organisierter Fabrikation und in weitverzweigten Betrieben von jeder Werkzeichnung Dutzende von Kopien für die verschiedenen Abteilungen gebraucht werden. Wird zu jeder Ausführung eines Teils mit geänderten Maßen eine neue Werkzeichnung ausgegeben, dann entfällt zwar die Umständlichkeit der Stückliste, aber dann sind sehr zahlreiche Blätter für den gleichen Teil notwendig, die nur in wenigen Maßen voneinander verschieden sind. Das erschwert die Übersicht im Gesamtbetriebe, ja selbst innerhalb einer einzelnen Werkstätte viel mehr als die Zusammenfassung der Veränderungen in einer einzigen Stückliste.

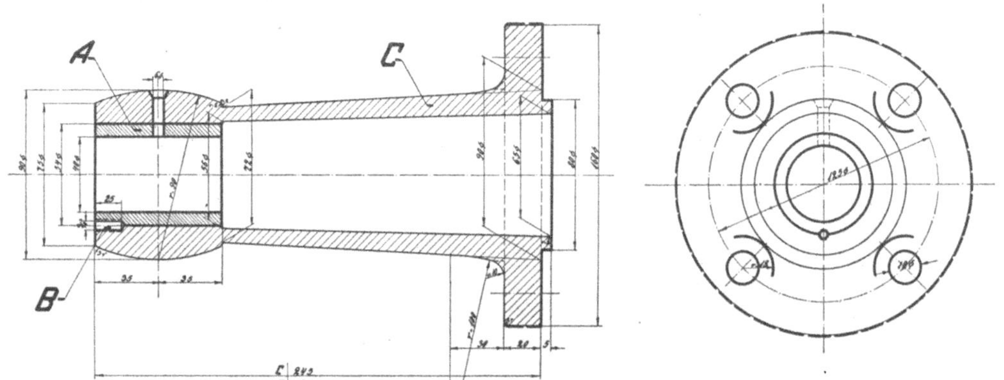

C	843
D	130
E	114
F	345
G	378
H	330
J	135
K	205
L	640
M	183
N	173
O	123

Bild 344. **Werkzeichnung** für **Massenherstellung.** Führungsbock mit 12 verschiedenen Längen (A—O) in Naturgröße (auf $^1/_4$ verkleinert).

St.	St.	St.	St.	St.	St.	St.	St.	St.	St.	St.	St.	St.	St.	St.	Pos.	Mod Nº	Gegenstand	Material	Nº	kg	Zchg. vorhanden	Pos	ZNº	Bemerkung
1															R		Führungsbock	Gußeisen						
	1														Q		" "	"						
		1													P		" "	"						
			1	-	-	-	-	-	-	-	-	-	-	-	O	206974	" "	"					25881/12	
			-	1	-	-	-	-	-	-	-	-	-	-	N	206973	" "	"					25879/12	
			-	-	1	-	-	-	-	-	-	-	-	-	M	206168	" "	"					23509/12	
			-	-	-	1	-	-	-	-	-	-	-	-	L	205823	" "	"					22288/12	
			-	-	-	-	1	-	-	-	-	-	-	-	K	203486	" "	"			35093	C_4	21902/11	
			-	-	-	-	-	1	-	-	-	-	-	-	J	205689	" "	"					21675/12	
			-	-	-	-	-	-	1	-	-	-	-	-	H	205216	" "	"					20060/12	
			-	-	-	-	-	-	-	1	-	-	-	-	G	205201	" "	"					20050/12	
			-	-	-	-	-	-	-	-	1	-	-	-	F	200690	" "	"			35093	C_1	20809/10	
			-	-	-	-	-	-	-	-	-	1	-	-	E	203671	" "	"			33881	C_4	26487/11	
			-	-	-	-	-	-	-	-	-	-	1	-	D	205063	" "	"					26486/11	
			-	-	-	-	-	-	-	-	-	-	-	1	C	200189	Führungsbock	Gußeisen			33881	C_1	26485/11	
1	1	1	1	1	1	1	1	1	1	1	1	1	1	1	B		Stiftschraube	Schm. E.						Nº 1104 15/0; 1/4"
1	1	1	1	1	1	1	1	1	1	1	1	1	1	1	A	207069	Führungsbüchse	Bronze			33881	G	23642/9	
⑮	⑭	⑬	⑫	⑪	⑩	⑨	⑧	⑦	⑥															

Geändert durch:	Nº	Änderung betrifft	Pos.	Dat.	Name
Ers. IV	5	Ausführ. 11 u. 12 nachg.	N O		
Ers. III	4	Ausführ. 10 nachgetr.	M		
Ersatz II	③	Ausführg. 9 nachgetrg.			
Ersatz I	②	Ausführung 8 nachgetr.	K		
Hand	①	Ausführung 7 nachgetr.	J		

⑫	⑪	⑩	⑨	⑧	⑦	⑥	⑤	④	③	②	①	Ausführung
25882/12	25880/12	23510/12	22289/12	22175/12	21676/12	20061/12	20051/12	26974/11	26490/11	26489/11	26488/11	Montage ZNº

⑤	④	③	②	①	Ausführung
				Allgemein giltig	Bestell Nº Tf Nº Besteller Erste Ausführung für:

AEG
Turbinenfabrik.

ALLGEMEIN GILTIG
FÜHRUNGSBOCK ZUR
SCHNELLSCHLUSSVORRICHTUNG
1:1

Angefangen von .... am ....
Fertiggestellt von .... am ....
Kontrolliert von .... am ....

Zchg. Nº 82168

Bild 345. **Stückliste** zum Führungsbock mit 12 verschiedenen Längen (auf $^1/_3$ verkleinert).

Außerdem ist die Stückliste Bild 343 so aufgestellt, daß mit einem Blick übersehen werden kann, welches Maß für den betreffenden Teil von den übrigen abweicht.

Auch für den wesentlich einfacheren Teil Bild 344, bei dem nur die Länge C wechselt, ist die Stückliste (Bild 345) so aufgestellt, daß diese wechselnde Größe C D E... in der Stückliste sofort zu erkennen ist. Dasselbe gilt für Bild 346, eine einfache zylindrische Form (samt Anschlußteilen gezeichnet), bei der sich nur die Länge des Teils C ändert.

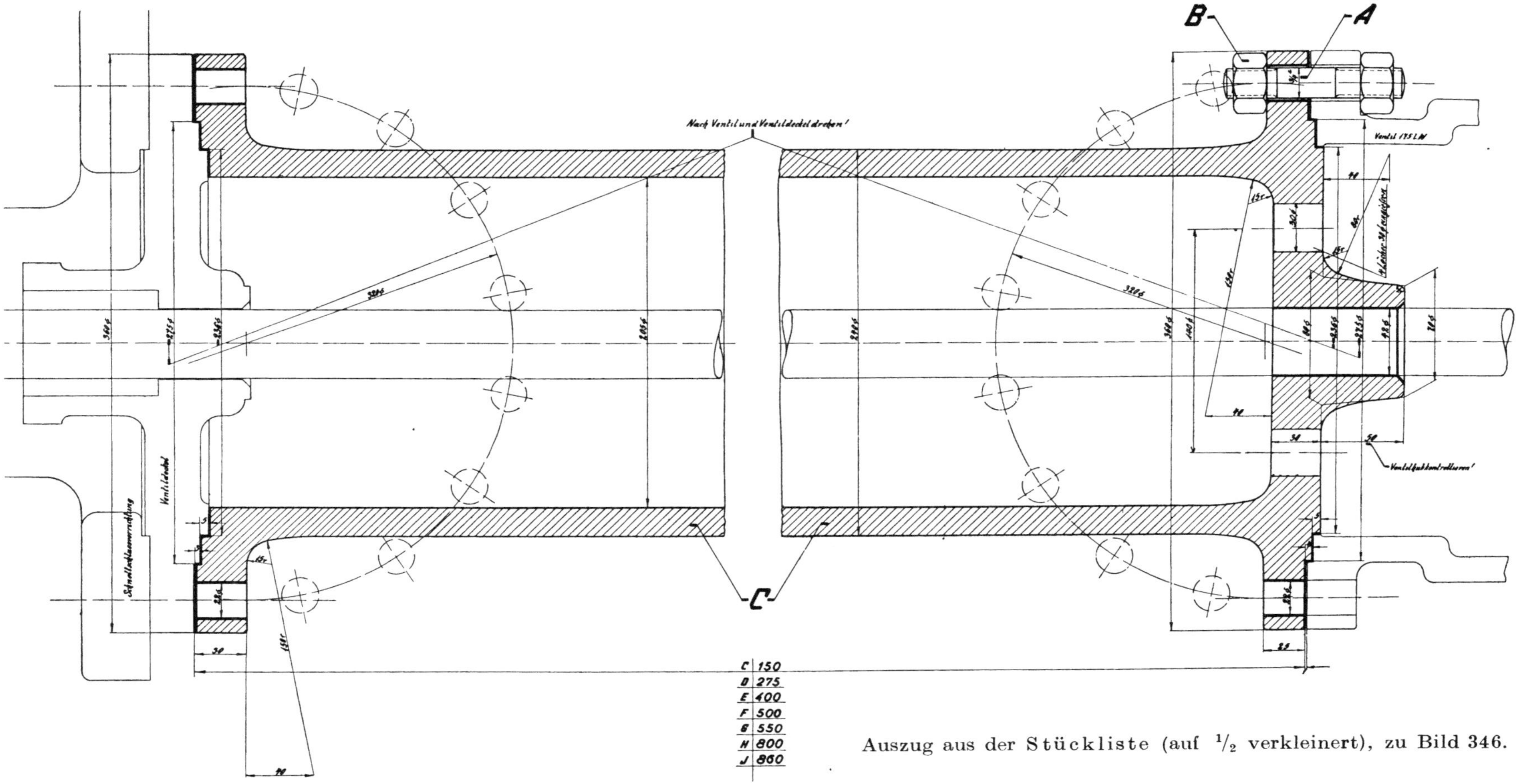

Bild 346.
Werkzeichnung für **Massenausführung** bei veränderlicher Länge eines Teils (Zylinder C) in Naturgröße (auf $^1/_4$ verkleinert).

Auszug aus der Stückliste (auf $^1/_2$ verkleinert), zu Bild 346.

					1			E	205010	26329	Mod No 200739 verwenden
						1		D	205009	26328	„ „ 200738 „
							1	C	205008	26327	„ „ 29889 „
	32	32	32	32	32	32	32	B			¾" normal
	16	16	16	16	16	16	16	A			No 1812 40/20
St	St	St	St	St	St	St	St	Pos	Mod No	ZNo	Bemerkung

Abgekürzte Darstellungen.

Abgekürzte Darstellungen von Maschinenteilen gehören eigentlich zu den schriftlichen Vervollständigungen von Werkzeichnungen bzw. Zeichnungen für besondere Zwecke. Es handelt sich bei ihnen darum:

häufig wiederkehrende Maschinenteile, die ihre Konstruktion nicht ändern, sog. „Normalteile", in den Zeichnungen entweder gar nicht darzustellen, sie durch Nummern oder sonstwie schriftlich zu kennzeichnen oder die Darstellung auf eine bloße Andeutung zu beschränken, wozu einheitlich angenommene einfache Zeichen verwendet werden.

Die Frage ist daher zunächst, inwieweit schriftliche Kennzeichnung die Darstellung solcher Maschinenteile entbehrlich macht. Das ist im allgemeinen nur bei unveränderlichen Normalteilen der Fall. Da aber die Ausbildung von Normalteilen in der Massenfabrikation des Maschinenbaus allgemeines Streben sein muß, so haben diese schriftlichen Kennzeichnungen immer größere Bedeutung erlangt. Sie führen zu wesentlicher Vereinfachung bei voller Klarheit der Angaben.

Zur abgekürzten Darstellung eignen sich z. B. Schrauben, Niete, Dichtungen, Splinte, Hähne, Ventile, Schieber, Armaturen und andere durch Massenfabrikation hergestellte Teile. Auf die Wichtigkeit dieser „normalisierten" Maschinenteile in der Maschinenfabrikation ist der Anfänger schon im Maschinenzeichnen besonders hinzuweisen.

In der Elektrotechnik sind einheitlich abgekürzte Darstellungen schon weitgehend eingeführt: für Gleichstrom-Generatoren und -Motoren, Wechselstrom-Generatoren und Synchronmotoren, Asynchron-Wechselstrommotoren, Spannungstransformatoren, Netzbezeichnungen für Gleichstrom und Wechselstrom usw.

Im allgemeinen Maschinenbau hingegen sind solche Abkürzungen noch viel zu wenig einheitlich durchgeführt.

Die abgekürzten konventionellen Darstellungen erfordern außer der Werkstätten-, Modell- oder Zeichnungsnummer des betreffenden Teils noch besondere Angaben, nach welchen er bestellt oder verwendet werden soll.

Bild 347—352 zeigen solche schematische Darstellungen, Bild 347 und 348 für Rohrleitungen, Ventile, Hähne, Bild 352 für Federn.

Schematische Darstellungen von Zahnrädern müssen die äußeren Begrenzungen des Rades und der Radnabe darstellen (Bild 349 u. 351), sonst täuschen sie über den erforderlichen Raum gegenüber benachbarten Teilen.

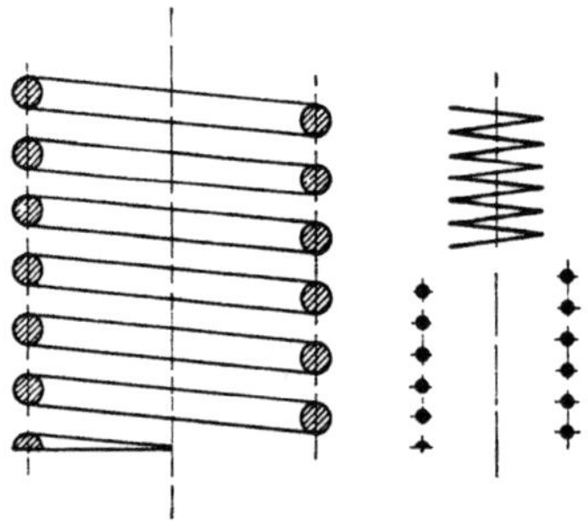

Bild 352. Federn, schematisch dargestellt.

Bild 350 ist eine unrichtige Darstellung, weil die Nabenränder und die Dicke der Zahnkränze fehlen.

Wenn zum Zwecke deutlicher Hervorhebung die Zähne durch Schraffierung angedeutet werden (Bild 349 u. 351), dann ist diese nur als schematisches Zeichen, nicht aber etwa als Projektion der Zähne aufzufassen. Abgesehen von der Mehrarbeit, macht jede Weitläufigkeit die Zeichnung nur undeutlich. Die schematische Schraffierung soll, unabhängig von der Zahnteilung, mit großer Strichentfernung in der Mitte und gegen die Enden mit abnehmender Entfernung hergestellt werden, nur um die Rundung anzudeuten. Die Striche müssen aber auch an den Enden genügend weit voneinander abstehen, sonst wird die Darstellung undeutlich.

Einheitliche Normen für Abkürzungen in der zeichnerischen Darstellung gibt es für viele Maschinenteile noch nicht.

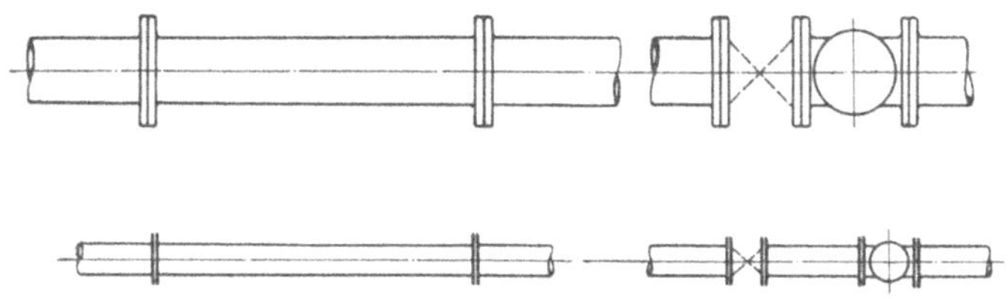

Bild 347.
Rohrleitungen
und Absperrvorrichtungen.
Rohre körperlich, Ventile schematisch dargestellt.

Bild 348.
Rohre und Absperrvorrichtungen nur schematisch dargestellt.

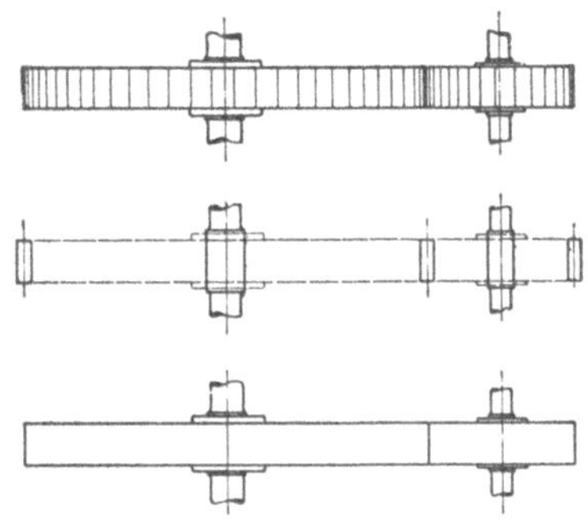

Zähne durch zunehmende Schraffierung angedeutet.

Zähne mit Teilkreislinie und Zahnhöhe dargestellt.

Ohne Andeutung der Zähne.

Bild 349.
Stirnzahnräder.
Vereinfachte richtige Darstellung.

In allen drei Fällen ist die richtige Nabenlänge eingezeichnet.

Bild 347—352.

Vereinfachte Darstellung von Maschinenteilen.

Bild 350.
Kegelräder.
Unrichtige Darstellung.

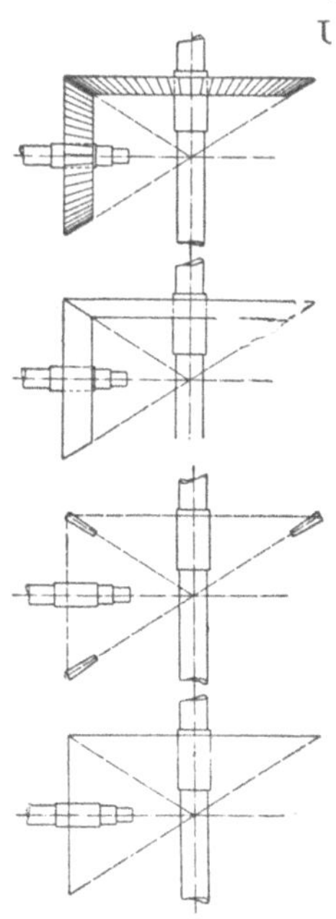

Kranzbreite u. Nabenlänge nicht gezeichnet.

Daher erforderlicher Raum für die Räder in Länge und Breite nicht dargestellt.

Bei dieser unvollständigen abgekürzten Darstellung können Widersprüche mit Nachbarteilen vorkommen.

Bild 351.
Kegelräder.
Richtige Darstellung.

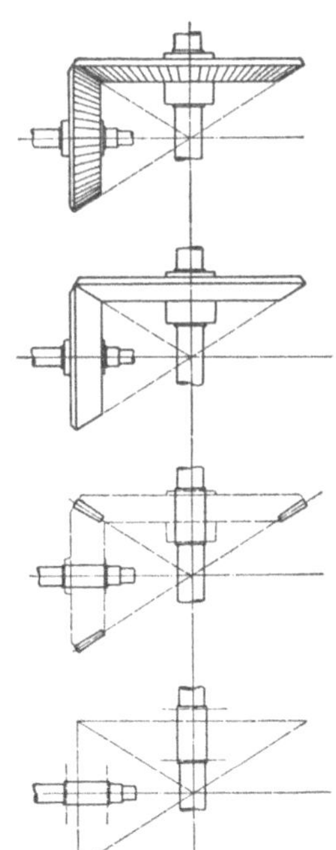

Zähne durch Schraffierung angedeutet. Nabe und Kranzbreite gezeichnet.

Ohne Schraffierung, Nabe und Kranz gezeichnet.

Zähne im Profil gezeichnet. Richtige Breite des Kranzes über Nabe gezeichnet.

Nur Teilkegel gezeichnet, Nabenlänge angegeben.

Für alle schematischen Darstellungen ungewöhnlicher Art ist daher eine genaue schriftliche Angabe erforderlich, welche die auszuführende Konstruktion unzweifelhaft bezeichnet oder auf die zu verwendenden Skalen, Normalteile oder Modelle, die Art der Bearbeitung usw. verweist.

Schematisch werden auch dargestellt:

4 kantige oder flache Teile, die in der Regel durch ein Diagonalkreuz kenntlich gemacht werden. Diese Art der Darstellung ist nicht glücklich, insbesondere wenn die Diagonalen in kräftigen Linien gezogen werden, was die Deutlichkeit beeinträchtigt. Vierkantige Teile sollten vielmehr durch die Projektionen genügend kenntlich gemacht werden. (Vgl. Bild 288.)

Schrauben.

Von der größten Wichtigkeit ist die Normalisierung der Schrauben, deren es in großen Betrieben Tausende, oft von sehr verschiedener Art, gibt. Abweichung vom Normalen führt bei so häufig verwendeten Maschinenteilen zu unerträglichen Zuständen und großen Verlusten. Die Aufgabe planmäßiger Normalisierung ist es, bei allen Entwürfen für Großfabrikation und Lagerbestände für die Schrauben die möglichste Vereinfachung und Einheitlichkeit durchzuführen; es gilt aber nicht bloß zu „normalisieren", sondern auch im Laufe der Zeit alle selten gebrauchten, unzweckmäßig gewordenen Schraubenformen auf den Aussterbeetat zu setzen und abzustoßen. Unvermeidlich wachsen immer neue Formen zu; wenn die alten nicht ausgemustert werden, ist eine übersichtliche, völlig beherrschbare Normalisierung in großen Betrieben unmöglich.

In den Maschinenzeichnungen müssen daher Schrauben stets mit Rücksicht auf die notwendige Ordnung, Einheitlichkeit und Normalisierung dargestellt werden.

Die vorkommenden verschiedenen Schraubenformen müssen übersichtlich zusammengestellt werden, z. B.: Kopfschrauben, Sechskantkopfschrauben, Sechskantzapfenschrauben, Schraubenstifte, Vierkantdruckschrauben, Schraubenbolzen mit allen vorkommenden Gewinden, Stiftschrauben, Zylinderkopfschrauben, halbrunde Schrauben, Sechskantkopfschrauben mit Muttern, Sechskantmuttern, Kronenmuttern, Spezialschrauben usw. Die Normaltafeln der verschiedenen Schrauben in großen Fabriken, insbesondere in den elektrotechnischen, füllen Bände.

Schrauben sind immer vereinfacht darzustellen. Die Zeichnung der Gewinde ist überflüssig; zu ihrer richtigen Herstellung genügen: der äußere Bolzendurchmesser und die Gewindelänge nach der Skala des Einheitsgewindes, also 2 Maßzahlen. Nur bei Abweichung von den Normalskalen wird besondere Darstellung der Schraubengewinde und entsprechende schriftliche Angabe erforderlich.

Außerdem muß in der Zeichnung die zu verwendende Schraube nach ihrer Besonderheit, nach Material und besonderer Ausführung usw. durch Buchstabenzusätze oder schriftliche Erläuterungen gekennzeichnet werden. Die Einzelheiten hierzu entziehen sich als zu weitläufig der Darstellung in diesem Buche und sind auch in den Fabriken zu sehr verschieden.

Es dürfen ausnahmslos nur Schrauben dargestellt werden, die den Lagerbeständen entnommen werden können. Die Zeichnung muß die Schraubennummer angeben oder das Gewinde, Gewindelänge und Bolzenlänge darstellen. Besondere Gewinde oder besondere Bauart der Schrauben müssen durch Buchstaben gekennzeichnet werden (Paßschrauben, rohe Schrauben, halbrohe Schrauben). Desgleichen wird das zu verwendende Material durch Buchstaben gekennzeichnet: S = Stahl, M = Messing, NS = Nickelstahl usw. Paßschrauben müssen besonders bestellt werden.

Bild 353.
Unrichtige Darstellungen.

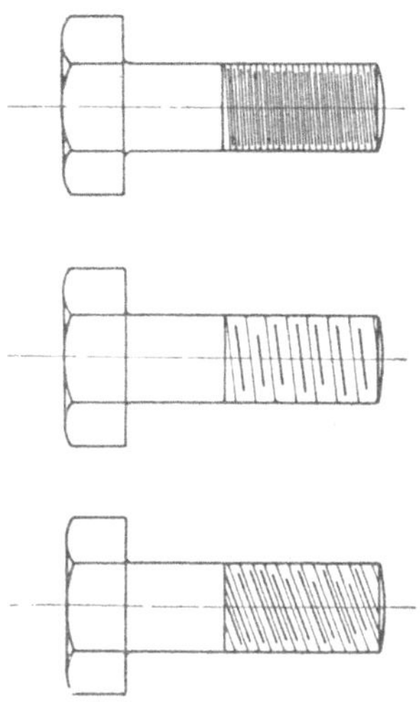

Bild 354.
Unzweckmäßige Darstellungen.

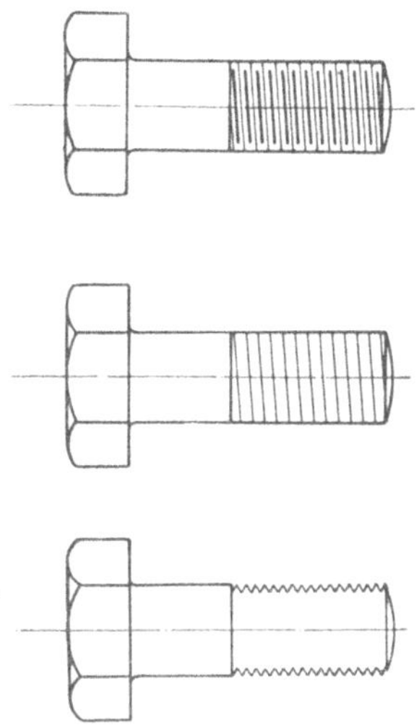

Gewinde zu eng, undeutlich und zu mühsam zu zeichnen.

Gewinde zu grob, der Wirklichkeit widersprechend, undeutlich.

Gewinde in unmöglicher Steigung und zu roh gezeichnet.

Bild 353—357.
V e r e i n f a c h t e D a r s t e l l u n g v o n **Schrauben** u n d **Verschraubungen.**

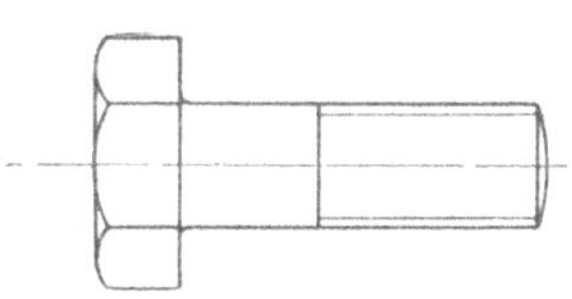

Bild 355.
Richtige, einfache Darstellung. Gewinde nur durch die inneren d ü n n e n oder g e s t r i c h e l t e n Doppellinien angedeutet.

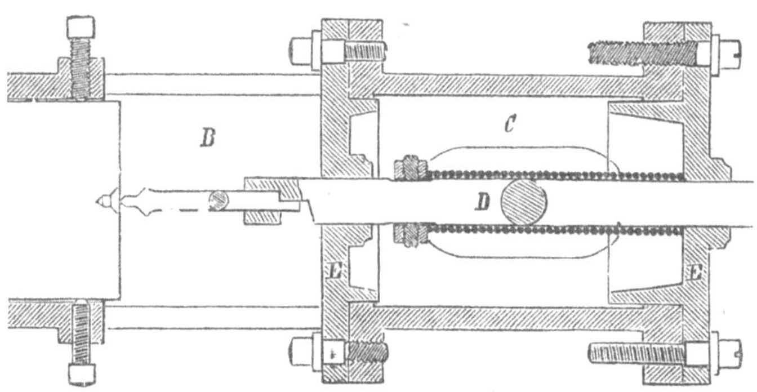

Bild 356.
F e h l e r h a f t e Darstellung der Schraubengewinde (aus dem Patentblatt).
Nach drei verschiedenen Zeichnungsarten dargestellt. Jede unzweckmäßig, undeutlich und in Widerspruch mit der wirklichen Gewindeform.

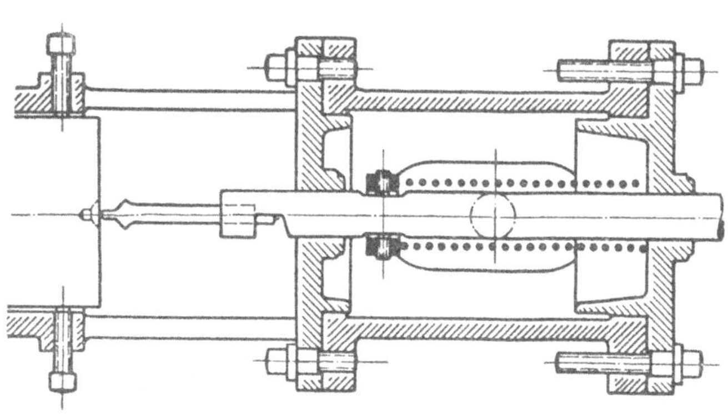

Bild 357.
R i c h t i g e Darstellung der Schraubengewinde.
Alle Gewinde nur durch die inneren gestrichelten dünnen Doppellinien dargestellt.

In der Regel wird Whitworth-Gewinde verwendet. In den Zeichnungen wird nur auf die Normalskala verwiesen.

Das gleiche geschieht bei feingängigen Gewinden, „Gas"gewinden, die bis $3\frac{1}{4}''$ auch dem Whitworth-Rohr-Gewinde entsprechen, darüber hinaus aber besonderen Normen folgen, meist den Normalien des Vereins deutscher Ingenieure von 1903. Die Bezeichnung des Gewindes in englischen Zoll ist handelsüblich und stimmt nicht mit den Rohrabmessungen überein.

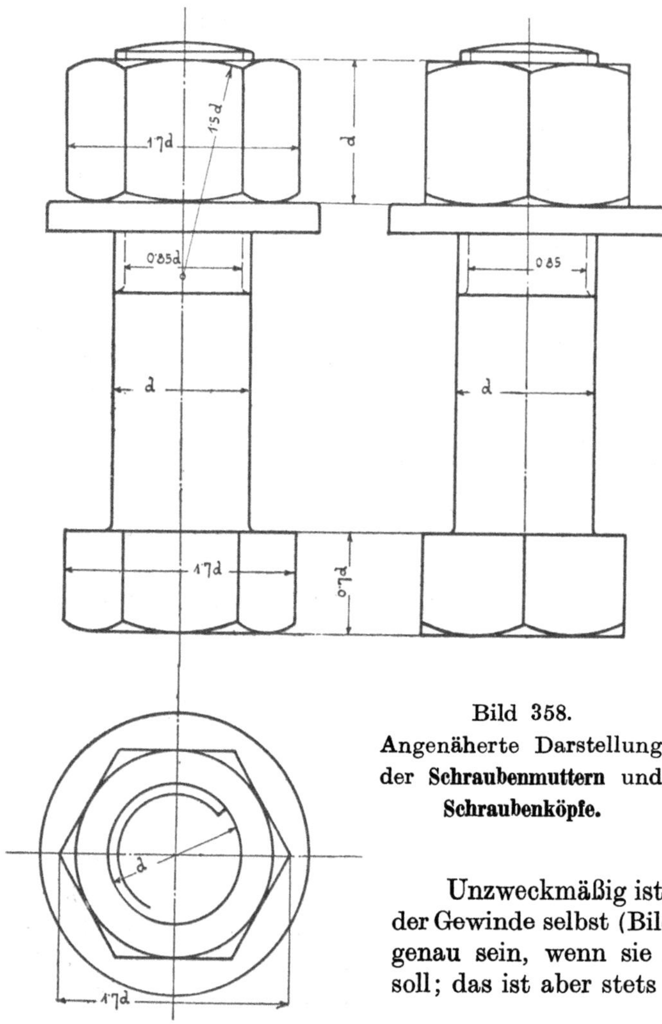

Bild 358.
Angenäherte Darstellung der **Schraubenmuttern** und **Schraubenköpfe.**

Die Darstellung der Gewinde muß einfach sein; am zweckmäßigsten ist die in Bild 355 skizzierte: das Gewinde in der ganzen Erstreckung und ungefähr in richtiger Tiefe nur durch eine dünne oder gestrichelte Linie anzudeuten und Bolzenstärke und Gewindelänge als Maßzahl einzuschreiben (vgl. Bild 358). Diese Darstellung genügt vollständig. Der Einfachheit halber wird die äußere Bolzenbegrenzung voll gezeichnet.

Unzweckmäßig ist der Versuch einer Darstellung der Gewinde selbst (Bild 353 und 354), denn sie müßte genau sein, wenn sie nicht sehr schlecht aussehen soll; das ist aber stets zu umständlich und störend.

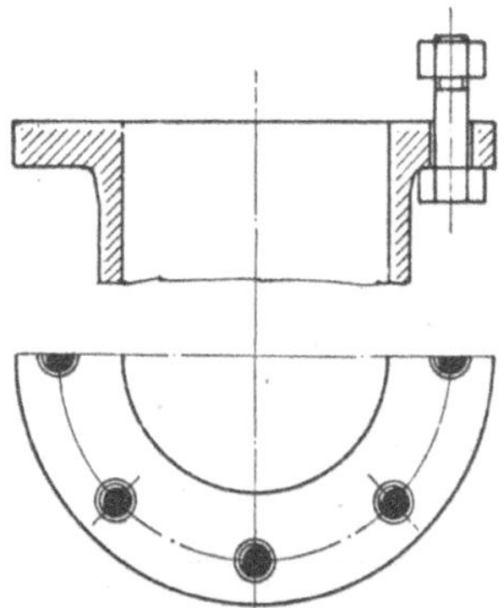

Bild 359.

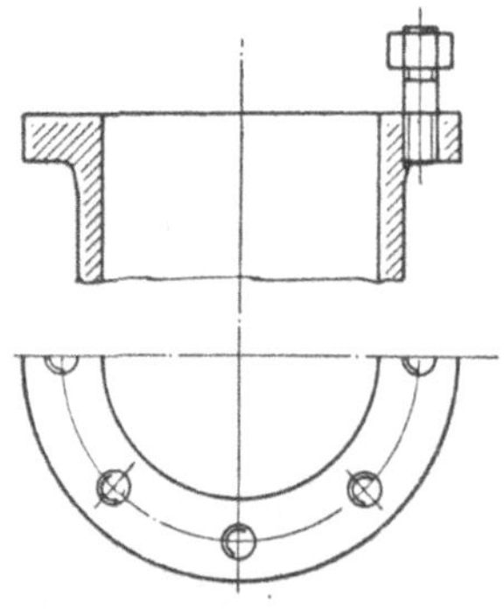

Bild 360.

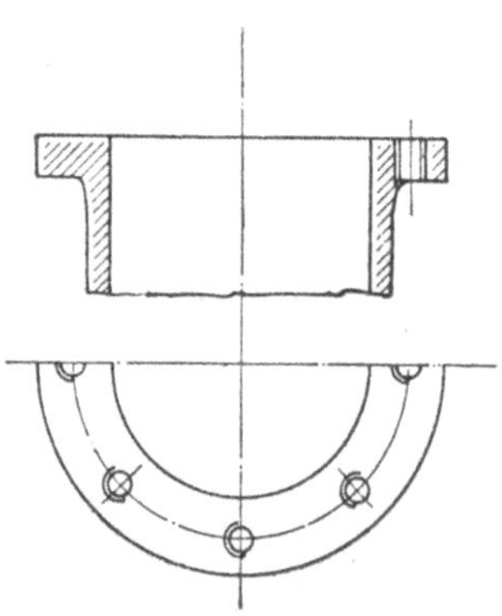

Bild 361.

Bild 359—361. **Flanschverschraubungen.**

Mangelhafte Darstellung von Schrauben wie überhaupt von Maschinenelementen in Maschinenzeichnungen kann mit orthographischen Fehlern in Schriften verglichen werden. Es gilt als Zeichen höchst bedenklicher Bildung, solche Fehler zu machen; in Zeichnungen aber wird leider oft willkürlichster Ausdruck für zulässig erachtet, wie das dem „Patentblatt" entnommene Bild 356 zeigt, in welchem, abgesehen von groben Fehlern, dreierlei unzweckmäßige Orthographie für die Schraubendarstellung beliebt ist. In Bild 357 ist eine richtige Darstellung gegenübergestellt.

Auch das übliche Einzeichnen von schrägen Gewindelinien ist ganz unzweckmäßig. Es wirkt unnütz grell, da die Schrauben durch ihre Form ohnedies genügend aus der Zeichnung hervortreten, und ist zu mühsam, besonders wenn dicke und dünne Linien abwechseln. Zu weite oder zu enge oder zu schräge, ungleiche Schemalinien (Bild 353 und 354), welche dem wirklichen Gewinde nicht einigermaßen entsprechen, verderben das Aussehen der Zeichnung.

Die genaue Form von Schraubenmuttern und Schraubenköpfen ist das 6 eckige Prisma mit Eckenabrundung; dies ist eine Normalform, die nur ausnahmsweise genau gezeichnet wird. In der Regel genügt für Schrauben in großem Maßstabe die angenäherte Darstellung (Bild 358).

Für Schrauben in kleinem Maßstabe ist weiter vereinfachte Darstellung notwendig (Bild 362 und 363).

In der Draufsicht werden Schrauben nur gezeichnet, wenn dies der Zweck erfordert, um die Lage und die Art der Schrauben festzustellen, und auch dann genügt in der Regel die Darstellung einer einzigen Schraube. Es ist zwecklos, zahlreiche Schrauben nichtssagend zu projizieren; dies stört nur die Übersicht.

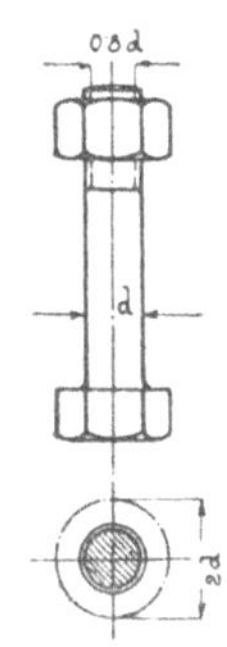

Bild 362.

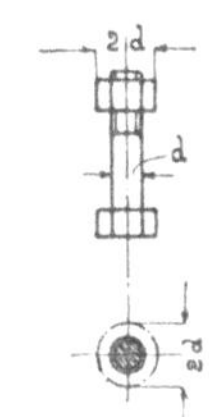

Bild 363.

Die Draufsicht der Schraubenmuttern oder Köpfe wird nur genau gezeichnet, wenn es sich darum handelt, Schlüsselweite und Raumerfordernis festzustellen; sonst wird sie abgekürzt dargestellt: am einfachsten, indem man sich die Mutter weggeschnitten denkt und den geschnittenen Bolzen und die ihn umgebende Schraubenöffnung darstellt (Bild 359). Dies ist, insbesondere in kleinem Maßstabe, viel einfacher und deutlicher, als wenn mühsam alle Sechsecke der Schraubenmuttern gezeichnet werden. Hierbei können auch verschiedene Schraubenarten unterschieden werden (Bild 360 und 361).

In dieser abgekürzten Grundrißbezeichnung von Schrauben sowohl wie Nieten besteht bei den Fabriken leider keine Einheitlichkeit. Es können daher nur einige Beispiele gegeben werden.

Bei Nieten werden z. B. unterschieden und durch Buchstaben bezeichnet:

N = Kopfniet, VN = Versenkniet,

und in der Zeichnung schriftlich die Größe angegeben (Bild 364).

Bei Schrauben werden unterschieden und bezeichnet:

S = Kopfschraube, VS = Versenkschraube,
SS = Spezialschraube, HS = Holzschraube,
M = Mutter, GM = Gegenmutter,
Sg = Schraubensicherung usw. (Bild 365).

In ähnlicher Weise bedeutet:

U $^5/_8$: Unterlegscheibe für Schraube von $^5/_8$ Zoll Durchmesser,
U 20: Unterlegscheibe für Bolzen von 20 mm Durchmesser,
Sg $^5/_8$: Schraubensicherung für Schraube von $^5/_8$ Zoll Durchmesser usw.

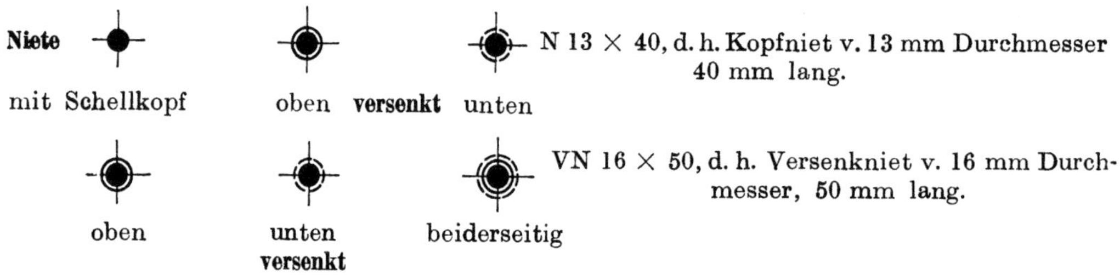

Bild 364. **Niete,** schematisch dargestellt.

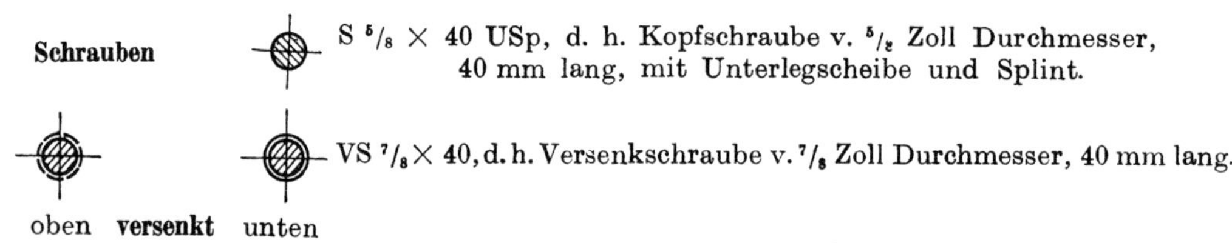

Bild 365. **Schrauben,** schematisch dargestellt.

Bei der Schraubendarstellung ist noch die Ausführung des sichtbaren Schraubenbolzenendes zu beachten. Bei gewöhnlichen Befestigungsschrauben entspricht das Bolzenende dem einfachen Abstechen in Kugelkappenform (Bild 358). Wird auf das gute Aussehen Wert gelegt, dann wird das Schraubenende bei a besonders bearbeitet, wie dies in Bild 366 dargestellt ist. Diese Ausführungsform gewährt auch den Vorteil, daß zufällige Stöße auf das Bolzenende kein Verdrücken des Gewindes zur Folge haben.

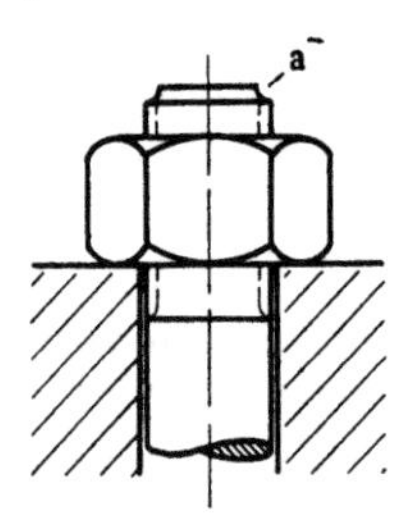

Bild 366.

Für hochbeanspruchte Schrauben raschlaufender Maschinenteile, insbesondere Schubstangenköpfe, werden Schrauben mit Feingewinde verwendet. In der Regel pflegt man dann auf den glatten Bolzen ein Whitworthgewinde aufzuschneiden, das einem wesentlich kleineren Durchmesser entspricht. Zur Bezeichnung eines solchen Feingewindes wird gewöhnlich die Zahl der Gewindegänge auf 1 Zoll engl. in die Zeichnung eingeschrieben oder, wenn die Schrauben normalisiert sind, die entsprechende Bezeichnungsnummer (s. Bild 8 S. 23).

Zu den normalisierten Teilen gehören auch die Schraubensicherungen durch Federringe, Blechringe, Gegenmuttern, Splinte, durch Kronenmuttern usw. Alle diese Sicherungsteile dürfen in den Zeichnungen nur nach den Normalmaßen eingetragen werden, einschließlich der Stifte und Splinte, die in vielen Fabriken zu Hunderttausenden gebraucht werden, daher jede Abweichung vom Normalen unzulässig ist.

Die Normalien für Stifte beziehen sich z. B. auf:

zylindrische Eisenstifte, zylindrische und konische Stahlstifte, konische Stahlstifte mit Gewinde usw.

Die Unterlegscheiben sind auch normalisiert, als blanke und rohe Scheiben, Scheiben für Sechskantkopfschrauben, für halbrunde Schrauben, außerdem als konische Unterlegscheiben.

Gleiche Normalisierung ist für die Niete durchgeführt: Niete mit halbrundem Kopf, mit versenktem Kopf, Eisenniete, Messingniete, Kupferniete.

Bei Maschinen mit genieteten Eisenkonstruktionen, z. B. bei Hebezeugen, wird zur Darstellung der Niete eine vereinfachte Zeichnungsform benutzt, aus der aber die Nietstärke und die Ausführung (ob z. B. auf beiden Seiten mit Nietkopf versehen oder versenkt) zu entnehmen ist.

Skizzen.

Skizzieren heißt nicht: nachlässig oder auch nur flüchtig zeichnen, sondern: das Wesentliche einer Form möglichst vereinfacht und mit den einfachsten Mitteln darstellen. An die Skizze werden dieselben Forderungen wie an die Maschinenzeichnung gestellt: jeder Sachverständige muß sich die Form nach den Angaben der Skizze genau vorstellen können, oft muß schon nach der Skizze die Form ausführbar sein.

Skizzieren kann nur der, welcher die Sache kennt und ein entwickeltes Vorstellungs- und Ausdrucksvermögen besitzt. Auch hierfür ist die Handfertigkeit erwünscht, für rasches Skizzieren auch notwendig, aber sie hat nur auf das Aussehen der Skizze und nicht auf ihren Inhalt Einfluß. Das Wesentliche ist, daß die Vorstellungsbilder im Kopfe klar und vollständig entwickelt sind, bevor das Skizzieren beginnt.

Im Skizzieren wird deshalb so wenig und immer weniger geleistet, weil das Vorstellungsvermögen immer weniger entwickelt wird. Mechanisch angefertigte schöne „Schulzeichnungen" sind häufig zu finden; dazu gehört nur Geduld, etwas Übung und viel Zeit, die für Fruchtbringenderes zu verwenden wäre. Jede Skizze aber verlangt klare Vorstellung und Sachkenntnis. Selbst beim Skizzieren einer gegebenen Form, z. B. beim Aufnehmen eines Maschinenteils, muß der Skizzierende mit der Vorstellung tätig sein: er muß sich den Zweck der Skizze vergegenwärtigen und sich in die Lage desjenigen versetzen, der sie nachher benutzen soll.

Der Unterricht im Maschinenzeichnen vermag nur wenig zur Entwicklung der Fertigkeit im Skizzieren beizutragen, wenn nicht das Vorstellungsvermögen des Schülers vorher gründlich geübt und ausreichende Sachkenntnis bei ihm vorhanden ist. Es beweist vollständige Unkenntnis aller Grundlagen und laienhafte, durch Sachkenntnis nicht getrübte Auffassung, wenn von einigen „Übungen" erwartet wird, daß sie „nur" das „Skizzieren" lehren sollen, oder wenn von Anfängern Skizzen verlangt werden, bevor sie die erforderliche Sachkenntnis erworben haben. So wird z. B. von Architekten, Bauingenieuren, Chemikern usw. zwar keine Kenntnis des Maschinenwesens, wohl aber die Fähigkeit „zu skizzieren" verlangt. Sie mögen zu Prüfungszwecken wohl vorhandene Muster abzeichnen, aber Maschinenskizzen können sie ohne ausreichende Sachkunde selbständig nicht anfertigen. Alle Anleitung zum Skizzieren kann im wesentlichen nur Anleitung zum Verständnis der Sache sein.

Die Skizzen Bild 367, 369, 370 oder Bild 304, 305 (S. 131) sind nicht bloß schlecht gezeichnet, sondern die (aufgenommenen!) Formen sind nicht verstanden und daher unrichtig dargestellt. Wegen der fehlenden Formvorstellung sind gerade die wesentlichen Teile, das sind die unregelmäßigen Formen, weder ausreichend gezeichnet noch durch Maßzahlen bestimmt. Eine frei erdachte Skizze würde bei dem gleichen Mangel an Formvorstellung und -verständnis selbstverständlich noch erbärmlicher ausfallen. Die Gegenbilder 368, 371, 372 zeigen richtige Formskizzen mit richtigen Maßen.

Die Ausführung der Skizzen richtet sich nach dem jeweiligen Zweck.

Weitläufige Aufnahmen werden in mehrere zerlegt, eine die Hauptteile, die übrigen die Einzelheiten umfassend. Erforderlich ist: richtiges Auffassen der gegebenen Formen, Verständnis der praktischen Herstellung, des Zwecks der Aufnahme und genaue Unterscheidung des Wesentlichen vom Nebensächlichen. Aufnehmen heißt nicht abzeichnen, sondern die Formen für bestimmte Zwecke darstellen.

Aufnahmeskizzen von vorhandenen Formen z. B. werden meist zu dem Zwecke angefertigt, nachträglich eine genaue Werkzeichnung der skizzierten Form

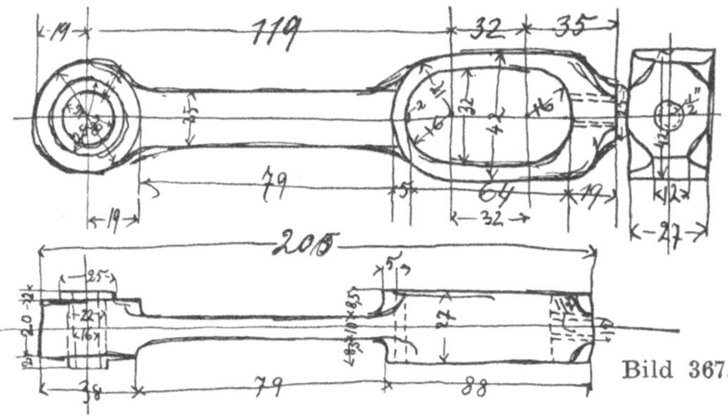

Bild 367.

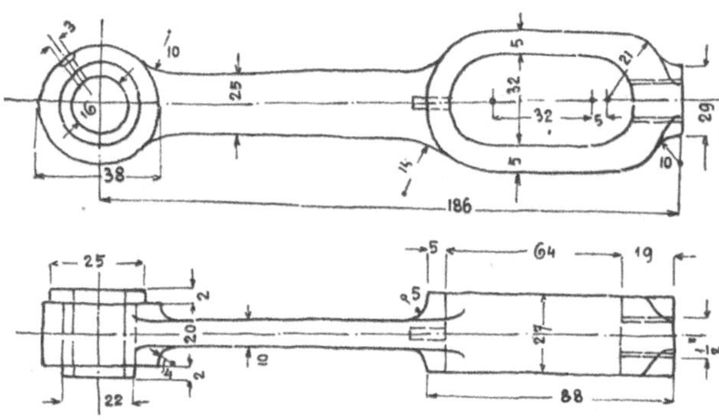

Bild 368.

Bild 367, 369 u. 370.

Unrichtige Formskizzen. Die wesentlichen, unregelmäßigen Formen sind nicht dargestellt.

Bild 368, 371 u. 372.

Richtige Gegenbilder, mit richtiger, ausreichender Formdarstellung.

aufzuzeichnen. Solche Skizzen müssen daher die Form genügend deutlich wiedergeben und alles für die Herstellung von Werkzeichnungen Erforderliche enthalten. Durchaus freihändiges Zeichnen ist hierbei nicht erforderlich. Zirkel und Lineal können für die Hauptlinien immer benutzt werden; nur Reißbrett, Schiene usw. müssen ausgeschlossen bleiben. Auch im Unterricht sind Aufnahmeskizzen so zu zeichnen, wie es in Wirklichkeit geschieht, wenn eine Maschine an Ort und Stelle aufzunehmen ist; nur was dort an Hilfsmitteln zur Verfügung steht, soll auch im Unterricht benutzt werden.

Außer den gewöhnlichen Zeicheninstrumenten sind erforderlich: ein Greifzirkel, eine Schublehre, ein Anschlagwinkel, Lineal und Maßstab; beim Aufnehmen von Maschinen-Anlagen usw. außerdem noch ein langes Meterband, Meßlatten und Lot.

Da in der Regel auf kleinem Papierformat, oft nur in Skizzenbücher skizziert werden muß, so werden die einzelnen Pro-

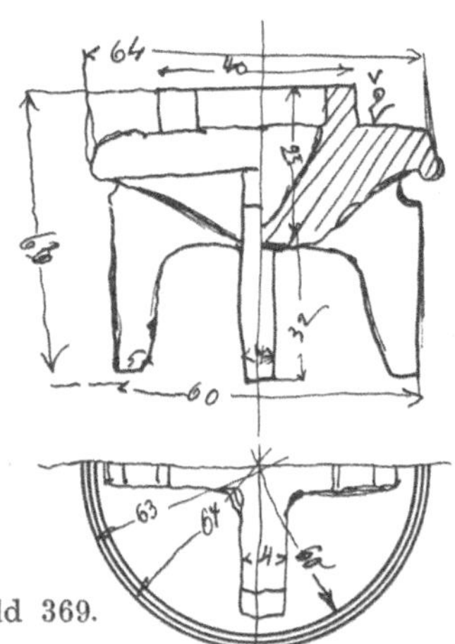

Bild 369.

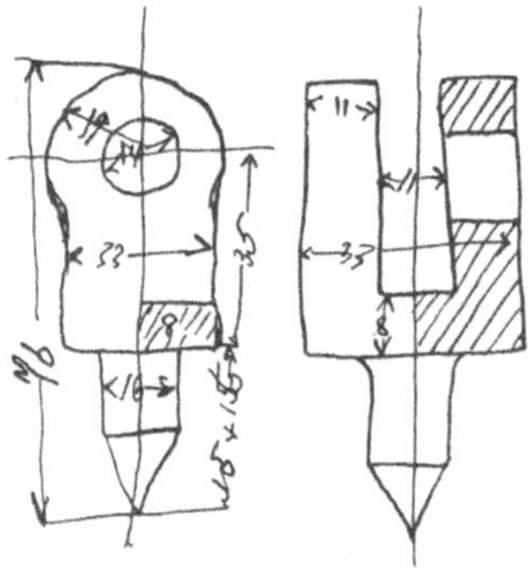

Bild 370.

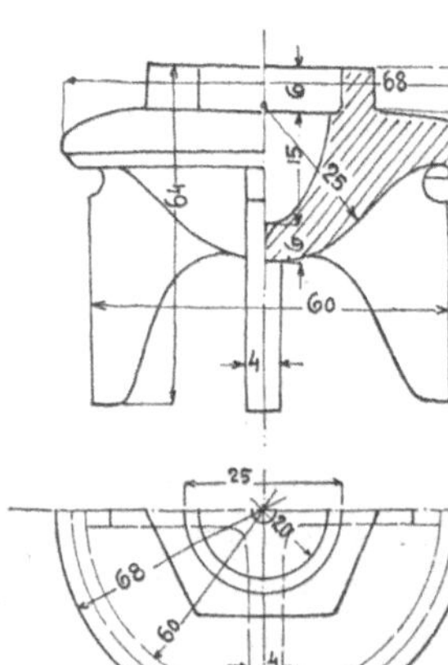

Bild 371.

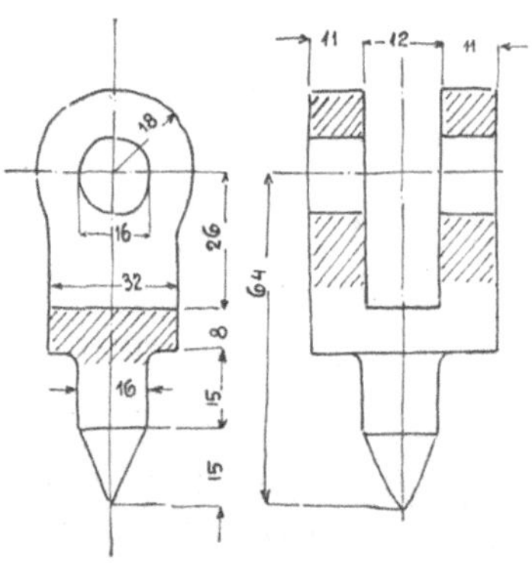

Bild 372.

jektionen auf getrennte Blätter gezeichnet und der Zusammenhang in besonderer Zusammenstellungs-Skizze dargestellt. Erst wenn die Form vollständig und richtig skizziert ist, sind die Maße am vorhandenen Maschinenteil abzumessen und in die Skizze einzuschreiben.

Es ist zweckmäßig, in die fertige Skizze die Maßlinien hineinzuzeichnen, bevor die Maße selbst am Maschinenteil abgemessen werden. Das erleichtert die Arbeit und die Übersicht; auch kommt es dabei weniger leicht vor, daß Maße von Wichtigkeit ausgelassen werden, die nachträglich nur schwierig hinzugefügt werden können.

Bei wichtigen Aufnahmen ist es unstatthaft, die Maße von einem Arbeiter abmessen zu lassen und sie nur niederzuschreiben. Vielmehr ist die persönliche, gewissenhafte Kontrolle durch den aufnehmenden Ingenieur notwendig. Sehr häufig werden aber Arbeiter zur unkontrollierten Mitwirkung herangezogen, wenn man sich nicht gern die Hände schmutzig machen will. Arbeiter sind für solche Arbeit nicht immer zuverlässig; es fehlt ihnen oft der Sinn für Genauigkeit, und noch häufiger unterlaufen Mißverständnisse über die Bedeutung der Maße.

Wichtige Maße sind doppelt zu messen, z. B. die Zylinderentfernung einer Zwillingsmaschine an den Zylinderdeckeln und an der Kurbelwelle. Die Gesamtlängen einer Maschine sind abzumessen und an der Summe der Einzelmaße zu kontrollieren. Z. B. ist eine Welle mit Absätzen usw. so aufzumessen, daß man erst die einzelnen Längen und dann die Gesamtlänge mißt und letztere an der Summe der Einzelabmessungen prüft.

Ist eine Aufnahme entfernt vom Wohnort zu machen, so ist schon an der Aufnahmestelle die maßstäblich richtige Konstruktionszeichnung nach den Aufnahmeskizzen so weit aufzuzeichnen, daß etwaige Irrtümer oder Lücken noch vor der Abreise entdeckt werden.

Nach den Skizzen ist die Werkzeichnung unabhängig vom aufgenommenen Maschinenteil aufzuzeichnen. Die Skizze muß daher die genaue und unzweifelhafte Wiedergabe der Formen in genügenden Projektionen und Schnitten und alle Maße enthalten. Teile, über deren Form kein Zweifel besteht, können flüchtig skizziert, also gerade die Hauptlinien weniger sorgfältig behandelt werden; dagegen müssen alle Übergangsformen der wirklichen Ausführung entsprechend dargestellt sein. Sorgfältig gezogene Linien, die aber die charakteristischen Übergänge vernachlässigen, machen die Skizze minderwertig, wenn nicht wertlos.

Entwurfskizzen (Bild 373) haben das Wesentliche für einen bestimmten Konstruktionszweck vorläufig darzustellen. Beim Entwurf einer Dampfmaschine z. B. ist zuerst die Berechnung der Hauptabmessungen nach den gegebenen Bedingungen aufzustellen; schon während der Berechnung sind Skizzen anzufertigen, um den Zusammenhang der berechneten einzelnen Abmessungen festzustellen; dann ist die Rechnung zu vervollständigen oder zu verändern usw., da erst aus den Skizzen der Zusammenhang beurteilt werden kann.

Die ersten maßstäblichen Entwurfskizzen haben nur Raumverteilung und Anordnung der Hauptteile festzustellen, sie brauchen daher nur das hierzu Wesentliche zu enthalten, aber keine Einzelheiten, welche für die Abhängigkeit der Maschinenteile untereinander nicht maßgebend sind, oder deren spätere Durchführung keine Schwierigkeit bietet. Z. B. braucht diese erste Skizze keine Einzelheiten von Dampfkolben, Kreuzkopf, Schubstange, Exzenter, keine Verschraubungen usw. zu enthalten, ausgenommen, wo solche wesentlich sind. Gebrauch aller Zeicheninstrumente ist zulässig, soweit dadurch Zeit erspart werden kann. Solche Skizzen müssen maßstäblich richtig angefertigt werden, sonst sind sie zwecklos und täuschen über den Zusammenhang der Konstruktionsteile, statt ihn festzustellen. Der Gebrauch von

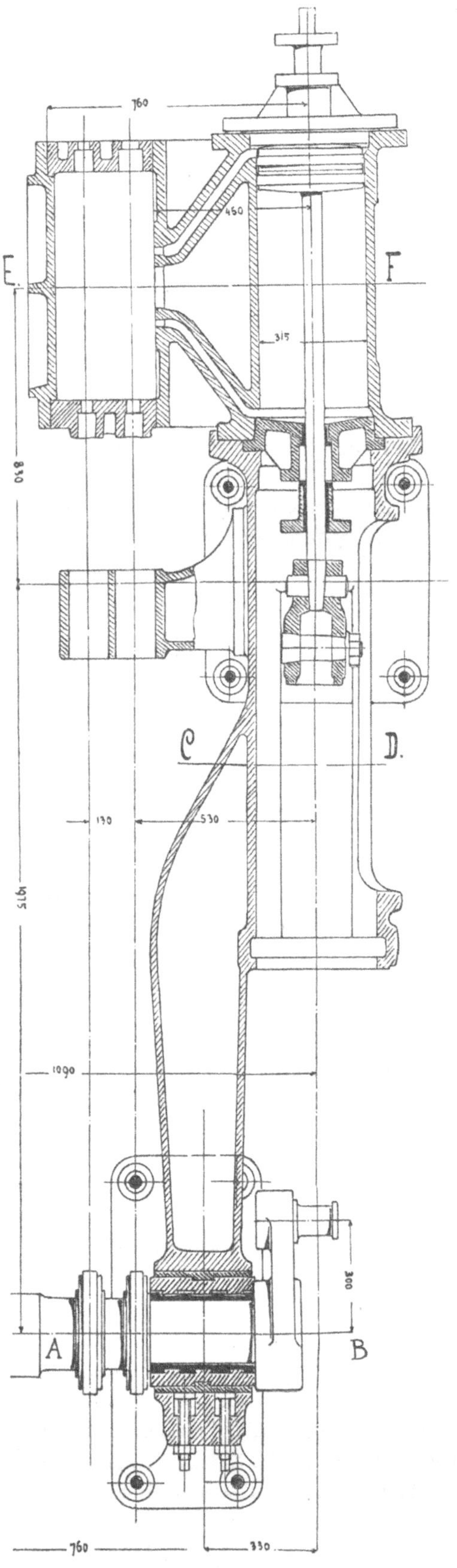

Bild 373.

Entwurfskizze in 1 : 5 (auf $^1/_4$ verkleinert), enthält nur die Teile, die den Raumbedarf bestimmen und solche Teile, die voneinander abhängig sind.

Millimeterpapier ist unzweckmäßig. Was hierbei bei Auftragung von einigen Maßen gewonnen wird, ist nicht der Rede wert.

Für die Anfertigung der Skizzen kann auch Pauspapier verwendet werden. Ist die erste Entwurfskizze aufgezeichnet, und entspricht sie den Anforderungen nicht, dann sollte nicht gebessert, sondern nach gewonnener besserer Erkenntnis eine neue Skizze angefertigt und mit der alten unverändert gebliebenen verglichen werden. Hierzu aber wird der Anfänger nur dann zu bewegen sein, wenn das Neuskizzieren wenig Zeit kostet. Mit Pauspapier wird dies ermöglicht; es wird über die erste Entwurfskizze gelegt, und nun wird freihändig alles unverändert Bleibende in wenigen Strichen durchgepaust und auf dem Pauspapier das neu Hinzukommende, Verbesserte aufgezeichnet. Auch die Anschauung und Vorstellung wird hierdurch besser geübt als durch das Wegradieren und Erneuern von Linien.

Entwurfskizzen müssen jeder Konstruktion vorangehen. Eine Maschinenkonstruktion kann nicht durch Aneinanderreihen der Einzelteile richtig ausgebildet werden. Nur Normalteile sind nicht ausführlich darzustellen; für sie wird in den Skizzen nur der erforderliche Raum freigelassen.

Beim bloßen Zusammenfügen der Einzelheiten zum Ganzen sind Fehler und Mängel unvermeidlich, die unter Umständen schließlich doch zu vollständiger Neuausbildung von Einzelheiten zwingen. Dies kann vermieden werden, wenn durch vorher entworfene Skizzen der Zusammenhang aller Teile sinngemäß festgelegt und erst dann die Einzelheiten planmäßig durchgearbeitet werden.

Der Studierende muß auch beim einfachsten Entwurf in der gleichen Weise vorgehen. Ist z. B. eine Kolbenmaschine zu entwerfen, dann wird zuerst eine Entwurfskizze hergestellt, die unter Zugrundelegung der vorher berechneten Hauptabmessungen maßstäblich in mehreren Projektionen aufgezeichnet wird. An Hand dieser Entwurfskizze soll die Anordnung, die Ventile und deren Steuerung, die Lage und der Antrieb der Steuerwelle, die Rohrführung für Brennstoff, Luft, Kühlwasser und Schmieröl, die Lagerung der Kurbelwelle, der Zylinder mit Triebwerk und Gestell, kurz der Zusammenhang aller maßgebenden Maschinenteile und *ihre Abhängigkeit* voneinander den Anforderungen der Konstruktionsaufgabe entsprechend durchdacht und aufgezeichnet werden. Für die Anfertigung dieser ersten Entwurfskizze muß dem Studierenden die Verwendung von Vorbildern gestattet werden, wobei dem Lehrer vor allem die Aufgabe zufällt, die Anwendung ungeeigneter Hilfsmittel, schlechter Vorbilder auszuschließen. Auf solchem Wege lernt der Anfänger konstruieren, d. h. die Schwierigkeiten für den besondern Zweck kennen und überwinden. Andere Wege führen zur Unselbständigkeit oder zu der Meinung, es handle sich um freie *Erfindung* von Formen.

Der Studierende sollte stets mehrere Entwurfskizzen aufzeichnen, die unter Umständen verschiedene Ausführungsformen der gestellten Aufgabe enthalten. Hieraus wird unter entsprechender kritischer Anleitung und Belehrung durch den Lehrer die für den Übungszweck geeignete Anordnung gewählt. Dann erst werden die Einzelheiten der Maschine, Zylinder, Gestell, Steuerungsteile, Regulierung, Triebwerk usw. sorgfältig durchkonstruiert und berechnet. Nur auf diese Weise kann es der Studierende in kurzer Zeit zu einer ausreichenden Übersicht über das Wesentliche und darauffolgend zu einer genügenden Konstruktionsfertigkeit bringen.

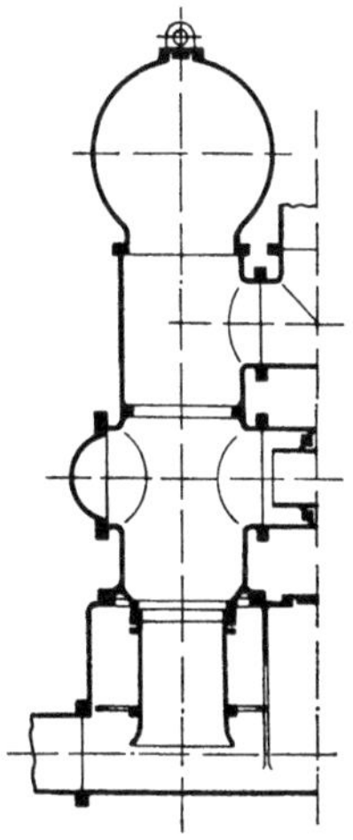

Bild 374. Keine Trennung.

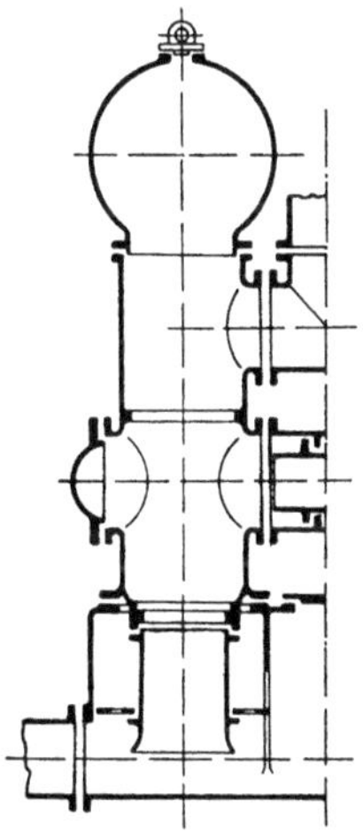

Bild 375. Zu große Trennung.

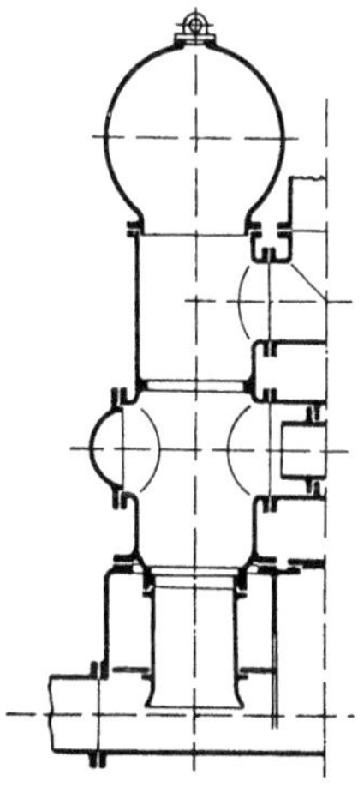

Bild 376. Richtige Trennung.

Die Anfertigung von Entwurfskizzen mit einfachsten Mitteln und geringstem Zeitaufwand wird viel zu wenig gepflegt. Diese Skizzen haben praktische Bedeutung, da die Mehrzahl der Projektzeichnungen ganz ähnlich zu behandeln ist. Für den pädagogischen Zweck handelt es sich darum, daß der Anfänger viel und rasch konstruiert, vieles nur in Berechnung und Entwurfskizze durchführt und nur einen Teil des Entworfnen gründlich in allen Einzelheiten durcharbeitet, *nachdem er sich vorher die unerläßliche gründliche Kenntnis der Maschinenteile angeeignet hat.* Ein Hindernis, die Studierendem zu besserem Skizzieren zu bringen, ist darin zu suchen, daß sie in den Druckschriften selten Skizzen finden, wohl aber

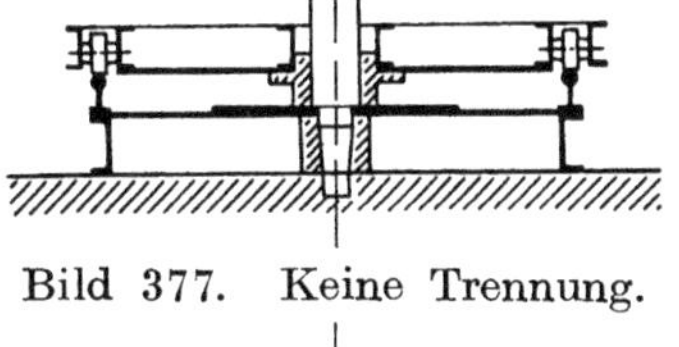

Bild 377. Keine Trennung.

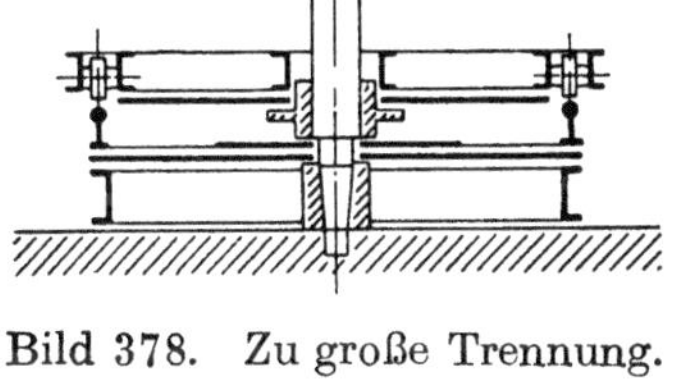

Bild 378. Zu große Trennung.

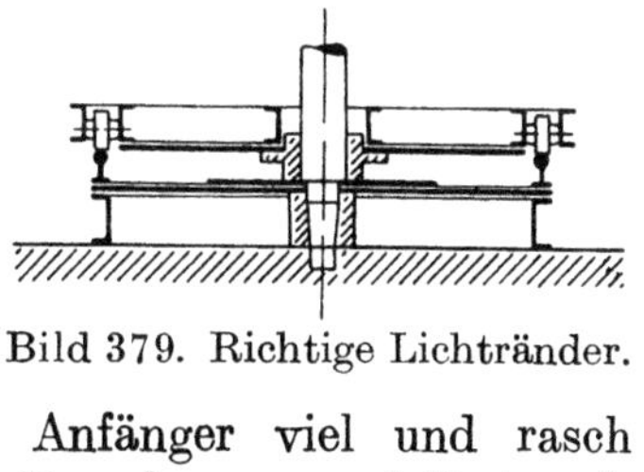

Bild 379. Richtige Lichtränder.

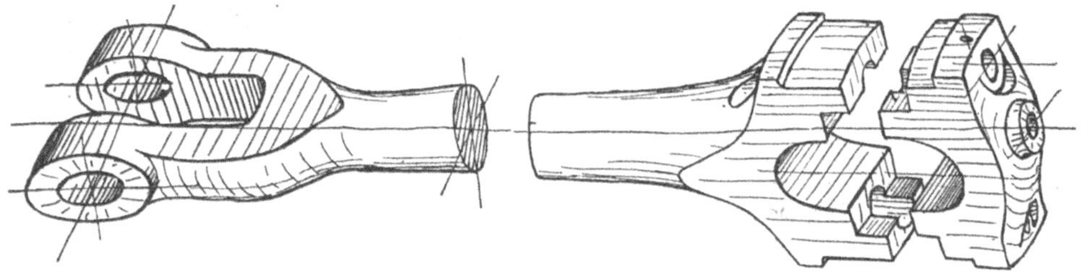

Bild 380.

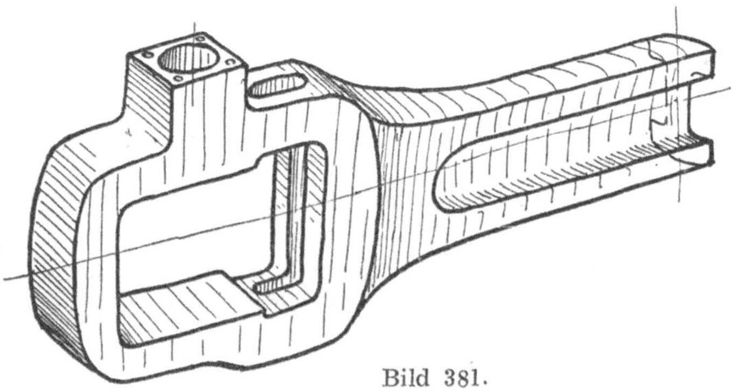

Bild 381.

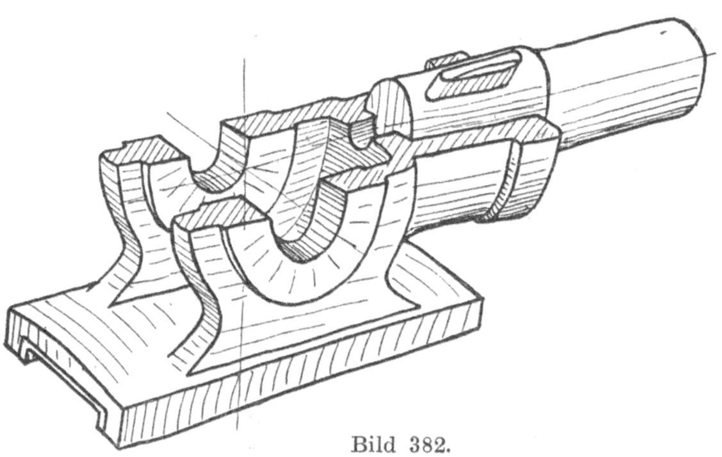

Bild 382.

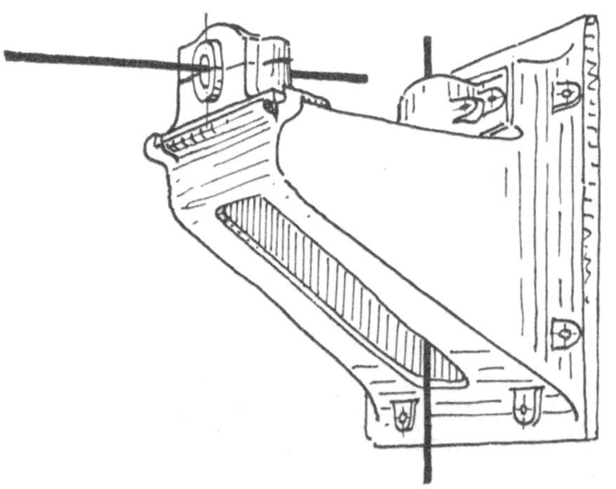

Bild 383.

viele schlechte Vorbilder. Bücher und Zeitschriften bringen mühsam gezeichnete Darstellungen, von berufsmäßigen, aber nichtsachverständigen Zeichnern stammend, selten Muster einer freieren Darstellung.

Zwischen Skizze und Zeichnung ist eine Grenze nicht zu ziehen. Jede maßstäblich und richtig gezeichnete Skizze geht durch Vervollständigung der Einzelheiten in eine Zeichnung über. Alles, was die Zeichnung kennzeichnet, die Deutlichkeit der Form, die richtige Darstellung des Zusammenhangs der Teile, muß auch die Skizze darstellen. Wesentlich ist, daß die Übergangsformen deutlich, wenn notwendig übertrieben gekennzeichnet werden, selbst in kleinem Maßstab, auch alle Abrundungen von Kanten oder Innenecken.

Wesentlich für die Deutlichkeit, auch von kleinen Skizzen, ist die ausreichende Trennung der Teile, insbesondere die Trennung der Querschnitte durch Lichtränder (s. Bild 376, 379).

Die linken Bilder 375 und 378 zeigen die Trennung der Teile zu stark, die Lichtränder zu breit. Die Bilder 374 u. 377 zeigen die Formen ohne Trennung der Teile; die Darstellung wird undeutlich, während

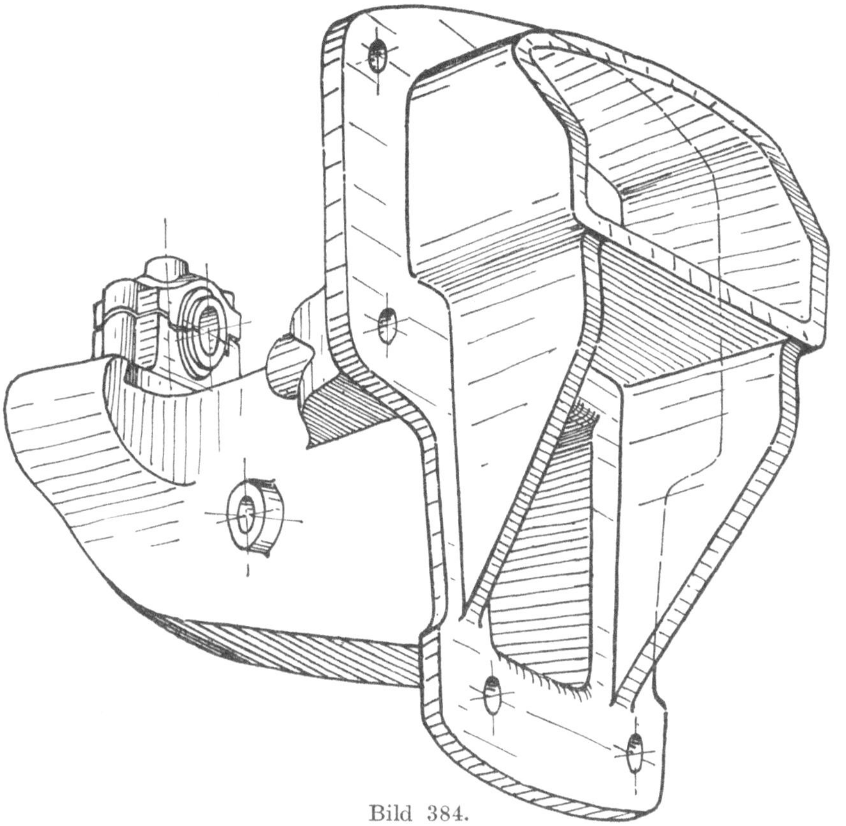

Bild 384.

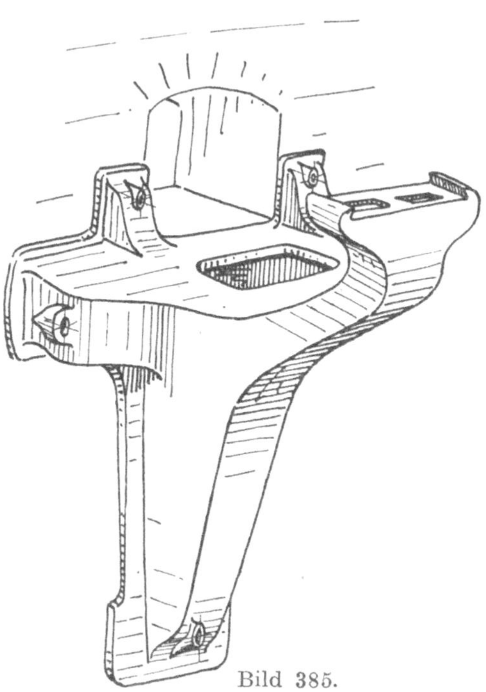

Bild 385.

durch zu starke Trennung das Bild zerrissen und dadurch undeutlich wird. Die Bilder 374 und 377 sind unklar, weil die trennenden Lichtspalten fehlen.

Skizzen zur Veranschaulichung von Maschinen und Maschinenteilen sind für die verschiedenartigsten Zwecke erforderlich; sie müssen aber stets das für den jeweiligen Zweck Wesentliche darstellen; die zeichnerische Darstellung mag dann, wenn es der Zweck erlaubt, flüchtig sein.

Zur Unterstützung der Vorstellung werden Skizzen, die sich nur auf Veranschaulichung der Formen beziehen, zweckmäßig perspektivisch freihändig dargestellt. Nichts ist besser geeignet, das Vorstellungsvermögen zu bilden. Es kann nicht genug empfohlen werden, Anfänger gerade zu solchen perspektivischen Skizzen anzuhalten; diese zwingen zu genauer Vorstellung der Formen. Nützlich ist es, solche Skizzen durch einfachste Schattierung plastisch anschaulich zu gestalten, selbstverständlich unter Verwendung einfachster Mittel.

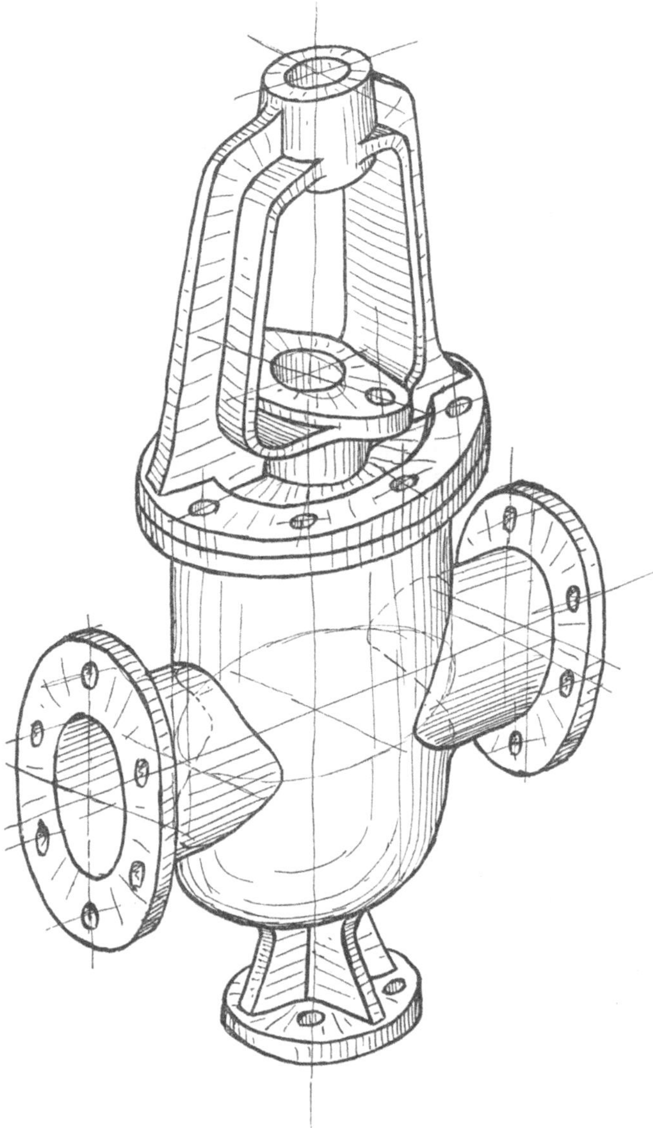

Bild 386.

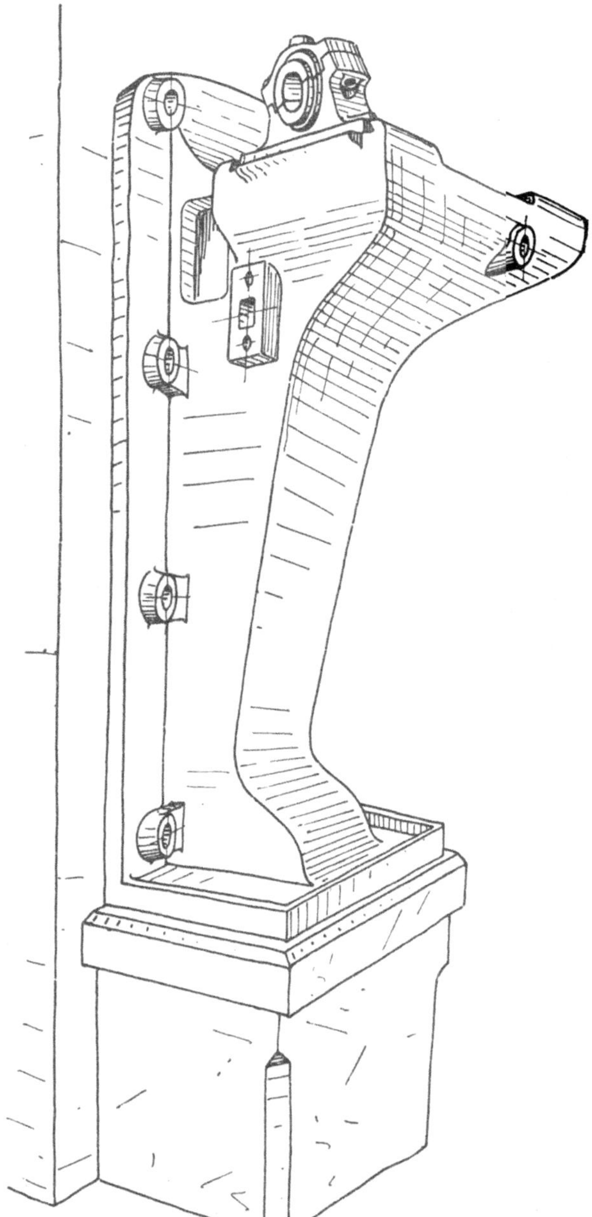

Bild 387.

In Bild 380—387 sind mehrere von Radinger ohne jede Vorzeichnung freihändig skizzierte Maschinenteile wiedergegeben. Die zahlreichen einfachen Mittel, die Anschaulichkeit durch Abtönung mit Blei oder Farbe noch zu erhöhen, lassen sich durch Zinkdruck leider nicht wiedergeben.

Ähnliche freihändig gezeichnete Skizzen werden von Prüflingen verlangt, „die den Maschinenbau nicht brauchen, aber wenigstens skizzieren sollen". Schade, daß gerade das nur der Meister leisten kann! Solche Skizzen bringt nicht die „geschickte Hand", sondern der geschickte Kopf fertig, in dem richtige, plastische Vorstellungsbilder gedeihen.

Skizzen als Werkzeichnungen.

Skizzen werden oft hergestellt zu dem Zwecke, eine zeichnerische Darstellung rasch in die Werkstätte zu bringen, um dadurch Zeit und Kosten zu sparen.

In diesem in allen Betrieben häufig vorkommenden Falle wird die Skizze zur Werkzeichnung und muß denselben Anforderungen genügen wie diese: sie muß vollständig und eindeutig sein, alle Maße, die Stückliste und alle Angaben enthalten, die zur Erledigung des Werkstättenauftrages erforderlich sind.

Die Skizze als Werkzeichnung ist sogar die Regel bei allen Aufträgen, die Normalteile betreffen oder Teile, die von diesen nur wenig abweichen, so z. B. bei Bestellung und Ausführung von Rohrleitungen, Rohrstücken, Armaturen, bei Auswärts-Bestellungen usw.

In solchen Fällen kann das Erforderliche durch einfache Skizzen und Erläuterungen ausreichend dargestellt werden. Das gleiche ist der Fall bei vielen Verschraubungen, Flanschverbindungen, Verkleidungen, Blecharbeiten und allen Konstruktionen nach Normalien.

Für solche Werkskizzen gilt alles für Werkzeichnungen Gesagte; diese Skizzen müssen daher hinsichtlich der Stücklisten und besonderen Bemerkungen ebenso vollständig sein wie Werkzeichnungen.

Zeit- und Kostenersparnis als Ziel zwingt zu Einfachheit und Klarheit in der Darstellung, zu größter Deutlichkeit mit den einfachsten Mitteln, die dem jeweiligen Zweck entsprechen. Einfach und rasch das Richtige darzustellen, ist daher die beste Konstruktionsübung.

Rasches Arbeiten wird in den Betrieben immer mehr gefordert.

Das kann nur der, dem die Sache genau bekannt ist, der Zweck und Ziel der Maschinenzeichnung oder Skizze kennt und richtig verfolgt. In vielen Betrieben wird vom Konstrukteur verlangt, daß er wesentliche Teile seiner Konstruktion an die Werkstätte zur Ausführung gibt, bevor die Werkzeichnungen fertig sind, oft bevor der Entwurf beendigt ist, so insbesondere Teile zur Modellherstellung.

Dieser Fall tritt häufig ein bei wichtigen neuen Ausführungen, die viel Zeit für Studien oder für Versuche brauchen; dann kommt der wirtschaftliche Zwang, die Ausführung auf das äußerste zu beschleunigen.

Solches Vorgehen erfordert große Sicherheit und vollständige Beherrschung der Sache, denn das einmal Hinausgegebene wird unveränderlich. Rasche Anfertigung von deutlichen Bleizeichnungen, nach denen unmittelbar Lichtpausen hergestellt werden können, ist dabei Bedingung.

Jeder Ingenieur muß befähigt sein, schon den Bleistiftentwurf übersichtlich und sauber aufzuzeichnen; an ihm läßt sich die Fähigkeit des Entwerfenden deutlich erkennen. Es beweist Mangel an Vorstellung und schlechtes Erfassen des Wesentlichen, wenn die Bleizeichnung unklar und mit überflüssigen Linien überladen ist, wenn sich der Konstrukteur auf das „Ausziehen" der Zeichnung verläßt und erst durch dieses ein Durcheinander von Linien zu entwirren ist.

Jede Bleizeichnung muß so deutlich sein wie die fertig ausgezogene Zeichnung; die Deutlichkeit verhütet Fehler, und die Bleizeichnung kann, wenn notwendig, unmittelbar für die Ausführung verwendet werden.

Wird die Herstellung von Pausen für Lichtkopien nicht vom Konstrukteur, sondern von besonderen Zeichnern besorgt, so muß diesen auch eine völlig klare Bleizeichnung vorgelegt werden.

Fehlerhaft ist es, in Bleistiftzeichnungen Abrundungen und charakteristische Übergangsformen wegzulassen und diese erst beim Ausziehen hinzuzufügen. Das geschieht meist aus Mangel an Vorstellung und Sachkenntnis. Fehlerhaft ist es, dünn und schwach, mit hartem Bleistift zu zeichnen, überflüssige Linien zu zeichnen

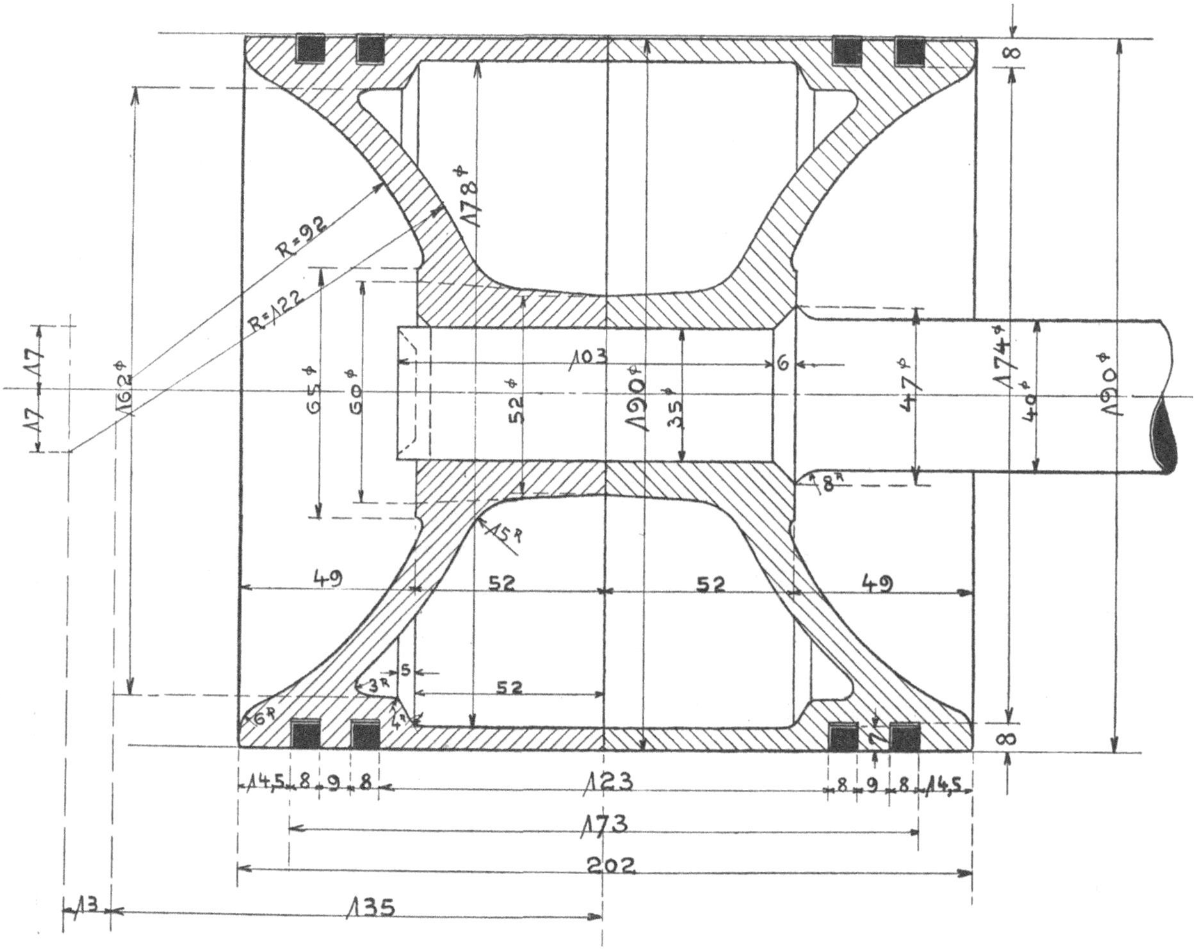

Bild 388. **Bleistiftzeichnung** eines Kolbens in Naturgröße (auf $^1/_2$ verkleinert).

oder entbehrliche Konstruktionslinien auf der Zeichnung zu belassen, mit einem Durcheinander von Linien weiter zu arbeiten, statt immer nur die Resultate der Konstruktion kräftig und klar hervorzuheben, alles übrige aber wegzulöschen.

In neuerer Zeit ist es sogar vielfach üblich geworden, Bleistiftzeichnungen unmittelbar als Werkstattzeichnungen zu verwenden. Die Zeichnungen werden auf einem dünnen weißen, durchscheinenden Papier mit dunklen, scharfen und kräftigen Bleistiftstrichen ausgeführt, so daß sie ausreichend deutliche Blaupausen ergeben. Die Herstellungskosten der Werkzeichnungen werden dadurch wesentlich herabgesetzt. Doch erfordert die Herstellung brauchbarer Bleistift-Werkzeichnungen größere Übung als die von Entwurfszeichnungen, die nachträglich in Tuschzeichnungen verwandelt werden.

Die Studierenden müssen Bleistiftzeichnungen mit größter Sauberkeit und Deutlichkeit herstellen und in ihnen schon alle Bedingungen der fertigen Maschinenzeichnung erfüllen. Die zeichnerische Fähigkeit sollte wesentlich nach Skizzen und Bleistiftzeichnungen, nicht nach bemalten Paradeblättern beurteilt werden.

Bild 388—390 sind nach Bleistiftzeichnungen hergestellt, die auf ½ verkleinert wurden. Die Originale sind mit mittelweichem Stift so deutlich gezeichnet, daß sie zur Herstellung der Zinkätzungen verwendet werden konnten. Maße und Beschreibung sind gleichfalls nur in Blei eingetragen.

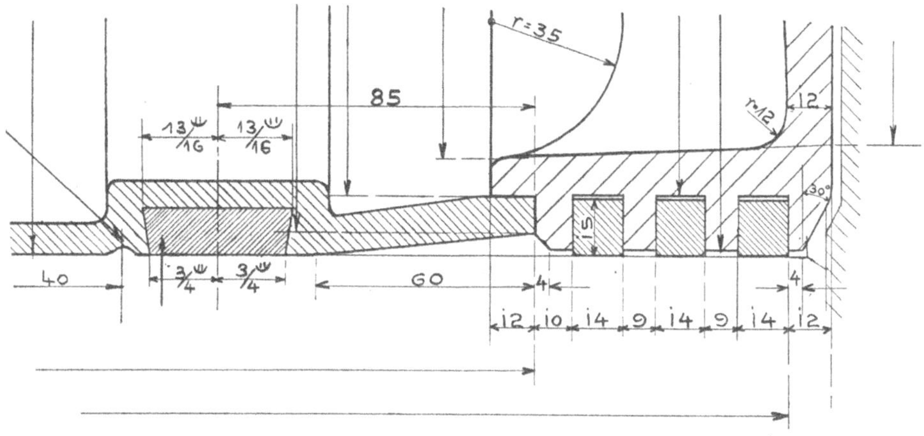

Bild 389.
Zeichnung eines Kolbens in Naturgröße (auf $^1/_2$ verkleinert).

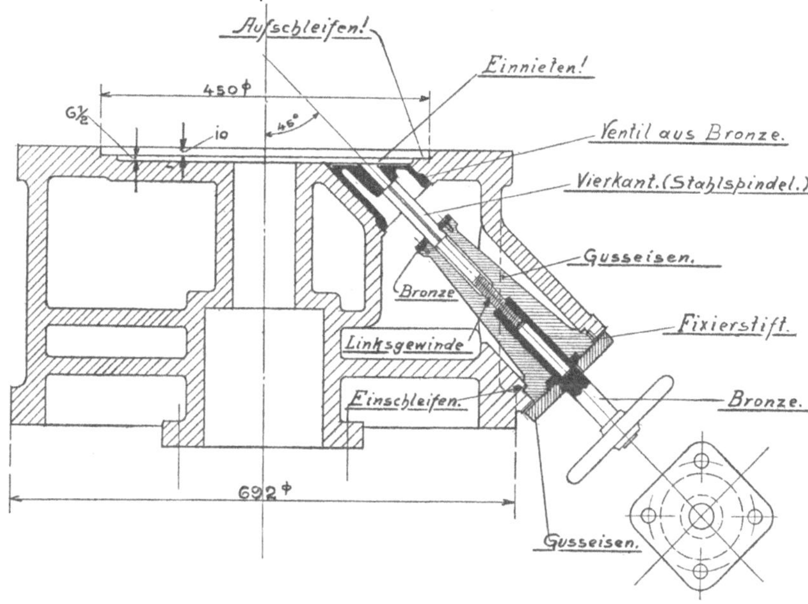

Bild 390.
Zeichnung eines Zuschaltventils in 1 : 5 (auf $^1/_2$ verkleinert).

Bild 388—390. **Bleistiftzeichnungen.**

Wenn scharf und deutlich in Blei gezeichnet und geschrieben wird, ist es nicht notwendig und auch nicht zweckmäßig, die Maße und Maßbegrenzungen in Tusche einzutragen. Bei deutlicher Bleizeichnung lassen Maße und Maßlinien auch in der Kopie an Deutlichkeit nichts zu wünschen übrig.

Das Verfahren, nur auf durchscheinendem Papier zu zeichnen und nur in Blei, aber deutlichst zu zeichnen, erspart viel Zeit und Kosten, erfordert aber Konstrukteure, die ihre Formvorstellungen im Kopfe fertig und bereit haben und nicht erst durch tastendes Probieren die richtige Formdarstellung suchen müssen; es erfordert sehr geschickte Zeichner, geschickt nicht im landläufigen Sinne der Handfertigkeit, die hierbei gar nichts nützt, sondern in dem Sinne, klar Vorgestelltes mit den einfachsten Mitteln klar auszudrücken. Das bedeutet die Betätigung einer seltenen Geistesfähigkeit!

Maschinenformen. „Formenlehre“.

Jede doktrinäre „Formenlehre“, die nicht vom Zweck und der Ausführung der Maschinen ausgeht, führt nur zu Irrtümern und schädlichen Vorbildern. Es gibt im Maschinenbau nur Zweckformen. Die Form ist nichts Willkürliches, sondern ergibt sich in Abhängigkeit von den Kraftwirkungen, der Herstellung und den Forderungen des praktischen Betriebs, also durchaus in Abhängigkeit von jeweiligen Zwecken.

Belehrung über Maschinenformen ist im Unterricht notwendig, aber nur an der Hand der Zweckforderungen. Dem Anfänger, dem die Sachkunde abgeht, müssen gute Vorbilder dienen, aber er muß angeleitet werden, sie als Zweckformen anzusehen und sich über den Zusammenhang mit den erwähnten Abhängigkeiten klar zu werden. Hieraus erwächst dann Formverständnis, aber auch nur mit der allmählich wachsenden Einsicht in Ausführung und Betrieb.

Richtiges Sehen und Erfassen der Maschinenformen in solchem Sinne muß gelehrt werden. Es ist bekannt, daß Ungeübte viele Male durch Werkstätten oder Maschinenräume gehen können, ohne etwas Wesentliches gesehen zu haben, während das geschulte Auge des Fachmanns sofort, oft mit einem Blick, die bemerkenswerten Einzelheiten in sich aufnimmt. Studienbesuch in Werkstätten und Skizzieren des Gesehenen frei aus dem Gedächtnis ist der beste Prüfstein, ob das Gesehene richtig gesehen, verstanden und behalten worden ist. Solche Vorstellungsübung muß oft und ständig geübt werden, um sich Formensinn anzueignen.

Gutes Form- und Konstruktionsgefühl ist aber auch schon für das Maschinenzeichnen erforderlich, muß daher von allem Anfang an geübt werden. Leider ist die Gelegenheit zu solcher Ausbildung viel zu selten und auch nutzlos, wenn der Anfänger nicht genügendes Vorstellungsvermögen mitbringt. Bei den Massenbesuchen in Fabriken und bei Studienreisen ist für diese wichtigen Übungen keine Gelegenheit. Wegen dieser Lücke in der Vorbildung ist es besonders schwierig, in einem Buche über Maschinenzeichnen die Formfragen im richtigen, allein maßgebenden Zusammenhange mit dem Maschinenzwecke darzustellen. Es müssen Beispiele aushelfen.

Schädliche Vorbilder entstehen durch Verhältniszahlen und Konstruktionsrezepte (Faustformeln), welche in Taschenbüchern und Kalendern, ja selbst Lehrbüchern zu finden sind.

Verhältniszahlen und Faustregeln sind deshalb besonders schädlich, weil sie den Anfänger sofort zu willkürlichen Formen hinleiten, weitab von den Forderungen, die wirklich die Form bestimmen. Sie können den Anfänger nur irreführen, statt ihm zu helfen.

Verhältniszahlen und Faustregeln sind außerdem, ebenso wie einseitige „Rechnungen“, geeignet, den Anfänger von planmäßiger Erfassung richtiger Formen abzulenken, ihn zu unselbständigem Zeichnen statt zu freiem konstruktiven Schaffen auf Grund der Zweckforderungen anzuleiten. Faustregeln, die einen kurzen, bequemen Weg zu Formen zu bieten vermeinen, berücksichtigen nicht die Hauptsache: die vielfachen Forderungen, die die Form hinsichtlich Beanspruchung, Ausführung und Betrieb zu erfüllen hat.

Solche Faustregeln und auf sie gestützte Anleitungen zu Konstruktionsformen führen auch meist zu ganz unsinnigen Formen, die oft die nächstliegenden Forderungen nicht erfüllen, geschweige die Summe aller Forderungen.

Zweckwidrige „Schulzeichnungen“ entstehen immer, wenn nicht alle Beziehungen der Form zum gewollten Zwecke und zur praktischen Ausführung berücksichtigt werden und statt dessen unwissenschaftliche Aushilfen, wie Verhältniszahlen und Konstruktionsrezepte, die Grundlage bilden. So entstehende Formen richten Schaden an, wenn sie durch Tradition oder Bücher zu Vorbildern werden, die der Anfänger gutgläubig kopiert.

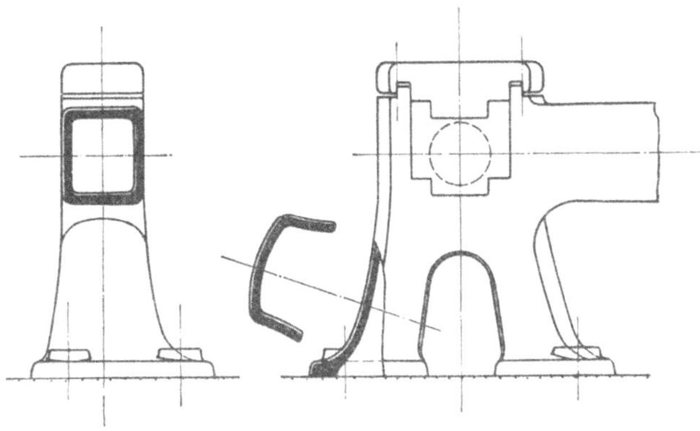

Bild 391. Unsachgemäße Lagerform. Willkürliche Formen, in Widerspruch mit der Herstellung.

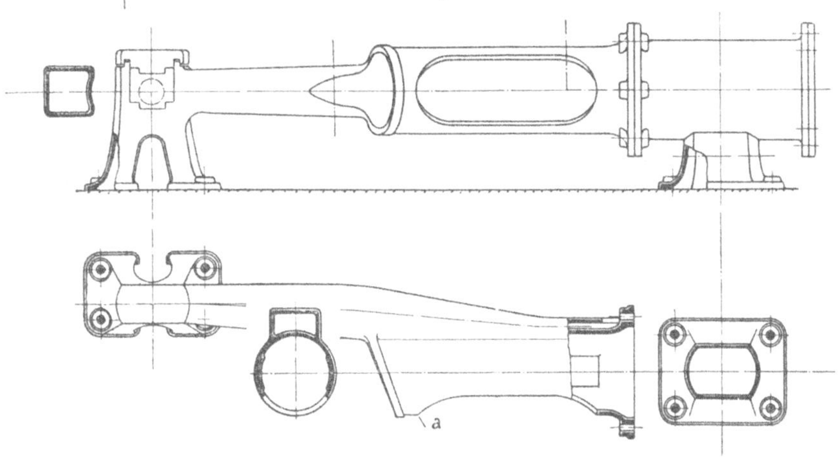

Bild 392. Unsachgemäße Rahmenform, in Widerspruch mit Zweck und Herstellung.

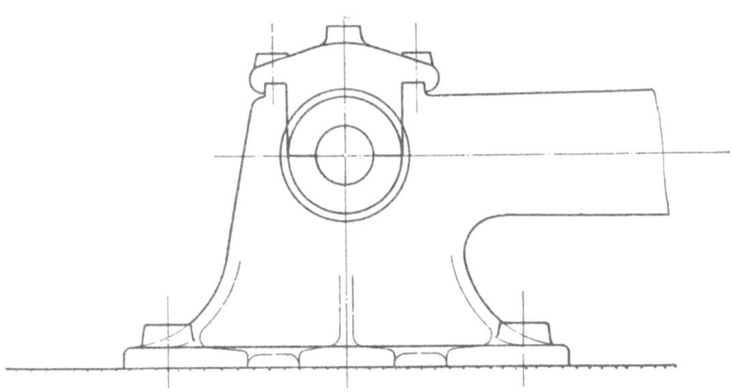

Bild 393. Richtige Lagerform, unter Erfüllung der Konstruktions- und Ausführungsbedingungen.

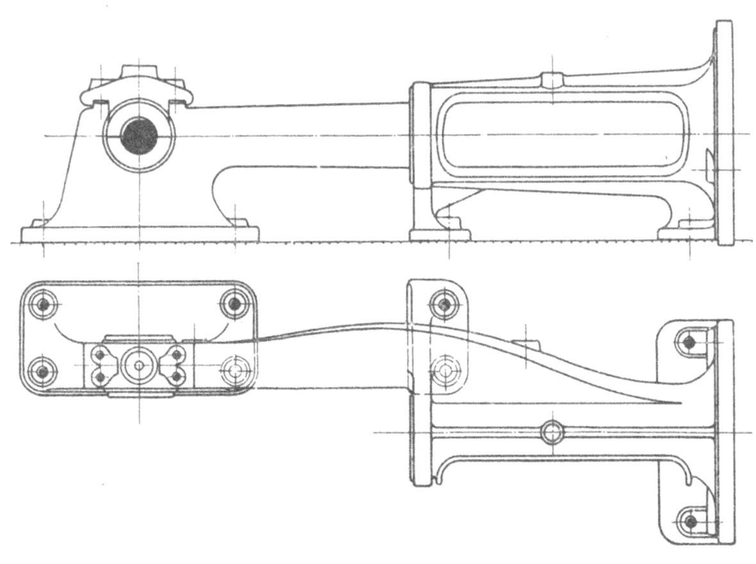

Bild 394. Richtige Rahmenform, zweckentsprechend und ausführbar.

Sehr schädlich wirken selbst gute Lehrbücher, wenn sie durch schlechte Zeichnungen illustriert sind, die der Studierende als Vorbilder für die von ihm gesuchten Formen betrachtet. Behandeln solche Lehrbücher die Elemente des Maschinenbaus, so muß gefordert werden, daß sie nur gute Darstellungen bringen. Namentlich bei Büchern, die wegen der Autorität des Verfassers eine große Verbreitung unter der studierenden Jugend finden, muß man es entschieden verurteilen, wenn für die neuesten Auflagen, trotz der hohen Ladenpreise, wahrscheinlich des Verlegers und seiner Kosten halber, die alten, zum größten Teil unrichtigen oder zum mindesten in der Konstruktion veralteten Formen alter Auflagen, die oft 30 Jahre zurückliegen, wieder verwendet werden.

Über das Sachliche belehrt nicht eine einseitige und stets falsche „Formenlehre", sie schafft nur weitere Fehler und schlechte Vorbilder.

Es werden vielfach noch Anweisungen über Konstruktionsformen gegeben, die nicht den sachlichen und Herstellungsbedingungen, sondern einer willkürlich gewählten Form oder gar einer Stillehre entspringen.

Der Anfänger wird durch solche Stillehre, und sei sie noch so gut gemeint, irregeführt, weil sie ihm die Formen nicht als sachliche Notwendigkeiten darstellt, während die Rücksichten auf Zweck, praktische Ausführung, Bearbeitungsmittel, Materialverteilung, Betrieb usw. zu bestimmten Formen zwingen. Diesen zwingenden sachlichen Forderungen gegenüber wird jede „Formen-" oder „Stillehre" hinfällig, weil sie unbrauchbar doktrinär, d. h. von vorgefaßten Meinungen abhängig ist und die Wirklichkeit nicht berücksichtigt.

Der Maschinenrahmen Bild 392 und das dazu gehörige Kurbellager Bild 391 sind nach Formanweisungen „konstruiert". Diese ganze Formenlehre zerschellt aber an den einfachsten praktischen Bedingungen:

Die Lagerfüße Bild 391 mit ihrem innen offenen Querschnitt widersprechen der praktischen Herstellbarkeit; die Auflageflächen zwischen Lagerfuß und Mauerwerk sind gegenüber den Kraftwirkungen zu klein; sie müssen so, wie in Bild 393 angedeutet, vergrößert werden. Der Hohlguß Bild 392 des flachgeschwungenen Balkens ist wegen zu dünner Kerne unausführbar. Die Verschneidungsstelle a ist zu schwach und würde wegen Gußspannungen reißen.

Die Durchbiegungen großer Rahmen machen eine Unterstützung derselben in der Mitte notwendig und die Wärmeausdehnung des Dampfzylinders eine Unterstützung des Rahmenendes statt des Zylinders (Bild 394). Eine Reihe sachlicher Bedingungen widerspricht also der doktrinären Form. —

Den sachlichen Bedingungen kann oft durch sehr verschiedene Formen genügt werden, die freilich nicht alle ein gefälliges Aussehen besitzen. Immer aber läßt sich eine gefällige Formgebung erreichen, wenn das Notwendige in der Form zum Ausdruck gebracht und alles entbehrliche Beiwerk weggelassen wird.

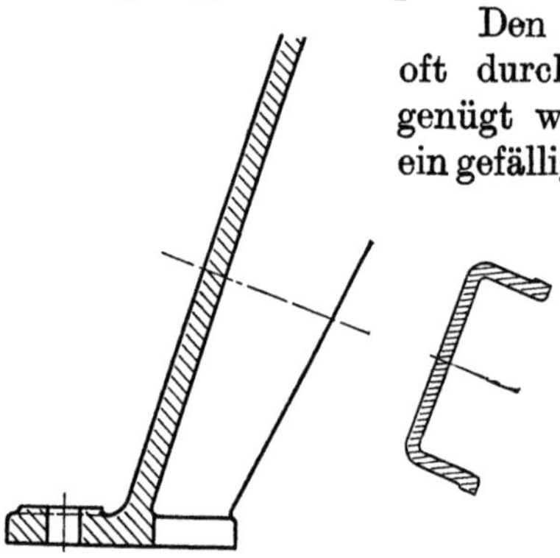

Bild 395.
Unzweckmäßige, unschöne Form.

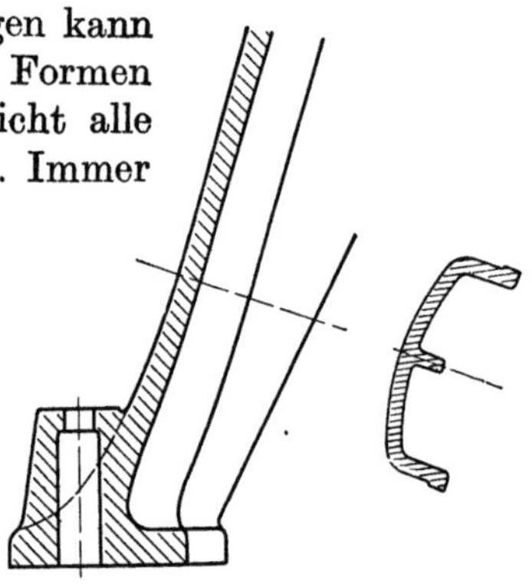

Bild 396.
Richtige, gefälligere Form.

Das in Bild 395 dargestellte Unterteil des Maschinenständers einer großen stehenden Maschine wirkt durch seine eckige Formgebung und durch die niedrige

Bodenleiste für die Befestigungsschrauben auch auf den Nichtsachkundigen als unnatürlich und häßlich. Derartige Ständer werden daher nach unten erweitert, und den Querschnitten werden abgerundete Formen gegeben (Bild 396). Zu einem hohen Ständer gehören eine verhältnismäßig hohe Bodenleiste und möglichst hohe Ansätze für die Schrauben. Dies entspricht auch der sinnlichen Vorstellung der Kraftwirkungen, mit der jede Form betrachtet werden soll. Die Formgebung des Ständers nach Bild 396 ist nicht nur gefälliger als die nach Bild 395, sondern auch besser den praktischen, den Guß- und Festigkeitsrücksichten angepaßt.

Bei den Verschraubungen von Steuerungsteilen wirkt das freistehende und daher sichtbare Gewinde außerhalb der Muttern unschön und wird deshalb meistens (Bild 397) durch einen zylindrischen Fortsatz der Schraubenmutter verdeckt. Das ist ein berechtigtes Bestreben, notwendig, um unschön aussehende Teile mit den einfachsten Mitteln zu überdecken. Aber damit deckt sich auch sofort der praktische Zweck, den Teil sauber zu halten, was nicht möglich ist, wenn das Gewinde offenbleibt.

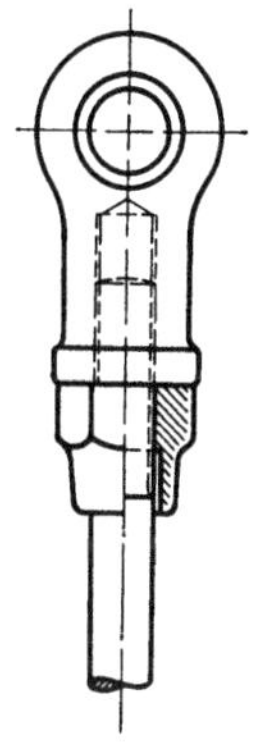
Bild 397.

Verkleidungen zum Verstecken der Konstruktionsformen sollen im allgemeinen nicht ausgeführt werden, solange es gelingt, gut aussehende Formen ohne Mehrkosten mit den praktischen Forderungen in Einklang zu bringen. Wenn aber Formen durch ihren Zweck unvermeidlich unschön ausfallen müssen, dann sollen sie offensichtlich verkleidet, nicht verschämt versteckt oder aufgeputzt werden. Die Verkleidung dient dann fast immer auch einem praktischen Zwecke.

Die Verschalungen von Dampfzylindern dienen nicht nur dem Wärmeschutz, sondern sie verdecken auch die unvermeidlichen Unregelmäßigkeiten der Formgebung (Rippen und dergl.) und die stets sehr häßlich aussehende künstlich aufgetragene Isoliermasse, mit der die Zylinder verkleidet werden müssen; sie geben daher der ganzen Maschine ein gefälligeres, ruhigeres Aussehen. Damit geht Hand in Hand, daß bei der Verwendung von Verschalungen die unter der Verschalung sitzenden Teile außer den Paßflächen unbearbeitet bleiben können. Die Rücksicht auf das gute Aussehen verfolgt daher auch den Zweck, Kosten zu sparen.

Verschalungen als absichtliche Veränderungen der äußeren Form müssen in einzelnen Fällen auch als Schutzvorrichtungen dienen, besonders um bei umlaufenden Teilen den Arbeiter vor Verletzungen zu schützen. So müssen z. B. hervorstehende Keile und sonstige Teile verschalt werden, oder es müssen derartige Teile an umlaufenden Körpern versenkt oder vermieden werden. Die Verkleidungsform ist somit nicht nur Sache des guten Aussehens, sondern auch der Betriebssicherheit. Form und Zweck gehen daher immer Hand in Hand.

In den Maschinenhallen der Kraftwerke wird gegenwärtig großer Wert auf geschmackvolle, dabei zweckentsprechende Formgebung der Maschinen gelegt und u. a. vorgeschrieben, daß Außenteile stets blank gehalten werden müssen. Der Maschinist wird dadurch zur besseren Instandhaltung seiner Maschine angeregt und diese selbst länger in betriebsbrauchbarem Zustande erhalten. Gutes Aussehen und praktischer Zweck laufen wieder denselben Weg.

Nicht bloß die Rücksicht auf das äußere Aussehen, auch die rein praktischen Rücksichten, z. B. schon die Rücksicht auf Reinhaltung und Wartung der Maschine, hat den Rippenguß aus dem Maschinenbau verdrängt zugunsten glatter Hohlgußformen, die sich leicht reinhalten lassen, während die Rippengußformen in ihren Ecken stets Staub- und Schmutzfänger sind und sich nur mühselig in sauberem Zustande erhalten lassen.

Allgemein ist über Form und damit im Zusammenhang über das Aussehen der Maschinenzeichnungen und der Skizzen zu sagen, daß die Zeichnung ihr Gepräge

Bild 398. Zweckwidrige „Stilform".

durch die richtige Wiedergabe des Wesentlichen der Konstruktionsform erhält, und zwar durch die ausdrückliche Betonung der Zweckform, nicht durch die Verbergung des Zwecks.

Die Hauptformen und Hauptteile der Maschine, insbesondere die Übergangsformen, müssen in der Zeichnung klar und deutlich hervortreten. Die Eigenart der Zeichnung und der Skizzen liegt oft nur im richtigen Ausdruck der Übergangsformen, wie die Beispiele Bild 380 bis 387 zeigen. Es ist daher außer Übung im Zeichnen erforderlich: die volle Kenntnis der darzustellenden Konstruktionsformen, gute Unterscheidung des Wesentlichen und Unwesentlichen, entwickelte Formvorstellung.

Eine sogenannte Formen- oder Stillehre für den Maschinenbau, auch wenn sie sich nur auf „frei zu wählende Formen" bezieht, aber Anfängern systematisch Formgebung lehren will, ist nur irreführend. Eine Stillehre, welche dem Maschinenbau Formen der Architektur usw. aufdrängen will, ist im Maschinenbau zweck- und sinnlos. Maßgebend sind nur die zwingenden Forderungen des Zweckes oder der Ausführung. Z. B. können Regulatorständer nicht, wie in Bild 398 dargestellt, nach vorgefaßten Absichten, sondern müssen nach Zweckerfordernissen gebaut werden, wofür Bild 399 ein Beispiel ist.

Eine von Zweck und Herstellung unabhängige Form-

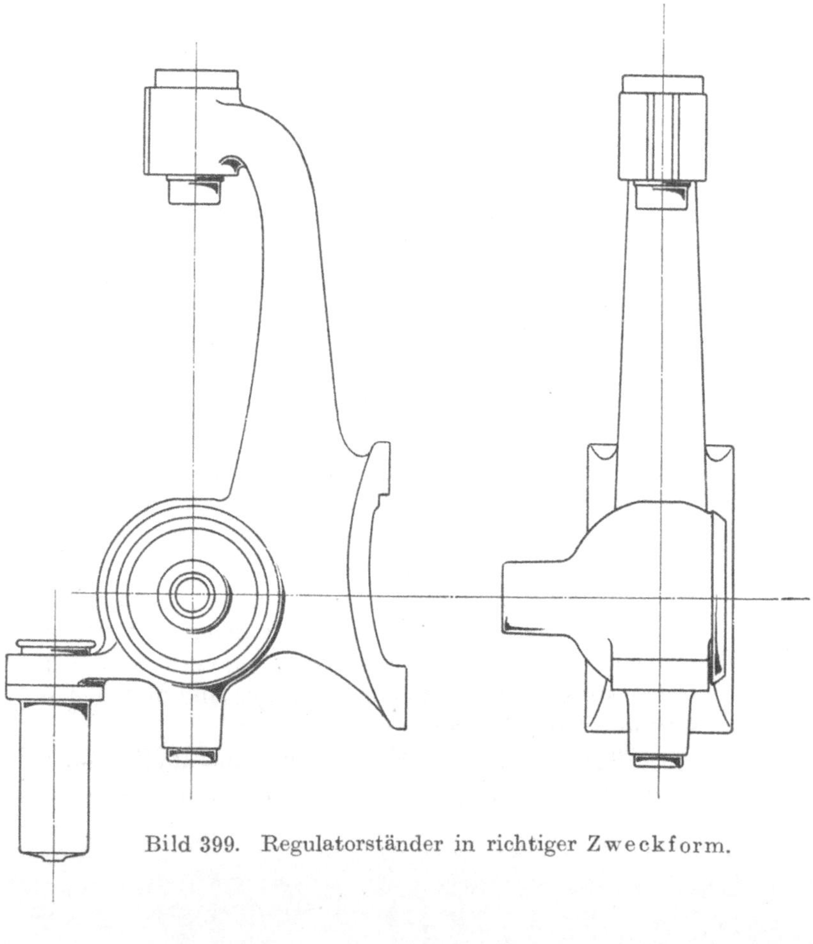

Bild 399. Regulatorständer in richtiger Zweckform.

gebung gibt es im Maschinenbau nicht. Erst wenn die Forderungen des Zwecks erfüllt sind, kann einer bestimmten Erscheinungswirkung zuliebe eine freie Formgebung hinzutreten. Höchste Zweckmäßigkeit im Werke des Konstrukteurs läßt aber nur geringe Gelegenheit zu besonderer, auf vermeintliche Schönheit bedachter Ausgestaltung. Innerhalb dieser engen Grenzen wird die Formgebung die Vereinfachung der Zweckform, nicht ihre Verzierung anstreben.

Solche Formgebung kann aber nur von dem beherrscht werden, der die Zweckform beherrscht, d. i. vom berufenen Konstrukteur, oder, wenn er allein zu solcher Formgebung nicht befähigt ist, muß sie durch verständiges, zweckbewußtes Zusammenarbeiten mit dem vorurteilslosen, nicht durch Formenlehren und Überlieferungen blind gewordenen Architekten angestrebt werden.

Zierat und Aufputz jeglicher Art ist zwecklos, daher verfehlt. Selbst der architektonische Schmuck an Bauwerken sinkt zu bloßer Dekoration herab, wenn er nicht einheitlich aus dem Bauwerk selbst hervorgeht, wie dies an dem trostlosen toten dekorativen Aufputz moderner Städte zu ersehen ist.

Aufputz an Maschinen ist völlig sinnlos, da hier alle Voraussetzungen der Ausschmückung von Bauwerken fehlen. Die Maschine ist an sich schon durch ihre Gestalt, durch ihre Bewegung so wechselvoll, daß der Beschauer, der sich an der Form einer Maschine erfreuen will, vor allem Ruhe in der umgebenden Form sucht; für Abwechslung und Bewegung sorgt schon die Maschine selbst.

Aufgabe richtiger Formgebung im Maschinenbau, wenn man dieses Streben überhaupt Maschinenbaustil nennen will, ist ausschließlich: die Zweckform rein zur Geltung zu bringen, Ruhe und Einfachheit in das Ganze und in alle Teile zu bringen, überall die einfachste Form zu suchen oder, wo es der Maschinenzweck erlaubt, unvorteilhafte Formen durch Verkleidung zu verdecken, die indes den Sinn haben muß, die Hauptteile der Zweckform besonders hervorzuheben, nicht aber die Grundformen zu ändern.

Rein praktische Nebenzwecke kommen solchem Streben meist glücklich entgegen, wie schon die erwähnten Beispiele zeigen. Die Zwecklosigkeit von Zierat an Maschinen ergibt sich auch durch den Betrieb. Die gangbare Maschine muß in Öl schwimmen, das ist ihr Lebenselement; sie muß aber aus praktischen Gründen, um ihre Lebensdauer zu vergrößern, peinlich rein gehalten werden. Das ist nur möglich, wenn sie äußerlich die einfachsten Formen besitzt, und wenn umständliche Formen mit unvermeidlichen Schmutzwinkeln absichtlich verkleidet sind.

„... Während der Architekt suchen muß, seiner Arbeit etwas Leben zu geben, ist im Gegenteil Pflicht des Maschinenkonstrukteurs, möglichst viel Ruhe und Einfachheit in das System zu bringen. Jede Kunst muß einen Zweck haben. Wer aber wird durch architektonisch schöne Formen an Maschinen erfreut? etwa der Fachgenosse? — gewiß nicht, denn dieser geht über architektonische Verzierungen im günstigsten Fall stillschweigend hinweg; oder der Laie? — auch nicht, denn diesem imponieren nur große, bewegte Massen, — oder der eigentliche Künstler? — der besucht eher alles andere als Räume, in denen Maschinen arbeiten." (v. Reiche.) Daher: größte Einfachheit der Formgebung, glatte Begrenzungsflächen, ohne jegliche Verzierungen, insbesondere ohne architektonischen Aufputz, und wo einfaches, ruhiges Aussehen durch die Konstruktion selbst nicht genügend erreichbar ist, absichtliche glatte Verkleidungen!

Zulässig ist nur der Konstruktionsstil, der aus den praktischen Betriebs-, Festigkeits- und Herstellungsrücksichten, also aus den Bedingungen der Wirklichkeit hervorgeht.

Wenn sich an einen hohen, kastenförmigen Maschinenständer eine niedrige Fußleiste und eine niedrige Arbeitsleiste für die Schraube anschließt, so wirkt dies für jeden Konstrukteur unschön, weil es dem Eindruck der Kraftwirkung widerspricht (Bild 395). Der äußere Eindruck wird mittelbar hervorgerufen durch das verletzte „Konstruktionsgefühl", das immer richtig empfindet, wenn es sich anschaulich vom Spiel der Kräfte und ihrer Wirkungen Rechenschaft gibt. Es empfindet sofort, daß die niedrige Fußleiste keinen genügenden Zusammenhang mit der Kastenwand ergibt, und daß die Fundamentschraube gefährliche Biegungsspannungen an ihren Auflagestellen hervorruft. Um die nötige Sicherheit zu erhalten, ist man dann vielleicht zum Anbringen von Rippen gezwungen, welche die Zugänglichkeit der Schrauben verschlechtern und Schmutzwinkel bilden, die das Reinhalten der Maschine erschweren, unter Umständen aber wegen Ausführungsrücksichten notwendig werden, z. B. bei Stahlguß.

Wesentlich besser ist die Ausbildung nach Bild 396, die sowohl den Festigkeits- und Gußrücksichten entspricht, als auch ein gefälliges Aussehen ergibt. Der Eindruck ist für das Auge ruhiger, Sicherheit und Standfestigkeit sind berücksichtigt. Außerdem ist das Reinhalten infolge der äußerlich glatten Form sehr einfach.

So sind weiter plötzliche Querschnittsübergänge an Konstruktionsteilen nicht nur gefährlich, sondern wirken auch immer unschön. Neuere Konstruktionen zeigen daher stets allmähliche Übergänge, glatte und abgerundete Formen. Dies ist an der Ausbildung der Rahmen von Kolbenmaschinen besonders deutlich zu erkennen, auf deren schöne Form von den Fabriken mit Recht stets großer Wert gelegt wird.

Was für die Formen der Maschine gilt, ist sinngemäß auch für das Aussehen der Maschinenzeichnungen anzuwenden: Klarheit und Ruhe der Darstellung, Übersichtlichkeit, Verwendung einfachster zeichnerischer Mittel, aber Darstellung der charakteristischen Haupt- und Übergangsformen sind die wesentlichen Erfordernisse. Überflüssige Ausstattungen haben keine Berechtigung, weder an der Maschine, noch in der Zeichnung.

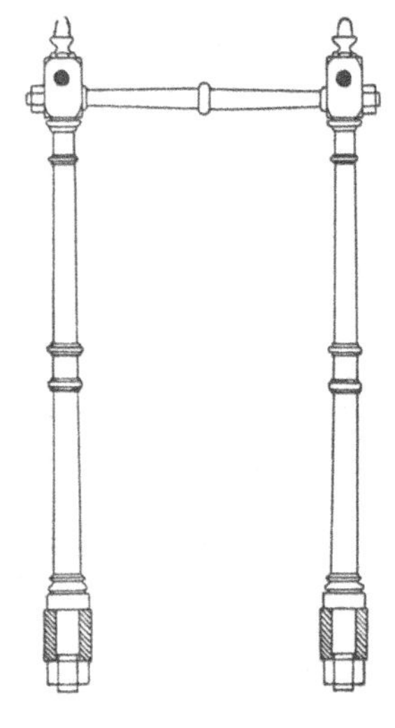

Bild 400.

Den „Kunstbestrebungen" wurde im Maschinenbau früher viel geopfert. Harmlose Nachahmung der Architekturformen, Verzierungen von Maschinenteilen waren der Anfang (Bild 400). Aber wie die alten Geschütze mit ihrem Zierat von Löwen und Drachen auch in ästhetischer Beziehung in den Schatten gestellt werden können durch das moderne Geschütz, dessen rein technische Formgebung nur auf Zweck, Festigkeit und Herstellung Rücksicht nimmt und mit der höchsten Zweckmäßigkeit doch Schönheit verbindet, so stehen auch jene Überreste aus der Kindheit des Maschinenbaus an ästhetischer Wirkung weit hinter unseren modernen Maschinen zurück, bei denen größte äußere Einfachheit durchgeführt ist.

Aus den kindlichen Nachahmungen der Architektur erwuchs großer Ernst: die „stilvolle" Maschine (Bild 401), die „dorischen", „ionischen" und „gotischen" Maschinen, — „für welche eine tiefere Kenntnis der gotischen Formen für den Konstruierenden erforderlich ist, wenn er sich vor Ungeschmack hüten will" usw. Es wurde eine theoretisch-doktrinäre „Formenlehre" ausgebildet, mit ästhetischen Betrachtungen über „Linienführung" nach Vorbildern der Baukunst und Töpferkunst, und die ästhetische Lehre wurde auf Regulatorständer, malerische gußeiserne „Flügelschubstangen" angewendet, „welche eine die Richtung des Schaftes lebhaft hervorhebende Linienbewegung schaffen und eine nahe Verwandtschaft mit der Säulen-Kannelierung und mit der vertikalen Auflösung des gotischen Pfeilers haben.." Der runde Rand des Mauerlagerstuhls wurde gepriesen, weil seine Form „mit derjenigen des bekannten runden Fensters, in der Baukunst Ochsenauge genannt, übereinstimmt, was wegen des Eintretens des Stuhls in eine Mauer kein geringer stilistischer Vorzug ist".

Solche Betrachtungen führten zu „geordneten Grundsätzen für die formschöpferische Seite des Maschinenbaus", zu systematischer, aber gänzlich irreführender Einteilung der Beziehungs-, Ansatz- und Übergangsformen, der freien Verbindungs- und Abschlußformen, verbunden mit Belehrung über die angenehme Wirkung der Sinoiden, Cardioiden und der appolonischen Parabel, „welche auch durch physiologische Eigenschaften unterstützt zu werden scheint", und schließlich zu einer Formenlehre, die mit LLL-Leit- und ABC-Anschlußkurven Maschinen zu konstruieren versuchte.

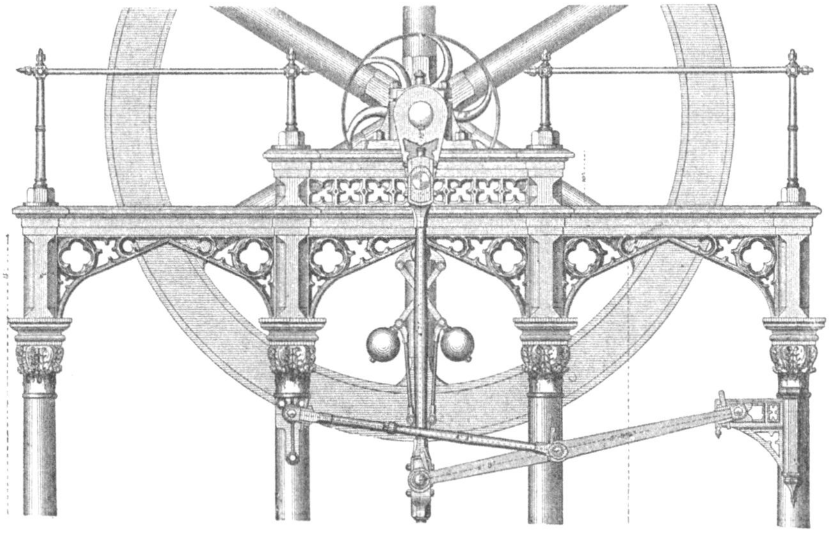

Bild 401.

Die Praxis hat dieses unfruchtbare Gebiet längst verlassen.

Reuleaux schrieb über den „Maschinenbaustil": „... Einstweilen ist es in Deutschland die Aufgabe der Schule oder sollte es wenigstens sein, auf die teilweise in dieser Hinsicht sehr verwahrloste Konstruktionsart der Praxis einzuwirken. Denn die Schule muß auf dem Standpunkt des Grundsatzes stehen und den Zusammenhang der Erscheinungen erfassen, aus welchen der einzelne Fall hervorgeht, während die Praxis massenhaft die einzelnen Fälle hervorbringt, ohne auf den allgemeinen Grundsatz Bedacht nehmen zu müssen. Die Schule muß daher auch die idealen Bestrebungen aus der Fülle der Erzeugnisse herausfinden und zusammenfassen, um sie rein und klar anzuwenden und zu lehren; sie kann letzteres bei ihrer völligen Freiheit auch sehr wohl tun, während der Praktiker seine höheren Bestrebungen immer nur zum kleinen Teil gegen die kaufmännischen Rücksichten und andere sehr natürliche Hemmnisse durchzusetzen vermag. Hat sich aber in der Maschinenpraxis das klare Bewußtsein von der Richtigkeit des Strebens nach Stilreinheit, Stilveredlung und Stilgesetzen einmal allgemeiner Bahn gebrochen, wie z. B. in der Baukunst, so wird eine lebensvolle Rückwirkung der Schule auf die Praxis auch in dieser Hinsicht nicht ausbleiben, und zwar zum Segen des Maschinenbaufaches, zu dessen geistiger Hebung auch nur weniges beizutragen eine schöne und würdige Aufgabe bleibt."

Der Ingenieur liest dies wie ein Märchen aus längst verflossener Zeit. Alles hat sich gewaltig geändert; der Maschinenbau ist die Wege gegangen, die er gehen mußte. Nicht die Baukunst, „unsere naturgemäße Lehrerin", leitet uns, sondern die Natur mit ihren unabänderlichen Grundsätzen ist uns Lehrerin und Meisterin. Sie ist im eigenen Haushalt äußerst sparsam und lehrt das Notwendige und Einfache.

Äußere Form der Zeichnungen, schriftlicher und graphischer Darstellungen.

Es dürfte angebracht sein, den Betrachtungen über Maschinenformen einiges über die äußere Form zeichnerischer und schriftlicher Arbeiten hinzuzufügen. Diese ist immer von Wichtigkeit, auch bei Arbeiten für den eigenen Gebrauch; die Bedeutung der äußeren Form wird aber oft verkannt.

Gefälliges Aussehen aller zeichnerischen, graphischen und schriftlichen Arbeiten, das meist nichts kostet als etwas Aufmerksamkeit, Überlegung und einige Übung, muß verlangt werden. Ordnung und gefällige Form sind keine bloßen Schulsachen, sondern Forderungen des praktischen Lebens. Die Schule sollte Anregung und anschauliche Vorbilder in allen Lehrfächern bieten; mit einem besonderen Zeichen- und Schönschreibunterricht allein ist es nicht getan.

Bild 402.

Am mangelhaftesten ist meist die Schrift. Dies wirkt auch schädlich auf das Aussehen und die Deutlichkeit sonst brauchbarer Zeichnungen, da Zeichnungen einer genügenden Beschreibung bedürfen. So sind denn auch alle Zeichner zu Schriften übergegangen, die mit Schablonen mechanisch geschrieben werden. Die für technische Zeichnungen geeignete Rundschrift wird in der Schule nicht gepflegt, und so wird in bezug auf Schrift arg gestümpert. Nebenstehend (Bild 402) einige Proben von „eigenhändigen" Aufschriften, welche aber in der Verkleinerung das „Naive" der Originale nicht völlig wiedergeben. Und hierbei sind kalligraphische Anstrengungen gemacht! Wo diese fehlen, wie z. B. bei Rechnungen, da wird es noch schlimmer, wie Bild 403 zeigt. Von flüchtigen Aufzeichnungen ist besser ganz zu schweigen. Früher wurde die Schrift nicht so vernachlässigt; erst die Neuzeit kann sich solches fortschreitenden Niedergangs rühmen. Selbst bei Übung in der Handfertigkeit fehlt es an Gefühl für Anordnung und Übersicht, Schriftgröße, an Verständnis für Deutlichkeit und gutes Aussehen von Zeichnung und Schrift. Letztere ist gewöhnlich zu plump oder zu klein, nicht dem Maßstabe der Zeichnung angemessen usw. Für alles, was sich nicht in Regeln fassen läßt, was Sache der Überlegung und des „Gefühls" ist, fehlt Übung und sogar jeder Sinn.

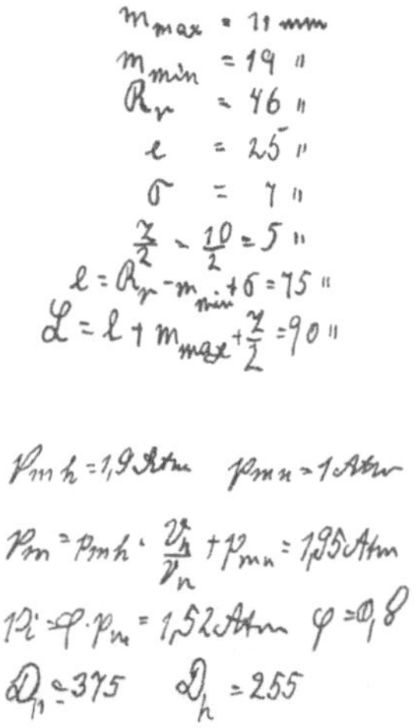

Bild 403.

Hiermit hängt auch zusammen der Niedergang des Ordnungssinnes. Es fehlt z. B. das Bewußtsein, daß die Zeichnungen, die Berechnungen Urkunden sind, die während der Benutzung wie auch nachher die größte Wichtigkeit besitzen und daher mit der größten Sorgfalt zu behandeln sind. Das ist nicht nur eine Angelegenheit der Form, sondern sachliches Erfordernis.

Unzweifelhafte Klarheit und gefällige Form sind auch erforderlich bei Berechnungen und Erläuterungen. Von diesen muß, so wie von der Zeichnung und allen Zusätzen zur Zeichnung, Richtigkeit, Vollständigkeit, Klarheit und Übersichtlichkeit gefordert werden.

Berechnungen müssen auf das übersichtlichste angeordnet werden, unter steter Bezugnahme auf die Konstruktion durch Einfügung von Skizzen (Bild 404). Letztere erleichtern die Übersicht und das Aufsuchen bestimmter

Teile der Berechnung, weil die anschauliche Skizze rascher gefunden werden kann als die unübersichtlichen Zahlen.

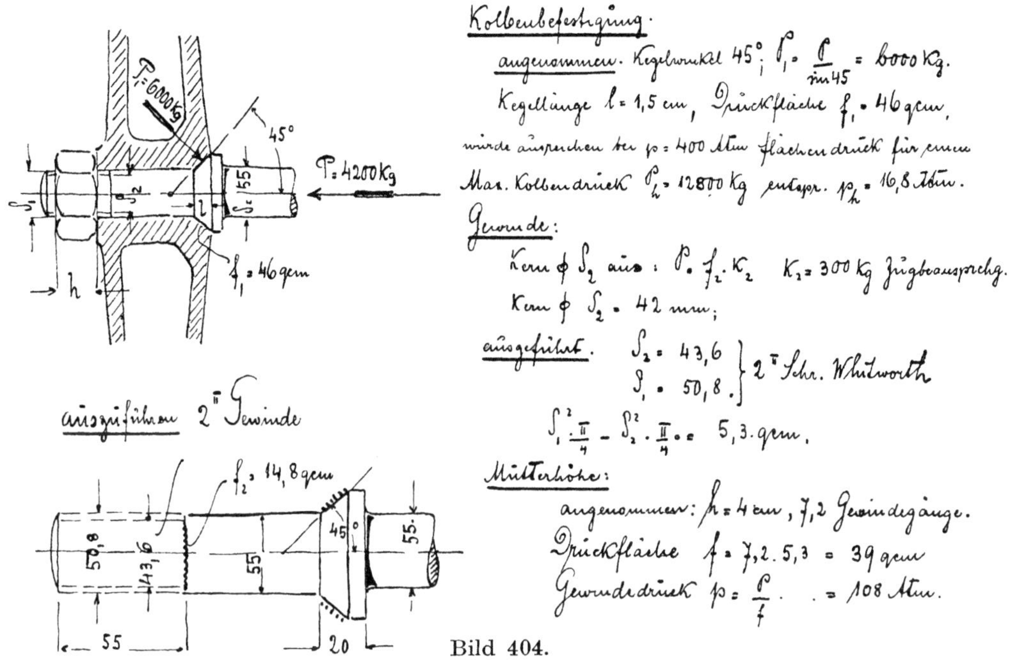

Bild 404.

Die Berechnungen dürfen nur die Rechnungsgrundlagen, die Rechnungsansätze und die Ergebnisse enthalten, nicht aber die Hilfsrechnungen. Nachdrücklich muß die Verwendung von Rechenschiebern empfohlen werden, als Mittel, Zeit zu sparen und die Berechnungen von überflüssigen Zahlen frei zu halten.

Berechnungen werden zweckmäßig auf losen Blättern ausgeführt, um bei Abänderungen fehlerhafte Blätter durch die richtigen zu ersetzen; das Ganze ist samt den Skizzen erst zum Schluß zu heften. Diagramme, Skizzen usw. sind im Format der Rechnung anzufertigen; sie sind wesentliche Bestandteile der Rechnung und ihr beizulegen. Das vollständige Heft, enthaltend alle Berechnungen und Skizzen, welche zum endgültigen Entwurf geführt haben, muß als gleichwertig mit den Zeichnungen dem Archiv einverleibt werden.

Es ist merkwürdig, daß letzteres in vielen Fabriken nicht geschieht; nur die Zeichnungen werden aufbewahrt, nicht die Rechnungen, obwohl stets auf den Ausgangspunkt der Konstruktionen, auf die Rechnung und die Rechnungsgrundlagen, zurückgegriffen werden muß. Sollen dann einmal nach Jahren die Rechnungseinzelheiten und die Grundlagen einer ausgeführten Konstruktion untersucht werden, so ist oft weder die Rechnung noch der Konstrukteur mit seinen Heften mehr da. So sehr sich die Technik vor Bureaukratismus zu hüten hat, hier wäre strengste Ordnung notwendig.

Durch Nachlässigkeiten in den Aufzeichnungen und Berechnungen, welche zur Beurteilung jeder Konstruktion gehören, ist schon viel Schaden angerichtet worden. In der gegenwärtigen Entwicklung des Maschinenbaus spielen die Berechnungen und die ihnen zugrunde liegenden Voraussetzungen eine immer größere Rolle; denn je höher der Konstrukteur und seine Konstruktionen stehen, desto mehr werden die Konstruktionsformen bis in alle Einzelheiten auf das sorgfältigste berechnet sein.

Die Übersicht über das Berechnete wird insbesondere dadurch erleichtert, daß selbst in die Konstruktionszeichnungen, viel mehr als bisher, die Rechnungsresultate eingetragen werden, z. B. alle wesentlichen Materialbeanspruchungen usw., so daß die Rechnungsannahmen sich sofort übersichtlich aus der Zeichnung selbst ergeben und geprüft werden können. Nach allen diesen Richtungen hin ist außerordentlich viel zu bessern. Bisher ist das Schriftliche und Rechnerische, das doch unerläßlich zur Konstruktion gehört, sehr vernachlässigt worden.

Graphische Berechnungen und Darstellungen.

Bei Berechnungen aller Art werden die Formfragen zu Sachfragen, da ohne strenge Einhaltung einer bestimmten Form der Inhalt der Rechnung nicht klar zum Ausdruck kommt und Irrtümer entstehen können.

Insbesondere gilt dies für die graphische Rechnung, d. i. die zeichnerische Darstellung eines bestimmten Rechnungsvorganges, der für alle Rechnungen auf bestimmten Rechnungsannahmen beruht und bestimmte Rechnungsergebnisse liefert.

Jede Rechnung, insbesondere jede zeichnerische Rechnungsdarstellung, muß klar und auf den ersten Blick erkennen lassen: die Rechnungsgrundlagen, den Rechnungsgang und die Rechnungsergebnisse.

Über zeichnerische Darstellung von Rechnungen sowie über zeichnerische Veranschaulichung eines wissenschaftlichen Zusammenhangs ist folgendes hervorzuheben:

Die technischen Methoden finden immer größere Anwendung, auch außerhalb technischer Kreise; in neuerer Zeit selbst unter den Gelehrten, die bisher nur analytischen Methoden huldigten und jetzt die Einführung technischer Methoden, die dem Ingenieur seit mehr als vier Jahrzehnten geläufig sind, als etwas Neues betrachten, so in der Statistik, bei der Darstellung physiologischer und psychologischer Vorgänge, wie naturwissenschaftlichen Zusammenhanges überhaupt. Kennzeichen dieser Methoden sind Einfachheit und Übersichtlichkeit, insbesondere die Verwendung des für den jeweiligen Zweck einfachsten Darstellungsmittels, der zeichnerischen Darstellung anstelle der analytischen, der Kurven statt der Zahlen.

Graphische Berechnungen sind ein unerläßliches Mittel übersichtlicher Rechnung; nur darf aus ihrer Anwendung kein starres Prinzip gemacht werden. Fehlerhaft ist es, sie da anzuwenden, wo sie keine Vereinfachung oder Übersicht ergeben; etwa die Biegungsmomente einfacher Maschinenteile am Reißbrett mit Zirkel und Lineal, mit Hilfe von Seil- und Kräftepolygonen auszurechnen, während sie analytisch sofort hingeschrieben werden können. Leider sind solche Übertreibungen bei der Berechnung von Maschinenelementen üblich.

Richtig und frei von Übertreibung verwendet, sind graphische Berechnungen sowie zeichnerische Darstellungen eines wissenschaftlichen Zusammenhangs wegen ihrer Anschaulichkeit und Übersichtlichkeit für verwickelte Fälle unentbehrlich. Bei Berechnung von Dampf- und anderen Wärmekraftmaschinen besagt ein Diagramm mehr, als auf vielen Seiten analytisch ausgedrückt werden kann; abgesehen davon, daß in der graphischen Rechnung auch in den verwickeltsten Fällen die volle Übersicht erhalten wird.

Kenntnis und Beherrschung der graphischen Darstellungen ist daher für jeden Ingenieur unerläßlich. Hier kommt ihre zeichnerische Durchführung in Betracht. Die graphische Berechnung muß vor allem deutlich enthalten:

die Rechnungsgrundlagen und Rechnungsannahmen. Diese sind auffällig hervorzuheben und durch Beschreibung zu erläutern.

Die Zwischenrechnungen, wenn sie selbstverständlich oder nebensächlich sind, werden nicht dargestellt. Nur ausnahmsweise ist die zeichnerische Darstellung der Zwischenrechnung als Hilfskonstruktion aufzufassen, dann aber nicht völlig durchzuführen, sondern nur für einige wesentliche Stellen anzugeben; es sind so viel Hilfslinien zu zeichnen, daß der Gang der Rechnung gekennzeichnet ist.

Das Rechnungsergebnis ist das Wesentliche der Darstellung, daher deutlich hervorzuheben und durch übersichtliche Beschreibung zu erläutern.

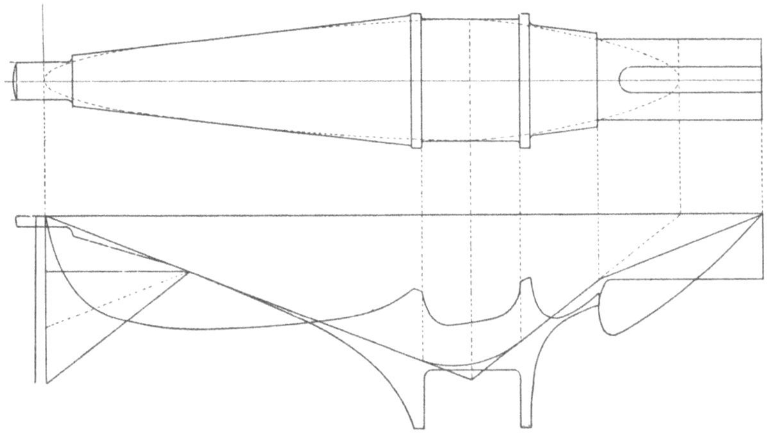

Bild 405. Unverständliche Berechnung, ohne Beschreibung.

Dementsprechend sind die Rechnungsangaben und Rechnungsergebnisse in vollen schwarzen Linien zu zeichnen, und zwar in scharfen dünnen Linien, weil es sich auch um Genauigkeit der dargestellten graphischen Rechnung handelt, nicht um das bloße Bild, wie bei den Konstruktionsformen. Zwischenrechnungen hingegen werden gestrichelt oder schwach gezeichnet. Sind Teile der Zwischenrechnung auffällig hervorzuheben, dann werden die betreffenden Linien strichpunktiert dargestellt.

Zu jeder graphischen Darstellung gehört eine ausreichende Beschreibung. Wie eine analytische Rechnung unstatthaft wäre, welche nur algebraische Formeln

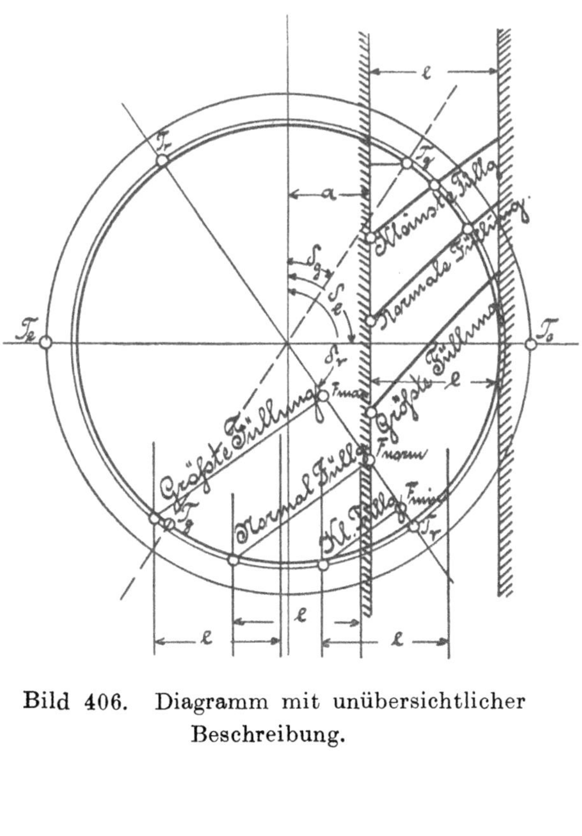

Bild 406. Diagramm mit unübersichtlicher Beschreibung.

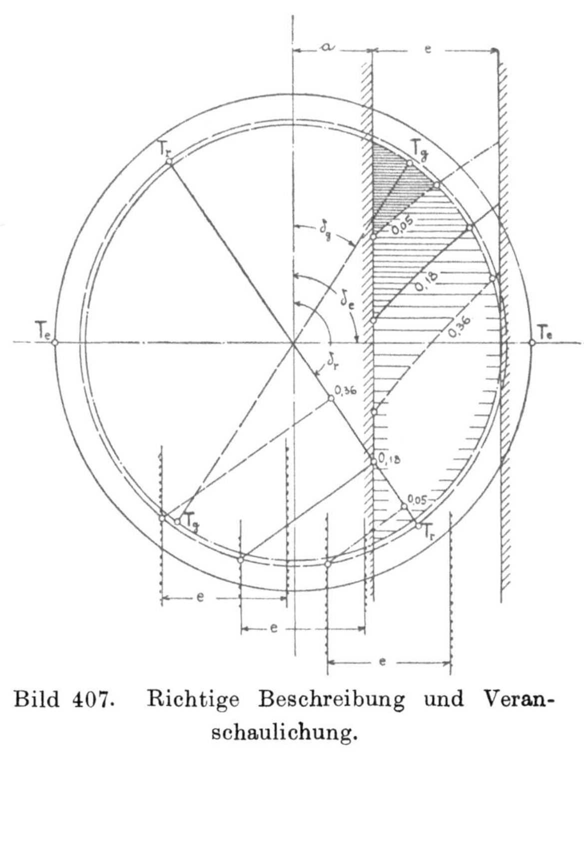

Bild 407. Richtige Beschreibung und Veranschaulichung.

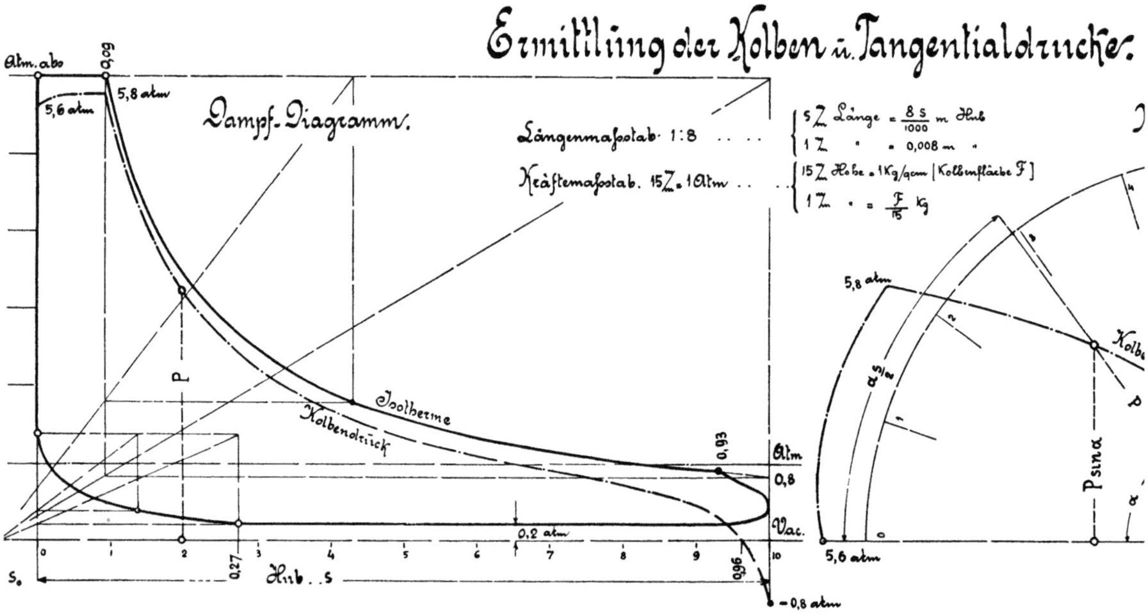

Bild 408. Dampf- und Kolbendruckdiagramm (auf $^1/_2$ verkleinert).

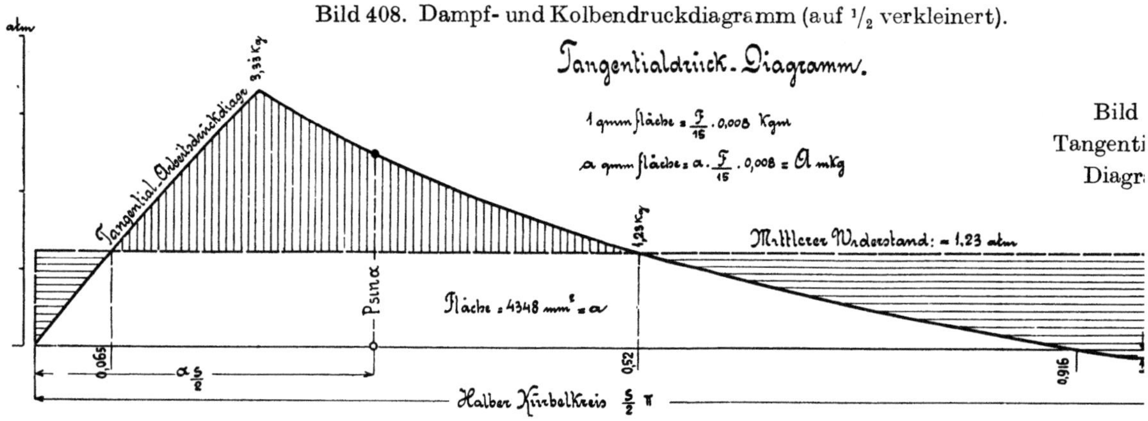

Bild
Tangenti
Diagr

oder Zahlen ohne jegliche Erklärung dessen, was sie bedeuten, enthält, so ist es unzulässig, nur Kurven aufzuzeichnen, ohne durch vollständige Beschreibung anzugeben, was sie bedeuten, und wie sie zu werten sind. Nicht nur Anfänger, sondern leider auch Ingenieure meinen, es sei ausreichend, wenn sie eine Rechnung in einer für sie verständlichen Weise durchgeführt haben, und begnügen sich mit der Zeichnung der nackten Kurven, aus denen ein anderer zum mindesten nicht mit der erforderlichen Raschheit die Rechnung in allen Einzelheiten erkennen kann. Eine klare, übersichtliche Beschreibung muß dem Verständnis zu Hilfe kommen.

Unzulässig ist es, solche Beschreibung in Form einer Tabelle mit Leit-Buchstaben neben die Diagramme zu setzen (Bild 411—413); hierdurch wird die Übersichtlichkeit der graphischen Darstellung geschädigt. Die Beschreibung muß, solange die Deutlichkeit dabei nicht gestört wird, in die graphische Darstellung eingefügt werden (Bild 408 u. 409).

Unzulässig sind graphische Darstellungen ohne jede oder ohne ausreichende Beschreibung (Bild 405, 410), wie sie auf Schulzeichnungen zu finden sind.

Der Sachkundige kann wohl vermuten, was die Kurven in Bild 410 bedeuten sollen, aber ein Verständnis ist auch ihm unmöglich. Eine bessere Darstellung zeigt Bild 406; in ihr ist wenigstens der Zusammenhang des Dargestellten geklärt, aber die verwendete Schrift stört das Wesentliche des Diagramms und macht dieses selbst undeutlich. Richtige Verteilung von Diagrammlinien und Schrift zeigt Bild 407. Es müssen die Kurven selbst ausreichend durch die Zeichnung unterschieden und außerdem die nötigen schriftlichen Erläuterungen über und neben die Kurven eingeschrieben werden. Richtige Darstellung und Beschreibung zeigen auch die Bilder 408 und 409.

In Entwurfsdiagramme, die der vorläufigen Berechnung von Maschinen zugrunde liegen, müssen auch diejenigen Konstruktionslinien eingetragen werden, welche die Rechnungsannahmen klar kennzeichnen, und zwar müssen diese Rechnungsannahmen schriftlich hervorgehoben werden, wie die Diagramme 414 und 415 zeigen, in denen diese Grundlagen: schädlicher Raum, Füllung, Annahmen für die Überströmungsverhältnisse, Enddruck usw. eingetragen sind.

Andere Beispiele zeigen Bild 416 und 417: Diagramme für eine Ventilsteuerung, die durch eine Kurvenbahn betätigt wird. Hier kommt es wesentlich auf die Beschleunigungsverhältnisse zwischen Antrieb und Ventil an. Diese Verhältnisse der Massenbewegung und die ihr zugrunde liegenden Geschwindigkeitsänderungen müssen daher im Diagramm deutlich gekenn-

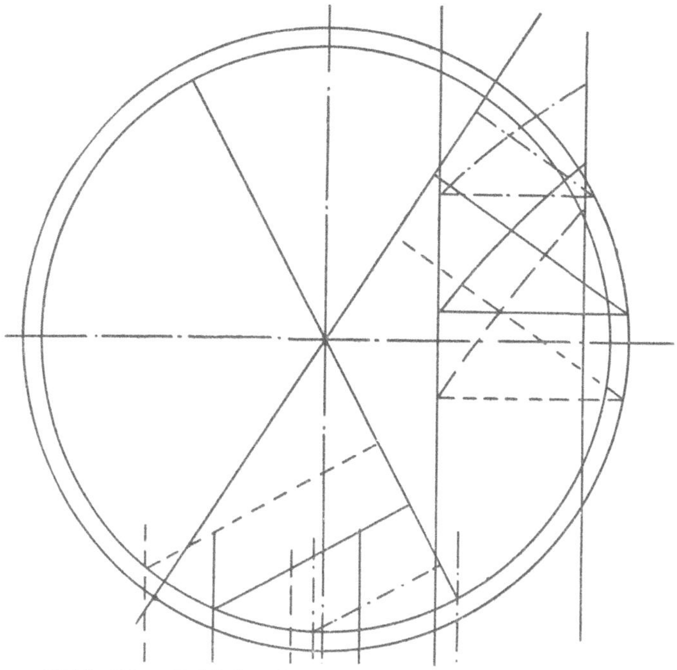

Bild 410. Schieberdiagramm ohne Beschreibung unverständlich.

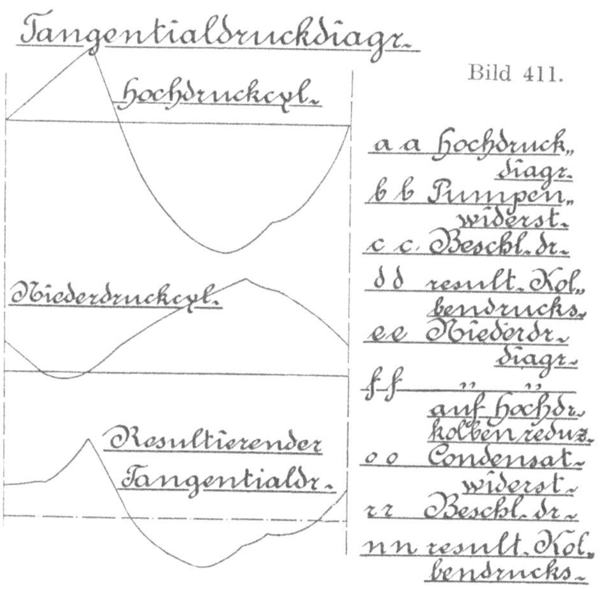

Bild 411.

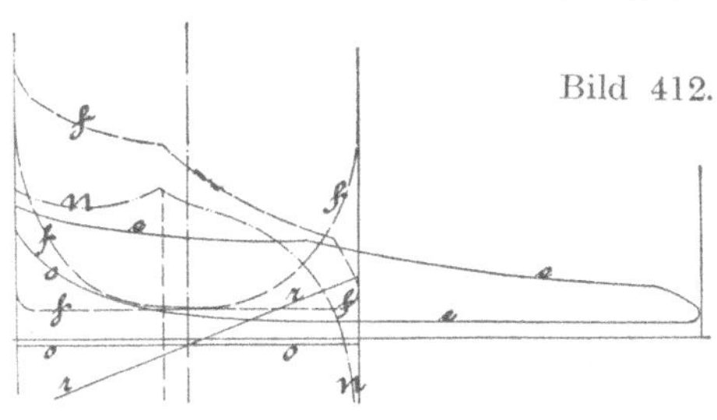

Bild 412.

Bild 411 u. 412. Diagramme mit Tabelle unübersichtlich, ohne Maße unbrauchbar.

Bild 414 u. 415. **Entwurfs**-Dampf-Diagramme für Verbund-Dampfmaschinen.

Bild 414. Vorläufiges Entwurfsdiagramm.

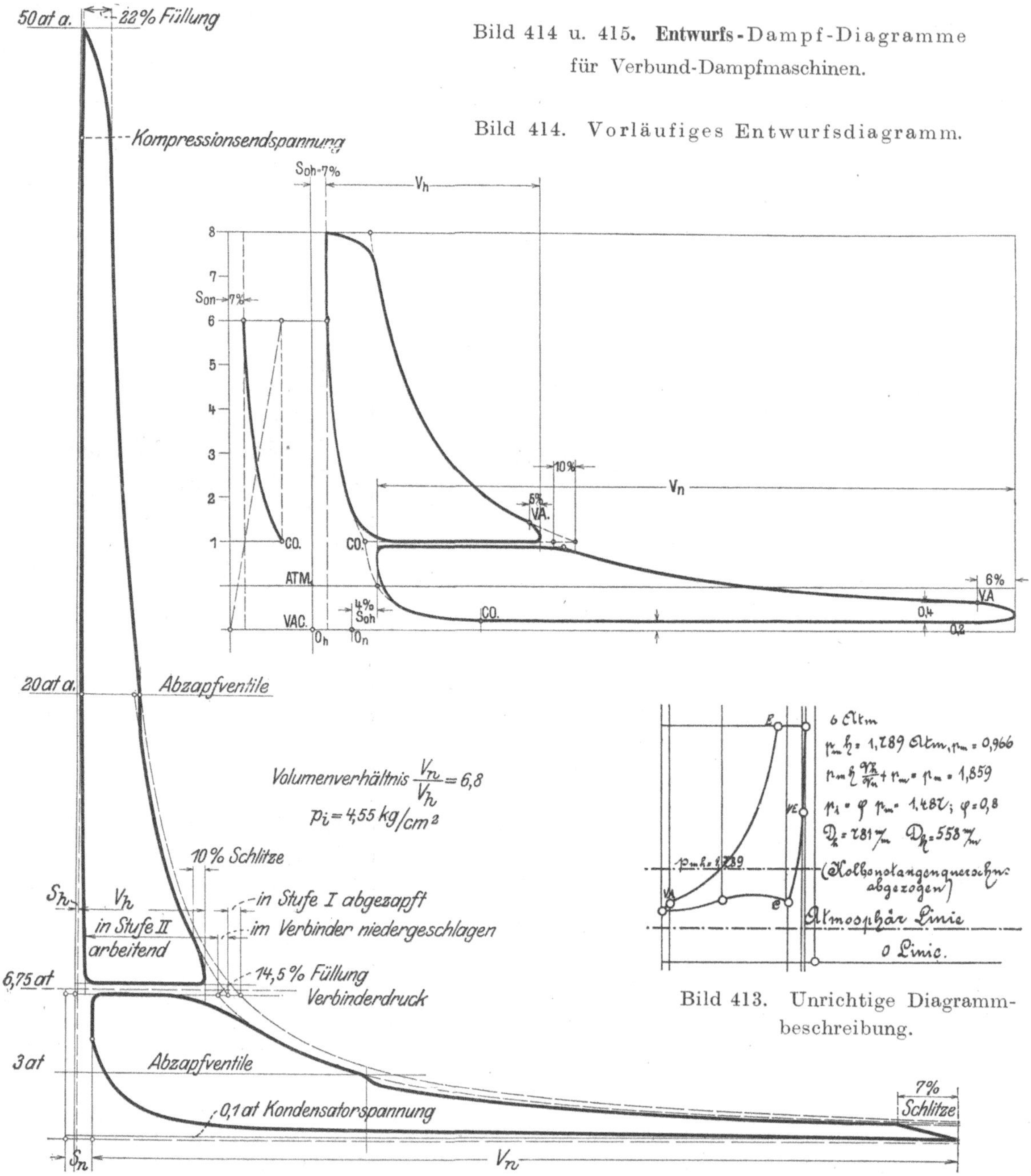

Bild 413. Unrichtige Diagrammbeschreibung.

Bild 415. Entwurfsdiagramm.

zeichnet werden, hier sogar durch zusätzliche Rechnungsangaben. Das links stehende Diagramm ist für eine Kurvenbahn aufgestellt, die sich nur aus Kreisbogen zusammensetzt, das rechts stehende für eine Bahn aus Kreisbogen und Geraden. Diese wesentlichen Unterschiede müssen in den Diagrammen gekennzeichnet werden.

Bild 418 und 419 zeigen **Ventilerhebungsdiagramme** unter Darstellung der wirklichen **Dampfgeschwindigkeiten**. Auch solche Diagramme erfordern schrift-

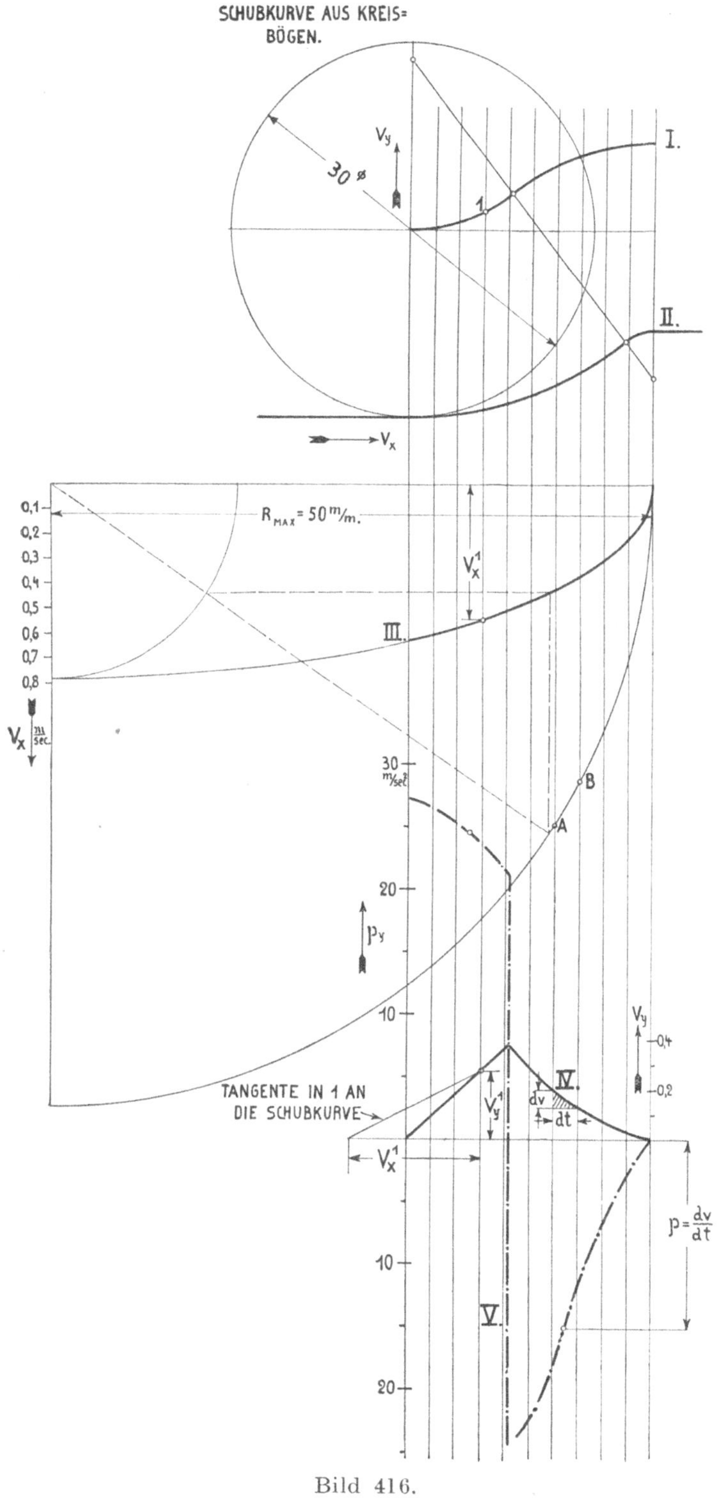

Bild 416.

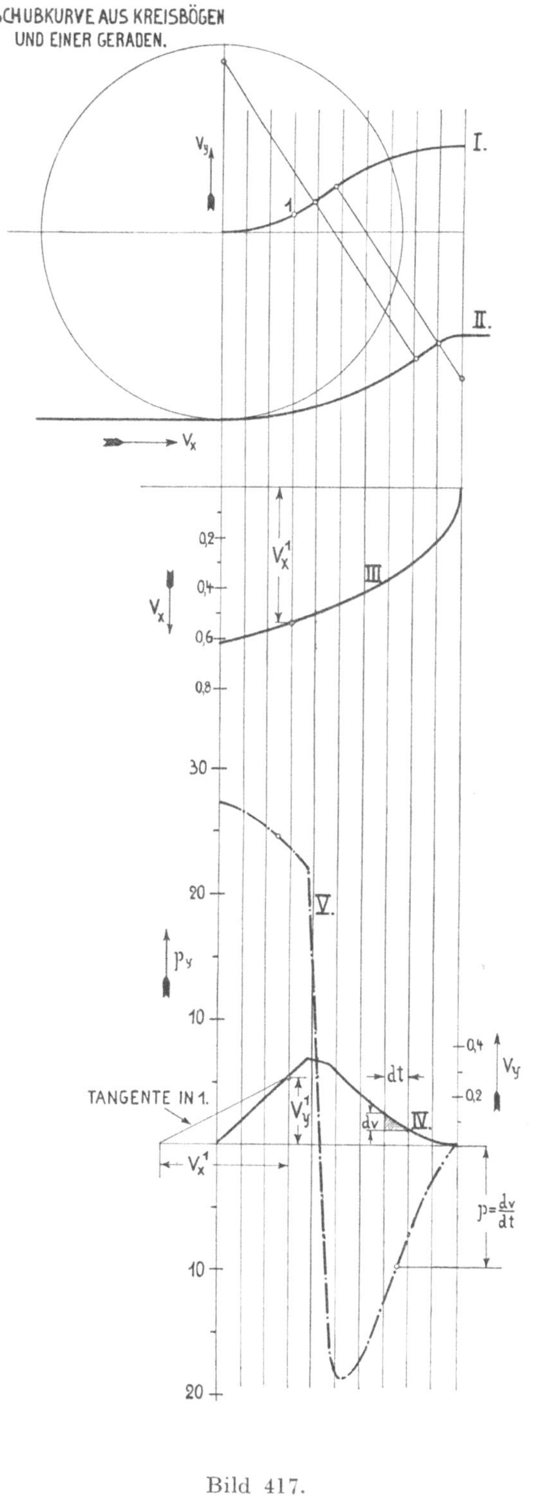

Bild 417.

Diagramme zur Darstellung der **Beschleunigungsverhältnisse** bei Ventilsteuerungen mit ausreichenden schriftlichen Angaben.

Bild 418 und 419.

Beschreibung von **Diagrammen** in Naturgröße (auf 1/3 verkleinert).
Die Diagramme enthalten ausreichende schriftliche Erläuterungen und die Zahlenangaben für alle Hauptgrößen. Auch die Hauptmaße für das Doppelsitzventil von 210 mm Lichtweite sollten eingezeichnet sein.

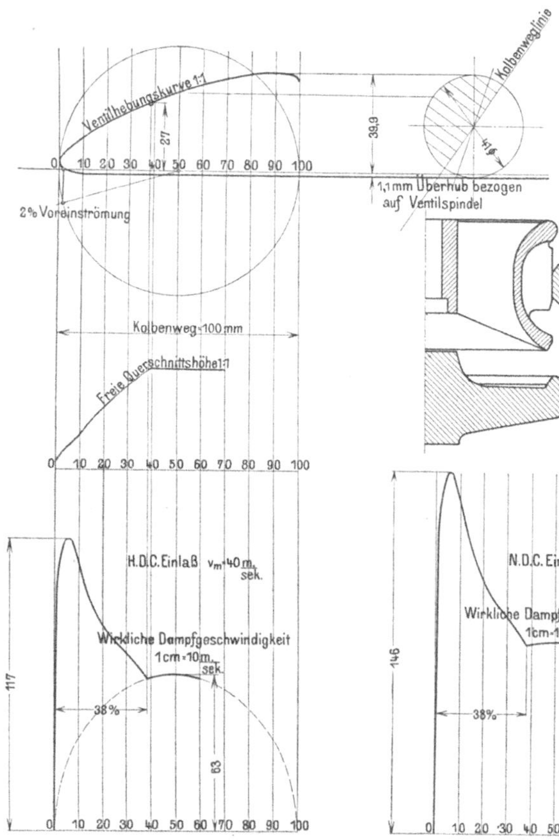

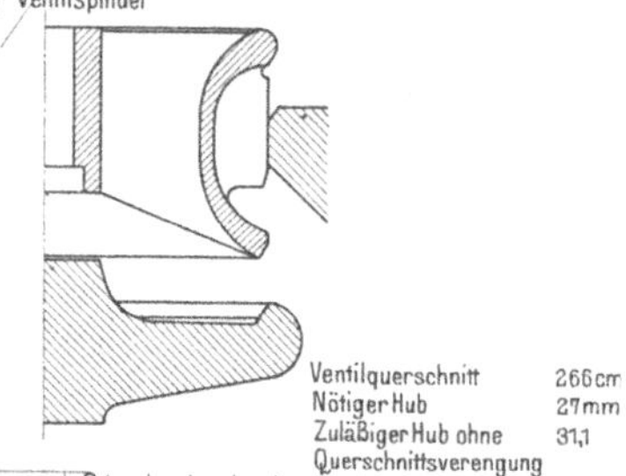

Bild 418.
Ventilerhebungs-Kurven für die **Einlaß-Steuerung.**

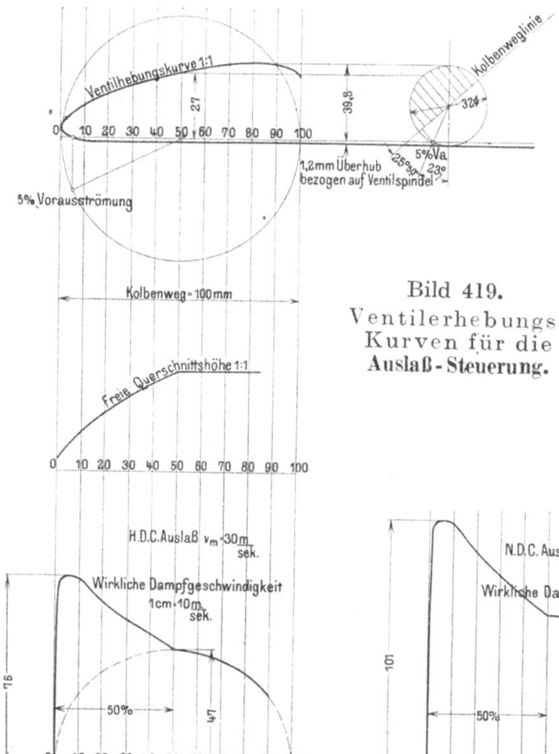

Bild 419.
Ventilerhebungs-Kurven für die **Auslaß-Steuerung.**

Bild 420.
Abwicklung einer **Doppelschiebersteuerung** für einen Viertaktmotor.

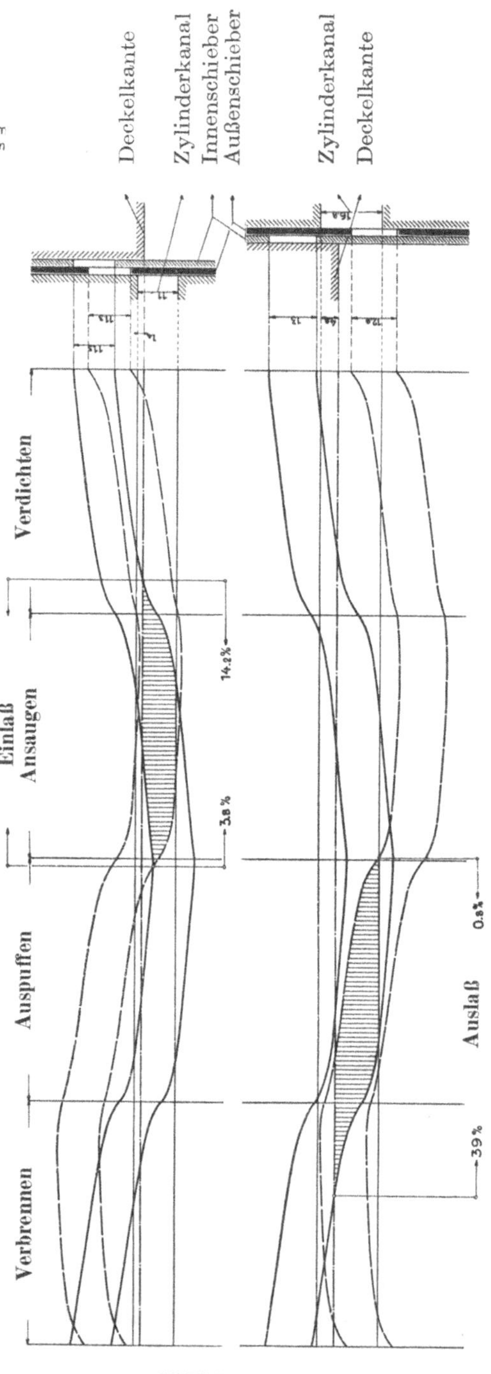

liche Zusätze, um vollkommen deutlich zu sein. Außerdem sollten auch die Abmessungen des untersuchten Ventils in die Zeichnung eingetragen werden, wie auch die Ventilform selbst im Diagramm dargestellt ist, um die Vorgänge im Zusammenhang zu erklären.

Bild 420 zeigt das abgewickelte Diagramm der Bewegungen der Doppelschiebersteuerung eines Viertaktmotors. Die Deutlichkeit wird nur erreicht durch die neben das Diagramm gezeichnete Stellung der Steuerungskanten und durch genügende Beschreibung.

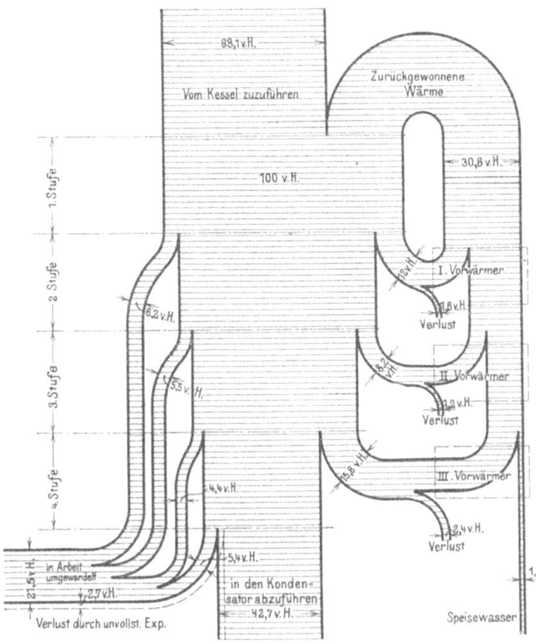

Bild 421.
Energiediagramm einer Dampfmaschine (auf $1/2$ verkleinert).

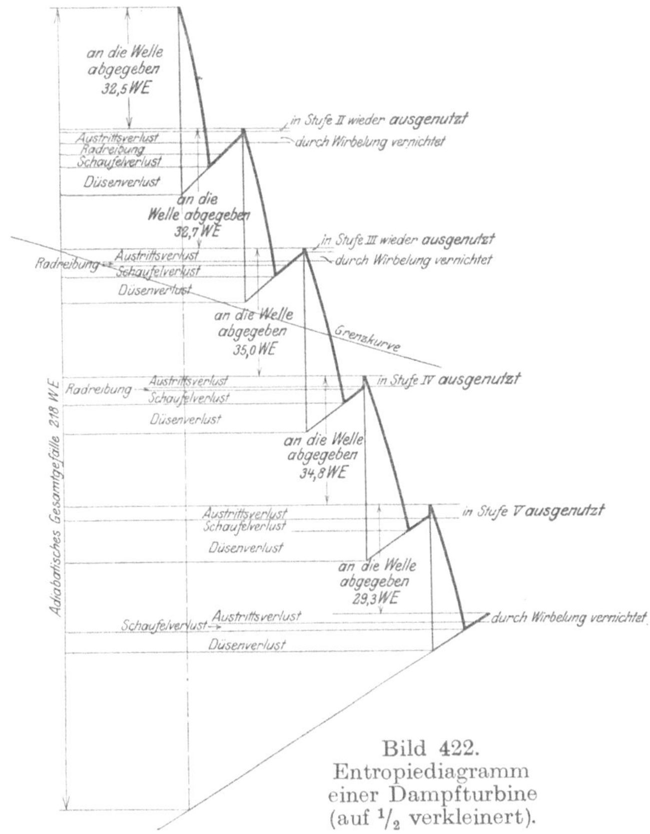

Bild 422.
Entropiediagramm einer Dampfturbine (auf $1/2$ verkleinert).

Entropiediagramme usw. für die Berechnung von Dampfturbinen (422—424) werden unverständlich, wenn sie nicht ausreichend mit schriftlichen Erläuterungen versehen werden. Außerdem ist es zu empfehlen, ihre Deutlichkeit durch Schraffierung zu erhöhen (Bild 423 u. 424).

Das Entropiediagramm Bild 422 ist z. B. trotz seiner Vollständigkeit und Klarheit nicht so deutlich wie die Diagramme Bild 423 oder 424, die nicht nur mit den erforderlichen schriftlichen Zusätzen versehen, sondern auch durch Schraffierung vervollständigt sind.

Graphische Darstellungen und Diagramme werden immer mehr zur Veranschaulichung der verschiedensten Vorgänge und Rechnungsergebnisse im Maschinenwesen benutzt. Aus der endlosen Reihe von eigenartigen Darstellungen zu verschiedenen Rechnungs- oder Veranschaulichungszwecken seien hier einige kennzeichnende Beispiele ausgewählt.

Bild 421 zeigt ein Energiediagramm, welches den Energiefluß zwischen Kessel und Dampfmaschine darstellt.

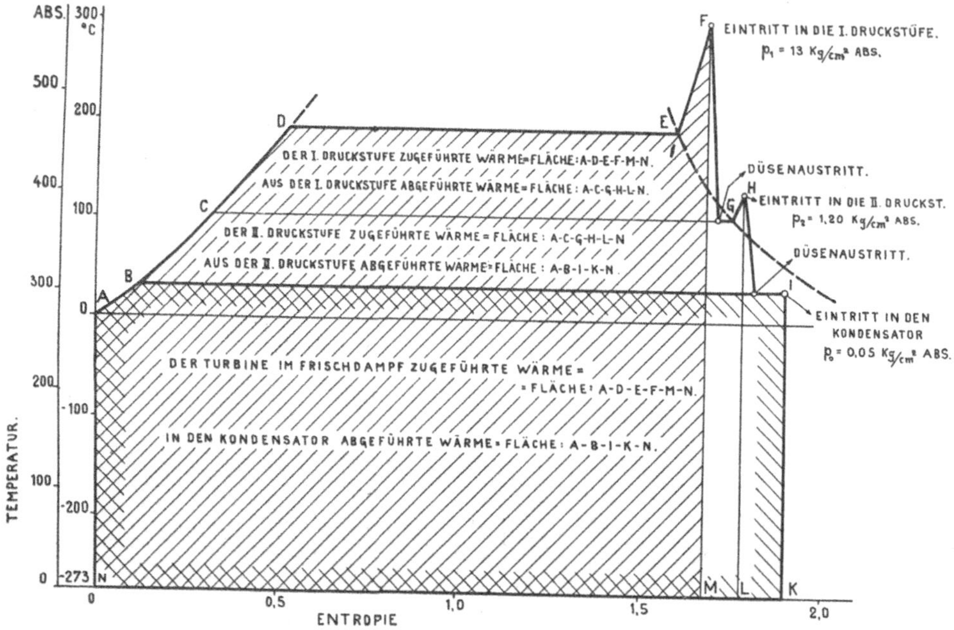

Bild 423. Entropiediagramm einer Dampfturbine (auf ½ verkleinert).

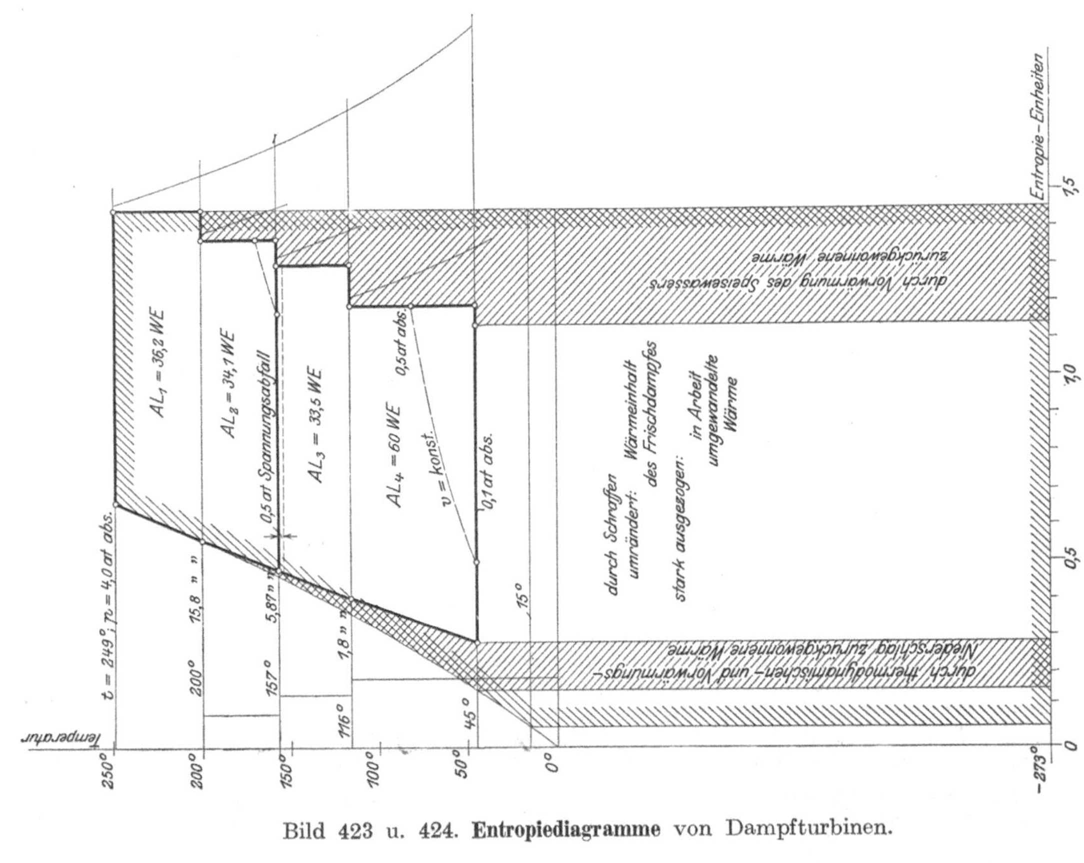

Bild 424. Entropiediagramm einer 5stufigen Turbine (auf ½ verkleinert).

Bild 423 u. 424. **Entropiediagramme** von Dampfturbinen.

Bild 425 zeigt die graphische Darstellung der Nutzleistungen und Verluste eines Kraftwagens (Rennwagens) in Pferdestärken, bezogen auf die stündlichen Fahrgeschwindigkeiten und gegenübergestellt dem Luftwiderstande während der Fahrt. Erst die Beschreibung der Kurven erschließt das Verständnis dieser Darstellung. Im Schnittpunkt der Luftwiderstandskurve L_l mit der Kurve L_n der Wagennutzleistung ist die höchste Fahrgeschwindigkeit erreicht.

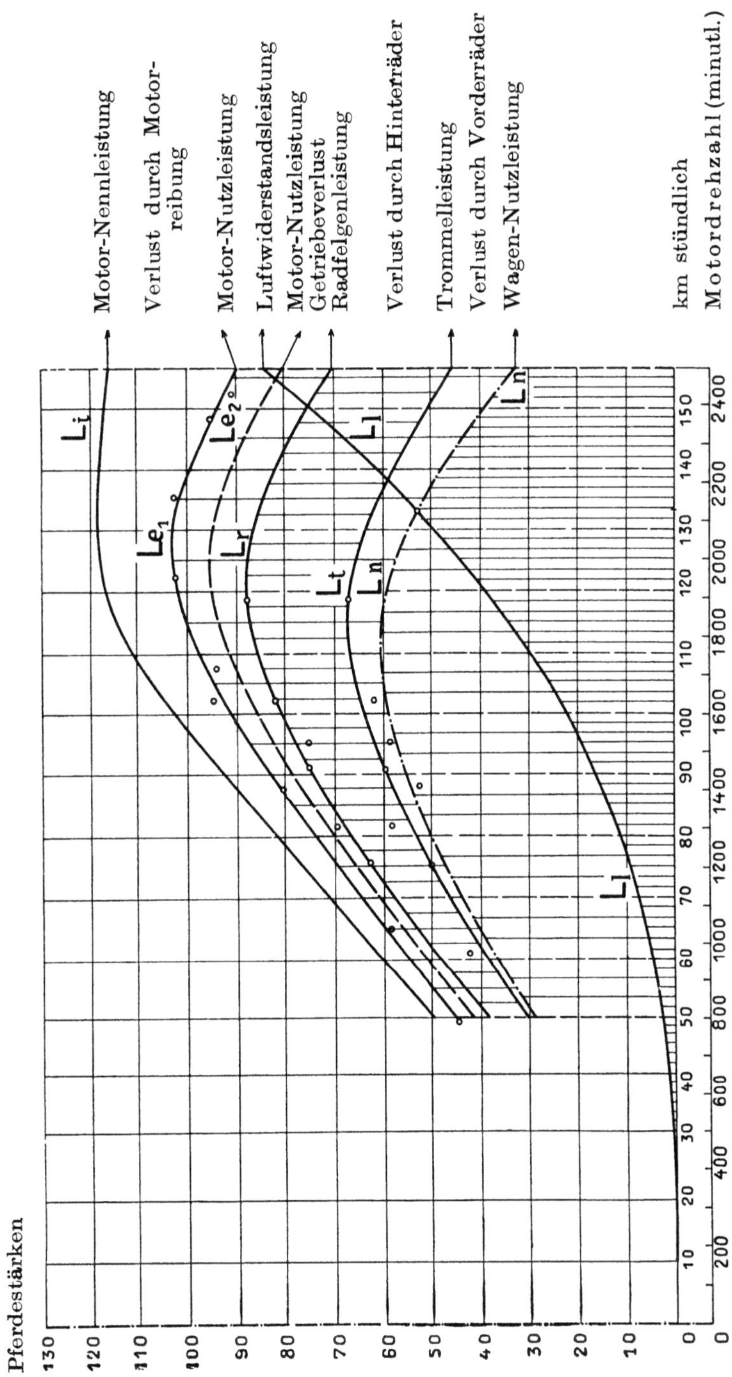

Bild 425. **Fahrdiagramm** eines 100 PS-**Benz-Rennwagens** (auf 1/2 verkleinert).

Aus **Riedler, „Wissenschaftliche Automobil-Wertung"**, Bericht III.

Bild 426 und 427 geben die graphische Darstellung des Energieflusses in Kraftwagen, bezogen auf die zugeführte Energie (100 %). Die Teilverluste

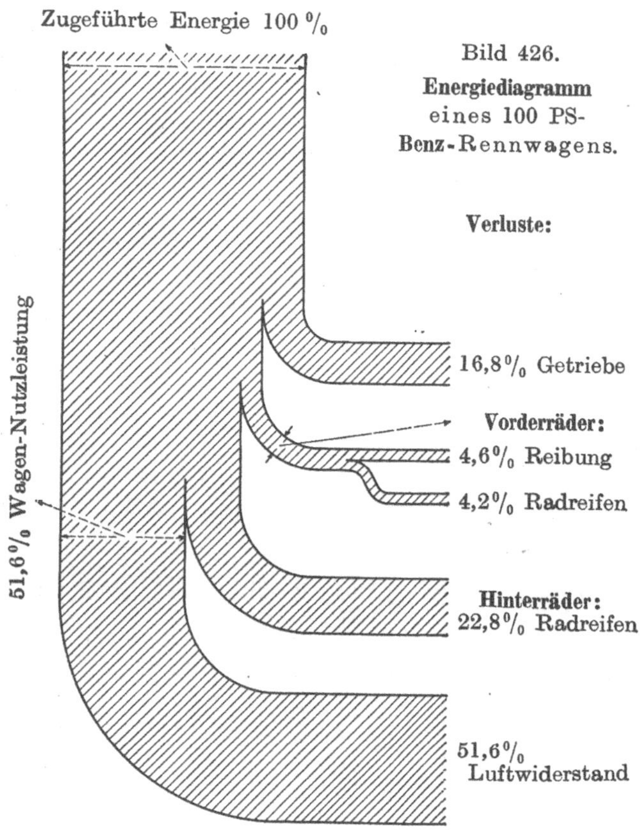

Bild 426.
Energiediagramm
eines 100 PS-Benz-Rennwagens.

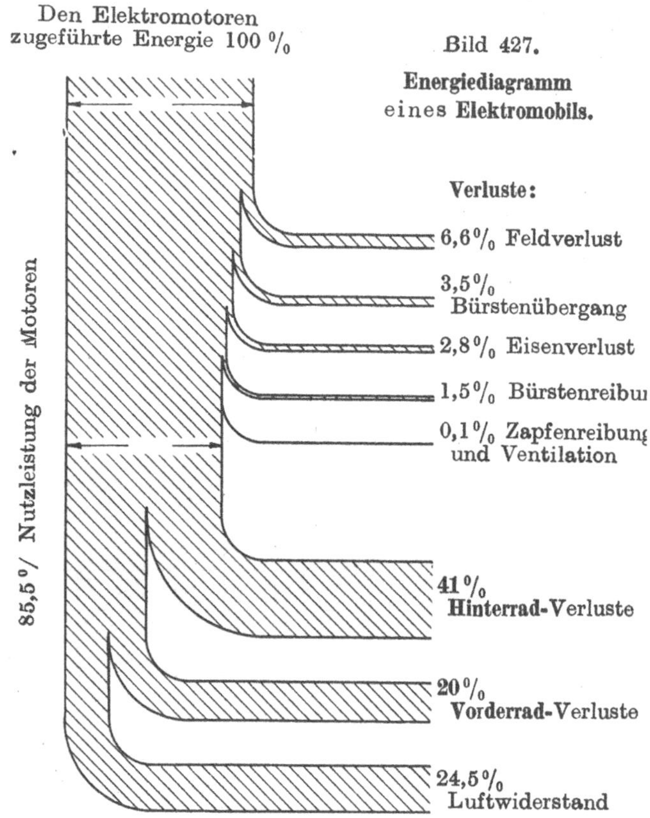

Bild 427.
Energiediagramm
eines **Elektromobils.**

sind aus den Diagrammen deutlich zu ersehen und durch die beigefügteBeschreibung ohne weiteres verständlich.

Bild 428 zeigt die Ventilerhebungs-Kurven eines Motors, die freien Ventilquerschnitte auf den Kolbenhub bezogen und mit der konstanten Durchflußfläche verglichen.

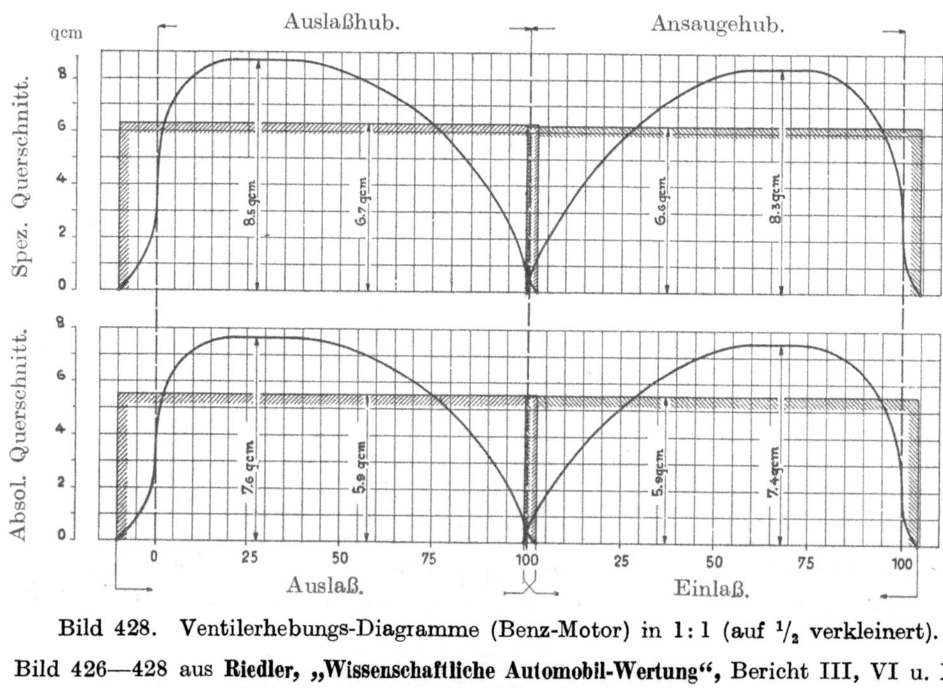

Bild 428. Ventilerhebungs-Diagramme (Benz-Motor) in 1 : 1 (auf $^1/_2$ verkleinert).

Bild 426—428 aus **Riedler, „Wissenschaftliche Automobil-Wertung"**, Bericht III, VI u. X.

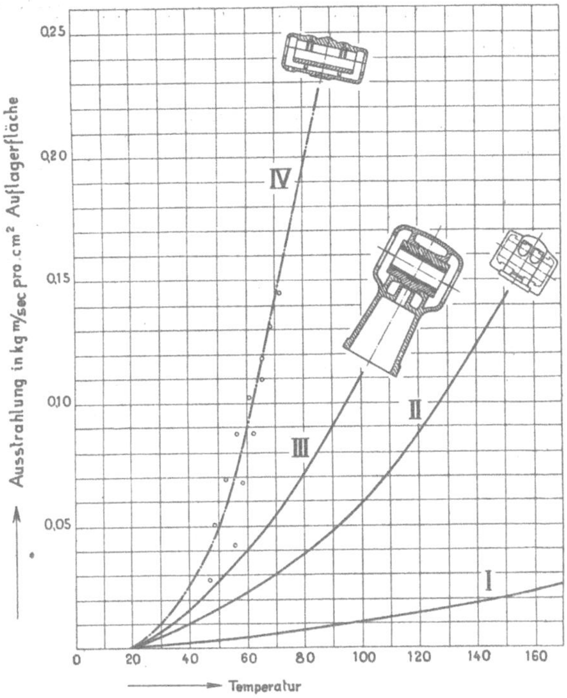

Bild 429. Wärmediagramm für Lager.

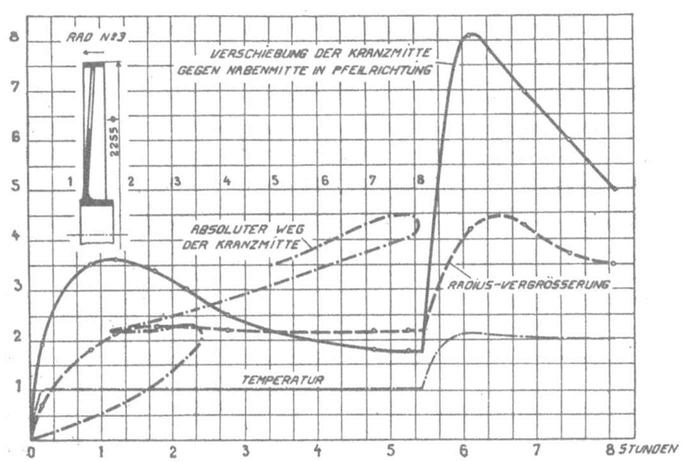

Bild 430. Deformationsdiagramm für Stahlräder (auf $^1/_3$ verkleinert.)

	Zeit	Temperatur I	II	III	Kranz Nabe Ofen Seite R	L	R	L	Rad. Vergr.	Rad-Stell.	Bemerkung
1.II.09.	9^{00}				26,5	33,0	25,9	26,5	0.0	1	
			0°C		26,9	32,6	25,8	26,5	0,1	2	
					26,6	32,8	25.7	26,5	0,1	3	
					26,6	32,8	25.7	26,5	0,1	4	
	9^{45}										Anheizen
	10^{45}	80	180	200	34,2	25,0	26,7	25,9	2,8	1	
					33,9	25,3	25,7	26,5	3,1	2	
					34.4	248	26,0	26.1	2.9	3	
	11^{00}	75	170	190	34,5	24.5	26,0	26,3	3,3	4	
	2^{40}				27.5	31.9	26,2	26.0		1	
		0°C			27.6	31.7	25.9	26.2		2	
					27.5	31.9	25.9	26.3		3	
					27.8	31.6	26.2	26.0		4	

Wenn Diagramme die Ergebnisse besonderer Versuche für bestimmten Zweck darzustellen haben, dann ist es zweckmäßig, in die Diagramme nicht nur die erforderliche Beschreibung aufzunehmen, sondern auch das Versuchsobjekt selbst einzuzeichnen.

So wird das Diagramm 429, welches die Wärmeverhältnisse der verschiedenen Lagerformen für raschlaufende Zapfen darstellt, viel übersichtlicher, wenn zu der Kurve die körperliche Form des untersuchten Teiles hinzugezeichnet wird; sonst müßte auf die abgetrennt dargestellte Form schriftlich Bezug genommen werden, was geringere Übersichtlichkeit ergäbe.

In Bild 430 sind die Ergebnisse der Wärmeformveränderung eines Turbinenrades dargestellt. Hierzu gehört die zeichnerische Darstellung der Versuchseinrichtung (Bild 146, S. 65), das in das Diagramm eingetragene Versuchsrad und die Tabellen, welche die Versuchsergebnisse übersichtlich zusammenfassen (Bild 431), außerdem ein vollständiger Versuchsbericht.

Bild 432 zeigt die graphische Darstellung eines Wärmevorganges. Die Absicht ist, die Wärmestauung bei Doppelschieber-Motoren für Automobile anschaulich darzustellen. Das Ergebnis ist daher durch schwarze Flächen deutlich hervorgehoben; die übrigen Flächen sind durch verschiedene Schraffierung gekennzeichnet.

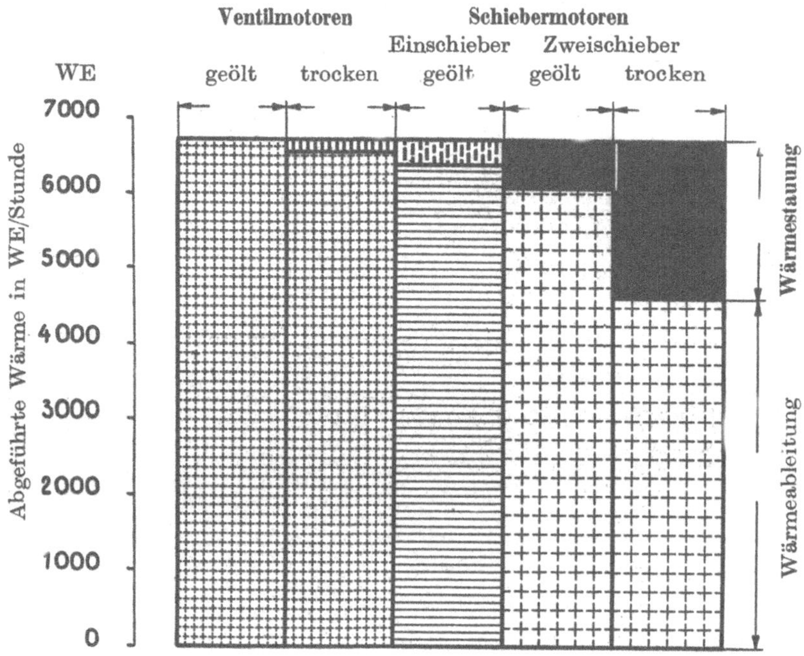

Bild 432. Übersichtliche **Beschreibung** und anschauliche Trennung von **Diagrammen.**
Das Wesentliche (die schädliche Wärmestauung) ist hervorgehoben, die Diagrammteile durch verschiedene Schraffierung getrennt. Die Kreuz-Schraffierung wird für photographische Vervielfältigung dadurch einfach hergestellt, daß quer zu den voll durchgezogenen schwarzen Linien weiße Decklinien gezogen werden.
Aus **Riedler, „Wissenschaftliche Automobil-Wertung“,** Bericht X.

Für besondere, aber seltene Zwecke kann in Zeichnungen eine zusätzliche Verdeutlichung erforderlich werden, der dann besondere zeichnerische Hilfsmittel dienen müssen, z. B.: **Ausführung der Zeichnungen in Farbe und Kennzeichnung der Baumaterialien.**

Die Schnittdarstellungen als Hauptbilder werden mit Farbe angelegt oder schraffiert; hierdurch wird meist auch zugleich das Ausführungsmaterial zu charakterisieren gesucht. Dies hat aber jede Bedeutung verloren: einerseits ist es nicht mehr möglich, alle Konstruktionsmaterialien des gegenwärtigen Maschinenbaus durch die Farbe allein zu unterscheiden, auch gibt es für viele Materialien keine allgemein angenommene Bezeichnung; andrerseits werden jetzt als Werkstattzeichnungen nur Lichtkopien verwendet, und diese geben farbige Unterscheidungen des Originals nicht wieder. Nachträgliches farbiges Bemalen der Querschnitte auf den Lichtkopien ist bei einigen Vervielfältigungsarten wohl möglich, meist aber zu umständlich. Es wird auch nur von einigen Behörden verlangt. An Stelle der mehrfarbigen Darstellung tritt die Hervorhebung der Querschnitte durch Schraffierung und die ausführliche schriftliche Angabe der Konstruktionsmaterialien.

Das Unterscheiden der Materialien durch verschiedenartige Schraffur hat gleichfalls jeden Wert verloren. Die vollständige schriftliche Materialangabe ist in die Stückliste zu setzen.

Da es an zeichnerischen Unterscheidungen von Schweißeisen, Flußeisen und Flußstahl, Gußstahl und Stahlguß, Stahllegierungen u. a. fehlt, so ist für alle diese Materialien schriftliche Bezeichnung ohnehin unerläßlich. Es empfiehlt sich daher, in den Werkzeichnungen die Art und Qualität aller Konstruktionsmaterialien schriftlich anzugeben. Die hierüber in den Stücklisten zu machenden Angaben sind allein maßgebend für die Materialbestellung.

Bild 433. Materialbezeichnung der preußischen Staatsbahnen.

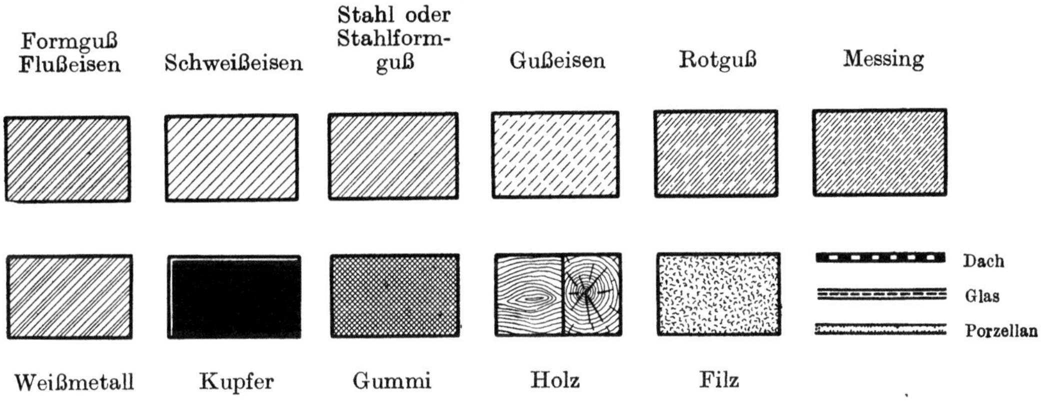

Bild 433 u. 434. Kennzeichnung von Baustoffen durch Schraffierung.

Bild 434. Materialbezeichnung der Kaiserlichen Marine.

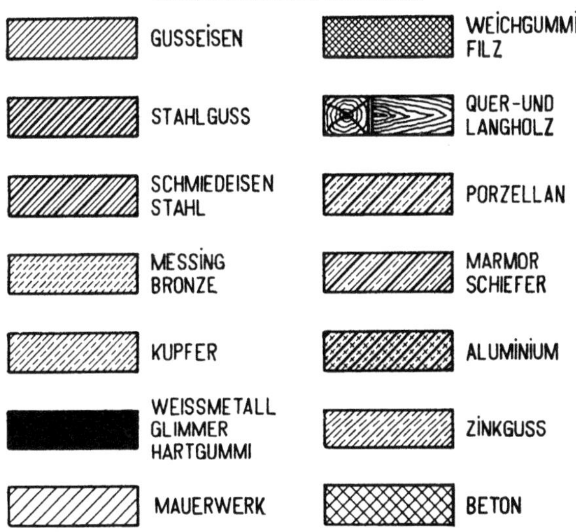

Die Zahl der verschiedenen Konstruktionsmaterialien ist überhaupt zu groß, um sie durch die Zeichnung unzweifelhaft zu unterscheiden. So werden gegenwärtig in besonderen Werkstätten je nach den verschiedenen Zwecken und Absichten zahlreiche verschiedene Stahlsorten verwendet, die in der Bruchfestigkeit zwischen 40 und 140, in der Streckgrenze zwischen 25 und 90 kg/qmm wechseln. Zur Unterscheidung dieser vielen Sorten reicht nur die ausdrückliche schriftliche Bezeichnung aus. Selbst Gußeisen wird in 5—6 verschiedenen Sorten verwendet. Noch größer ist die Verschiedenheit der Metallegierungen, und immer neue kommen für besondere Zwecke hinzu, so daß eine zeichnerische Kennzeichnung der Art der Legierung von vornherein unmöglich ist.

Gleichwohl wird derartige Kennzeichnung noch von Behörden verlangt, so:

von der preußischen Eisenbahnverwaltung: Bild 433,

von der Kaiserlichen Marine, welche folgende

Farbe-Bezeichnungen: Gußeisen: grau, Stahlguß: violett, Schmiedeeisen: hellblau, Kupfer: blaßrot, Weißmetall, Hartgummi und Glimmer: schwarz, Mauerwerk: dunkelrot, Weichgummi: hellbraun, Quer- und Langholz: sienna, Porzellan: grün usw. und die in Bild 434 angegebene Bezeichnung durch Schraffierung vorschreibt.

Diese Bilder zeigen zugleich, daß die Materialbezeichnung, wie sie von den Behörden gefordert wird, ganz verschieden ist. Für mehrere wichtige Materialien ist sie zudem höchst umständlich, insbesondere die Darstellung durch verschieden enge Linien, und dabei trotzdem unzureichend.

Schrift.

Die Schrift erfordert: größte Einfachheit, Deutlichkeit und Übersichtlichkeit. Als Schriftart dient Steilschrift oder auch eine einfache Kursivschrift.

Beispiele zeigen Bild 435 und 436 (für die Beschreibung schematischer Darstellungen). Solche Schriftart ist viel deutlicher, übersichtlicher und gefälliger als die übliche Rundschrift, welche besonders die Beschreibung von Zeichnungen oder Diagrammen in kleinem Maßstabe schwerfällig und undeutlich macht.

Die Ziffern müssen einfachste, der Zeichnung angemessene Form besitzen und nur aus Geraden und Kreisen zusammengesetzt werden. Der Zeichnung entsprechen geradestehende, nicht schiefe Ziffern und Buchstaben. Jedoch wird vielfach schiefe Schrift benutzt, namentlich wenn Schablonen verwendet werden. Sie ist im allgemeinen rascher und bequemer auszuführen. Auch berufsmäßige Zeichner, Schreiber, Lithographen arbeiten mit liegender Schrift, die den meisten zur Gewchnheit geworden ist, rascher und billiger. Da Raschheit und Kostenersparnis aber entscheidend sind, so ist liegende Schrift allgemein geworden.

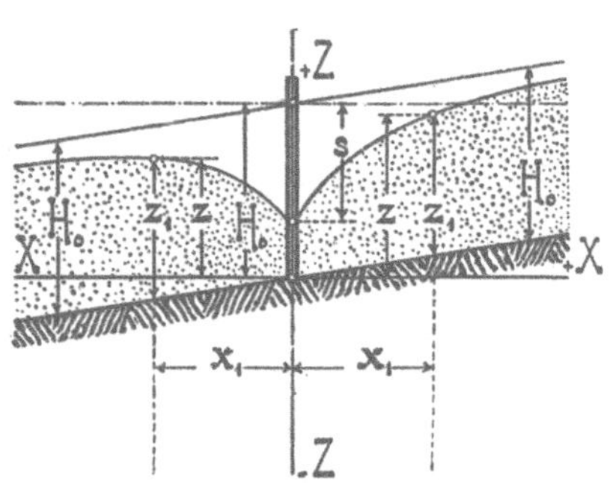

Bild 435.

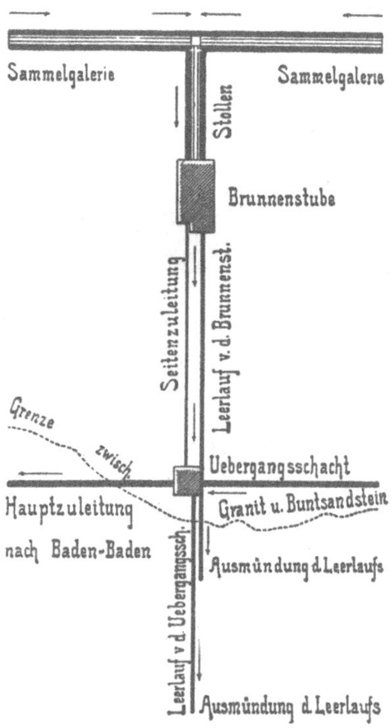

Bild 436.

Früher wurde häufiger die bequeme, aber viel Raum erfordernde und nicht genügend übersichtliche Rundschrift verwendet. Diese Schrift ist jetzt meist durch die Schablonenschrift ersetzt, die auch von Ungeübten rasch und gut leserlich ausgeführt werden kann.

Buchstaben und Ziffern sind in dieser Schrift stets nach Vorlage zu schreiben, und zwar in Stufen von etwa 18, 13, 9, 5 und 3 mm. Die Höhe der Ziffern soll wie bei sonstiger Schrift mindestens die 4 fache Strichstärke betragen; sie hat sich nach dem Maßstabe und nach der Kompliziertheit der Zeichnung zu richten und ist so zu bemessen, daß die Form deutlich bleibt, auch wenn viele Maße eingeschrieben werden müssen. Beispiele hierzu bieten die Bilder 269—271, zugleich als Anhalt für die Mindestgröße der Maßzahlen bei den Maßstäben $^1/_1$ (Bild 271), $^1/_5$ und $^1/_{10}$ der Naturgröße (Bild 269 und 270).

Alle Aufschriften, Zahlen, Maße und Maßbegrenzungen werden in der Regel in Tusche ausgeführt, auch wenn die Zeichnung selbst nur in Blei entworfen ist. In Bleizeichnungen können aber auch die Maße in Blei so deutlich eingetragen werden, daß es dieser grellen Unterscheidung nicht bedarf (s. Bild 388—390, S. 186 und 187).

Zeichnungsnummern und Positionszahlen sind je nach dem Papierformat in bestimmter Größe und ebenfalls mit Schablonen zu schreiben.

Numerierung, Ordnung und Aufbewahrung der Zeichnungen.

In einem großen und vielgliedrigen Betriebe, der heutzutage immer auf richtiger und streng einzuhaltender Arbeitsteilung beruht, ist die Ordnung und Aufbewahrung der Zeichnungen als Unterlagen für die laufenden und künftigen Ausführungen wie als Dokumente früherer Ausführungen von größter Wichtigkeit und erfordert daher planmäßige Sorgfalt. Irrtümer, Verwechslungen, alles nicht ständig Kontrollierbare muß Schaden zur Folge haben; die Ordnung ist daher ebenso Lebensfrage des gesunden Betriebs wie der richtige Inhalt der Zeichnungen.

Ein Mittel zur Durchführung der Ordnung ist die Einhaltung einheitlichen Formates, das auch schon wegen der Lichtkopierverfahren notwendig ist. Die Originalzeichnungen können beliebig entworfen und die Ordnung der Teildarstellungen erst beim Pausen vorgenommen werden. Mit diesen Einzelheiten hat sich gerade der Anfänger zu beschäftigen, sie hängen zusammen, mit den ihm freilich meist gänzlich unbekannten Kosten der Zeichnungen. Die Ordnung der Zeichnungen setzt die Führung übersichtlicher Verzeichnisse voraus.

Jede Zeichnung muß enthalten:

das Datum der Fertigstellung der Zeichnung und ihrer Hinausgabe an die Werkstätte, um frühere oder spätere Zeichnungen nach ihrer zeitlichen Aufeinanderfolge unterscheiden zu können, auch als Nachweis bei Streitigkeiten über Prioritätsansprüche u. dgl., ferner die Unterschrift des Konstrukteurs und Zeichners, um die Verantwortlichkeit feststellen zu können.

Der Titel der Zeichnung ist in einen besonderen, umrahmten Raume mit möglichst großen Buchstaben zu schreiben. Der Titel muß in kurzen Worten den Inhalt der Zeichnung und Bestellung angeben unter Verwendung ein für allemal eingeführter Abkürzungen.

Der Normaltyp, zu dem der dargestellte Maschinenteil gehört, wird nicht im Titel, sondern in der Stückliste angegeben.

Numerierung der Zeichnungen.

Zum Zwecke übersichtlicher Ordnung erhält jede Zeichnung eine fortlaufende Nummer. Diese Ordnungsnummer (Bestellnummer) ist immer an gleicher Stelle und so anzubringen, daß sie schnell und bequem sichtbar ist.

Die einheitliche und planmäßige fortlaufende Numerierung wird in großen Betrieben von einer Stelle aus bestimmt. Die Nummern müssen in vorgedruckten Büchern ihrem Entstehen nach eingetragen werden.

Bei der Numerierung müssen getrennt behandelt werden: Konstruktionszeichnungen, Projekt- und Angebotszeichnungen, von andern Firmen eingesandte Zeichnungen usw. Die Numerierung wird auch auf alle Berechnungen, Skizzen und Kurvendarstellungen ausgedehnt.

Skizzen und Kurvenblätter, die technischen Berichten, Berechnungen und Prüfungsprotokollen beigefügt werden, erhalten die Nummern der betreffenden Berichte.

Die Zeichnungsnummern werden vielfach, um das Aufsuchen zu erleichtern, auf jedem Blatte zweimal aufgeschrieben, z. B. rechts unten innerhalb der Stückliste und links oben.

Die fortlaufende Numerierung der Zeichnungen führt in großen Betrieben bald zu vielstelligen Zahlen und wird dann unbequem. Die Zeichnungen müssen daher zunächst planmäßig in Gruppen eingeteilt und in diesen numeriert werden. Die Gruppen werden meist durch Buchstaben bezeichnet. Die Gruppeneinteilung erfolgt gewöhnlich nach sachlichen Gesichtspunkten, so daß also gleichartige Maschinenteile die gleiche Gruppenbezeichnung erhalten. Dies führt dazu, daß Stücke, z. B. Zylinder, die ganz verschiedenen Maschinen angehören, unter dieselbe Gruppe fallen. Außerdem reichen die einfachen Buchstaben zur Bezeichnung aller Gruppen meist nicht aus. Infolgedessen ist das Verfahren in allen Fabriken verschieden. Einmal einheitlich durchgeführt, ist es auch sehr schwer zu ändern. Daher können an dieser Stelle keine allgemein gültigen Beispiele gegeben werden. — Ist das Alphabet zur Gruppenbezeichnung erschöpft, dann werden Zusatzbezeichnungen zu Hilfe genommen. Diese verringern aber wieder die Übersichtlichkeit. In jedem Falle ist Einverständnis der verschiedenen Abteilungen erforderlich, sonst kommt die Gruppenbezeichnung bald in Unordnung.

Umständliche Maschinenteile müssen auf mehrere Blättern gezeichnet werden, oder mehrere Teilblätter müssen die Hauptzeichnung vervollständigen. In diesen Fällen erhalten alle zusammengehörigen Blätter die gleiche Gruppennummer. Zu den laufenden und den Gruppennummern tritt dann in organisierten Betrieben die Abteilungsnummer, welche angibt, aus welcher Abteilung des Konstruktionsbureaus die Zeichnung hervorgegangen ist, was im Falle von notwendig werdenden Änderungen Zeit ersparen hilft. Sind Teilzeichnungen als Ergänzung der Hauptzeichnungen erforderlich, dann müssen alle Teilblätter außer der Nummer der Hauptblätter auch die Angaben über Gegenstand, Material, Modellnummer und Bestellung enthalten.

Außer den Nummern für Aufträge und Zeichnungen kommen noch die Modellnummern in Betracht, die gleichfalls einheitlich zu behandeln sind. Für jedes Gußstück ist eine Modellnummer anzugeben, die dann sowohl in der Stückliste wie in der Materialliste der Zeichnung eingetragen werden muß. Die Reihenfolge muß von der Gießerei angegeben werden.

Für die Abänderung von Modellen gilt übrigens das gleiche wie von der Abänderung der Zeichnungen. Abänderungen sind nur zulässig, wenn sie bleibend sind und das abgeänderte Stück das frühere ersetzen muß. Vorübergehende Änderungen an Modellen sollen unterbleiben, weil die Modelle dadurch verdorben werden. Jede wesentliche Änderung an Modellen bedingt eine neue Modellnummer. Alle Modelländerungen müssen in den Zeichnungen ausdrücklich hervorgehoben werden.

Schwierigkeiten bereitet die früher erwähnte Unklarheit von Werkzeichnungen hinsichtlich „rechts" und „links", „vorn" und „hinten", namentlich im Zusammenhang mit dem Bestreben, alle Modelle möglichst symmetrisch, also für jede Verwendung brauchbar vorzusehen. Wenn die Zeichnungen nicht eindeutig sind (siehe Seite 80), so bleibt nur übrig, aufklärende schriftliche Zusätze zu machen, die aber in jeder Fabrik anders gehandhabt werden; z. B. wird hinzugefügt: „für Steuerung rechts, Modellnummer ....".

Nach der Reihenfolge der Werk- und Arbeitsnummern der Stücke werden nachträglich die Herstellungskosten genau ermittelt, und zwar für alle Teile getrennt, die zu einer Werknummer zusammengefaßt sind. Diese Nummern durchlaufen daher die ganze Kalkulation und Kontrolle. Auf Grund der Werknummern wird Material bestellt, vom Lager geliefert, die Herstellung in Angriff genommen usw. Auch die Auswärtsbestellungen müssen auf die Werknummer bezogen werden, und über die laufenden Nummern muß wieder Verständigung der einzelnen Abteilungen untereinander erfolgen. Richtige, sachliche Behandlung dieser Numerierung muß daher auch der Anfänger kennen.

Ordnung der Zeichnungen.

Für die Ordnung der Zeichnungen ist das von der Registratur im technischen Bureau zu führende Zeichnungsregister maßgebend, in das alle vorhandenen und neu hinzukommenden Zeichnungen eingetragen sind. Zu jeder Originalzeichnung wird der Registratur ein besonderer Nummernzettel zwecks Eintragung der Zeichnung in das Register übergeben.

Die ganze Bewegung der Zeichnungen, die Ausgabe der Originale an das Bureau oder an die Lichtpausanstalt, die Ausgabe der Kopien an die Werkstätten oder nach auswärts und ebenso die Rückgabe der Zeichnungen und Kopien muß ständig kontrolliert werden und der Verbleib jeder einzelnen Zeichuung stets nachweisbar sein.

Die Einzelheiten der Kontrolle hängen von Umfang und Art des Betriebes ab. Über Systeme, durch Karten die Übersicht herzustellen, liegen Veröffentlichungen vor, die auch dem Anfänger verständlich sind.

Wesentlich ist die einheitliche Behandlung der Originalzeichnungen, an denen nachträglich Änderungen oder Ergänzungen vorgenommen werden; ohne strengste Ordnung sind Irrtümer und Verwechslung der ursprünglichen mit später abgeänderten Zeichnungen unvermeidlich.

Auch hier wird das Verfahren verschieden sein, je nach der Art des Betriebs, der Arbeitsteilung, der vorhandenen Arbeitsmittel, der Überlieferungen, nach Art und Häufigkeit der Änderungen und je nach den Einzelheiten. Z. B. wird zu unterscheiden sein, ob die Änderungen für denselben Abnehmer vorgenommen werden oder für einen anderen.

In allen Fällen von Änderungen der Originalzeichnung, und sei es auch die geringfügigste, muß — und zwar vor jeder Änderung — eine Braunpause auf dünnem Papier hergestellt werden, welche an die Stelle der ursprünglichen Originalzeichnung zu treten hat. Erst nachdem dieser Ersatz geschaffen ist, darf die Originalzeichnung selbst geändert werden.

Diese abgeänderte oder vervollständigte Zeichnung behält meist die ursprüngliche Nummer, erhält aber einen Buchstaben-Zusatz, und dem alten Datum wird das Datum der Abänderung hinzugefügt, z. B.:

C 20 400 a

Berlin 20. 3. 1911.
28. 4. 1911.

(Die unterstrichenen Bezeichnungen beziehen sich auf die Abänderungen und werden meist in anderer Farbe angegeben.)

So wie die Originalzeichnungen sind auch die Blaukopien planmäßig zu behandeln, die an die Fabrik zurückgesandt werden, nachdem sie von den Abnehmern genehmigt oder abgeändert wurden. Auch sie werden für den Betrieb zu Urkunden.

Solche geänderten oder genehmigten Blaukopien müssen daher ebenfalls in der Registratur des technischen Bureaus geordnet aufbewahrt werden, und zwar unter der ursprünglichen Nummer.

In ähnlicher Weise, aber getrennt von den eigenen Zeichnungen, sind fremde Zeichnungen, welche von Abnehmern oder anderen Fabriken eingesandt werden, zu ordnen und aufzubewahren. Die geänderten eigenen Blaukopien können nicht als Fremdzeichnungen angesehen und müssen daher getrennt von jenen gesammelt werden. Solche fremden Zeichnungen, wenn sie im Zusammenhang mit dem Betriebe zurückbehalten werden, sind nach dem sachlichen Inhalt in Gruppen zu ordnen, etwa mit I, II, III usw. bezeichnet, und in der Registratur aufzubewahren. Die Kalkulationen auf Grund fremder Zeichnungen müssen dann dieser Gruppeneinteilung entsprechen.

Auch flüchtige Skizzen auf Pauspapier usw. können im Zusammenhang mit Besprechungen, Bestellungen, Abänderungen usw. Urkunden werden. Sie müssen dann ähnlich behandelt und in Gruppen eingeteilt werden wie die fremden Zeichnungen. Alle derartigen Skizzen sollten grundsätzlich mit Kopiertinte oder Kopierstift gezeichnet werden.

Eine besondere Behandlung erfordern vorhandene Zeichnungen, wenn sie für neue Zwecke, für Angebote oder als Werkstattzeichnungen verwendet werden. Wird eine Originalzeichnung in solcher Weise benutzt und irgendwelche Änderung daran vorgenommen, so ist zuvor wieder eine dünne Braunpause anzufertigen und der Registratur als Originalersatz zu übergeben.

Die Bestellung und Ausgabe der Lichtkopien, die für jeden modernen Betrieb gebraucht werden, erfordert gleichfalls planmäßige Ordnung. Die Bestellung von Lichtkopien erfolgt von einer Stelle aus, von ihr sind sie durch Bestellzettel zu verlangen. Die Kopien werden durch die Registratur geliefert und kontrolliert. Die ausgegebenen Lichtkopien müssen für ihren besonderen Zweck in großer, deutlicher, umränderter Schrift abgestempelt werden, z. B.: „Ersatzzeichnung Nr. 4.“ „Ersatz für verbrauchte Nr. ....“ „Original nicht vorhanden. Ersetzt durch Nr. ...“ „Nur für Modellanfertigung.“ „Für Werkzeuganfertigung.“ „Entwurf“. „Maße unverbindlich.“ „Für Berechnung der Selbstkosten.“ „Montagezeichnung“ usw.

Streng geordnetes Verfahren ist auch notwendig, wenn Bureauzeichnungen zur Einsicht oder Zeichnungen zur Änderung verlangt werden, und wenn die geänderten Zeichnungen zurückgegeben werden. Es sind daher besondere Bücher über die Zeichnungen zu führen, ein Hauptbuch im Archiv, ein solches im Konstruktionsbureau, ein besonderes für eingesandte Zeichnungen.

Aufbewahrung der Zeichnungen.

Vor allem kommen hier die Originalzeichnungen in Betracht, die als Urkunden zu bewerten und zu behandeln sind. Sie werden nicht in den Betrieb hinausgegeben, da sie durch die Benutzung leiden würden. In organisierten Betrieben werden von derselben Zeichnung stets mehrere Stücke gleichzeitig gebraucht; deshalb wird die nötige Anzahl von Kopien der Originalzeichnung hergestellt und den verschiedenen Werkstätten usw. übergeben. Der größeren Haltbarkeit wegen werden die Originalzeichnungen meist auf Pausleinwand hergestellt.

Die Originalzeichnungen müssen möglichst geschont werden, da sie auf wenig widerstandsfähigem Pauspapier oder allenfalls auf Pausleinwand gezeichnet sind, die auch durch den oftmaligen Gebrauch faltig und undurchsichtig wird. Da sie aber immer wieder bei Neubearbeitungen, Ausarbeitung von Angeboten usw. gebraucht werden, sollten für die laufende Benutzung von allen Originalen Kopien auf starkem Papier hergestellt und geordnet in großen Nachschlagemappen im technischen Bureau aufbewahrt werden.

Für die Aufbewahrung der Originalzeichnungen ist Einhaltung einheitlicher Papierformate erforderlich, derart, daß eine Höchstgröße angenommen wird und das nächst kleinere Format immer die Hälfte des vorhergehenden ist. Zeichnungen ungleicher Größe und ungleicher Beschaffenheit verursachen bei der Aufbewahrung lästige Schwierigkeiten.

Die Größe der Zeichnung richtet sich nach dem Zwecke der Darstellung. Das größte Format ist nur ausnahmsweise zu benutzen, so daß in der Regel größere Zeichnungen als etwa 1000×700 mm nicht vorkommen. Die Größe des beschnittenen Blattes, der fertigen Lichtpause und des freizulassenden Randes ist vorgeschrieben.

Die ganz großen Formate werden ausnahmsweise gefaltet. Es ist daher beim Zeichnen darauf zu achten, daß in der Bruchlinie die Deutlichkeit der Zeichnung nicht leidet, und daß an dieser Stelle keine wichtigen Maße eingetragen sind.

Die Aufbewahrung erfolgt in Mappen; jeder Bogen wird ganz ausgebreitet und die Nummer so angebracht, daß sie am Außenrande leicht und rasch zu finden ist. Für die Übersicht ist solche Aufbewahrung die bequemste, aber flach gelegte Zeichnungen leiden bei solcher Aufbewahrung, wenn es sich um Originalzeichnungen auf Pauspapier handelt. Dieses wird im Laufe der Zeit brüchig und undurchsichtig.

Ingenieure pflegen der Ordnung der Akten, die zu jeder Konstruktion gehören, leider wenig Sorgfalt zuzuwenden, obwohl die Akten ebenso wichtig sind wie die Zeichnungen.

Oft sind die Zeichnungen allein gar nicht ausreichend, um, insbesondere bei einer späteren Wiederbenutzung, über alle Umstände Auskunft zu geben. Einheitlichkeit und Ordnung der Akten ist daher von großer Wichtigkeit.

Vielfach werden nur bestimmte Akten geordnet und aufbewahrt, insbesondere die für die Lieferungen maßgebenden Korrespondenzen, die Rechnungsakten und die Schriftstücke im Verkehr zwischen dem Konstruktionsbureau und den Abteilungen des Betriebs usw.

Ebenso wie diese Akten sollten aber auch alle Berechnungen, Untersuchungen, Betriebsergebnisse aufbewahrt und geordnet werden.

Jedes Schriftstück des technischen Bureaus erhält eine fortlaufende Nummer, meist übereinstimmend mit der Nummer der Sache, und den Hinweis auf die zugehörige Zeichnung. Für jede Angelegenheit wird eine Karte ausgestellt und mit der Nummer des Aktenstücks versehen.

Über jedes ausgegebene Aktenstück muß eine Quittung in der Registratur niedergelegt, und diese Quittungen müssen laufend kontrolliert werden.

In gleicher Weise sollten alle Berechnungen, die die Grundlage der Konstruktion bilden und über ihre Entstehung Auskunft geben, behandelt und geordnet aufbewahrt werden. Das geschieht nicht immer, obwohl die Rechnung und die ihr zugrunde liegenden Annahmen und Absichten oft größere Wichtigkeit erlangen können als die Zeichnung.

Das gleiche gilt für die Niederschriften über Versuche, Erprobungen, Messungen usw. Alle diese Schriftstücke sollten als Urkunden behandelt werden; denn sie bilden die Grundlage für die technische Beurteilung des in Ausführung Begriffenen und auch die Grundlage für weiteren Fortschritt, der sich auf das Vorangegangene aufbaut.

Lichtkopier- und andere Vervielfältigungsverfahren.

Nach den Maschinenzeichnungen sind fast durchweg Lichtkopien in mehr oder minder großer Zahl herzustellen,

Die Originalzeichnung, die zum Lichtkopieren dienen soll, muß auf lichtdurchlässiges Papier gezeichnet werden, so daß Kopien davon auf lichtempfindlichem Papier angefertigt werden können. Sie wird dann für andere Zwecke nicht verwendet, sondern bleibt im Zeichnungs-Archiv, und nur die leicht ersetzbaren Kopien werden für die verschiedenen Zwecke benutzt, z. B. an die einzelnen Fabrikations-Abteilungen abgegeben. Erforderlich ist, daß die Originalzeichnung für das anzuwendende Kopierverfahren zweckentsprechend gezeichnet wird.

Der Vorteil der Verwendung von Lichtkopien besteht darin: Der eigentliche Entwurf der Zeichnung braucht nicht als in Tusche ausgezogene Originalzeichnung, sondern nur als Bleistiftzeichnung fertiggestellt zu werden. Nach dem Entwurf wird nur die Originalpause, die zur Vervielfältigung durch Lichtkopierverfahren geeignet ist, angefertigt. Von dieser lassen sich durch das Lichtkopierverfahren mit einfachen Mitteln und geringen Kosten beliebig viele Kopien herstellen, die alle mit der Originalpause genau übereinstimmen.

Solange die Anzahl der erforderlichen Kopien etwa 20 nicht übersteigt, ist das Lichtkopier-Verfahren für die Vervielfältigung aller Arten Maschinenzeichnungen bis jetzt das zweckmäßigste. Bei größerem Bedarf treten an seine Stelle autographische, photochemische und andere Druckverfahren.

Die Lichtkopierverfahren sind Zweige der photographischen Kunst; sie beruhen auf der Eigenschaft chemischer Stoffe, unter dem Einfluß des Lichtes chemische Veränderungen zu erfahren. Durch derartige Stoffe lichtempfindlich gemachtes Papier wird mit der auf Pauspapier gezeichneten Originalzeichnung bedeckt und dann dem Lichte ausgesetzt. Die lichtempfindliche Oberfläche wird nur da chemisch verändert, wo die Zeichnung das Licht durchläßt; unverändert dagegen bleiben die Stellen, welche von den Linien der Zeichnung bedeckt werden. Nach erfolgter genügender Belichtung sind weitere Prozesse erforderlich, um die Kopie haltbar und verwendbar zu machen.

Die Verfahren beruhen zum größten Teil auf der Lichtempfindlichkeit von Eisenoxydverbindungen, die am Licht zu Eisenoxydulverbindungen reduziert werden. Bei einigen Verfahren werden Silber- und Chromsalze als lichtempfindliche Stoffe angewandt.

Für die Belichtung eignet sich am besten direktes Sonnenlicht, das am raschesten wirkt. Die Belichtung kann auch im zerstreuten Tageslicht erfolgen, auch bei künstlichem, elektrischem Lichte, mit Reflektoren oder in einem Glaszylinder mit gleichmäßig wanderndem Bogenlicht, erfordert aber dann längere Zeit, nicht nur wegen der geringeren Lichtstärke, sondern auch wegen der verschiedenen chemischen Wirkung der Lichtstrahlen. Gelbes Licht z. B. ist sehr intensiv, aber chemisch fast unwirksam. Künstliches Licht von gelber Farbe, wie Lampen- oder Gaslicht, ist daher ungeeignet. Die chemisch wirksamen Strahlen sind die blauen und violetten, überhaupt die Strahlen von kurzer Wellenlänge. Sehr reich an solchen chemisch wirksamen Strahlen ist das Magnesiumlicht.

Zeichnungen auf dickem, rauhem Zeichenpapier lassen sich mit den gewöhnlichen Kopierverfahren nur undeutlich vervielfältigen. Die Originalzeichnungen müssen daher in der Regel auf durchsichtigem, gleichmäßig lichtdurchlässigem Papier oder Pausleinen von blauer oder wasserheller, nicht aber gelber Farbe gezeichnet sein. Beim Durchsehen gegen das Licht dürfen sich keine Körper oder Flecke zeigen. Pflanzenfaserpapier ist deshalb nicht brauchbar.

Die Zeichnungslinien auf diesem durchsichtigen Papier müssen vollständig lichtundurchlässig sein. Maßgebend ist das Aussehen der Linien, gegen das Licht gehalten, wobei sie vollständig schwarz erscheinen müssen und keinen Lichtschimmer durchlassen, nicht braun oder blau erscheinen dürfen. Je undurchsichtiger und gleichmäßiger die Linien sind, desto schärfer werden die Kopien. Alle Originalpausen müssen mit tiefschwarzer Tusche gezeichnet werden, der auch gelbe Farbe zugesetzt werden kann. Flüssige Tusche ist häufig nicht tiefschwarz, sie gibt braune, lichtdurchlässige Linien und erfordert reichlichen Zusatz gelber Farbe.

Die Originalpausen sind stets in kräftigen Linien zu zeichnen, da diese in der Lichtkopie ohnedies durch Ausbreitung der Lichtstrahlen an den Rändern, besonders bei dickem Papier, dünner erscheinen.

Die Originalpausen sind nur in einer Farbe, schwarz, zu zeichnen. Mehrfarbige Ausführung ist zwecklos und störend, da nicht die Farbe, sondern nur der Grad der Lichtdurchlässigkeit auf den Lichtkopien wiedergegeben werden kann. Lichtundurchlässig sind: Tiefschwarz, Gelb, Dunkelrot und zahlreiche Deckfarben. Lichtdurchlässig sind insbesondere blaue Farben; sie erscheinen in den Lichtkopien blaß oder überhaupt nicht. Die richtige vorherige Beurteilung der Lichtwirkung erfordert einige Übung. Es ist daher zweckmäßig, das Original nur in schwarzer Farbe auszuführen und, wenn Tonabstufungen notwendig sind, diese durch hellere oder dunklere Farbe gleicher Art hervorzubringen.

Die Originalpausen müssen, damit sie für Lichtkopien unverändert geeignet bleiben, ungefaltet und ungerollt unter Lichtabschluß aufbewahrt werden. Das Falten verursacht lichtundurchlässige Linien im Papier. Ist das Falten wegen besonders großen Formates unvermeidlich, dann muß die Zeichnung so angeordnet werden, daß auf die Faltstelle keine wesentliche Darstellung, insbesondere auch keine Maßzahlen zu stehen kommen. Alle auf Papier gezeichneten Zeichnungen sind ungenau, solche auf Pauspapier insbesondere; nachträglich können daher Maße nicht abgemessen werden, weil sich jedes Pauspapier stark verzieht; durch oftmaligen Gebrauch zum Lichtkopieren kann die Zeichnung sogar sehr ungenau werden. Dies ist ein Nachteil aller Lichtkopierverfahren, welche Originalzeichnungen auf durchsichtigem dünnen Papier erfordern. Erst in neuerer Zeit ist dieser Nachteil durch das Sepia-Verfahren beseitigt worden, durch welches auch Zeichnungen auf starkem Zeichenpapier kopiert werden können.

Die Operationen, welche für die verschiedenen Lichtpausverfahren notwendig sind, bestehen im wesentlichen: in der Herstellung des lichtempfindlichen Papiers, wenn es nicht fertig gekauft wird, der Belichtung und der Entwicklung, d. h. Waschung der Lichtkopie.

Für die Belichtung sind besondere Kopierrahmen erforderlich. Wird mit Tageslicht belichtet, so bestehen sie aus einer in kräftigen Holzrahmen eingelegten Spiegelglasplatte. Auf diese wird die Originalpause glatt aufgelegt, darüber das lichtempfindliche Papier und darüber der Preßbausch (Filz, Tuch oder weiche Pappe); das Ganze wird durch einen mehrteiligen Deckel geschlossen. Große Apparate sind um Zapfen drehbar auf fahrbaren Gestellen gelagert. Die Herrichtung und das Einrichten des Kopierpapiers erfolgt in einem lichtgeschützten Raum. Die Glasplatte muß fehler- und staubfrei sein, ebenso die Originalpause, da alle lichtundurchlässigen Körper auf der Kopie Flecke geben. Das Papier muß glatt an der Glasscheibe anliegen; Falten und Wellen geben verschwommene Kopien, müssen deshalb vorher beseitigt werden. Alles im Kopierrahmen Befindliche muß gut trocken sein, da sonst die Belichtung erschwert wird.

Das Festhalten des Deckels erfolgt gewöhnlich durch Spannfedern, welche das Eingelegte gegen die Glasplatte pressen. Nachteilig ist hierbei die Gefahr, daß die Glasplatte bei ungleichem Druck zerbrochen werden kann. Dies wird durch die

Luftdruckapparate vermieden, welche bei geringster Belastung der Glasscheibe ein gleichmäßiges Anpressen gestatten. Der Kopierrahmen muß dann luftdicht geschlossen sein. Zu diesem Zwecke werden Zeichnung und lichtempfindliches Papier mit einem Gummiblatt überdeckt und dessen Ränder durch Leisten auf der Glasscheibe abgedichtet. Dann wird durch eine Luftpumpe, Strahlpumpe usw. mit Hand- oder Maschinenbetrieb die Luft zwischen Gummiblatt und Glasscheibe abgesaugt. Hierdurch wird je nach der Luftverdünnung der atmosphärische Druck auf der ganzen Fläche gegen die Glasscheibe drücken und Papierfalten beseitigen.

Belichtung. Der beschickte Rahmen wird dem Sonnenlicht ausgesetzt, und zwar so, daß die Lichtstrahlen möglichst senkrecht die Bildfläche treffen. Bei längerer Belichtung ist die Lage entsprechend zu wechseln, damit nicht Rahmenteile einseitig Schatten werfen.

Schwachgezeichnete Originale müssen einer schwachen Belichtung während längerer Zeit ausgesetzt werden und nicht starkem Sonnenlicht. Die Kopie wird um so deutlicher, je langsamer die Lichteinwirkung erfolgt. Vielfach ist man deshalb sogar gezwungen, die Lichtwirkung durch ein über den Rahmen gelegtes weißes oder blaues Papier absichtlich abzuschwächen.

Die Belichtungszeit hängt von der Art des lichtempfindlichen Mittels, Stärke und Beschaffenheit des Lichtes und des Papiers ab. Durch zeitweiliges schnelles Öffnen eines Teiles des Rahmendeckels kann man sich vom jeweiligen Stande des Kopierprozesses überzeugen. Für den gleichen Zweck kann man sich auch eines Photometers bedienen. Angaben über die normale Belichtungszeit und Kennzeichen genügender Belichtung sind bei den einzelnen Kopierverfahren angegeben.

1. Negativ-Lichtkopierverfahren.

Sie liefern weiße Linien auf dunkelblauem oder braunem Grunde bei Verwendung von Kopierpapier, welches mit einer Lösung von Eisenoxydsalz und rotem Blutlaugensalz bzw. Silbernitrat bestrichen wird. Es können auch Abtönungen und schwache Striche, selbst Bleistriche, bei geringer Belichtungszeit wiedergegeben werden. Das sind für besondere Fälle praktisch wertvolle Vorzüge.

Nachteile sind: das Ungewohnte weißer Linien, die das Lesen der Blaukopien erschweren bzw. Übung erfordern; auch können nachträgliche Änderungen der Zeichnung nur mit chemischer Tinte vorgenommen werden, was in anderer Hinsicht ein Vorteil ist, indem Änderungen durch Unberufene nicht vorgenommen werden können, ohne bemerkt zu werden. Farbige Behandlung der Kopie wird durch den blauen Grund beeinträchtigt.

Die Belichtung dauert in der Sonne $1/2$—3 Minuten, bei trübem Wetter bis zu mehreren Stunden.

Wegen seiner großen Einfachheit am meisten im Gebrauch ist:

Das Eisenblauverfahren (Zyanotypie). Es liefert Kopien mit weißen Linien auf blauem Grunde. Das lichtempfindliche Papier ist haltbar und im Handel zu haben oder herzustellen durch Bestreichen mit einer Lösung von: 50 ccm destilliertem Wasser, 8 g rotem Blutlaugensalz und: 50 ccm destilliertem Wasser, 10 g zitronensaurem Eisenoxydammoniak.

Die Lösungen sind getrennt aufzubewahren. Zum Gebrauche mischt man gleiche Teile beider Lösungen, filtriert und trägt die Mischung mittels eines Pinsels auf das Papier auf. Dies muß bei gedämpftem Tageslicht oder Lampenlicht geschehen. Das Papier wird dann an Klammern aufgehängt getrocknet. Frisch bereitet hat das Papier eine grüngelbe Farbe; es muß vor Licht und Feuchtigkeit geschützt aufbewahrt werden.

Belichtet wird so lange, bis die feinsten Linien anfangen blau anzulaufen, bzw. bis der überstehende Papierrand sich grün färbt. Nach dem Belichten wird die

Kopie mit Wasser so lange ausgewaschen, bis sich das Wasser nicht mehr färbt. Dadurch wird die unveränderte Substanz von den nicht belichteten Stellen abgewaschen und das Bild fixiert. Die Linien müssen bei richtiger Zeichnung und richtiger Belichtung schließlich rein weiß auf blauem Grunde erscheinen.

Intensivere Blaufärbung wird erhalten, wenn die Lichtpause nach dem Waschen kurze Zeit in verdünnte Salzsäure (1 : 50) gelegt und dann wieder gut mit Wasser ausgewaschen wird.

Dieses Verfahren ist das weitestverbreitete und einfachste und auch bei schlechter Belichtung und schlechten Originalpausen anwendbar. Es gibt selbst lesbare Kopien von Bleistiftzeichnungen, ja nochmalige Kopien nach Lichtkopien. Die Kopien können auf Papier jeder Qualität, auch auf Karton oder Leinwand hergestellt werden.

Um auf der Kopie nachträglich Linien hinzuzufügen, benutzt man eine Lösung von 5 g oxalsaurem Kali in 50 ccm Wasser. Mit dieser Lösung können rein weiße Striche auf dem blauen Grunde erhalten werden. Mit roter Tinte versetzt, ergibt die Lösung rote Linien. Radiert kann auf den Kopien überhaupt nicht werden. Die übliche farbige Ausführung ist nur möglich, wenn die nachträglich mit Farbe zu belegenden Stellen im Original schwarz angelegt, also in der Kopie weiß gelassen werden. Auf der blauen Fläche verliert die Farbe ihre gewohnte charakteristische Wirkung. Das ist jedoch unwesentlich; das Wenige, was durch Farbe zur deutlichen Unterscheidung gesagt werden kann, läßt sich auf diese Weise immerhin auf Blaukopien ausdrücken. Sehr viele Fabriken sind nach Erprobung aller anderen, in vieler Beziehung vollkommnerer Kopierverfahren wieder auf dieses unvollkommene, aber einfache und allen gewöhnlichen Anforderungen entsprechende zurückgekommen.

Das Sepia-Verfahren beruht auf der Lichtempfindlichkeit von Silbersalzen und gibt weiße Linien auf braunem Grunde.

Das lichtempfindliche Papier ist gut haltbar und wird am besten käuflich bezogen. An Empfindlichkeit ist das Sepia-Papier den übrigen überlegen. Man belichtet so lange, bis der Grund des Bildes etwas dunkler ist, als er bei dem fertigen Bilde gewünscht wird. Nach dem Kopieren ist 15—20 Minuten langes Auswaschen in fließendem Wasser notwendig. Bei zu langer Belichtung werden die Linien während des Waschens nicht weiß, sondern gelb. Bei unzureichender Belichtung wird der Grund matt.

Neuerdings ist ein Sepia-„Blitz“-Lichtpauspapier in Gebrauch gekommen. Dasselbe gestattet durch seine bedeutende Empfindlichkeit, auch Kopien nach Zeichnungen auf gewöhnlichem Papier herzustellen. Darin liegt der Hauptvorzug des Verfahrens. Das Kopieren erfolgt rascher als mit gewöhnlichen Eisenpapieren.

Früher mußten alle Urzeichnungen für Lichtkopierverfahren auf Pauspapier gezeichnet werden. Dieses ist, wie schon erwähnt, veränderlich. Bei Gesamtzeichnungen in kleinerem Maßstabe und überhaupt bei Maschinenzeichnungen, welche nicht alle Ausführungsmaße und Maßzahlen enthielten, war man infolgedessen vielfach gezwungen, auf das Lichtkopierverfahren zu verzichten und solche Pläne auf widerstandsfähigem Zeichenpapier herzustellen. Als Aushilfsmittel wurde oft versucht, solche Zeichnungen auf undurchsichtigem Papier durch Bestreichen mit Öl durchscheinend und damit vorübergehend für die Abnahme von Lichtkopien brauchbar zu machen, nachher aber die Zeichnungen durch Benzin wieder zu entfetten; dieses Auskunftsmittel ist jedoch unbequem und verdirbt die Zeichnungen; eine spätere Wiederholung der Lichtkopierung ist ausgeschlossen, weil einmal gefettete Zeichnungen rasch verstauben.

Ein anderes Auskunftsmittel zur Vervielfältigung von Plänen auf undurchsichtigem Papier bestand in der photographischen Aufnahme der Zeichnung unter gleichzeitiger Verkleinerung. Von der photographischen Glasplatte und dem Negativ wurden alsdann Lichtkopien auf blauem Papier oder Platinpapier hergestellt; dieses Verfahren ist aber sehr kostspielig.

Diese Übelstände werden durch das Sepia-Blitzverfahren vermieden. Es gestattet, die Zeichnungen auf widerstandsfähigem, starkem, nur etwas durchscheinendem Papier herzustellen und jederzeit unverändert zur Entnahme von Kopien zu benutzen, ohne die hohen Kosten der photographischen Vervielfältigung zu verursachen.

Mittels des Sepia-Verfahrens kann man auch positive Lichtkopien erhalten. Man stellt zunächst, indem man die Originalpausen verkehrt (Zeichnung nach unten) in den Kopierrahmen legt, auf möglichst dünnem Papier eine Negativkopie im Spiegelbild her, welche einen möglichst kräftigen, tiefbraunen, lichtundurchlässigen Untergrund hat. Von diesem Spiegelbild (Schablone), welches wiederum verkehrt in den Rahmen gelegt wird, erzielt man dann durch das Sepiaverfahren oder durch das Eisenblauverfahren, jedoch bei doppelter Belichtungsdauer, positive Bilder, braune oder blaue Linien auf weißem Grunde.

Wesentliche Ersparnisse an Zeichnungskosten gewährt das Sepiakopierverfahren insbesondere bei Änderung von Zeichnungen.

Von der Originalpause wird zunächst ein Sepianegativ (weiße Linien auf braunem Grunde) angefertigt. Auf diesem wird die zu ändernde Stelle mit schwarzer Tusche oder undurchsichtigem Papier abgedeckt. Hierauf wird von der Pause ein Sepiapositiv (braune Linien auf weißem Grunde) angefertigt; auf ihm werden die erforderlichen Änderungen eingezeichnet und dann die nötigen Blaukopien nach dem so ergänzten Positiv hergestellt.

Es ist aber zu beachten, daß bei solcher wiederholten Benutzung photopraphischer Negative auf Papier die schließlich erzielten Blaupausen nicht maßstäblich sein können, da die Zeichnung infolge der dreimaligen photographischen Übertragung einschrumpft. Daher müssen genaue und deutliche Maßzahlen eingeschrieben werden.

2. Positiv-Lichtkopierverfahren.

Die Positivverfahren geben schwarze oder blaue Linien auf weißem Grunde, sind umständlicher und erfordern sorgfältige Originalzeichnung in kräftigen, tiefschwarzen, undurchsichtigen Linien. Tonabstufungen können nicht wiedergegeben werden. Die Kopien gestatten hingegen nachträgliche Korrektur und farbige Ausführung.

Der Tintenprozeß. Dieses Verfahren gibt blauschwarze Linien auf weißem Grunde. Neben dem negativen Eisenblauprozeß ist dieses Verfahren wohl am meisten im Gebrauch. Das lichtempfindliche, mit Eisenoxydsalzen behandelte Papier ist ebenfalls längere Zeit haltbar; seine Herstellung ist jedoch umständlicher als beim negativen Blauprozeß, man kauft es deshalb am besten fertig.

Eisenoxydsalze besitzen die Eigenschaft, mit Gallussäure schwarze Tinte zu bilden; durch das Licht werden sie zu Eisenoxydulsalzen reduziert; die Schwarzfärbung kann bei der Kopie also nur an den Stellen eintreten, wo das Eisenoxydsalz durch die Linien der Zeichnung vor Licht geschützt war.

Die Belichtung dauert in vollem Sonnenlicht etwa 10—12 Minuten, und zwar so lange, bis der Grund völlig weiß erscheint und die Linien der Zeichnung schwach gelb sichtbar sind. Bei zu kurzer Belichtung färbt sich im Bad auch der Grund der Kopie; bei zu langer Belichtung verschwinden die feinen Linien. Hierin liegt der wesentliche Nachteil dieses Verfahrens; es erfordert sorgfältige Originalzeichnungen und gute und richtige Belichtung.

Das belichtete Papier bringt man etwa 3 Minuten in ein Entwicklungsbad, das aus einer Lösung von 7 g Gallussäure und 1 g Oxalsäure in 1000 ccm Wasser besteht.

Die gelben Linien färben sich in diesem Bade schwarz. Nach beendigter Entwicklung wird die Kopie in reinem Wasser etwa 10 Minuten gewaschen.

Um auf der fertigen Kopie Korrekturen anzubringen, bedient man sich einer Lösung von 10 g Pottasche und 10 g oxalsaurem Kali in 60 ccm destilliertem Wasser.

Dasselbe Verfahren ohne Entwicklungsbad. Bei den neuerdings für diesen Prozeß unter dem Namen Wasserbad-Positiv-Papier in den Handel gebrachten Papieren fällt die Entwicklung mit Gallussäure ganz weg, und es ist nur Auswaschen mit Wasser notwendig, wobei die Kopie mit der Bildseite nach unten in das Wasser getaucht wird.

Der Tintenprozeß gibt Schatten und Halbtöne des Originals wieder, gestattet nachträgliches Radieren und farbige Behandlung, erfordert aber tadellose Originalzeichnungen. Mangelhafte Zeichnungen mit vielen lichtdurchlässigen Linien geben völlig unbrauchbare Kopien, während sie für das Negativverfahren noch brauchbar sind.

Positiver Blauprozeß (Gummi-Eisenprozeß). Dieses Verfahren, das sich durch große Empfindlichkeit auszeichnet, gibt blaue Linien auf weißem Grunde.

Zeichnungen auf durchsichtigem Papier sind für diesen Prozeß unbedingt erforderlich, dickes Papier gibt die Papierwolken auffallend wieder.

Wird das mit einem Gemisch von Gummiarabikum und einem lichtempfindlichen Eisenoxydsalze überzogene Papier belichtet, so entsteht an den vom Licht getroffenen Stellen ein Eisenoxydulsalz, und die Gummischicht wird unlöslich. Bei Behandlung mit gelbem Blutlaugensalz färben sich nur die nicht vom Licht getroffenen Stellen (schwarze Linien des Originals) unter Bildung von Berlinerblau. Die Gummischicht dient dazu, das Eindringen der Blutlaugensalzlösung an den belichteten Stellen zu verhindern. Nach beendeter Entwickelung wird die Gummischicht durch verdünnte Salzsäure entfernt.

Belichtet wird so lange, bis die Zeichnung deutlich gelb auf dunklem Grunde erscheint. An der Sonne sind dazu nur wenige Minuten, im Schatten etwa 15 Minuten notwendig.

Zur Entwicklung des Bildes dient eine Lösung von 20 g gelbem Blutlaugensalz in 1000 ccm Wasser, womit das belichtete Papier bestrichen wird. Sobald die Linien dunkelblau erscheinen, spült man rasch mit Wasser ab und bringt das Bild in eine Schale mit verdünnter Salzsäure (1 : 10). Nach nochmaligem Behandeln des Bildes mit Wasser und Schwamm wird das Bild zum Trocknen aufgehängt. Die auf diesem Wege hergestellten Kopien sind im Licht sehr gut haltbar.

Außer den Eisen- und Silbersalzen sind noch die Chromverbindungen als lichtempfindliche Stoffe für die Lichtpausverfahren von Wichtigkeit.

Von praktischer Bedeutung sind unter den zahlreichen Verfahren:

Das Einstaubverfahren (Anthrakotypie). Dieses Verfahren ist wegen der schwierigen Ausführbarkeit nicht so allgemein im Gebrauch als die vorerwähnten; es beruht auf der Eigenschaft der unbelichteten Teile eines Chromgelatinebildes, in lauwarmem Wasser aufzuschwellen und klebrig zu werden, so daß Staubfarben an diesen Stellen haften. Die belichteten Teile des Bildes nehmen dagegen eine hornartige Beschaffenheit an und werden durch Wasser nicht mehr klebrig.

Ein mit Chromgelatine überzogenes Papier wird unter einer Zeichnung dem Licht ausgesetzt, bis die Linien der Zeichnung lichtgelb auf bräunlichem Grunde erscheinen; nach der Behandlung mit Wasser wird das Papier mit Schwärze (aus bestem Lampenruß) eingestaubt, die nur an den durch die Linien geschützt gewesenen Stellen angenommen wird. Man erhält demnach positive Kopien, schwarz aus weißem Grunde, die gedruckten Zeichnungen sehr ähnlich sehen.

Der „Anilindruck“ ist viel leichter ausführbar als das Einstaubverfahren; er beruht ebenfalls auf der Lichtempfindlichkeit der Chromverbindungen. An Lichtempfindlichkeit ist dieses Verfahren den oben erwähnten überlegen; außerdem zeichnen sich die fertigen Kopien durch große Haltbarkeit aus. Man erhält nach einer Zeichnung direkt ein Positiv: dunkelviolett auf weißem Grunde.

Das lichtempfindliche Papier ist wegen seiner geringen Haltbarkeit nicht im Handel zu haben; die Herstellung erfordert eine Lösung von 10 g Kaliumbichromat, 100 ccm Phosphorsäurelösung (1,124 spez. Gew.), 100 ccm destilliertem Wasser. Auf dieser Lösung muß das Papier etwa 1 Minute lang schwimmen, hierauf wird es schnell getrocknet und ist dann 1 bis 2 Tage haltbar. Die Belichtungszeit beträgt bei zerstreutem Licht etwa 10 Minuten, bei direktem Sonnenlicht etwa 3 Minuten. Die Belichtung ist genügend, wenn die Linien der Zeichnung schwach gelb auf grünlich-weißem Grunde sichtbar sind. Nach dem Belichten bringt man die Kopie in den Räucherkasten. Für den Entwicklungsprozeß ist Feuchtigkeit notwendig; in den Kasten wird deshalb ein mit Wasser befeuchtetes Stück Flanell und ein weiteres Stück, das mit einer Lösung von 10 ccm Anilin (rohem Anilinöl) und 160 ccm Benzin übergossen wird, eingelegt. Nach 5 bis 10 Minuten haben sich die gelben Linien blaugrün gefärbt; man wäscht dann die Kopie kurze Zeit und trocknet; wenn man zum Waschwasser etwas Ammoniak setzt, so wird die Kopie blauviolett. Färbt sich beim Räuchern mit Anilin auch der Grund der Zeichnung, so hat man zu kurz, kommen die feinen Linien nicht zum Vorschein, zu lange belichtet.

Alle Lichtkopien, die durch die erwähnten Lichtkopierverfahren hergestellt werden, unterscheiden sich auffällig von den Originalzeichnungen, insbesondere die Kopien mit weißen Linien auf blauem Grunde. Daher war das Bestreben immer darauf gerichtet, durch das Lichtkopierverfahren Zeichnungskopien mit schwarzen Linien auf weißem Grunde zu erzielen, die sich von Originalzeichnungen möglichst wenig unterscheiden, und die sich durch den Druck leicht in größerer Zahl herstellen lassen. Dies ist in neuerer Zeit durch verschiedene Verfahren gelungen, und diese verdrängen daher, wo es sich um eine genügend große Zahl von Kopien handelt, die vorher erwähnten Lichtkopierverfahren immer mehr.

Diese neueren Druckverfahren sind unter verschiedenen Namen eingeführt, wie Zitographie, Gisaldruck, Roneo-Kopierverfahren, NIK-Umdruck (auf Kittmasse), Ruksaldruck, Rokodruck (besonders zur Erneuerung zerrissener Originalzeichnungen), anastatischer Druck (von Conrad), namentlich für Tabellen und Berechnungen, um Satzkosten zu sparen. Sämtliche Verfahren sind als „Photolithographie ohne Negativ" zu kennzeichnen.

Die Kopien besitzen gleiche Größe und Form wie die Originalzeichnung und sind meist in schwarzen Linien auf weißem Grunde ausgeführt.

Die Originalzeichnung wird in tiefschwarzen Linien auf Pauspapier gezeichnet und unmittelbar auf eine mit lichtempfindlicher Schicht (Chromatleim, Asphalt usw.) überzogene Stein- oder Metallplatte photographisch übertragen, darauf entwickelt und dann chemisch oder mechanisch derart behandelt, daß die Zeichnung auf der Platte erhöht hervortritt. Nach Auftragen der Druckfarbe können dann die erforderlichen Abdrücke auf der gewöhnlichen Druckmaschine hergestellt werden.

Um für diese Verfahren verwendbar zu sein, muß die Originalzeichnung eine gleichmäßige Fläche bilden und darf nicht gefaltet, aus mehreren Teilen zusammengeheftet oder -geleimt werden.

Neben den Lichtkopierverfahren finden zur Vervielfältigung von Maschinenzeichnungen noch verschiedene andere Verfahren Anwendung, insbesondere dann, wenn es sich um die Herstellung einer größeren Zahl von Abbildern handelt, wie bei der Veröffentlichung in Druckwerken usw. In Betracht kommen:

Die Autographie, die zur Vervielfältigung von Schriftstücken und rohen Skizzen geeignet ist.

Das Original wird in der Regel auf gewöhnlichem Schreib- oder dünnem Zeichenpapier mit Autographiertinte hergestellt. Das Verfahren liefert keine scharfen Abdrücke, da sich die Striche beim Umdruck auf Stein breit drücken; es ist daher für die Herstellung komplizierter Zeichnungen nicht brauchbar. Scharfe, saubere Abdrücke werden nur erhalten, wenn die Originalzeichnung auf präpariertem Papier mit fetter Autographiertusche gezeichnet wird. Dies erfordert aber große Übung, die nur vom Lithographen verlangt werden kann.

Der schwerwiegendste Nachteil ist der, daß die Originalzeichnung beim Umdruck verloren geht. Mißlingt der Umdruck, dann ist auch eine neue Originalzeichnung notwendig. Dasselbe gilt für alle anderen lithographischen Umdruckverfahren (Kreideverfahren, Federzeichnungen usw.). Die Aufbewahrung der Steine und Platten ist sehr umständlich und kostspielig.

Das Kopieren mit Hilfe von abfärbendem blauen oder roten Ölpapier, auch Graphit- oder Kohlepapier läßt sich allenfalls für die Vervielfältigung von Schriftstücken, nicht aber von Zeichnungen verwenden. Es müßte doch erst eine Pause angefertigt und dann mit einem Griffel nachgezeichnet werden, um mittels des untergelegten Farbpapiers eine Durchdruckkopie zu erhalten. Das gibt immer undeutliche und bei Verwendung von Kohlepapier selbst unhaltbare Bilder. Es ist einfacher, nach der ersten Pause Lichtkopien herzustellen. Auch durch den Hektographen lassen sich brauchbare Kopien von Maschinenzeichnungen nicht erzielen.

Vervielfältigungsverfahren, bei welchen die Übertragung auf Stein, Holz usw. von einem besonderen Zeichner, der aber keine Sachkenntnis besitzt, besorgt werden muß, wie Lithographie, Holzschnitt usw., werden für technische Zeichnungen immer weniger verwandt. Die Verfahren sind zu kostspielig und unbequem, und die Maschinenzeichnung verliert bei der Übertragung durch noch so geschickte, aber sachunkundige Hand ihre Eigenart. Die mit außerordentlicher Fertigkeit hergestellten Holzschnitte machen hiervon keine Ausnahme. Ihre Wirkung liegt nicht in der charakteristischen Maschinenzeichnung, sondern in der virtuos durchgeführten Abschattierung. Die berühmtesten „Holzstiche", dieser Schattierung entkleidet und in einfachen Konturen dargestellt, zeigen meist mangelhafte Formen.

Die photochemigraphischen Verfahren finden für die Darstellung von Maschinenbildern immer größere Anwendung. Die Originalzeichnung wird in beliebiger Verkleinerung oder Vergrößerung photographiert und das photographische Bild mit Hilfe einer lichtempfindlichen Chromgelatine-, Asphalt- oder Eiweiß-Schicht auf eine Zink- oder sonstige Metallplatte, eine Stein- oder Glasplatte durch Ätzung übertragen. Von dem so erhaltenen Bildstock kann eine große Zahl scharfer Abdrücke gewonnen werden.

Die Zinkhochätzung. Die Originalzeichnung wird auf gewöhnliches weißes Papier oder auf Pauspapier (blau, nicht gelblich) in scharfen, der beabsichtigten Verkleinerung und Wirkung entsprechenden kräftigen Linien gezeichnet. Fehlerhafte Linien können mit weißer Deckfarbe abgedeckt oder mit weißem Papier überklebt werden. Die Originalzeichnungen werden photographiert und in der angedeuteten Weise auf Zink übertragen; darauf wird die Zinkplatte mit Salpetersäure behandelt, welche — statt des Grabstichels beim Holzschnitt — die von der Zeichnung freigelassenen Stellen selbsttätig vertieft und die Zeichnungslinien hoch zurückläßt.

Durch dieses Verfahren können nur einfache Linien wiedergegeben werden, keine Abtönung. Nicht übertragbar sind zu dünne blasse oder farbige Linien. Umfängliche nachträgliche Korrekturen am Zinkstock sind unmöglich; auch geringe Änderungen, selbst das Entfernen einzelner Linien, sind mühsam.

Gut hergestellte Zinkstöcke halten mehr als 10 000 Abdrücke unverändert aus. Sie werden meist vernickelt oder verkupfert, um das Zink vor Oxydation zu schützen.

Zinkätzung kann auch verwendet werden, um Zeichnungen mit Tonabstufungen zu vervielfältigen (Autotypie). Die Wiedergabe der Tonabstufungen wird dadurch erreicht, daß über die Originalzeichnung oder photographische Übertragung ein Raster, ein Netz von Linien, gelegt wird, welches die Töne in Punkte zerlegt, die bei der Behandlung mit Säure als Hochätzung zurückbleiben.

Die scharfen Linien gehen dann aber verloren, und an ihre Stelle tritt die unbestimmte plastische Wirkung der Tonabstufungen. Das Verfahren ist geeignet zur Wiedergabe von photographischen Maschinenaufnahmen usw.

Für Abbildungen mit Tonabstufungen kommt in letzter Zeit auch das Tiefdruckverfahren immer mehr zur Geltung, nachdem es gelungen ist, das Verfahren für den Maschinendruck durchzuführen und insbesondere das Wegwischen der überflüssigen Farbschicht von der Druckplatte rasch auf mechanischem Wege zu bewirken.

Dadurch ist eine billige Herstellung der Kopien ermöglicht, die sich von den nach dem Hochdruckverfahren erzeugten Vervielfältigungen vorteilhaft unterscheiden, da wegen des Wegfalls des Rasters die feinsten Striche und Tonabstufungen wiedergegeben und für das Verfahren beliebig rauhe oder glatte Papiere verwendet werden können.

Alle Fabriken haben ihre eigenen organisierten Lichtpausanstalten. Die Bestellung der Lichtpausen muß in jedem großen Betriebe streng geregelt sein. Sie erfolgt durch Bestellzettel, zur Ordnung und Kontrolle in mehrfacher Ausfertigung, und jede Bestellung muß durch die zuständige Abteilung hindurchgehen.

Die Lichtpausanstalten großer Fabriken haben täglich Hunderte von Lichtkopien herzustellen, und zwar muß dies unabhängig vom Wetter zu jeder Tageszeit geschehen können.

Daher werden außer den für Belichtung im Freien geeigneten Kopierrahmen noch besonders ausgebildete Lichtkopiermaschinen verwendet, bei denen fortlaufend eine größere Zahl von Pausen durch künstliche Belichtung mittels elektrischen Lichtes hergestellt werden können.

Früher hat man hierzu Hohlzylinder aus Glas verwendet, in deren Hohlraum eine elektrische Lampe auf und nieder bewegt wurde. Abgesehen davon, daß eine gleichmäßige Belichtung bei langen Glaszylindern doch nicht zu erreichen war, machte das Einlegen der Pausen und des lichtempfindlichen Papiers stets Schwierigkeiten. Außerdem konnte nur eine beschränkte Zahl kleiner oder nur eine große Pause gleichzeitig eingelegt werden. Die Leistungsfähigkeit einer solchen elektrischen Anlage ist nicht wesentlich größer als die der einfachen Kopierrahmen.

Heute werden in den Fabriken Lichtkopiermaschinen für Dauerbetrieb verwendet. Das lichtempfindliche Papier wird von einer Rolle fortlaufend abgewickelt und die fertigen Pausen sofort in einem Wasserbad abgewaschen. Die Art des Einlegens der Originalpausen ist bei den gebräuchlichen Systemen verschieden. Die Belichtung wird durch elektrisches Glüh-, Bogen- oder Quecksilberdampflicht erreicht.

Handfertigkeit und Zeichenmaterial.

Es hat einige Berechtigung, zu sagen: auch über Handfertigkeit müsse ausreichende Belehrung gegeben werden, denn eigene Erfahrung koste zu viel Lehrgeld, und dies lasse sich durch vorherige Belehrung ersparen. Der tatsächliche Wert letzterer ist aber ein sehr beschränkter, denn auf diesem Gebiet läßt sich nicht viel lehren. Die Hauptsache ist eigene Übung.

Schriftliche Belehrung über Handfertigkeit im Maschinenzeichnen ist ziemlich nutzlos für solche, die das Zeichnen nie ausreichend geübt haben. Für diese würde in einem dicken Folianten auch nicht das Erforderliche gesagt werden können. Angaben über Handfertigkeit würdigt im allgemeinen nur, wer durch eigene Übung urteilsfähig geworden ist. Auch hier muß wiederholt werden, daß selbst das rein zeichnerische Können in der Hauptsache auf der Kenntnis der sachlichen Grundlagen und nur in untergeordneter Weise auf Handfertigkeit beruht, und daß geringe zeichnerische Leistungen oft nur durch den Mangel an Sachkenntnis verschuldet werden, nicht, wie viele meinen, durch den Mangel an zeichnerischem Geschick. Wer genau weiß, was er zeichnen will, wird auch immer größere „Handfertigkeit" zeigen; er wird z. B. eine Bleistiftzeichnung rasch und gewandt ausziehen, auch ohne große Übung, während der Sachunkundige erst die Bedeutung jeder Linie studieren und erraten muß und immer Fehler begehen wird. Für den Anfänger ist es von größter Wichtigkeit, möglichst viel und rasch zu zeichnen, vor allem zu skizzieren, gerade zum Zwecke der sachlichen Belehrung und Übung.

Auch dem Anfänger soll die größte Freiheit in zweckmäßiger zeichnerischer Darstellung, bei Benutzung der einfachsten Mittel, nicht nur eingeräumt, sondern zur Pflicht gemacht werden. Hierdurch wird er besser zum Zeichnen angeregt werden, als wenn er mit mühevoll im Schweiße des Angesichts angefertigten zeitraubenden Zeichnungen die Geduld verliert.

Weitläufige Anweisungen über Gebrauch von Zeicheninstrumenten nützen sehr wenig. Wesentlich sind genaue und gute Instrumente; ihre Handhabung ist persönliche Übungs- und Gewöhnungssache. Das beweist die Tatsache, daß jeder, auch der Geübte, mit fremden, wenn auch noch so guten Instrumenten unbequem arbeitet. Deshalb soll auch hier die Anweisung auf das Geringste beschränkt werden.

Papier. Maßgebend für die Auswahl ist wieder der Zweck der Zeichnung. Für Maschinenzeichnungen ist gegenwärtig die Lichtkopie die Regel, die unmittelbare Verwendung irgendeiner Originalzeichnung die seltenste Ausnahme. Es werden daher Originalpausen hergestellt und danach Lichtkopien angefertigt.

In diesem normalen Falle ist für die Originalzeichnung starkes, festes Papier ganz entbehrlich, körniges, dickes Papier nur störend. Die gegenteiligen Angaben der Broschüren über technische Zeichnungen beziehen sich auf Architektur- und sonstige Zeichnungen, die nach vollendeter Konstruktion eine sorgfältige, insbesondere farbige Ausführung erfordern und ganz anderen Zwecken zu genügen haben. Für Maschinenzeichnungen ist erforderlich:

Mäßig starkes, gut geleimtes, gut radierfähiges Papier mit fester, mäßig glatter Oberfläche, die nicht fasrig wird. Alle anderen Eigenschaften sind nebensächlich, da die Originalzeichnungen selten ausgeführt und oft gar nicht aufbewahrt werden. Nur in solchen Fällen, wo die Originalzeichnung aufbewahrt wird, ist starkes, widerstandsfähiges Papier erforderlich. Glattes Kartonpapier ist ungeeignet, da darauf nicht radiert werden kann. Die Vorschrift des deutschen Patentamtes, daß die Zeichnungen auf Bristol-Karton angefertigt werden müssen, ist eine unsachgemäße, die nur belästigt, ohne dem Zweck, insbesondere der Vervielfältigung für die Patentschriften, wesentlich zu nutzen.

Dicke, widerstandsfähige „Tauen-Zeichenpapiere“ haben für Maschinenoriginalzeichnungen nur dann einen Wert, wenn diese in den Werkstätten unmittelbar verwendet werden, was gegenwärtig kaum noch vorkommt. In diesem Ausnahmefalle wird das Zeichenpapier noch auf Leinwand gezogen, um das Verziehen des Papiers zu verhindern und es widerstandsfähig zu machen.

Auch Anfänger sollten nicht mit der Vorschrift, ihre Entwürfe auf kostspieligem Whatman-Papier unvergänglich und farbenprächtig auszuführen, beschwert werden. Fällt eine Entwurfszeichnung, vielleicht wegen mangelhafter Papierbeschaffenheit, nicht wunschgemäß aus, dann soll auch der Anfänger nach seiner Entwurfszeichnung eine richtige Pause anfertigen, genau so, wie dies in der Praxis geschieht; Prüfungsvorschriften sollten diesen sachdienlichen Arbeitsvorgang fördern und nicht der leeren Form wegen zu Zeitverschwendung zwingen.

Für Lichtkopien ist jedes im praktischen Gebrauch genügend widerstandsfähige, zähe Papier verwendbar. Die Papiere der Lichtkopien für positives Verfahren (in dunklen Linien) besitzen selten diese Eigenschaft; sie sind meist brüchig und müssen deshalb auf Leinwand aufgezogen werden. Überhaupt empfiehlt es sich, entweder viel benutzte Lichtkopien auf Leinwand aufzuziehen oder unmittelbar auf Leinwand hergestellte Kopien zu benutzen. Ersatz unbrauchbar gewordener Lichtkopien ist jederzeit mit geringen Kosten möglich. Darin liegt ein wesentlicher Vorteil der Lichtkopierverfahren.

Pauspapier ist erforderlich für alle Arten Entwurfzeichnungen und Skizzen und für Zeichnungen, nach denen Lichtkopien herzustellen sind. Durchsichtiges Pflanzenfaserpapier ist für Zeichnungen letzterer Art, wie schon früher angegeben, nicht geeignet. Das sogenannte Seidenpapier ist nicht genügend durchsichtig und zum Zeichnen zu schwach. Erforderliche Eigenschaften des Pauspapiers für die Herstellung von Originalpausen sind: vollständige Durchsichtigkeit, um rasch und sicher pausen zu können, wasserhelle oder etwas bläuliche und nicht gelbliche Farbe, um scharfe Lichtkopien zu erhalten. Fette Oberfläche ist gegebenenfalls durch Abreiben mit Bimssteinpulver oder Kreide zu beseitigen, damit die Tusche nicht ausfließt und die Striche gleichmäßig werden. Außerdem darf das Papier nicht brüchig sein, nicht vergilben und sich bei Aufbewahrung nicht verändern.

Für Zeichnungen zu Lichtkopien soll nur starkes Pauspapier verwendet werden; schwaches verzieht sich so stark, daß die Zeichnung zu sehr von den eingeschriebenen Abmessungen abweicht; auch wird es bei wiederholter Benutzung zur Herstellung von Lichtkopien leicht schadhaft, wellig und faltig. Unter allen Umständen ist nachträgliches Nachmessen von Abmessungen bei Pausen und Lichtkopien ausgeschlossen, weil sich jedes Pauspapier verzieht; nur die Maßzahl ist giltig.

Pausleinwand wird ähnlich wie Pauspapier verwendet. Ihr Hauptvorzug, die größere Haltbarkeit, hat durch die Lichtkopierverfahren an Bedeutung verloren, da die Originalpausen nur zur Herstellung von Lichtkopien, aber zu keinem anderen Zwecke gebraucht werden und gutes, starkes Pauspapier auch für Hunderte von Kopien ausreicht. Auf Pausleinwand kann nicht radiert werden; Entfernung der Striche ist nur durch Herauswaschen möglich, und dies läßt sichtbare Spuren zurück. Gezeichnet wird auf der glatten, gemalt auf der rauhen Seite; erstere wird mit Magnesium- oder Bimssteinpulver oder mit Kreide, die geschabt in einen kleinen leinenen Sack eingeschlossen ist, abgerieben. Die Möglichkeit, Pausleinwandzeichnungen gerollt aufzubewahren, ist kein Vorteil; Zeichnungen sollten, wenn kein Raummangel vorhanden ist, überhaupt nicht gerollt aufbewahrt werden; das erschwert die Übersicht und das rasche Auffinden; häufiges Entrollen beschädigt selbst die dauerhafteste Leinwand.

Sehr empfehlenswert sind für Skizzier- und Entwurfszwecke Papiere, welche den Gebrauch des Zeichenbrettes entbehrlich machen, u. a. Skizzierblocks und kartonierte Zeichenpapiere. Hierdurch fallen die unbequemen, schweren Reißbretter weg; für alle Zeichnungen von kleinerem Umfang genügen solche Einrichtungen vollständig.

Leider liefert die Industrie für solchen Zweck dem Maschineningenieur wenig Brauchbares, meist nur teure, für Aquarellisten und Architekten geeignete Fabrikate. Wellige Kartons sind für jede Arbeit unbrauchbar. Auf diesem Gebiete ließe sich vieles dem praktischen Bedürfnisse Entsprechende schaffen.

Millimeterpapier für Maschinenentwürfe, Skizzen und graphische Darstellungen mit blauem, braunem oder grünem Liniennetz ist nicht zu empfehlen, obwohl zahlreiche Ingenieure es mit Vorliebe benutzen. Was bei Maschinenzeichnungen durch die Millimeterteilung etwa bei Auftragung von Maßen erspart wird, ist unbedeutend. Dafür ist die freie Beweglichkeit in der Skizzierung beeinträchtigt, denn der Entwurf wird unwillkürlich durch die vorgezeichneten Linien beeinflußt. Anfänger machen sich vollends ganz von den Linien abhängig und verlieren jede Freiheit. Für Skizzierübungen ist Millimeterpapier unzulässig, da die freie Wiedergabe der Form dadurch geschädigt wird.

Für graphische Darstellungen mag Millimeterpapier einige Vorteile bieten; diese werden aber mehr als aufgewogen durch die Ungenauigkeit des Papiers, die Undeutlichkeit der Darstellung, durch das Störende der Netzlinien und durch die Schädigung der Augen, besonders bei feiner Netzteilung. Der Anfänger soll richtig und frei skizzieren, Maße bei rascher Arbeit nicht durch Einpicken mit der Zirkelspitze, sondern mit dem Bleistiftzirkel oder auch ohne Zirkel, nur mit dem Maßstabe, rasch auftragen lernen; dann sind solche Hilfsmittel entbehrlich.

An Material und Instrumenten sind, außer Papier und Reißbrett, erforderlich: Bleistifte, Maßstäbe, Reißzeug, Dreiecke, Reißschiene, Tusche, Radiergummi und sonstige Hilfsmittel.

Über Bleistifte kann jeder ohne Schwierigkeit eigene Erfahrungen sammeln und den Einfluß des Preises und guter Qualität gegenüber minderwertiger Ware kennen lernen. Für Maschinenzeichnungen, insbesondere für Skizzen, sind harte Bleistifte (über Nr. 3) ungeeignet. Ihre Verwendung wird nur ausnahmsweise bei kleinem Maßstabe und komplizierten Formen vorkommen. Nur in die Zirkel gehört hartes Blei, Nr. 4—5. Sogenannte Künstlerstifte, mit Bleieinlagen und Vorschubvorrichtung, sind nur für Schreibzwecke, nicht für Konstruktionszwecke geeignet; die Unzuverlässigkeit ihrer Mechanismen bereitet mehr Ärger als Vorteile.

Die wachsende Abnahme der zeichnerischen Übung äußert sich auch darin, daß immer mehr mit sehr harten Bleistiften gearbeitet wird; daß sich Zeichner in sklavische Abhängigkeit von bestimmtem Zeichenmaterial bringen, z. B. nur mit Koh-i-noor Nr. X und nur mit meißelförmiger Spitze arbeiten können oder gar für verschiedene Linienarten verschiedene Bleistifte in Bereitschaft halten usw. Alles das beweist Mangel an Beherrschung der Mittel und unzureichende Fertigkeit. Erforderlich sind: weiche Bleistifte mit gewöhnlicher kegelförmiger Spitze, mit welchen sich kräftige und übersichtliche Bleizeichnungen, unter gelegentlichem kräftigen Gebrauch des Radiergummis, anfertigen lassen.

Zum Spitzen der Bleistifte verwenden erfahrene Zeichner ausschließlich ihr Taschenmesser und schärfen die Spitze mit Bimsstein, Feile, Sand- oder Schmirgelpapier. Mechanische Anspitzvorrichtungen gibt es seit Jahrzehnten; sie haben nirgends dauernd Eingang gefunden.

„Spitzenschoner" und „Bleisparer" und sonstige umständliche Nebenapparate kann nur derjenige gebrauchen, welchem bei der Anfertigung von Zeichnungen reichliche Muße zur Verfügung steht. Geübte Zeichner werden ihnen aus dem Wege gehen und ihre Hilfsmittel so zu behandeln wissen, daß sie solcher lästigen Zutaten entbehren können.

Blau- und Rotstifte werden benutzt, um in Skizzen und Bleistiftzeichnungen Querschnitte hervorzuheben; nur große Querschnitte werden schraffiert, kleinere werden durch einen gleichmäßigen farbigen Ton bedeckt. Dies erhöht die Deutlichkeit sehr wesentlich. Im allgemeinen ist die Verwendung von Buntstiften für die Darstellung der Querschnitte nicht zu empfehlen und die von Farbe vorzuziehen.

Maßstäbe. Erforderlich sind zusammenlegbare gewöhnliche Maßstäbe, am besten mit zweiseitiger Teilung, und ein Anlegemaßstab mit scharfer Kante, um Maße ohne Zirkel auftragen zu können. Empfehlenswert sind nur Maßstäbe aus Buchsholz, nicht Messing, da letztere die Sauberkeit der Zeichnung beeinträchtigen, wenn nicht die Enden in Papierhülsen gesteckt werden. Zweckmäßig sind auch Transversalmaßstäbe auf starkem Papier.

Die Genauigkeit der Maßstabteilung ist selbstverständlich zu prüfen. Große Genauigkeit in der Benutzung ist aber beim Maschinenzeichnen selten oder nur bei verwickelten Gesamtzeichnungen erforderlich.

Bruchteile von Millimetern werden im Entwurf so weit als möglich vermieden und, wenn notwendig, nach Schätzung aufgetragen. Die Genauigkeit muß sich nach dem jeweiligen Zwecke richten. Die Arbeit des unerfahrenen Anfängers ist dadurch gekennzeichnet, daß er eine für den Zweck nicht erforderliche und für den ganzen Entwurf gar nicht durchführbare Genauigkeit anstrebt und in seinen Abmessungen von Bruchteilen von Millimetern ausgiebigen Gebrauch macht oder im extremen Gegensatz hierzu grobe Verstöße gegen unerläßliche Genauigkeit begeht.

Sehr zu empfehlen ist die Verwendung eines sogenannten Rechenschiebers, welcher die Vorteile eines genauen Anlegemaßes mit denen einer einfachen Rechenmaschine vereinigt. Das Vorurteil gegen den Rechenschieber wegen Ungenauigkeit der damit ausgeführten Rechnungen beweist unzureichende Sachkenntnis. Auch die Rechnung ist, so wie die Zeichnung, stets nur mit der für den jeweiligen Zweck erforderlichen Genauigkeit durchzuführen. Überwiegend verlangt der Zweck das Rechnen mit abgerundeten Zahlen. Dann ist aber die Durchführung der genauen Ziffernrechnung eine unnütze Zeitverschwendung, die sich nur der Unerfahrene zuschulden kommen läßt. Für alle vorläufigen Übersichtsrechnungen, die Mehrzahl der technischen Rechnungen überhaupt, Gewichtsberechnungen, Kostenberechnungen, Stichproben bei Kontrollrechnungen usw. ist der Rechenschieber unentbehrlich.

Reißzeug. Mit allen Hilfsmitteln, auch wenn sie mangelhaft sind, wird sich der geübte Zeichner abfinden, ein gutes Reißzeug ist jedoch unerläßlich. Schlechte Beschaffenheit lenkt zum mindesten die Aufmerksamkeit zu sehr ab und führt zu Zeitverschwendung. Kein Ingenieur wird seine richtigen, wohlgepflegten Werkzeuge anderen leihen, das Reißzeug ebensowenig wie einen guten, geprüften Indikator. Die Regel ist, daß Unerfahrene und wohl auch Geübtere sie zwar bestens dankend, aber beschädigt zurückstellen. Einzelangaben müssen hier unterbleiben und wären auch zwecklos. Nur durch eigene Handhabung wird Sachkenntnis erlangt und richtige Benutzung ermöglicht.

Erforderlich sind: ein großer Handzirkel, ein Einsatzzirkel mit Blei- und Ziehfeder und Verlängerungsstück, mehrere Reißfedern und ein Nullenzirkel. Erwünscht ist noch ein Haarzirkel, ein Stangenzirkel, ein Reduktionszirkel für Verkleinerungen und ein Winkelmaß.

Wesentlich ist die Genauigkeit der Instrumente, insbesondere der Zirkel; sie müssen genaue Spitzen haben, dürfen keinen toten Gang besitzen, müssen sich gleichmäßig leicht bewegen und doch sicher hemmen. Die Nadelspitze muß senkrecht einstellbar sein und einen Ansatzrand besitzen, um beim Ziehen großer Kreise große Mittelpunktslöcher zu vermeiden. Dies läßt sich auch durch durchsichtige Zentrierplatten erreichen, welche auf die Zeichnung aufgesetzt oder auf die Zirkelspitze aufgeschoben werden.

Sogenannte Teil- oder Haarzirkel mit Stellschraube, durch welche der eine federnde Schenkel verstellt werden kann, ermöglichen sehr genaues Messen.

Der Nullenzirkel ist unentbehrlich für das Zeichnen kleiner Kreise und Abrundungen; er muß eine sehr feine Nadelspitze besitzen, und seine Stellschraube muß so angebracht und so leicht beweglich sein, daß sie durch einen Finger der rechten Hand, welche den Zirkel hält, verstellt werden kann. Patentierte Komplikationen sind entbehrlich; mit einem gewöhnlichen Nullenzirkel in einer geübten Hand können sie nicht konkurrieren. Sonstige Zirkelarten, die Dreieckzirkel, Ellipsenzirkel, Spiralenzirkel usw. haben für den Maschineningenieur nicht den geringsten Wert.

Die neueren Reißzeuge zeichnen sich gegen die älteren vorteilhaft durch glattere Formen und größere Handlichkeit aus; es sind meist vorzüglich ausgeführte Instrumente.

Ein Stangenzirkel, bestehend aus Holzstange und stellbaren Klemmvorrichtungen für Spitze und Ziehfeder, ist für das Zeichnen großer Kreise erforderlich. Die Klemmvorrichtung der Ziehfeder muß eine Stellschraube zum genauen Einstellen besitzen. Solche Zirkel sind immer unhandlich und werden leicht beschädigt. Noch empfindlicher und unbequemer sind Stangenzirkel aus Metall. Statt eines Stangenzirkels kann sich der Zeichner auch mit Linealen oder Pappstreifen, an welche die Ziehfeder oder das Blei angelegt wird, behelfen.

Reißfedern erfordern genaue Stellschrauben, gute elastische Backen von genau gleicher Länge und Stärke. Es sind wenigstens zwei Größen erforderlich, die eine für dicke, die andere für feine Striche. Reißfedern mit Druckschrauben sind gut zu handhaben, solche mit beweglichen Backen sind leicht zu reinigen und bequem, werden aber durch unerfahrene Benutzer leicht verdorben.

Reißfedern mit Indikatorvorrichtung für Strichstärke, mit Stellvorrichtung am Kopfe der Feder, mit Punktierrädchen für das Zeichnen von punktierten und gestrichelten Linien usw., ebenso Parallelreißfedern, Kurvenziehfedern usw. sind für den Maschineningenieur Spielereien. Sie erfordern viel zu große Aufmerksamkeit, und mit einfachen Instrumenten kommt der geübte Zeichner schneller zum Ziel als mit solchen Kunstprodukten, ausgenommen, wenn ganze Scharen durchaus gleicher Linien gezogen werden müssen, was im Maschinenzeichnen kaum vorkommt.

Dasselbe gilt für Schraffierlineale, Schraffiermaschinen usw. In der Regel sind die zu schraffierenden Flächen so kompliziert, daß die Handhabung der Maschine zu umständlich wird. Die Abstände der Linien sind eng genug zu nehmen, um ein Flächenbild zu erhalten, aber auch weit genug, um mit der Arbeit rasch zu Ende zu kommen und Fehler in den Entfernungen der Striche nicht auffällig hervortreten zu lassen.

Das Anschleifen der Reißfedern wird jeder praktische Zeichner sich selbst besorgen; die gewöhnlichen Mechaniker verstehen davon ohnedies nichts, und es ist eine Zufallssache, wenn die von ihnen geschliffene Feder taugt. Da häufiger Gebrauch namentlich auf starkem Papier die Feder rasch abstumpft, so ist öfteres Nachschleifen erforderlich.

Beim Ziehen von Strichen mit der Reißfeder darf nicht stark und nicht ungleichmäßig aufgedrückt werden; auch ist die Ziehfeder, besonders die des Zirkels, stets senkrecht oder wenig geneigt zur Papierfläche zu halten. Zirkelfedern müssen vor- und rückwärts gleich gut ziehen.

Dreiecke. Erforderlich sind gerade Kanten, genaue Winkel und Unveränderlichkeit im Gebrauch. Die Genauigkeit ist vor dem Gebrauch zu prüfen durch

Aneinanderlegen der Kanten zweier Dreiecke oder dadurch, daß nach derselben Kante in zwei um 180° verdrehten Stellungen Verbindungslinien zwischen zwei Punkten gezogen werden; ist die Kante richtig, so müssen sich die beiden Linien decken. Der rechte Winkel wird durch Rechts- und Linksauftragung auf gemeinsamer gerader Unterlage und Vergleichung der gezogenen feinen Linien geprüft. Die Prüfung der Winkel von 60° oder 45° erfolgt am besten so, daß man sie 3 bzw. 4 mal nacheinander um einen Punkt abträgt, wodurch sich ein Winkel von 180°, also eine Gerade ergeben muß.

Erwünscht sind 3 Dreiecke: ein großes und ein kleines mit Winkeln von 45° und ein großes mit Winkeln von 60 und 30°, sonstige sind entbehrlich. Schiebedreiecke, Dreiecke, deren Winkel den Böschungswinkeln, den Weichenwinkeln, den Oktogonen- oder den Giebelwinkeln der Antike oder anderen Winkeln entsprechen, u. a. haben für den Maschineningenieur keinen Wert. Sollten besondere Winkel häufig erforderlich sein, so werden sie auf das gewöhnliche Dreieck aufgetragen.

Als Material ist nur Holz oder Hartgummi zu empfehlen. Dreiecke aus Hartgummi sind unveränderlich, schmutzen aber leicht und müssen deshalb öfter feucht abgewischt werden. Noch mehr schmutzen Metalldreiecke. Glasdreiecke haben sich wegen Zerbrechlichkeit nicht bewährt. Guten Ersatz dafür bieten die durchsichtigen Zellstoffdreiecke.

Holz ist Temperatur- und Feuchtigkeitseinwirkungen unterworfen. Jedenfalls sollten Holzdreiecke aus mehreren Lamellen bestehen, damit die Spannungen sich besser ausgleichen. Zur Sicherung der Kanten werden Streifen aus Messing oder hartem Holz eingelegt. Die Ecken müssen unbedingt eingelegte Federn besitzen, um sie haltbar zu machen. Die Reinigung von Holzdreiecken soll nicht mit Wasser, sondern mit Radiergummi oder Brot erfolgen.

Das Reißbrett dient zum Aufspannen des Zeichenpapiers und zur Führung der Reißschiene. Es ist aus festem, weichem und völlig trocknem Linden-, Pappel- oder Ahornholz mit Randleisten aus hartem Holz herzustellen. Junges Holz wirft sich; alte, gebrauchte Bretter sind immer vorzuziehen. Die Genauigkeit ist zu prüfen, und zwar ist zu untersuchen, ob die Platte eben ist, keine Astlöcher vorhanden sind, Fugen und Löcher nicht etwa mit Kitt ausgestopft und die Kanten auf der linken Seite richtig sind, wo die Schiene angelegt wird. Auf die Genauigkeit der übrigen Kanten ist kein Wert zu legen, da nur die Horizontalen mit der Schiene, die Vertikalen aber mit dem Winkel gezogen werden. Genauigkeit aller Kanten ist nicht zu erwarten und auf die Dauer gewiß nicht zu erhalten.

Reißbretter mit umlegbaren Stützen können auf beiden Seiten bespannt werden; für Konstruktionszwecke sind sie nicht zu gebrauchen, da der Konstrukteur stets alle Bildflächen vor sich haben muß.

Reißbretter mit Vorrichtung zum Aufspannen ohne Leim, mit einer Klemmnut an den Rändern und ähnlichen Einrichtungen sind gut erdacht, ihr Feind ist das Werfen des Holzes, welches den Mechanismus entweder zugrunde richtet oder, wenn dies vermieden werden soll, zu kostspielig macht.

Das Zeichenpapier wird in der Regel mit Heftnägeln auf den Reißbrettern befestigt. Da Maschinenzeichnungen weder gewaschen noch getuscht werden und in der Regel nicht die Originalzeichnung, sondern nur die Pause aufbewahrt wird, so ist diese Befestigung vollständig ausreichend. Das schulmäßige „Aufspannen" des Zeichenpapiers, das „Abwaschen" nach dem Ausziehen und farbige Ausführung sind Überbleibsel einer veralteten Schule. Der Maschineningenieur mag dies einige Male machen, damit er es kennen lernt; im übrigen aber soll man ihn damit verschonen.

Beim Abschneiden von scharf aufgespanntem Papier, insbesondere Pauspapier, ist die Vorsicht zu gebrauchen, zuerst zwei parallele Seiten, dann unter scharfem Druck auf das Lineal die dritte Seite abzuschneiden; sonst kann das Papier quer durchreißen. Das Aufspannen einer Zeichnung, etwa zum Zwecke nachträglichen Ausziehens oder farbiger Ausführung, ist zu vermeiden, da sich durch das Aufspannen Papier und Linien verändern.

Heftnägel können beim Durchdrücken des Stiftes Verletzungen der Hand veranlassen. Unbrauchbar sind daher billige Nägel, deren Stifte an der Stirnfläche sichtbar sind. Insbesondere bei starkem Rollenpapier ist Vorsicht im Gebrauch notwendig. Beim Herausziehen der Heftnägel ist es zweckmäßig, eine Gabel zu benutzen, um nicht die Fingernägel oder das Taschenmesser zu beschädigen.

Überwiegend werden stehende, stellbare Zeichentische verwendet, die gegenwärtig in vorzüglicher Bauart hergestellt werden. Die stehenden stellbaren Zeichenbretter nehmen weniger Raum ein als Tische und gestatten dem Zeichner eine ungezwungene, gesunde Haltung. Die jahrzehntelange üble Gewohnheit des Schulbankhockens war schuld, daß diese vorzügliche und bequeme Reißbrettanordnung sich nur langsam eingebürgert hat.

Die Reißschienen sollen aus hartem Holze bestehen und genaue Kanten und rechtwinklig zur Schiene stehenden Kopf besitzen. Die Schiene soll glatt über den Kopf gelegt (nicht eingelassen) sein, damit das Dreieck über den Kopf hinausgeschoben werden kann. Die Breite langer Schienen muß vom Kopf nach dem Ende zu abnehmen. Stellbarer Schienenkopf hat für Maschinenzeichnungen keinen Wert, noch weniger solche mit Winkelteilung. In die Ziehkante der Schiene wird häufig hartes Holz oder eine Messingleiste eingelegt. Genaue Kante ist selbstverständlich unerläßlich. Widerstandsfähige Kanten für Reißschienen, welche gelegentlich beim Beschneiden von Papier oder gar zu Fechtübungen verwendet werden, gibt es bisher nicht; derartige Verwendung von Reißschienen ist daher zu unterlassen.

Die genannten Werkzeuge müssen genau sein. Ein gewandter Zeichner wird sich zwar, vom Reißzeug abgesehen, auch mit dem schlechtesten Material abzufinden wissen, aber nur unter Zeitverlust. Auf sorgfältige und genaue Prüfung und gute Beschaffenheit ist daher wohl zu achten. Selbstverständlich sind gute Instrumente teurer als minderwertige und schlechte: aber Sparsamkeit ist hier nicht am Platze. Alle Materialien sollten nur von Geschäften bezogen werden, welche sich ausschließlich mit Zeichenmaterialien befassen, nicht von beliebigen Händlern.

Selbstverständlich ist auf die Instandhaltung der Werkzeuge die größte Sorgfalt zu verwenden. Hierzu ist unerläßlich größte Sauberkeit, regelmäßige Reinigung nach dem Gebrauch und gelegentliche Untersuchung auf Genauigkeit.

Zum Zeichnen sind weiter erforderlich:

Spitze Zeichenfedern zum Zeichnen solcher Übergangskurven, welche nicht mit dem Zirkel gezogen werden, und kleinerer Übergänge; für die Beschriftung Schreibfedern für Rund- oder Steilschrift. Federhaltung kann hier nicht gelehrt werden, sondern ergibt sich aus der Übung. Für die Schrift ist in neuerer Zeit die Benutzung von Schablonen allgemein geworden.

Gewöhnlich wird flüssige Tusche verwendet. Diese ist selten tiefschwarz, wie sie sein sollte, aber leichtflüssig und daher bequem zu benutzen, gewöhnlich auch unverwischbar. Tiefschwarze flüssige Tusche ist schwer zu erhalten und kostspielig. Für feinere Arbeiten wird vorteilhaft chinesische Tusche verwendet und zum Gebrauch jedesmal frisch angerieben. Farbige Tinten, rote und blaue, müssen unverwischbar sein.

Dann sind noch erforderlich: Radiermittel, und zwar ein gewöhnlicher weicher Gummi für Bleilinien, ein scharfer Radiergummi für starke oder Tuschlinien, und ein Radiermesser für sehr widerspenstige Linien, insbesondere auf Pauspapier. Früher hatte jedes bessere Taschenmesser eine Radierklinge; die Zeiten haben sich geändert: diese Klinge ist meist durch einen Pfropfenzieher ersetzt.

Gelegentlich werden noch gebraucht: Kurvenlineale mit parabel- und ellipsenähnlichen Kurven und für ganz flache Kurven „Bogenschablonen" oder elastische Stäbe, die nach Durchbiegung durch Gewichte belastet werden. Im allgemeinen werden im Maschinenzeichnen nebensächliche Kurven durch Kreisbogen ersetzt und die Maßzahlen für die Ersatzkreisbogen eingeschrieben. Für regelmäßig wiederkehrende Kurven, auf deren Genauigkeit es ankommt, werden hingegen eigene genaue Schablonen angefertigt.

Das Ausziehen einer Bleizeichnung in Tusche ist eine mechanische Arbeit, die aber sachverständige Aufmerksamkeit fordert. Um Zeit zu sparen, sind zunächst alle Kreise, erst die großen und dann die kleinen, zu ziehen, weil sich gerade Linien an diese leichter anschließen als umgekehrt, dann alle Horizontalen mit der Reißschiene, alle Vertikalen mit dem Winkel, hierauf die schrägen Linien, und das Fehlende ist freihändig zu ergänzen. Kurvenlineale sind nur ausnahmsweise zu verwenden. Abrundungen der Ecken und Übergänge sind immer mit dem Zirkel oder, wenn nebensächlich, freihändig zu zeichnen. Wird in einer Zeichnung ein Bild nach dem anderen fertig ausgezogen, oder wird gar planlos durcheinander gearbeitet, dann ist selbst für den Geübten zwei- bis dreimal soviel Zeit erforderlich als nach dem angegebenen Verfahren. Nur bei Herstellung von Pausen für Lichtkopien kann es wegen der Veränderlichkeit des Pauspapiers notwendig werden, jede Figur einzeln in der angegebenen Weise auszuziehen.

Über die farbige Ausführung von Maschinenzeichnungen soll eingehendere Belehrung unterbleiben, obwohl sie auf geringem Raum und in wenigen Beispielen gegeben werden könnte. Die Technischen Hochschulen sind nicht dazu da, Übungen in Malerei zu pflegen. Vor Jahrzehnten konnte wohl auch ein praktischer Zweck bemalter Maschinenzeichnungen geltend gemacht werden. Gegenwärtig gibt es für solche mühevoll hergestellten bunten Zeichnungen keine Verwendung; die Hochschulen haben eine Fülle anderer Aufgaben, und die sind gerade schwierig genug. Sachliche Richtigkeit, Zuverlässigkeit aller Zeichnungen, richtige Erfassung ihres jeweiligen Zwecks sind die maßgebenden Forderungen.

GPSR Compliance

The European Union's (EU) General Product Safety Regulation (GPSR) is a set of rules that requires consumer products to be safe and our obligations to ensure this.

If you have any concerns about our products, you can contact us on ProductSafety@springernature.com

In case Publisher is established outside the EU, the EU authorized representative is:

Springer Nature Customer Service Center GmbH
Europaplatz 3
69115 Heidelberg, Germany

Batch number: 10684220

Printed by Printforce, the Netherlands